Bruno P. Kremer und Klaus Richarz

Was macht der Fisch beim Blitzeinschlag?

Bruno P. Kremer und Klaus Richarz

Was macht der Fisch beim Blitzeinschlag?

Alltägliches und Rätselhaftes über Pflanzen und Tiere

Cartoons von Friedrich Werth

KOSMOS

Mit 60 Schwarzweiß-Cartoons von Friedrich Werth, Horb

Umschlaggestaltung von eStudio Calamar, Pau,
unter Verwendung einer Illustration von Friedrich Werth, Horb

Bibliografische Information der Deutschen Bibliothek
Die Deutsche Bibliothek verzeichnet diese Publikation in der
Deutschen Nationalbibliografie; detaillierte bibliografische
Daten sind im Internet über http://dnb.ddb.de abrufbar.

Informationen senden wir Ihnen gerne zu

Bücher · Kalender · Spiele · Experimentierkästen · CDs · Videos
Natur · Garten & Zimmerpflanzen · Heimtiere · Pferde & Reiten · Astronomie ·
Angeln & Jagd · Eisenbahn & Nutzfahrzeuge · Kinder & Jugend

KOSMOS Postfach 10 60 11
D-70049 Stuttgart
TELEFON +49 (0)711-2191-0
FAX +49 (0)711-2191-422
WEB www.kosmos.de
E-MAIL info@kosmos.de

Gedruckt auf chlorfrei gebleichtem Papier

© 2004, Franckh-Kosmos Verlags-GmbH & Co.KG, Stuttgart
Alle Rechte vorbehalten
ISBN 3-440-09973-3
Redaktion: Steffi Tommes
Lektorat: Bärbel Oftring
Produktion: DOPPELPUNKT Auch & Grätzbach GbR, Leonberg
Grundlayout: eStudio Calamar, Pau
Printed in Czech Republic, Impriméé en République Tchèque

FRAGEn und ANTWORTen

Wer Fragen stellt, setzt sich mit seiner Umwelt auseinander. Insofern kann es keine dummen Fragen geben. Wer gar nichts fragt, erfährt auch nichts. Selbst die anscheinend kindlich-naiven Anfragen zielen häufig genug auf Sachverhalte, die gar nicht so einfach zu erklären sind. Ob beispielsweise ein Fisch beim Blitzeinschlag in sein Wohngewässer Herzflimmern bekommt, sich mit gesträubten Schuppen eilends davonmacht oder gar augenblicklich durchgebraten wird, ist nicht ohne kleinen Ausflug in die Physik zu beantworten. Oft liefert die Antwort auf eine vermeintlich simple Frage gleich ein ganzes Bündel neuer Probleme mit. Das sorgt nicht nur für weiteren Diskussionsstoff – auch der gesamte Wissenschaftsbetrieb lebt davon. Die Natur um uns steckt voller Rätsel. Nichts was sich im Alltag um uns ereignet, ist selbstverständlich – es erscheint auch überhaupt nicht mehr trivial, wenn man ein wenig hinterfragt. Das fängt beim Gartenboden an, der in der wärmenden Frühlingssonne eigenartig nach frischer Erde duftet, betrifft auch die tausend Grünnuancen von Blättern und Stängel und schließt eventuell das Problem ein, ob in unserem Frühstückstee ein paar Tränen von Dinosauriern schwimmen. Selbst wenn solche Fragen (und Antworten) nicht unbedingt zum Standardwissen gehören, sind sie immerhin so kurios, dass man damit so manche Party unterhalten kann.

Wir haben eine Weile lang aufgeschrieben und zu beantworten versucht, was unsere Kinder, Freunde und Bekannte an spontanen Fragen losgelassen haben *oder* wir uns gelegentlich selbst fragten. Die Antworten darauf sind oft überraschend, gelegentlich verblüffend und – hoffentlich – immer unterhaltsam. Eine vergnügliche Lektüre unserer kleinen Umschau im Alltäglichen und Rätselhaften der Natur wünschen Ihnen

Bruno P. Kremer und Klaus Richarz

A

Stockausschlag: Warum treiben ABGESÄGTE Bäume wieder aus?

Beim Waldspaziergang ist es überall zu sehen: Nachdem die gefällten Baumstämme zur Seite geräumt wurden, treiben die im Boden verbleibenden Baumstubben nach kurzer Zeit wieder aus. Stockausschlag nennt man diese Eigenart. Lässt man die nachwachsenden Zweige erstarken, entstehen nach einigen Jahren oder Jahrzehnten mehrstämmige Baumgestalten von eher buschartigem Aussehen, die dann gegebenenfalls erneut für die Brennholznutzung abgeschlagen werden. Seit dem frühen Mittelalter praktiziert man diese Art der Waldnutzung. Der Forstfachmann spricht von Niederwaldbetrieb bzw. Ausschlagswald oder Stockwald. Ein Hochwald setzt sich im Gegensatz dazu – übrigens unabhängig von der tatsächlichen Wuchshöhe der Bäume – nur aus so genannten Kernwüchsen zusammen, d. h. aus einstämmigen Bäumen, die nicht durch Stockausschlag, sondern aus Sämlingen aufgewachsen sind. Niederwälder, die auf spezielle Nutzungen zurückgehen, sind in vielen Teilen Mitteleuropas bis heute landschaftsprägend, beispielsweise im Siegerland, wo man aus so genannten Haubergen Grubenholz gewann. Aus dem Niederwaldbetrieb gingen auch die eindrucksvollen Kopfweiden am Niederrhein hervor.

Für den Niederwaldbetrieb eignen sich fast alle Laubhölzer, weil sie an Stämmen und Ästen – in der Rinde verborgen und meist nicht sichtbar – zahlreiche Erneuerungsknospen besitzen, die im Bedarfsfall aus ihrer Entwicklungsruhe abgerufen werden, dann das Längenwachstum übernehmen und den Baum regenerieren. Nadelhölzer wie Fichten oder Kiefern haben keine Erneuerungsknospen am Stamm. Daher kann hier kein Stockausschlag zustande kommen, und deshalb sind Nadelforsten ausschließlich im Hochwaldbetrieb zu bewirtschaften.

ABSTAUBER:
Wieso bleibt der Kohlkopf clean?

Rotkohlblätter, Zwetschgen und Blaubeeren zeigen es unübersehbar: Viele Pflanzenteile sind durch wachsartige Überzüge einfach unbenetzbar. Diese abwischbaren Beläge – man nennt sie Epicuticularwachse, weil sie auf der äußersten Blattschicht, der Cuticula, liegen – bilden jedoch keine filmglatten Schichtbeläge, sondern bestehen in der mikroskopischen Größenordnung aus überraschend vielgestaltigen Kleinststrukturen. Diese haben nun die bemerkenswerte Eigenschaft, auftropfendes Regenwasser einfach hemmungslos und rückstandsfrei abrollen zu lassen. Die natürliche Rauigkeit der winzigen Wachskristalloide verringert dabei die Haftwirkung zwischen Oberfläche und Wasser so sehr, dass nur noch die Kohäsionskräfte des Wassers die Raumgestalt bestimmen und sofort die Tropfenform erzwingen. Die praktische Bedeutung solcher Wasser abweisender Blattoberflächen hat man bislang überwiegend als Verdunstungsschutz oder als Schutzschild gegen schädliche UV-Strahlung gedeutet. Die abstreifbaren Blattwachse leisten jedoch, wie Bonner Botaniker herausfanden, wohl in erster Linie eine hochwirksame Selbstreinigung. Das zuverlässig abtropfende Regenwasser wäscht – wie Experimente auch an Rotkohl und am Kohlrabi ergaben – alle möglichen Partikeln ab und hält damit die Oberflächen sauber – auch von Bakterien oder Mikropilzen, die Pflanzenkrankheiten hervorrufen könnten. Nach der Lotuspflanze, die in Ostasien schon immer als Symbol der Reinheit galt und an der man die Physik des Wasserabperlens genauer erforschte, nennt man diese erstaunliche Selbstreinigung von Pflanzenorganen Lotus-Effekt. Bei den langlebigen Blattorganen tropischer Pflanzen verhindert dieser Effekt zudem die Ansiedlung von Algen, Moosen und Flechten, die die tieferen Blattgewebe beschatten und damit die photosynthetische Stoffproduktion behindern würden.

A Wasser, wisch und weg wird von der Natur offenbar mehrfach eingesetzt: Eine ähnliche gut und automatische Selbstreinigung durch „nasses Abstauben" kommt unter anderem bei Libellen und anderen Insekten mit großen Flügeln vor, die mit den Beinen nicht flächendeckend zu reinigen sind. Nicht rasch genug abperlendes Wasser würde in solchen Fällen auch die Flugfähigkeit der Tiere beeinträchtigen.

Warum haben manche AFFEn bunte Hintern und blaue Lidschatten?

Wie für uns Menschen sind auch für die meisten Tierprimaten die Augen das wichtigste Sinnesorgan. Klettern, Springen und Greifen kleiner Gegenstände erfordern gutes stereoskopisches, d. h. beidäugig räumliches, Sehen und Naheinstellungsvermögen (Akomodation). Bei den meisten anderen höheren Primaten ist das Farbensehen ähnlich gut entwickelt wie bei Menschen. Deshalb finden wir innerhalb der Säugetiere nur bei einigen Primatenarten blau gefärbte soziale Auslöser wie an den Geschlechtsteilen mancher Meerkatzen oder den Nasenwülsten des Mandrills.

Wo nah verwandte Arten nebeneinander vorkommen, sind lebhafte, arttypische Zeichnungen wirksame Signale der gegenseitigen Arterkennung. Die Artgenossen höherer Primaten übertragen Informationen über innere Stimmungen zunehmend über Mimik. Daher ist es sinnvoll, wenn Lippen oder Augenlider auffällig gefärbt sind. Bei vielen höheren Primaten hat die Sexualität andere, neben der Befruchtung wichtige soziale Aufgaben übernommen. Bei diesen Arten erfolgen Paarungen auch noch in der Schwangerschaft und das ursprünglich der Paarung vorangehende Aufsteigen wird in ritualisierter Form in anderem sozialen Zusammenhang ausgeführt (zum Beispiel das „Drohkopulieren" der Mantelpaviane durch Aufreiten auf rangniedere Tiere beiderlei Geschlechts mit angedeuteten Kopulationsbewegungen). Für keine zweite Primatenart ist der Spruch „make love, not war" so zutreffend wie für die Bonobos (Zwergschimpansen). Sexuelle Verhaltensweisen wie Kopulation oder Genitalreiben dienen der Versöhnung nach Konflikten.

Vor allem bei den in größeren Gruppen lebenden Primatenarten wie Pavianen und Schimpansen zeigen die Weibchen um den Zeitpunkt des Eisprungs besonders ausgeprägte, kräftig rot gefärbte Sexualschwellungen um ihre äußeren Geschlechtsorgane. Sie künden den Männchen damit ihre Paarungsbereitschaft, den Östrus, an und werden häufig von verschiedenen Männchen begattet. Dass diese Schwellungen den Zeitpunkt des Eisprungs überdauern, sich also von ihrer ursprünglichen Aufgabe der Östrusanzeige lösten, gibt Hinweise, dass solche Signale ihrer Trägerin innerhalb der Gruppe gegenüber anderen Weibchen Vorteile bringen. Allerdings können trotz dieser Vorteile die Sexualschwellungen nicht immer getragen werden. Sie ermöglichen zwar oft erst die Paarung, würden aber eine Geburt unmöglich machen.

Nachdem bei einigen höheren Primaten Rot im Genitalbereich Paarungsbereitschaft verspricht und damit der Trägerin soziale Vorteile verschafft, gibt es die Theorie, dass mit dem Unsichtbarwerden dieser Region infolge unseres aufrechten Gangs die menschlichen (hier fraulich vollen) Lippen diese Signalwirkung übernommen haben. Was bis heute noch durch ihr Anmalen mit glänzenden Lippenstiften vor allem in Rottönen kräftig unterstrichen wird.

A

Warum wird der angebissene APFEL braun?

Solange er unangetastet im Obstkorb ruht, ist der Apfel nicht nur rund und verführerisch. Kaum ist er angeschnitten oder angebissen, verfinstert sich die hellgelbliche Fruchtfleischfarbe in Minutenschnelle in ein weniger einladendes Rostbraun. Vergleichbares beobachtet man auch bei anderen Früchten, beispielsweise bei Birnen. Bananen treiben es gar noch weiter – sie werden im Laufe der Lagerung fast kohlenschwarz. Diese Umfärbung muss mit dem Einwirken der frischen Luft zu tun haben. Tatsächlich ist daran ursächlich der Luftsauerstoff beteiligt. Sobald man die betreffenden Früchte anschneidet oder anbeißt, werden zahlreiche Zellen des Fruchtfleischgewebes geöffnet, und es kommen nun alle möglichen Inhaltsstoffe miteinander in Kontakt, die zuvor in verschiedenen Zellräumen fest eingelagert waren. Dazu gehören auch bestimmte Enzyme, die Phenoloxidasen. Sie bauen den überaus reaktionsfreudigen Luftsauerstoff in besondere Ringmoleküle ein und leiten damit die Bildung von Braunpigmenten ein. Es sind Melanine und damit übrigens die gleichen Farbstoffe, die unter der Einwirkung von UV-Licht auch unsere Haut nachdunkeln und die Haare der Südeuropäer pechschwarz aussehen lassen. Während die Melanine bei uns als natürlicher Lichtschutz zu verstehen sind, ist ihre Entstehung in vielen Früchten, aber auch Kartoffeln und Pilzen, völlig unklar. Vermutlich handelt es sich dabei einfach um eine fehlgeleitete und nicht mehr aufzuhaltende Kurzschlussreaktion nach der Gewebezerstörung. Sie tritt auch dann ein, wenn Pilze sich über das Gewebe hermachen und die Frucht faulen lassen, oder wenn ein am Baum vergessener Apfel die ersten heftigen Frostnächte hinter sich hat.

Zitronen und andere Zitrusfrüchte verfärben sich auch nach dem Anschneiden nicht. Ihr natürlicher Säuregehalt schützt sie vor dem Nachbräunen. Säure verhindert die Arbeit der Phenoloxidasen. Möchte man also einen appetitlichen Obstsalat unter anderem mit originalfarbenen Apfel- und Bananenstückchen zubereiten, genügt das Beträufeln mit etwas Zitronensaft. Die enzymatische Blockade ist damit perfekt.

ATEMÜBUNG: Wie viel Luft teilen wir mit Albert Einstein?

Die Atmosphäre, die Gashülle der Erde, erstreckt sich zwar einige Dutzend Kilometer in die Höhe und erscheint uns geradezu als unendlich groß, aber dennoch können wir ihren Rauminhalt und die Gesamtmasse ihrer Gase relativ zuverlässig abschätzen: Sie beträgt etwa $5,0 \times 10^{15}$ Tonnen. Nimmt man vereinfachend an, dass die Atmosphäre überall aus vier Teilen Stickstoff und einem Teil Sauerstoff besteht, lässt sich über die molekulare Masse aller vorhandenen Gasteilchen auch die Gesamtzahl der in der Atmosphäre vorhandenen Moleküle ermitteln: Ihre Zahl liegt bei ungefähr $1,05 \times 10^{44}$ – eine sicherlich unvorstellbare, aber mit einem etwas besseren Taschenrechner durchaus noch zu bewältigende Zahl.

Ein Erwachsener kommt bei normaler, nicht besonders anstrengender Tätigkeit auf ein Atemminutenvolumen von zehn Litern – in jeder Minute atmen wir also zehn Liter Luft ein und wieder aus. Diese Luftmenge enthält bei Körpertemperatur und Normaldruck $2,4 \times 10^{23}$ Gasmoleküle. Mit dieser Angabe stellen wir nun einmal die folgenden Überlegungen an: Eines der bedeutendsten Genies des 20. Jahrhunderts, der berühmte theoretische Physiker Albert Einstein, verstarb 1955 in Princeton/New Jersey. In seinen 76 Lebensjahren hat er – ein Atemminutenvolumen von zehn Litern unterstellt – insgesamt etwa $9,44 \times 10^{29}$ Moleküle ein- und wieder ausgeatmet. Rein statistisch war daher je eines von $1,1 \times 10^{14}$ Gasmolekülen der Erdatmosphäre an seinem Atmungsstoffwechsel beteiligt. Wenn wir

A selbst nun mit jedem Atemzug durchschnittlich $1{,}32 \times 10^{22}$ Luftmoleküle einatmen, ist die Wahrscheinlichkeit sehr groß, dass sich darunter jedes Mal etwa 120 Millionen Gasmoleküle befinden, die bereits Einstein geatmet hat. Voraussetzung dafür ist natürlich, dass sich in dem über halben Jahrhundert nach seinem Tod die Erdatmosphäre einigermaßen gründlich durchmischt hat und dass die Stickstoff- bzw. Sauerstoffmoleküle in der Zwischenzeit nicht irgendeine dauerhafte chemische Bindung in einer Festsubstanz eingegangen sind. Setzt man die Anzahl der auf der Erde insgesamt vorhandenen Wassermoleküle mit etwa $5{,}7 \times 10^{46}$ an, so kann man mit ähnlichen Rechenspielereien abschätzen, dass man mit jedem Schluck auch ein paar Moleküle erwischt, die die Träne eines Dinosauriers waren.

Chemische ATTACKE:
Warum sind manche Pflanzen giftig?

Wenn Pflanzen sich nicht nur mit mechanischen Mitteln wie Stacheln oder zähen Lederblättern gegen unnötigen Wegfraß zur Wehr setzen, sondern dazu auch oder ausschließlich bestimmte Inhaltsstoffe einsetzen, könnte man von chemischer Verteidigung sprechen. Eventuell sind auch wir von solchen Pflanzenstoffen betroffen. Häufig ist das Zielorgan der pflanzlichen Abwehr die Haut – nachdem irgendwelche Pflanzenteile abgebrochen, abgerissen, zerquetscht oder zerdrückt wurden und ein intensiver Hautkontakt mit dem Stoffbestand des Pflanzengewebes zustande kommt. Solche hautreizenden Pflanzenstoffe sind beispielsweise die charakteristisch riechenden Senfölglykoside der Kreuzblütengewächse (Kohl- oder Rettich-Geruch) oder der für uns völlig geruchlose Milchsaft der Wolfsmilchgewächse. Stoffe, die unsere Haut angreifen, erreichen natürlich auch die empfindlichen Schleimhäute im Verdauungstrakt Pflanzen fressender Säugetiere und stellen somit sicher, dass etwa das Weidevieh die meisten Arten aus den benannten Verwandtschaftskreisen nach der ersten Geschmacksprobe meidet. Gleichzeitig zeigen aber gerade die Kreuzblüten- und die Wolfsmilchgewächse sehr eindrucksvoll, dass die familientypischen Inhaltsstoffe durchaus nicht alle Konsumenten vom Zubiss abhalten können. Die Senfölglykoside der Kreuzblütler sind für bestimmte Schmetterlingsarten das entscheidende stoffliche Signal, an dem sie die Futterpflanze ihrer Raupen erkennen und danach die Wahl für die Eiablage treffen. Auch das Weibchen des Wolfsmilchschwärmers lässt sich bei der Suche nach dem passenden Grünfutter für die Nachkommenschaft vom typischen Stoffspektrum entsprechender Pflanzen leiten. Viele Pflanzen sind also deswegen gefährliche Giftküchen, weil sie sich mit stofflichen Abwehrmechanismen gegen tierische Konsumenten wehren, um unnötige oder allzu vorzeitige Verluste zu vermeiden. Die pflanzliche Verteidigungschemie, deren Wirkung bei unvorsichtigem „Genuss" von leichter Unverträglichkeit bis hin zu fatalen Folgen reicht, arbeitet mit einer nahezu unübersehbaren Fülle verschiedener Verbindungen, an denen die Naturstoffchemiker mit Sicherheit noch viele Jahrzehnte zu tun haben. Vieles ist noch weitgehend unverstanden – beispielsweise das Problem, warum Vögel die verlockend aussehenden Giftfrüchte von Faulbaum, Pfaffenhütchen oder Schneeball unbeschadet verzehren können, während sich Säugetiere (einschließlich Mensch) damit ernste Schwierigkeiten einhandeln.

Das i und sein Tüpfelchen: Wie gut sehen unsere AUGEn?

Im Prinzip arbeiten unsere Augen wie eine fotografische Kamera: Die Augenlinse mit ihrer vorderen Brennweite von etwa 17 Millimeter entwirft im Augenhintergrund auf der Netzhaut mit ihren über 125 Millionen

A Sehsinneszellen ein Bild wie das Kameraobjektiv auf dem Film im Gehäuse. Eine wichtige Größe zur Beurteilung der dabei gelieferten Bildqualität ist das so genannte räumliche Auflösungsvermögen, manchmal auch als Sehschärfe bezeichnet. Darunter versteht man den minimalen Abstand, den zwei Punkte oder Linien aufweisen dürfen, um bei optimaler Beleuchtung noch getrennt wahrgenommen zu werden. Das menschliche Auge kann Objektstrukturen in normalem Leseabstand als getrennte Bildbestandteile wahrnehmen, wenn diese nicht weniger als etwa 0,15 Millimeter voneinander entfernt sind. Der zugehörige Sehwinkel liegt dann bei etwas über 25 Bogensekunden. Ist der Abstand zwischen den Objektstrukturen kleiner, verschmelzen die betreffenden Punkte oder Linien zu einer Einheit. So kann man beispielsweise beim Vierfarbendruck die neben- bzw. übereinander gesetzten Farbpunkte räumlich nicht mehr auflösen – der betreffende Farbauftrag verläuft daher zu einem einheitlichen Bildeindruck. Die normale Sehschärfe ist eine individuelle und zudem natürlich altersabhängige Leistung. Die benannten 0,15 Millimeter sind daher lediglich ein Durchschnittswert.

Die von Natur aus vorgegebene Sehschärfe des „unbewaffneten" Auges begrenzt den Informationsgehalt von Bildern, die wir von kleinen Objekten gewinnen können. Wenn man bestimmte Details besser erkennen möchte, etwa die Papierfransen an den Zacken einer Briefmarke, nimmt man eben eine Lupe zur Hand, die den Sehwinkel entsprechend vergrößert. Die naturwissenschaftliche Forschung benötigt noch bessere Objektauflösungen und setzt dazu leistungsfähige Mikroskope ein. Sehr gute Lichtmikroskope verbessern das natürliche Auflösungsvermögen unserer Augen etwa um den Faktor 1000 – sie bilden also noch Objektdetails ab, die nur ungefähr 0,15 Mikrometer voneinander entfernt sind. Ein Elektronenmikroskop setzt nochmals einen Faktor 1000 darauf und kann daher Dinge im Vergleich zum Auge etwa eine Million mal genauer darstellen.

Eine vom Auflösungsvermögen zunächst unabhängige Größe ist die Fernsicht unserer Augen. Wenn weit entfernte Objekte dem Auge unter einem Sehwinkel von mehr als 25 Bogensekunden erscheinen, sind sie unabhängig von ihrer Entfernung sichtbar. Die weiteste Struktur, die man von der Erde aus in einer sternenklaren Nacht ohne Instrumente erkennen kann, ist die über zwei Millionen Lichtjahre entfernte Andromeda-Galaxie (M31).

AUSGEBREMST:
Stören Pflanzen die Erdumdrehung?

Bei der Waschmaschine zu Hause haben Sie es sicher schon einmal beobachtet: Wenn sich die Wäschestücke in der drehenden Trommel zufällig stärker ungleich verteilen, beginnt die Maschine spätestens beim Schleudergang heftig zu tänzeln. Unwucht nennen die Mechaniker diese Erscheinung, die sich bei sehr rasch drehenden Maschinenbauteilen enorm störend auswirken kann. Deshalb lässt man in der Autowerkstatt bei jedem Reifenwechsel zusätzlich die Felgen auswuchten.

Ein anderes imposantes Bild einer Drehbewegung sind die Schwindel erregenden Pirouetten der Eiskunstläufer: Aus einer elegant gezogenen, rasch durchfahrenen und immer enger werdenden Spirale entwickeln sie ihre Drehung auf der Stelle – zunächst mit abgespreizten und dann noch schneller mit angewinkelten Armen. Der Durchmesser des drehenden Körpers beeinflusst die Drehgeschwindigkeit. Auf einem drehbaren Bürostuhl oder Küchenhocker, auf dem man sich schwungvoll in Rotation versetzt, kann man diesen Pirouetten-Effekt bei ausgestreckten oder eingezogenen Armen leicht nachvollziehen.

Ganz ähnlich ergeht es unserer Erde im Wechsel der Jahreszeiten. Von Frühjahr bis Herbst tragen die Laub werfenden Bäume ihr safti-

B ges Blattwerk und heben damit in der Summe etliche Millionen Tonnen mit Wasser angefüllter Biomasse mehrere Dutzend Meter in die Höhe – vergleichbar den ausgestreckten Armen einer Eiskunstläuferin. Obwohl diese weiter nach außen verlagerte feuchte Blattmasse im Vergleich zur Gesamtmasse der Erde fast verschwindend gering ist, macht sich ein minimaler Pirouetten-Effekt bemerkbar: Im Sommerhalbjahr dreht sich die Erde etwas langsamer und die Tage sind geringfügig länger. Es sind zwar nur wenige Millisekunden, aber der Wert ist immerhin zuverlässig messbar.

Weil die Kontinentflächen auf der Nordhalbkugel viel größer sind und hier zudem wesentlich ausgedehntere Laubwälder wachsen als auf der Südhalbkugel, erfährt die sich drehende Erde durch die jahreszeitlich bedingte Massenverlagerung zusätzlich eine Unwucht – sie eiert buchstäblich ein ganz klein wenig vor sich hin. Langfristig werden diese Störkräfte der Festlandvegetation die Erddrehung deutlich abbremsen. In der Devonzeit vor rund 400 Millionen Jahren, als die Gesteine des Rheinischen Schiefergebirges entstanden, schaffte die Erde im Jahr noch etwa 400 Umdrehungen – ablesbar an den täglichen Zuwachsstreifen fossiler Korallen aus dieser Zeit. Die Verlangsamung der Erdrotation ist jedoch nicht allein die Summenwirkung der damals erstmals entwickelten Festlandvegetation, sondern vor allem der Bremswirkung der Gezeitenkräfte.

Du bist nicht allein: Ist der Mensch ein **BAKTERIEN**biotop?

Bakterien sind faktisch überall in der Biosphäre anzutreffen und vergrößern deren Ausdehnung sogar noch beträchtlich: Man fand sie im Marianengraben (Pazifischer Ozean) in elf Kilometern Tiefe am Meeresboden, überraschend auch bei der Erdölsuche in Bohrkernen aus 400 Metern Teufe (wie die Bergleute sagen) sowie in einer Dichte von einer

Zelle pro 60 Kubikmeter sogar 30 Kilometer hoch in der Stratosphäre. So muss es nicht wundern, dass auch der Mensch als integraler Bestandteil der Natur ebenso wie andere Lebewesen von Geburt an das Zielgebiet kleiner bis sehr kleiner Besiedler ist. Einerseits übernimmt er eher passiv eine gelegentliche Gastgeberrolle für Arten, die beispielsweise als lästige Eindringlinge besonders der Haut sehr nahe treten, sich darin wie die Läuse und Flöhe mit stechenden oder bohrenden Werkzeugen vertiefen und das dichte Kapillarennetz als billige Tankstelle nutzen. Andererseits ist jeder von uns auch ein dauerhafter Biotop und geradezu ein wandelndes Ökosystem. Vor allem sind wir ein Fall für die Mikrobiologie, die sich mit besonders winzigen Lebewesen befasst.

Auf jedem Quadratzentimeter Haut tummeln sich nämlich bis zu 10 000 Bakterien. Auf den rund zwei Quadratmetern eines durchschnittlich großen Menschen können es zusammen etwa eine Billion (10^{10}) sein.

Platzangst empfindet diese Besatzung dabei nicht – 10 000 Bakterien je Quadratzentimeter entsprechen etwa fünf Besuchern in einem Stadion für 100 000 Zuschauer, und ein solcher Andrang gilt ja nicht gerade als Überfüllung. Bei jedem kräftigen Händedruck kommt dennoch Bewegung in diese Szene – viele Bakterien bleiben dabei am jeweiligen Gegenüber kleben. Die Bakterienpopulationen jedes/jeder Beteiligten erfahren somit episodische Ab- und Zugänge.

Bakterien beschränken sich jedoch nicht nur auf die Außenfassade, sondern kolonisieren uns auch von innen. In der Mundhöhle jedes Menschen siedeln so viele oder sogar noch mehr Mikroben wie Einwohner in Eurasien – Schätzungen gehen sogar von Populationsdichten von bis zu 10^{10} aus. Beim innigen Tête-à-tête wechseln allein innerhalb der ersten Minute etwa 10^7 Winzlinge ihren vorherigen Aktionsort.

Beinahe unzählbar – und auf etwa 10^{14} veranschlagt sind die Bakterienpopulationen der so genannten Darmflora. Eine dieser Formen im Darm ist *Escherichia coli*, der Spitzenreiter der modernen biologischen Forschung. Angesichts solcher beträchtlichen Gesamtzahlen kommen vorsichtige Hochrechnungen zu dem immerhin erstaunlichen Ergebnis, dass von den Zellen, die wir gemeinhin als unseren Körper betrachten, die weitaus meisten gar nicht uns gehören. Unsere normale mikrobielle Dauerbesatzung stellt uns der Zellanzahl nach um Zehnerpotenzen in den Schatten. Fragt man sich nun einmal kritisch, wer man eigentlich ist, fällt die Antwort klar zugunsten der Bakterien aus.

Warum muss man(n) beim BALZEN übertreiben?

Vielen Tieren geht es nicht anders als uns Menschen. Ist Fortpflanzungszeit und „die Hormone spielen verrückt", wird mit allen Mitteln der Kunst ein Geschlechtspartner gesucht und umworben. Ohne einen gewissen Einsatz würde ein Paarung nicht zustande kommen. Die für den eigentlichen Akt erforderlichen, werbenden wie stimulierenden Vorbereitungen bezeichnet man als Balz. Für Außenstehende, seien es menschliche Tierbeobachter oder Beobachter menschlichen Balzverhaltens, die sich nicht gerade auch in der gleichen Gefühlsverfassung befinden, wirken Balzhandlungen oft übertrieben, wenn nicht sogar leicht grotesk.

Geradezu unerschöpflich in ihrer Mannigfaltigkeit an Farben, Formen und Bewegungen ist die Vogelbalz. Viele der angehenden Vogel-Ehemänner „verkleiden" sich quasi, indem sie Prachtgewänder (-gefieder) anlegen, um sich darin fast geckenhaft zu verhalten. Schließlich müssen die besonders bunten Vogelmänner meist unscheinbaren, aber um so wählerischeren Frauen imponieren. Oft führen sie dazu noch ekstatische Tänze auf, allein oder gemeinsam mit anderen Bewerbern, direkt vor der Auserwählten oder auch abseits und scheinbar völlig unbekümmert um das andere Geschlecht.

Beispiele für auffällige Gefiederbalz sind etwa der Rad schlagende Pfau oder der australische Leierschwanz, bei dem die Männchen ihren Schwanz gefächert auf den Rücken klappen, so dass die auffällig gezeichnete Unterseite sichtbar wird. Während Fregattvogel-Männchen mit aufgeblasenem, weit leuchtendem Kehlsack auf vorüberkommende Weibchen warten, entfalten Paradiesvögel ihr Prachtgefieder oft kopfabwärts hängend, wobei bei manchen Arten sozial balzende Männchen dabei sogar symmetrische Figuren bilden.

Unser wohl auffälligster einheimischer „Balzer" ist der Trapphahn. Die Männchen der sehr selten gewordenen Großtrappe verwandeln sich in der Balz durch Hochklappen von Schwanz und weißen Flügelfedern sowie Aufblasen von Hals und Brust zu grotesken Federkugeln.

Mangels Gefiederpracht setzen Vogelmänner anderer Arten auf Akrobatik oder Baukunst, Trommelwirbel oder Sängerwettstreit. Bei Balzflügen steht wildeste Luftakrobatik mit Überschlägen und schwungvollen Schleifen auf dem Programm. Manche – unser kleiner Zaunkönig ist dafür ein Paradebeispiel – erstellen ein, der Zaunkönig sogar bis zu zwölf (!), Nest(er) im Rohbau und preisen es der umworbenen Dame an. Andere wie Spechte trommeln einen Wirbel nach dem anderen mit dem Schnabel auf hohle Gegenstände, egal ob Baumast oder Metallmast.

Bei vielen, vor allem den Singvögeln, stecken die größten Balzqualitäten in der Kehle: Da wird die Begehrte mit allen Regeln der Sangeskunst ins Revier gelockt, wobei das Repertoire von Schmetterstrophen über zärtliches Gewisper und fröhliches Trillern bis zu schmelzendem Schluchzen reicht.

Spitzenleistungen beim „Show-Balzen" bringen auch die Laubenvögel Neuguineas und Australiens. Bei der Werbung um Weibchen säubern die Laubenvogel-Männer je nach Art besondere Balzplätze, um dort „Hütten", „Wandelgänge" und „Maibäume" zu errichten und diese mit Schneckenhäusern, Federn, Teilen von Insektenpanzern, Blüten, Knochensplittern, aber auch Münzen, Sicherheitsnadeln und Kronkorken zu schmücken. Die Männchen des Seidenlaubvogels gehen sogar unter die Maler, indem sie Pflanzenmaterial durchkauen und damit Holzstückchen wie Laubenwände bestreichen. Laubenvögel haben sich damit quasi ein ablegbares Prachtkleid geschaffen. Wenn wir noch die Balzrituale verschiedener Tiergruppen hinzunehmen, von röhrenden Hirschen bis zur symbolischen Beuteübergabe eines ballonartig gesponnenen Gewebes bei einer Tanzfliegenart, bleibt die Frage nach dem Überlebenswert der Darbietungen. Bei allen Varianten männlicher Selbstdarstellung gilt, dass man mit auffälligen Gebärden zwar den Weibchen imponiert, gleichzeitig aber auch den Unmut von Konkurrenten auf sich zieht. Wer es dennoch schafft, sein Programm durchzuziehen, dem ist nicht nur der Erfolg bei den Damen, sondern auch der Respekt der Rivalen trotz allem Sexualneid sicher.

Doch während im Tierreich die Balz insgesamt zwar äußerst verschieden, artbezogen dagegen ziemlich einheitlich abläuft, können menschliche Balzrituale sehr unterschiedlich angelegt sein und vom körperlichen Einsatz (Schaulaufen und -tanzen, unterstrichen durch viel oder wenig Kleidung) über das Präsentieren von vorder- und hintergründigen Statussymbolen (Sportwagen bis Eigenheim, Aktiendepot bis Statusberuf) reichen. Egal, wie und mit welchem (oft subjektiven) Erfolg: Ganz triebfrei und ohne Rituale läuft unsere Balz nie ab.

Warum ist die BANANE krumm?

So verschieden die Früchte der Saison von den Frühkirschen bis zu den spät gelesenen Weinbeeren auch sein mögen – eines ist allen gemeinsam: Sie gehören überwiegend zu den zweikeimblättrigen Pflanzen. Dagegen sind die Einkeimblättrigen unter den Obst liefernden Arten stark unterrepräsentiert. Die Bromeliengewächse mit der köstlichen Ananas gehören zu dieser Pflanzenklasse, die klebrigzuckrigen Datteln aus der Familie der Palmen und eben auch die Banane aus der Familie der Bananengewächse.

Höchst ungewöhnlich ist der mächtige Blütenstand der Bananenpflanzen, der nach Größe und Gewicht zweifellos zu den Rekordleistungen des Pflanzenreichs zählt. Bei den Wildformen und auch bei den Kulturbananen hängt er im Bogen aus dem Trichter der großen Blätter heraus. Etwas vereinfacht könnte man ihn als eine ins Riesenhafte gesteigerte Ähre mit abwärts gekrümmter Achse auffassen. Daran stehen – vergleichbar den Ährenspelzen bei den Gräsern oder den Schuppen eines Zapfens – in dichter, schraubiger Folge handflächengroße Tragblätter. In ihren Achseln entwickeln sich – von außen zunächst nicht sichtbar – die Blüten. Weil die geschlossenen Tragblätter die seitlich ansitzenden Blüten umbiegen und in eine achsenparallele Position zwingen, beantwortet sich auch gleich die klassische Frage, warum die Banane eigentlich krumm ist. Allerdings sind sie abwärts gekrümmt – erst mit beginnender Reife biegen sie nach oben um, weil alle oberirdischen Pflanzenteile eben nach oben wachsen.

B ## Wie kommt das Wasser in die BAUMkrone?

Auf den ersten Blick scheinen die Landpflanzen bemerkenswert unpraktisch konstruiert zu sein: Ihr vielteiliges, saftiges Blattwerk wird bei Regen reichlich nass, aber sie können die himmlischen Güsse nicht direkt mit den Blättern aufnehmen. Das saftige Grün, das an einem großen Laubbaum vielleicht 20 oder mehr Meter hoch im Kronenraum sitzt, bekommt sein Wasser ausschließlich aus dem Boden. Die Feinwurzeln nehmen das flüssige Betriebsmittel aus den Porenräumen zwischen den Bodenteilchen auf, leiten es durch die kräftigen Stützwurzeln in den Stamm und von dort durch Äste und Zweige. Ehe das Wasser im Wipfelbereich angekommen ist, hat es einen ziemlich weiten Weg hinter sich. Und schlimm genug: Die Blätter geben es durch Verdunstung literweise wieder an die Atmosphäre zurück. An einem heißen Sommertag setzt beispielsweise eine Birke mehrere Eimer Wasser um.

Wer treibt nun das Wasser in die Höhe? Ursprünglich dachte man an eine Art Pumpleistung der Wurzeln. Wurzeldruck gibt es tatsächlich, aber er reicht nicht einmal aus, die untersten Blätter einer Baumkrone zu versorgen. Später entdeckte man, dass alle Pflanzenorgane von feinen Wasser führenden Röhren durchzogen sind – sie bilden im Prinzip eine aufsteigende Wasserleitung wie in einem Hochhaus. Die Wasser leitenden Röhren, Tracheen oder Gefäße genannt, können sehr großkalibrig sein – bei den so genannten ringporigen Hölzern wie Eiche, Esche, Ulme und Nussbaum kann man sie als millimetergroße Löcher sehen. Bei den zerstreutporigen Hölzern wie Ahorn, Birke, Buche oder Linde sind sie deutlich kleiner und nur im Mikroskop erkennbar. Nadelholz führt überhaupt keine Gefäße, sondern nur relativ kurze, aber lückenlos miteinander verbundene Wasserleitelemente (= Tracheiden).

Das gesamte feine Röhrensystem ist mit Wasser – genauer mit einem ununterbrochenen Wasserfaden – angefüllt. Wenn die Blätter über die Spaltöffnungen Wasser verdunsten, wird der Verlust durch Sog an der inneren Wasserleitung ausgeglichen, und diese deckt ihren Bedarf durch Nachtanken über die Wurzeln. Den gesamten Baum durchzieht also von der feinsten Wurzelspitze bis ins letzte Blatt ein feiner Wasserstrom. Seine mittägliche Spitzengeschwindigkeit erreicht bei ringporigen Laubhölzern bis über 20 Meter in der Stunde, bei den zerstreutporigen dagegen höchstens sechs bis acht Meter. Die besonders wasserökonomischen Nadelhölzer bleiben fast immer unter zwei Meter in der Stunde.

Die einfache, aber folgenreiche physikalische Basis des Aufwärtsstroms ist der enorme Zusammenhalt der Wasserteilchen, die Kohäsionskraft des Wassers. Diese ist zwar beachtlich, aber überschaubar: Bei etwa 130 Meter Höhe reißt ein Wasserfaden unter seinem Eigengewicht ab. Bezeichnenderweise liegt hier die Obergrenze der höchsten Bäume, der kalifornischen Riesen-Mammutbäume ebenso wie die der hochwüchsigen Eukalyptusarten in Australien.

Wie viele BEINE haben Hundert- und Tausendfüßer?

„Hundert bzw. tausend Beine" wäre die logische, aber falsche Antwort. Tausendfüßer ist der veraltete Name für eine Klasse von an Land lebenden Gliedertieren, die heute in vier getrennte Klassen eingeteilt wird: Die beiden großen sind die Hundertfüßer (Chilopoda) mit fast 3000 Arten und die Doppelfüßer (Diplopoda) mit rund 8000 Arten. Die zwei kleineren Klassen umfassen die Zwergfüßer (Symphyla) mit etwas über 100 und die Wenigfüßer (Pauropoda) mit fast 400 Arten. Feucht-Lebensräume in Mulm, Bodenstreu und Moderschichten der Wälder, unter Steinen oder Bodenplatten sind die bevorzugten Aufenthaltsorte dieser Gliedertiere. Die meisten Doppelfüßer ernähren sich von abgestorbenen Pflanzenteilen, aber auch von Algen, Früchten und gelegentlich von totem Getier. Der Saftkugler *(Glomeris hexasticha)* und der Schnurfüßer *(Ommatoiulus sabulosus)* sind zwei heimische Arten von Doppelfüßern, die vor allem in Süddeutschland recht häufig vorkommen. Der lang gestreckte Schnurfüßer lebt tagaktiv und ist auf 73 bis 107 Beinpaaren erstaunlicherweise meist in offenem, trockenem Gelände unterwegs.

Den Zwergfüßern dienen zarte Pflanzenteile, aber auch Wurzeln als Nahrung. Deshalb können sie in Gärtnereien und Gewächshäusern schädlich werden. Sie verzehren aber auch kleine Gliedertiere. Der Zwergkolopender *(Scutigerella immaculata)* ist als weit verbreiteter Zwergfüßer sowohl bei uns wie in Nordamerika, Nordafrika und auf Hawaii heimisch. Wenigfüßer ernähren sich meist von Pilzfäden, die von ihnen angebissen und ausgesogen werden.

Während Hundertfüßer schnell laufende Räuber sind und Giftklauen als Angriffswaffen hinter dem Kopf tragen, bewegen sich die Doppelfüßer in der Regel langsam. Sie ernähren sich von abgestorbenem Pflanzenmaterial und fressen gelegentlich auch lebende Pflanzenteile.

Auf tausend Beinen kommt keiner der „Tausendfüßer" daher. Die Doppelfüßer neigen zu mehr Beinen als die Hundertfüßer. Den Rekord mit 750 Beinen (das sind 375 Beinpaare) hält *Illacme plenipes*, ein Doppelfüßer aus Kalifornien. Die meisten Beine aller Hundertfüßer besitzt mit 342 bis 354 Beinen oder entsprechend 171 bis 177 Beinpaaren *Himantaru gabrielis* aus dem südlichen Europa. Er gehört zur Ordnung Geophilomorpha, die mit 35 bis 177 Beinpaaren die einzige von insgesamt vier Ordnungen ist, die den Namen Hundertfüßer rechtfertigt. Interessanterweise ist die Anzahl der Beinpaare bei allen Arten dieser Ordnung immer ungerade. Einer unserer heimischen Hundertfüßer, der eineinhalb bis vier Zentimeter lange, extrem schlanke Erdläufer *(Geophilus longicornis)* kommt auf 49 bis 57 Beinpaaren bzw. 98 bis 114 Beinen angelaufen. Er jagt kleine Regenwürmer, die er in ihren Erdhöhlen aufspürt, mit dem Körper umschlingt und durch einen Giftbiss tötet.

Können Vögel durch angegorene Früchte BETRUNKEN werden?

Aus dem Freiland ist längst bekannt, dass vor allem Säugetiere durch den Genuss von gegorenen Früchten und Baumsäften in rauschähnliche Zustände verfallen. Normalerweise eher „ängstliche" Elefanten werden dann plötzlich zu randalierenden Rowdies, Steppenpaviane torkeln umher wie menschliche Wirtshausbesucher, die zu tief ins Glas geschaut haben. Was aber passiert, wenn Drosseln und Stare sich an den angegorenen Beeren Früchte tragender Sträucher gütlich

B getan haben? Zunächst sah es nach „Trunkenheit im Luftverkehr" aus, als Ende 1993 auf der Autobahn 661 bei Frankfurt Hunderte von Vögeln aus den nahrungsreichen Büschen heraus und direkt in die Autos hineinflogen. War Alkohol der Grund für die Vogelverluste im Straßenverkehr? Schließlich ist bekannt, dass Früchte, die im Spätherbst und Winter an Weißdorn und Heckenrose hängen, bis zu fünf Prozent Alkohol enthalten können, was etwa dem Alkoholgehalt von Bier entspricht. Bekannt ist auch, dass Stare, Amseln oder Wacholderdrosseln sich in der kalten Jahreszeit bevorzugt von diesen Früchten ernähren. Wie trinkfest sind aber die Vögel? Diese Frage stellte die Staatliche Vogelschutzwarte in Frankfurt dem Ornithologen und Physiologen Prof. Dr. Roland Prinzinger und seinem Team von der Universität Frankfurt. An Staren nahmen die Wissenschaftler einen umfangreichen ornithologischen Alkoholtest vor und waren vom Ergebnis sehr überrascht: Stare und andere Früchte verzehrende Vögel sind weitaus trinkfester als wir. Das im Vogeldarm und -blut vorhandene Alkohol abbauende Enzym ADH (Alkoholdehydrogenase) weist im Vergleich zum Menschen eine sehr hohe Aktivität auf. Der Alkoholabbau funktioniert so gut, dass ein Star mit dem Gewicht eines Menschen alle acht Minuten eine Flasche Wein trinken könnte, ohne die geringsten Probleme zu bekommen. Daher können die Beerenfresser im Gegensatz zu Körnerfressern wie Tauben durch den Verzehr vergorener Früchte nicht betrunken werden. Offenbar haben sich Amsel, Drossel und Star im Laufe der Evolution an geistreiche Nahrung angepasst, die gerade im Winter eine energiereiche Nahrungsquelle darstellt. Verantwortlich für die Verluste an der Frankfurter Autobahn war somit nicht der Alkoholkonsum der Vögel, sondern die Fallenwirkung der Bepflanzung. Um Luftfeinden zu entgehen, fliegen Beeren fressende Vogelschwärme gerne im Tiefflug ab und kreuzen damit zwangsweise Straßen in gefährlicher Autohöhe.

Wie viel BIENEnfleiß steckt in einem Glas Honig?

Während Wespen ihre Brut ausschließlich mit Fleisch ernähren und selbst nur süße Pflanzensäfte schlürfen, sind die Bienen in allen Lebensstadien reine Vegetarier und in ihrer Ernährung ganz auf Blütenstaub (Pollen als Eiweißnahrung) und Flüssigkost (Kohlenhydratnahrung, Nektar und Honigtau, die zuckerigen Ausscheidungen von Blattläusen) angewiesen.
Bienen sammeln bei ihren Blütenbesuchen Nektar und/oder Pollen. Mit ihrem Saugrüssel schlürfen sie den Nektar in ihren im Hinterleib gelegenen, etwa stecknadelkopfgroßen Honigmagen. Dieser ist durch einen Ventilverschluss vom Darm abgeriegelt. Beim Pollen- und vor allem beim Nektarsammeln darf eine Arbeiterin nur so viel Zuladung aufnehmen, dass sie ihr Startgewicht nicht überschreitet. Andererseits sind die ausbeutbaren Nektarmengen der Blüten mitunter sehr gering. Eine Sammlerin muss für eine komplette Honigmagenfüllung (rund 250 Milligramm) beispielsweise etwa 1000 Klee- oder 200 Taubnessel-Blüten anfliegen. Aus jeder besuchten Blüte gewinnt sie art- und tageszeitenabhängig etwa 0,1 bis ein Milligramm reinen Zucker. Ein gestrichener Teelöffel Honig entspricht der Tagesleistung von rund zwei Dutzend Sammelbienen.
Die eingesammelte Flüssignahrung ist, auch wenn sie im Honigmagen der Biene transportiert wird, zunächst noch flüssiger Nektar

und noch kein eingedickter Honig. Im Stock würgt die Sammlerin ihr Transportgut aus und gibt es an Stockbienen weiter. Durch wiederholte Weitergabe wird der Wasseranteil stufenweise verringert. Auch bei der Speicherung in den Waben verdunstet ein Teil des Wassers. So wird aus etwa drei Teilen Nektar schließlich ein Teil Honig. Rechnet man diesen Wert zurück, so müssen die Bienen für ein 500 Gramm Honigglas etwa zwei Millionen Blütenbesuche erledigen. Dazu ist eine Flugstrecke bis zu 120 000 Kilometer (= dreifacher Erdumfang) nötig. An einem einzigen ertragreichen Sommertag kann ein fleißiges Bienenvolk etwa ein Kilogramm Honig zusammenbringen. Nur wenn die Nektartracht ungewöhnlich ergiebig ist, wie beispielsweise bei einem blühenden Rapsfeld, ist die Ausbeute höher.

BLITZschnell? Reagieren Menschen wirklich

Man hört sie schon aus einiger Entfernung und stellt sich rechtzeitig auf die zu erwartende Attacke ein: Stechmücken sind relativ langsame Flieger – man kann ihnen zusehen, wie sie langsam landen, die Stechborsten zurechtrücken und ... zack, ist der Plagegeist platt. Blitzschnell hat die Hand hingelangt und ein im Prinzip außerordentlich interessantes Lebewesen ausgelöscht. Blitzschnell?

Der Auftrag an die Hand, vorsichtig auszuholen und kurzfristig niederzusausen, entsteht im Gehirn. Der Weg zu den Armmuskeln, die die Bewegung ausführen, ist überschaubar kurz. Und außerdem erscheint uns die Zeit zwischen Entscheidung und Ausführung nur als Bruchteil eines Augenblicks. Tatsächlich laufen die elektrischen Impulse durch die Nerven, die unsere Muskeln in Gang setzen, mit einer Durchschnittsgeschwindigkeit von rund 100 Metern in der Sekunde oder rund 360 Stundenkilometern. Das ist für eine praktisch verzögerungsfreie Empfindung oder Reaktion ausreichend schnell. Selbst wenn uns ein Hammer auf den kleinen Zeh fällt, ist die meldende Nervenbahn zum – sagen wir – 1,8 Meter höher liegenden Gehirn überaus rasch durcheilt, genau genommen in knapp zwei Hundertstel Sekunden. Also doch blitzschnell? Zur Geschwindigkeit eines wirklichen Blitzes nimmt sich das Fernmeldegeschehen durch die lange Leitung im Körper allerdings reichlich bescheiden aus. Ein elektrischer Funke – und nichts anderes ist ein Blitz – schlägt mit etwa 12 000 Stundenkilometern Geschwindigkeit zwischen zwei gegensätzlich gepolten Ladungsträgern über. Nur die sichtbaren Lichtwellen dieses Ereignisses bewegen sich mit Lichtgeschwindigkeit, d.h. mit rund 300 000 Kilometern in der Sekunde. Im Vergleich dazu ist das elektrische Signal selbst durch unsere schnellsten Nervenbahnen geradezu entsetzlich lahm. Selbst der langsamste Blitz ist immer noch rund 30 Mal schneller als die elektrische Nachricht durch einen Nerv.

Übrigens laufen auch die Nervenimpulse bei etwas reaktionsträgen Mitmenschen mit der gleichen Durchschnittsgeschwindigkeit um 100 Meter in der Sekunde. In diesem Fall ist das Problem also nicht die sprichwörtlich „lange Leitung", sondern eher das Tempo der Denkprozesse im Gehirn ...

BLÜTENmuster:
Warum sind Blumen in der Mitte anders gefärbt als außen?

Keine Imbissbude und erst recht kein Landgasthaus kommt ohne Reklame aus. Selbst eine Kneipe benötigt ein werbewirksames Aushängeschild für die Besucherlenkung. Aus exakt dem gleichen Grunde sind die ursprünglich unauffälligen, weil mit Pollentransport durch Wind oder Wasser arbeitenden Blüten zu ungemein attraktiven Blumen geworden, die mit

B allerhand optischen (und auch duftenden) Mitteln Aufmerksamkeit erregen.

Allein ein kräftiger Farbklecks auf neutralgrünem Hintergrund macht jedoch nicht genügend neugierig und lockt sicherlich keine Mengen von Besucher an. Tatsächlich ist die optische Gesamterscheinung einer Blüte bei genauerem Hinsehen deutlich mehr als nur ein simpler Aufreißer mit Farbsättigung. Blüten versorgen ihre möglichen Besucher auch noch mit allerhand nützlichen Zusatzinformationen. Anstelle eines einfach nur plakativ wirkenden Farbflecks tragen sie besondere Farbmale, die Signalfunktion übernehmen.

Wer durstig oder hungrig ist und ein Gasthaus ansteuert, möchte verständlicherweise nicht lange nach dem Eingang suchen müssen. Exakt diese Minimalinformation bietet die Blüte auch dem anfliegenden Insekt. Als Lenk- und Landehilfe wirkt dabei die kontrastbetonende Unterscheidung zwischen Blütenzentrum und Blütenrand. Nahezu alle insektenbestäubten Blüten färben ihre für die Besucher ausschließlich interessante Mitte entweder deutlich heller oder wesentlich dunkler als die umgebenden Randbereiche. Beispiele sind unter anderem Vergissmeinnicht, Rosen, Malven oder Storchschnabel. Ein solches Farbprogramm, das an die Zielscheibe vom dörflichen Schützenfest erinnert, führt das anfliegende Insekt genau in das Blütenzentrum, wo sich üblicherweise die Nektarvorräte befinden. Während die Gesamtblüte oder auch ein Blütenstand mit enormer Farbigkeit eher eine Art Leuchtreklame mit ausgesprochener Fernwirkung betreiben, dienen die differenzierten Blütenmuster jeweils der Feinnavigation im Nahbereich. Farbkontraste zwischen innen und außen oder Mitte und Rand sind dazu ein außerordentlich wirksames Mittel, wie auch der kritische Selbstversuch bestätigt: Fast selbstverständlich werden auch unsere Blicke förmlich zum geometrischen Mittelpunkt einer Blüte mit entsprechendem Design hingezogen.

Gibt es Tiere, die ihr BLUT zur Verteidigung verspritzen?

Wohl jeder von uns hat (zumindest in Kindertagen) mit einem gezielten Schuss aus seiner Wasserpistole schon andere erschreckt. Statt Wasser setzen die drei Arten der Hornechsen (Gattung *Phrynosoma*) tatsächlich ihr eigenes Blut zu Verteidigungszwecken ein. Sie können den Blutdruck in den Fistelgängen ihrer Augen so stark erhöhen, bis die Gefäßwände platzen und das Blut bis zu 1,2 Meter weit aus ihren Augen spritzt. Diese Verteidigungsstrategie heben sich die Echsen aus den Wüstengebieten im Westen Nordamerikas allerdings bis zuletzt auf. Vorher passen sie eher wie ein Chamäleon ihre Schuppenfarbe der Umgebung an oder blasen sich auf und springen dem Angreifer, etwa einem räuberischen Säugetier, zischend entgegen.

Haben Schimpansen die gleichen BLUTgruppen wie wir?

Alle Menschen sind gleich, verkündet eine Grundsatzerklärung der Vereinten Nationen. Rechtlich ist das sicher unstrittig (wenngleich in vielen Ländern noch nicht praktiziert), aber biologisch kann man diesen Satz so nicht stehen lassen. Schon der bloße Vergleich von Nasenform, Augenfarbe und Haarwuchs der nächsten Nachbarn zeigt, dass es eindeutige individuelle Merkmale gibt, die jeden von uns vom anderen unterscheiden. Die Erfolge der Verbrechensaufklärung mithilfe des so genannten „genetischen Fingerabdrucks" sind ein weiterer klarer Hinweis auf die Individualität: Jeder Mensch ist sozusagen ein Unikum, einmalig und nahezu unverwechselbar.

Ein Teil unserer Individualität liegt uns gleichsam im Blut: Im Jahre 1901 entdeckte der Wiener Arzt Karl Landsteiner das AB0-System der Blutgruppen. Menschliches Blut gehört danach immer zu einer der Hauptgruppen A1, A2, B, AB oder 0. Diese Merkmale sitzen als Antigene auf den roten Blutzellen (Erythrozyten) und bestehen nur aus minimalen Unterschieden in der chemischen Zusammensetzung der Blutzellen-Außenmembran. Entsprechend besitzt das Blutserum immer diejenigen Antikörper, die nicht gegen die eigene Blutgruppe gerichtet sind. Außer der AB0-Gruppierung kennt man heute weitere Blutgruppensysteme mit über 60 Antigenen. Das bekannteste ist der ebenfalls von Landsteiner entdeckte Rhesus-Faktor. Blut ist also, wie Mephisto im Faust zu Recht feststellt, ein ganz besonderer Saft. Jeder von uns trägt einen höchst individuellen Mix mit sich herum. Aber warum ist das so? Bisher konnte die Wissenschaft auf den so genannten Blutgruppen-Polymorphismus keine einleuchtende Antwort geben. Außerdem ist völlig unklar, warum die Blutgruppen unter einzelnen Bevölkerungsgruppen geografisch so verschieden verteilt sind: In Mitteleuropa haben etwa 36 Prozent Blutgruppe 0 und nur 14 Prozent Blutgruppe B. Bei den Ureinwohnern Australiens kommen die Blutgruppen B und AB gar nicht vor, die Ureinwohner Nord- und Südamerikas haben fast alle 0 und bei den Kongopygmäen und Chinesen gehören rund 10 Prozent zur Gruppe AB. Der angeblich bessere Schutz vor Infektionskrankheiten der statistisch etwas häufigeren Gruppen 0 und A ist umstritten.

Blutgruppen kommen auch bei Tieren vor. Die Menschenaffen haben das gleiche AB0-System. Von anderen Arten wie den daraufhin besonders gut untersuchten Haustieren (Pferd, Rind, Schaf, Schwein) kennt man vergleichbar zahlreiche Blutgruppen.

Gibt es tatsächlich BLUTsauger?

Hier geht es nicht um mythologische Vampirfiguren, deren bekanntester Exponent unzweifelhaft Graf Dracula ist, sondern um echte Blutsauger. Vampire gibt es wirklich. Allerdings sind es nur drei Arten aus der großen Formenfülle der Fledermäuse, die als einzige

Warmblüter ausschließlich von Blut leben. Die hoch spezialisierte Ernährungsweise dieser drei Angehörigen aus der großen Fledermausfamilie der in Mittel- und Südamerika beheimateten Neuwelt-Blattnasen führte zu besonderen Anpassungen, zum Beispiel im Gebiss. Der häufigste Vampir, der Gemeine Vampir *(Desmodus rotundus)*, lebt von Säugetierblut, während die selteneren Arten Kammzahnvampir *(Diphylla ecaudata)* und Weißflügelvampir *(Diaemus youngi)* hauptsächlich Vogelblut zu sich nehmen.

Keineswegs stürzen sich die echten Vampire aus der Luft auf ihre Opfer. Alle sind gut „zu Fuß". Auf Handgelenk und Beine gestützt, können sie für Fledermäuse erstaunlich schnell rennen und hüpfen und weichen so eventuellen Abwehrreflexen ihrer schlafenden Opfer geschickt aus. Vor allem größere „Blutspender", wie etwa Kühe, können *Desmondus* aber auch direkt als Landeplatz dienen. Vor einer Blutmahlzeit speichelt der Vampir zuerst eine gut durchblutete Hautstelle seines Opfers auf einer Größe von zehn bis 15 Millimeter ein. Dann drückt der Vampir seinen vorspringenden Unterkiefer mit den schräg nach vorne weisenden Vorderzähnen als Schnittwiderlager in die Haut seines Opfers, um mit den oberen Schneidezähnen das überhängende Hautstück ruckartig herauszuschneiden. Dank seiner klingenförmig verbreiterten und mit leicht konkaven Schneidekanten ausgestatteten Schneide- und Eckzähne ist der Schnitt des Vampirs rasiermesserscharf. Jetzt springt der Vampir zurück und spuckt das Hautstück aus. Erst danach beginnt die bis zu 25 Minuten dauernde Blutmahlzeit. Dabei stochert das Tier immer wieder mit der verhornten Zungenspitze in der Wunde herum und eröffnet damit neue Blutgefäße. Sein Speichel enthält auch gerinnungshemmende Stoffe, die verhindern, dass sich die Wunde rasch schließt. Ein Vampir nimmt Blut nicht durch Saugen, sondern durch Lecken auf.

Ein Vampir muss etwa 19 Gramm Blut täglich aufnehmen, was nahezu der Hälfte seines Körpergewichts entspricht. Berechnungen zum Energiehaushalt haben gezeigt, dass ein Energiegewinn durch Blutaufnahme nur in den Tropen unter entsprechend hohen Außentemperaturen funktionieren kann. Deshalb wäre es nicht nur in Transsylvanien für Blutsauger viel zu kalt.

Neben den echten Vampiren und den wohlbekannten wie verhassten Stechmücken gibt es noch weitere Blut-Liebhaber. Ein Darwin-Fink auf Galapagos geht größeren Vögeln an die Federkiele, um das dort austretende Blut für seinen Flüssigkeitsbedarf aufzunehmen. Eine Schmetterlingsmotte in Malaysia ist schließlich der einzig bekannte Schmetterling, der Wunden selbst verursacht, um an Blut zu gelangen. Während eine Reihe von Motten zwar aus offenen Wunden sickerndes Blut leckt, bohrt diese Schmetterlingsmotte *(Cylptra eustrigata)* als Einzige der Sippe ihren ebenso kurzen wie kräftigen Rüssel durch die Haut großer Säugetiere, um ihn wie ein Strohhalm zum Einsaugen des Blutes zu benutzen.

Warum brennt die BRENNnessel?

Die unsachgemäße Handhabung der überaus spitzfindigen Dorn- und Stachelpflanzen, die sich so zuverlässig in Hemd, Hose und Haut verhaken, bringt bekanntermaßen mancherlei Probleme mit sich. Die Wehrhaftigkeit solcher Pflanzen ist jedoch meist so rechtzeitig und deutlich zu erkennen, dass man ihrer peinlichen Eindringlichkeit auch aus dem Wege gehen kann. Leider ist das jedoch nicht immer so: Die feinen Sticheleien der Brennnesseln umgeht man erst dann, wenn man damit bereits hautnahe Erfahrungen hinter sich hat.

Die Brennhaare der Brennnesseln sind besondere Abwehreinrichtungen – höchst eigenartige und technisch verblüffend funktionssicher konstruierte Gebilde. Jedes Brennhaar besteht aus einer besonders großen Zelle mit verdickter Basis und lang ausgezogener Spitze, an der seitlich ein kleines, rundliches Köpfchen ansitzt. Die kugelige Zellbasis, die in einem grünen Gewebehöcker steckt, ist betont elastisch. Der längliche Brennhaarteil ist dagegen starr und biegefest, die Spitzenregion sogar ausgesprochen spröde. Bei unachtsamer Berührung wird das Brennhaar kopflos – das Haarköpfchen bricht weg und hinterlässt eine scharfkantige, ritzende Bruchstelle, die sofort und mühelos in die Haut eindringt – ähnlich wie eine Glasampulle, der man zum Entleeren ein Ende weggebrochen hat. In der Haut entleert das entkopfte Brennhaar seinen Inhalt so, wie das Schreibpapier durch Kapillarwirkung die Tinte aus der Füllerfeder zieht. Meist wird bei der Berührung auch noch leicht geknickt. Dabei gerät die verdickte Zellbasis unter Druck, gibt diesen an die Brennhaarkanüle weiter und entleert den gesamten Inhalt in die zuvor aufgeritzte Haut. Die gesamte Attacke vollzieht sich in Sekundenschnelle – man spürt es eben sofort, wenn man bei der Brennnessel unliebsam Anstoß erregt hat.

Augenblicklich rufen die dabei injizierten Stoffe (unter anderem das biologisch hoch wirksame Histamin, ein hormonartiger Stoff) in der Haut mit Rötung, Schwellung, Erwärmung und Schmerz eine klassische Entzündungsreaktion hervor. Außerdem gehört zur chemischen Ausstattung der Brennhaar-Giftspritze die Substanz Acetylcholin, die buchstäblich auf die Nerven geht und sie stark erregt. Nur bei nackter Haut funktioniert dieser unfreundliche Empfang – Kleidung können die Brennhaare nicht durchdringen. Singvögel, die an den Brennnesseln herumturnen und die Samen fressen, sind durch ihr Gefieder geschützt und haben mit dieser Pflanze ebenso wenig Probleme wie eine dickfellige Katze, die im Brennnesseldickicht die Mäuse beschleicht. Auch die Raupen von Tagpfauenauge oder Kleinem Fuchs, die von Brennnesselblättern leben, sind für die winzigen Giftspritzen unerreichbar, denn sie sind viel zu klein. Pflanzliche Abwehr arbeitet eben selektiv.

Welches Säugetier ist das BUNTeste?

Es ist der Mandrill-Mann. Er kann für sich in Anspruch nehmen, der Bunteste von allen zu sein. Zur Personenbeschreibung: Kräftige Gestalt mit großem Kopf und langen Eckzähnen; Fell grünbraun, an der Unterseite blass gelb; orangegelber Backen-, weißlicher Schnurr- und Kinnbart; rosafarbene Ohren; in den Farben Rot, Violett, Weiß und Blau leuchtendes Gesicht; schwarze Nase; nacktes blaues und rotes Hinterteil; roter Penis und blauer Hodensack. Bei Erregung leuchten die Hautfarben noch intensiver. Weibchen und Jungtiere dieser in Westafrika lebenden Waldpavianart tragen ähnliche, aber viel blassere Farben. Wenn es im diffusen Grün des Regenwaldes so bunt aufblitzt, ist nicht Fasching, sondern *Mandrillus sphinx* angesagt!

Wieso muss das CHAMÄLEON gleichzeitig in verschiedene Richtungen sehen können?

Gutes Sehen gehört bei vielen Echsen zur „Grundausstattung". Für fast alle Arten scheint der optische Sinn vor dem Geruchs- und Hörsinn der wichtigste zu sein. Wenn man davon ausgeht, dass verschiedene Sinnesleistungen sich ergänzen, müssen Chamäleons wahrscheinlich besser sehen können als die meisten anderen Echsenarten. Sie sind schließlich die einzigen, die weder eine externe Ohröffnung noch ein Mittelohrloch besitzen. Experimente haben gezeigt, dass Chamäleons nicht nur taub sind, sondern auch einen schlechten Geruchssinn besitzen. Somit sind sie fast ausschließlich auf ihr Sehvermögen angewiesen. Neben einer guten Farbwahrnehmung können ihre Augen jeweils nicht nur einen Winkel von 180 Grad erfassen, sondern zudem auch noch unabhängig voneinander operieren. Sie können gleichzeitig in zwei Richtungen sehen und sich beispielsweise auf der Jagd mit ihrem einen Auge auf die Insektenbeute konzentrieren, während das andere weiter die Gegend nach Feinden, Rivalen oder Partnerinnen abscannt. Bei der zeitlupenartigen Langsamkeit der Chamäleons ist das Rundumsehen dieser Tarnkünstler von arterhaltendem Vorteil.

Retten DELFINe wirklich Menschen?

Spätestens seit der weltweit erfolgreichen US-Fernsehserie ist „Flipper", der Delfin, „unser bester Freund". Diese Freundschaft hat eine lange Tradition. Schriftliche Überlieferungen und bildliche Darstellungen aus der Antike berichten von Kindern, die auf Delfinen reiten, und Menschen, die von ihnen aus Seenot gerettet wurden. Jahrhunderte lang für Märchen gehalten, konnten die Berichte längst bestätigt werden. Abgeschossene US-Piloten, japanische Schiffbrüchige und verunglückte Badegäste wurden schon von Delfinen an Land gebracht. Allerdings sind nicht Barmherzigkeit oder überlegtes Handeln Antrieb der Delfine für dieses Tun, sondern es sind fehlgeleitete, angeborene Verhaltensweisen. Neben Menschen „retten" Delfine nämlich auch leblose Haie, ihre Todfeinde, oder vollgesogene Matratzen. Der Ursprung dieser „Fremdrettung" liegt im Verhalten der Delfinmütter und -tanten begründet, Neugeborene über Wasser zu halten, oder der Herdenmitglieder, verletzte Artgenossen in ihre Mitte zu nehmen und zu stützen.

E Da der Mensch kein Bestandteil der Hochsee ist und im Lebensraum der Delfine natürlicherweise nicht vorkommt, haben Delfine gegenüber Menschen offensichtlich kein angeborenes Angst- oder Abwehrverhalten entwickelt. Zusammen mit ihrer ausgeprägten Spielfreude können dann Verhaltensweisen der Jungenfürsorge wie das Huckepacktragen oder das Beistandleisten für verletzte Artgenossen auf Menschen im Wasser übertragen werden. Auch im Delfinarium hat solches Verhalten schon geklappt. Taucher, die sich regungslos auf den Beckenboden legten, wurden manchmal von Delfinen an die Wasseroberfläche gebracht.

Kann man durch EINFRIEREN länger leben?

Gefrieren und Auftauen ist ein Wunsch mancher Menschen, um die „Sanduhr des Lebens" auszutricksen und in ferner Zukunft „dabei" zu sein. Doch während dieses Kunststück beim Menschen bis auf weiteres nur in Filmen funktioniert, haben junge Zierschildkröten *(Chrysemys picta)* mit dem Einfrieren keine Probleme. Diese Art kommt in mehreren Unterarten vom südlichen Kanada bis zum extremen Süden der Vereinigten Staaten vor. Wie alle Sumpfschildkröten tragen die hübschen, am Kopf rot oder gelb gezeichneten Zierschildkröten einen vollständigen Knochenpanzer mit hornigen Platten. Nach dem Schlüpfen im

Spätsommer entgehen sie Räubern, die Schildkrötchen zum Fressen gern haben, indem sie bis zum nächsten Frühjahr in ihrem Nest bleiben. Fällt dort die Temperatur unter minus drei Grad – und das kommt in Teilen ihres großen Verbreitungsgebiets regelmäßig vor –, frieren die Tiere richtiggehend ein. Labortests an einer kanadischen Universität zeigten, dass nur noch ihre Nervenzellen schwach reagierten. Ansonsten zeigten die bewegungslosen Zierschildkröten weder Atmung noch Herzschlag oder Blutzirkulation. Im Rhythmus der winterlichen Temperaturschwankungen können die Schildkröten-Jungen immer wieder Gefrieren und Auftauen. Mit dieser Fähigkeit sind die Zierschildkröten nicht allein. Auch erwachsene Dosenschildkröten der Gattung *Terrapene* und die Strumpfbandnatter beherrschen das Einfrieren und Wiederauftauen problemlos.

Was macht die EINTAGSfliege am Morgen danach?

Nach menschlichem Ermessen führen die Eintagsfliegen ein freudloses und sprichwörtlich kurzes Leben: Nachdem die Larven im Wasser ein bis drei Jahre lang herangewachsen und gereift sind, steigen sie an warmen Sommerabenden zur Oberfläche auf oder klettern an Pflanzenstängeln aus dem Wasser und fahren erst einmal aus der Haut – dieser Schlüpfvorgang dauert nur wenige Sekunden. Das aus der Larvenhaut ausgestiegene Lebewesen ist – einzigartig unter allen Insektengruppen – jedoch noch nicht das geschlechtsreife Vollinsekt, sondern ein geflügeltes Vorstadium. Dieses muss sich ein weiteres und letztes Mal häuten – je nach Art wenige Minuten bis höchstens 30 Stunden nach dem ersten Schlüpfen. Bis zum nächsten Abend halten sich die Tiere versteckt. Dann beginnt das Paarungsspiel. Die Männchen bilden große Schwärme, fliegen auf und lassen sich mit ausgebreiteten Flügeln

E nach unten sinken. Sobald ein Weibchen in einen solchen Schwarm fliegt, stürzen sich die Männchen sofort darauf. Aber nur dem schnellsten gelingt es, sich mit angelegten Flügeln von unten an die Partnerin zu klammern. Noch bevor das Paar im Sinkflug Augenblicke später den Boden erreicht, ist die Hochzeit vollzogen. Das erfolgreiche Männchen stirbt wenige Minuten danach, während das Weibchen noch eine Weile aktiv bleibt und seine befruchteten Eier im künftigen Wohngewässer der Larven ablegt. Bei den meisten der in Mitteleuropa vorkommenden etwa 80 Arten leben die Weibchen nur wenige Stunden oder Tage und nur ausnahmsweise auch bis zu drei Wochen. Die nicht zur Paarung kommenden Männchen sterben noch in der gleichen Nacht an Erschöpfung, denn sie brauchen ihre Reserven beim Schwarmflug auf und können mit ihren zurückgebildeten Mundwerkzeugen keine Nahrung aufnehmen. Vor allem ihre Lebensspanne ist also auffallend kurz, wenngleich – unter Einschluss des geflügelten Vorstadiums – immer etwas länger als nur einen Tag.

Der Massenflug der Männchen kann recht spektakulär ausfallen: Da Eintagsfliegen-Larven in Mengen auch im wieder einigermaßen sauberen Rhein leben, treten in warmen Augustnächten entsprechend große Schwärme auf. Auf den Rheinbrücken in Köln und Düsseldorf haben sie mit fast unvorstellbar großen Wolken schon den Verkehr zum Stillstand gebracht.

Warum heißen in Amerika Wapiti-Hirsche ELCHe?

Naturbegeisterte Amerika-Touristen haben sich sicher schon gewundert, wenn erfahrene Nationalpark-Ranger beim Anblick von Wapitis von „elks" redeten. Während Elche im englischsprachigen Europa „elk" genannt werden, heißen sie in Nordamerika „moose". Das Ganze kann zwar zur Verwirrung beitragen, ohne im zoologischen Sinne falsch zu sein. Denn schließlich sind alle, ob Elch = moose = elk oder Wapiti = elk nichts anderes als Hirsche = elks. Verstanden?! (Auflösung: Alle Arten sind Angehörige der zoologischen Familie der Hirsche Cervidae).

Warum tragen viele ELEFANTen Stoßzähne und manche keine?

Stoßzähne sind neben dem Rüssel „das Markenzeichen" der Elefanten. Immer wieder liest oder sieht man in Naturfilmen wie die „Dickhäuter" ihre Stoßzähne zu allerhand einsetzen können: zum Graben nach Wasser, Wurzeln und Salz, zum Entrinden und Markieren von Bäumen, als Hebel zum Bewegen von Gegenständen, als Waffe zu Verteidigung wie Angriff, als Rüsselruhestütze und -schutzstange sowie als Statussymbol zum Imponieren.

Im Alter von etwa sechs bis zwölf Monaten werden die Milch-Schneidezähne bei den Elefanten-Jungen durch ein Paar dauerhafte Stoßzähne ersetzt, die bis zu 17 Zentimeter pro Jahr länger werden können. Wie alle Säugetierzähne haben auch die Elefanten-Stoßzähne Pulpahöhlen, in denen sich Blutgefäße und Nerven befinden. Während bei den beiden Unterarten des Afrikanischen Elefanten, Steppenelefant und Waldelefant, beide Geschlechter Stoßzähne entwickeln, sind bei den Weibchen des Asiatischen Elefanten die Stoßzähne nur angedeutet oder fehlen ganz.

E

Prinzipiell bilden Bullen größere und stärkere Stoßzähne als weibliche Elefanten aus. Bei den Asiatischen Elefanten werden stoßzahntragende Bullen als Tusker, stoßzahnlose als Makans bezeichnet. Bis in die Mitte des letzten Jahrhunderts war höchstens einer von zehn asiatischen Bullen ohne die elfenbeinernen zweiten oberen Schneidezähne ausgestattet. Doch mit der Elfenbein-Jagd ging der Anteil der Stoßzahnträger deutlich zurück. Ausnahme bildet schon mindestens seit dem 16. Jahrhundert die Insel Sri Lanka: Rund 93 Prozent aller Ceylon-Elefantenbullen sind Aliyas (zweite obere Schneidezähne nur stiftförmig) oder Pussas (diese Zähne fehlen gänzlich). Neuere Untersuchungen konnten zeigen, dass wohl die selektive Entnahme von Tuskern (zum Beispiel als Tempelelefanten oder Arbeitstiere) auf der isolierten Tropeninsel zur Zunahme von stoßzahnlosen Makans führte. Das Tusk-Allel ist zwar dominant und Tusker haben offensichtlich gegenüber Nicht-Stoßzahnträgern auch einen bescheidenen sexuellen Selektionsvorteil. Doch das Beispiel Sri Lanka zeigt auch, dass Elefanten offensichtlich auf die „dicken Dinger" nicht unbedingt angewiesen sind.

Trotzdem geht mit dem Verschwinden der großen Tusker auch ein Stück Faszination und „Urkraft" verloren. Solange noch die unsinnige Nachfrage nach Elfenbein besteht, werden Elefanten erbarmungslos abgeschlachtet, oder müssen die mächtigsten Stoßzähne als Statussymbol einer perversen Trophäenjagd herhalten. Übrigens trug ein Afrikanischer Steppenelefanten-Bulle, der 1897 in Kenia am Fuße des Kilimandscharo geschossen wurde, die schwersten Stoßzähne. Sie wogen einzeln 109 und 102 Kilogramm und waren 3,11 und 3,18 Meter lang.

Schnattern alle ENTEn?

Ihr Geschnatter ist das Erste, was uns in Zusammenhang mit den stimmlichen Äußerungen der Enten einfällt. Obwohl diese Tiergruppe zwar nicht zu den Vögeln gehört, denen besonderer stimmlicher Wohlklang nachgesagt werden kann, verfügen viele Entenarten über eine erstaunliche Vielfalt an Lautäußerungen. Deren Bedeutung ist allerdings nur wenig erforscht.

Die Laute der Enten werden wie bei allen Vögeln in der Syrinx erzeugt, die sich am Ende der Luftröhre, d. h. an der Vereinigungsstelle der von den Lungenflügeln kommenden Bronchien, befindet. Membranen, die zwischen Knorpelringen gespannt sind und durch vorbeistreichende Luft in Schwingungen versetzt werden, sowie eine spezielle Syrinxmuskulatur erzeugen die unterschiedlichsten Lautäußerungen bei den Vögeln.

Den Enten fehlt wie einigen anderen Arten (zum Beispiel Hühnern, Tauben und dem Afrikanischen Strauß) allerdings diese Syrinxmuskulatur. Zu Hervorbringung ihrer Laute müssen sie „Zwangsstellungen" einnehmen und den Hals in eine ganz bestimmte Lage bringen, um die Membranen spannen zu können. Dennoch sind die Lautäußerungen der Enten durchaus variantenreich. Meist stehen sie in Zusammenhang mit der Fortpflanzung, sind vielfach mit artspezifischen Bewegungsweisen wie Balzgesten und Posen gekoppelt und tragen mit diesen zur Synchronisation der Paarungswilligkeit der Partner bei. Andere Laute dienen dem Zusammenhalt der Familie, von Geschwistern, des fliegenden oder äsenden Trupps oder sind Warnlaute.

Die Lockrufe der Entenmutter oder das klagende Piepsen der Entenküken sind in ihrer Funktion von uns klar einzuordnen. Laute wie das „räb-räb" der Stockente, über die beide Geschlechter gleichermaßen verfügen, dienen zumeist als Lock- oder Warnrufe. Balzlaute sind dagegen meist geschlechtsspezifisch. Laute, die zu bestimmten Balzposen gehören, klingen bei verwandten Entenarten oft sehr ähnlich und können zur Klärung von Verwandtschaftsbeziehungen herangezogen werden.

Einige Beispiele zum Schluss: Während der Stockenten-Erpel ein hohes, dünnes „fihb" als Grunzpfiff loslässt, äußert sich das Weibchen am Brutplatz mit „quak". Ein vom Erpel bedrängtes Knäkenten-Weibchen ruft „gägägägä", unbedrängt nur „gä". Während erregte Reiherenten-Männer in der Balz leise „bück bück bück" rufen, lassen ihre erregten Damen auch im Flug ein rollendes „krr krr krr" hören. Und die Schnatterente? Der Stimmfühlungsruf der Erpel zum Aufrechterhalten eines akustischen Kontakts ist ein tiefes „ärpärp", ihre Weibchen rufen stockentenähnlich, aber höher und nasaler „rääk–rääk–räk–räk".

Es lohnt sich allemal, mit Bestimmungsbuch, Fernglas und Vogelstimmen-CD zum Vergleichen einmal auf Entenpirsch an einen (Park-)Teich zu gehen.

Warum FALLEN schlafende Vögel nicht vom Ast, Fledermäuse nicht von der Decke?

Wenn wir uns mit den Händen irgendwo festhalten, ist das mit einer gehörigen Kraftanstrengung verbunden. Unsere Muskeln sind angespannt. Weil sich unsere Muskulatur im Schlaf von Haus aus entspannt, würde ein Festhalten dann nicht mehr funktionieren. Mit raffinierten „Techniken" umgehen Vögel, die im Sitzen auf Ästen schlafen, und Fledermäuse, die an Decken hängen, solcherart Probleme. Bei Vögeln verläuft die Beugesehne des Schenkelmuskels über das Knie und dem Bein hinab um das Knöchelgelenk herum bis zur Unterseite der Zehen. Diese raffinierte Anordnung sorgt dafür, dass das Kniegelenk in Ruhe durch das Körpergewicht des Tiers gebeugt wird. Dadurch bleibt die Sehne gespannt und schließt so „automatisch" die Krallen, die sich erst beim Aufrichten des Vogels öffnen.

Wenn Fledermäuse ruhen, hängt ihr gesamtes Körpergewicht an den Zehen. Ähnlich wie Vögel haben auch sie einen Haltemechanismus entwickelt, der die Fußkrallen ohne Muskelkraft gekrümmt hält, die so genannte „Zehenzange". Bei ihnen läuft die Sehne des Krallenbeugermuskels durch eine kräftige Sehnenscheide, die mit dem Zehenknochen verwachsen ist und – je nach Art – aus 19 bis 50 schräg gestellten Ringen besteht, die innen scharfkantig sind. Wenn der Krallenbeugermuskel an der Krallensehne zieht, wird diese gegen die geriffelte Innenseite der Sehnenscheide gepresst und so festgehalten. Erschlafft der Muskel, bleibt diese Fixierung durch den Zug des Körpergewichts erhalten: Die Sehne kann nicht mehr zurückrutschen, weil die scharfkantigen Ringe in der Sehnenscheide ein Zurückgleiten verhindern.
Die Krallen bleiben so lange angezogen, wie das Körpergewicht der Fledermaus an der Sehne hängt. Erst wenn sie zum Flug startet, wird die Krallensehne entlastet und die Sperre löst sich automatisch. Die Funktion des Krallenbeugermuskels besteht darin, die Krallen beim Anflug auf den Rastplatz in Einhakstellung zu bringen, also quasi das „Fahrgestell" auszufahren. Alles Weitere übernimmt die „Zehenzange".

Die Sperrmechanismen an den Fledermaus- und Vogelfüßen funktionieren so gut, dass selbst tote Fledermäuse an Höhlendecken hängen bleiben und der eine oder andere tote Vogel noch am Zweig festgeklammert gefunden wurde.

FALLENsteller: Warum fangen Pflanzen Tiere?

Die friedlich grasenden Kühe auf der Weide sind ein zuverlässiges Abbild der derzeit geltenden Weltordnung: Tiere fressen Pflanzen und wandeln die grüne Biomasse in ihre eigene um. Dieser Energie- und Stoffstrom von den Produzenten zu den Konsumenten vollzieht sich auf Ebenen verschiedener Größenordnung: Planktonkrebse ernähren sich von Mikroalgen, Raupen benagen grüne Blätter, Eichhörnchen sammeln Nüsse. Diese Abläufe sind seit langem bekannt. Um so mehr muss es die frühen Naturforscher schockiert haben, dass es auch den umgekehrten Weg gibt: Pflanzen stellen gezielt den Tieren nach. Bald war der Begriff der Fleisch fressenden Pflanzen geprägt (so bzw. Carnivoren = Fleischfresser nennt man die betreffenden Pflanzenarten bis heute). Nach der Entdeckung der südamerikanischen Regenwälder kursierten sogar Gerüchte, wonach es dort Menschen fressende Bäume geben soll. Lebensgefährlich sind diese Pflanzen aber wirklich nur für Kleinsttiere, meist Insekten oder Spinnen. Trickreich locken die Pflanzen ihre potenziellen Opfer an – unvorsichtige Fliegen, Ameisen oder Laufspinnen gehen ihnen buchstäblich auf den Leim oder in die Falle. Verschiedene Verwandtschaftsgruppen haben dazu raffinierte Fangmechanismen entwickelt. Für die heimische Fensterbank

kann man in jedem Gartenmarkt die hübsche Venusfliegenfalle aus Nordamerika kaufen. In Sekundenschnelle lässt sie nach doppelter Berührung von Sinnesborsten ihre beiden Blatthälften zusammenklappen. Dann gibt sie Verdauungsenzyme ab und löst ihr unglückliches Opfer langsam, aber sicher auf. Was soll das alles? Sämtliche Tier fangenden Pflanzen sind normal grün und photosynthetisch aktiv – sie ernähren sich also zunächst einmal selbst und genauso wie andere grüne Pflanzen. Allerdings wachsen sie von Natur aus auf recht nährstoffarmen Böden, denen vor allem bestimmte stickstoffhaltige Verbindungen fehlen. Genau diese dringend benötigten Stoffe gewinnen die pflanzlichen Fallensteller aus der Verdauung ihrer tierischen Beikost. Es muss allerdings kein Insekt sein – mit ein paar Fasern von abgeschabtem Steakfleisch kann man sie ebenso erfreuen wie mit einem Käsewürfelchen.

Einige Tier fangende Pflanzenarten trachten ihren Opfern allerdings nicht nach dem Leben, sondern verhaften sie nur kurzfristig, um sie in den planmäßigen Bestäubungsablauf einzubinden. Der heimische Aronstab mit seiner muffigen Kesselfalle gehört ebenso zu diesen Kidnappern wie manche Orchideen.

Wo bleibt das FALLlaub am Waldboden?

Etwa vier Tonnen organisches Abfallmaterial pro Hektar rieseln jedes Jahr aus dem Kronenraum der Laubbäume auf den Waldboden. Angesichts dieser toten Biomasse müsste ein Laubwald nach wenigen Jahren unter seinem eigenen Abfall ersticken. Offensichtlich kommt es nicht dazu, denn der Waldboden sieht höchstens so aus, als habe man ihn längere Zeit nicht gefegt. Wo bleibt der ganze Abfall?

Kaum liegen die Herbstblätter am Waldboden, macht sich sofort ein Heer von Kleinlebewesen darüber her, zerbröselt die tote Blattmasse bis zur Unkenntlichkeit und zerlegt sie schließlich auch noch in ihre mineralischen Ausgangsmaterialien. Diese unendlich wichtigen Organismen nennt man Destruenten, weil sie alles kurz und klein machen, was ihnen von oben zufällt – die verblichene Sommergarderobe der Waldgehölze, die große Masse der Einwegblätter, dazu auch die abgestorbenen Zweigstücke oder ausgedienten Fruchtbehälter und was sonst so dem Nachwuchs der kommenden Saison weichen muss. Solches Wurfgut der Gehölze nennt die Fachsprache Detritus. Dieses vornehme sprachliche Gewand lässt bereits erkennen, dass Abfall durchaus nicht immer der letzte Dreck sein muss.

Was macht ein FISCH beim Blitzeinschlag?

Die törichte Empfehlung „Buchen sollst du suchen", um bei einem Gewitter der Blitzgefahr zu entgehen, wird noch kritisch kommentiert (siehe Seite 63). Weniger unsinnig ist die klare Ansage, bei Gewitter sofort das Badegewässer zu verlassen und sich möglichst auch nicht in der Uferregion aufzuhalten. Blitze fahren zwar nicht mit der gleichen Häufigkeit in einen Fluss oder See, mit der sie Objekte des Festlands treffen, aber die Trefferquote steigt mit der Flächengröße des Gewässers.

Die Wirkung eines direkten Blitzeinschlags auf die Lebewesen des Festlands ist in den meisten Fällen tödlich. Ausnahmsweise können Tiere und Menschen Blitztreffer auch überleben, gewöhnlich aber nur mit schweren Verbrennungen, länger anhaltenden Herzrhythmusstörungen oder bleibenden Lähmungen. Dokumentiert ist der Fall einer kompletten Fußballmannschaft, die unter einem Baum vergeblich Schutz suchte. Was aber geschieht mit den Lebewesen in einem Gewässer, in das der Blitz hineinfuhr, vor allem mit den Fischen?

Es gibt zu diesem Problem keine zuverlässigen Messungen oder andere quantitative Untersuchungen, wohl aber eine Reihe brauchbarer Beobachtungen und Überlegungen. Beim Blitzeinschlag in einen See oder ins Meer bauen sich die kurzfristig auftretenden Spannungsunterschiede ebenso wie im Boden durch Stromfluss ab. Für die biologischen Wirkungen ist letztlich nur dieser Stromfluss und nicht die Spannung bedeutsam.

Im unmittelbaren Einschlagbereich des Blitzes – als höchste Gefahrenzone gilt an der Wasseroberfläche (!) ein Kreis von etwa 50 Meter Durchmesser rund um den Einschlagpunkt – werden die Fische getötet. Fische sind allerdings gegenüber elektrischen Feldern sehr sensibel. Bei der Elektrofischerei werden nur die Fische in unmittelbarer Nähe zur verwendeten Elektrode betäubt – die anderen suchen sofort das Weite. Da sich, bevor ein Blitz ins Wasser schlägt, vor allem im Oberflächenbereich ein elektrisches Feld aufbaut, meiden die Fische diese Zone und tauchen in die Tiefe ab. Was machen sie also beim Blitzeinschlag? Sie warten die elektrische Schockwelle am Gewässergrund ab, wo diese keine nennenswerten Schäden mehr anrichten kann. Im Meer sind die zu erwartenden Effekte noch geringer, da Meerwasser eine recht konzentrierte Lösung geladener Salzteilchen ist, die den vom Blitz ausgelösten Stromstoß viel rascher abbauen.

F

Gibt es betrunkene FISCHe?

Die Vorstellung ist grotesk und könnte als Vorlage für einen Gag in einem Zeichentrick-Comic dienen: Ein Fisch springt aus seinem Aquarium in die benachbarte Bowle-Schale und dümpelt in kürzester Zeit darin angetrunken umher. Wie sooft wird auch hier die Fantasie von der Wirklichkeit eingeholt. Denn einige in Südostasien lebende Fische werden richtiggehend betrunken, wenn sie die ins Wasser gefallenen gegärten Früchte des Chaulmoogra-Baumes fressen. Bis zur „Ausnüchterung" treiben die „Trunkenbolde" dann ziemlich plan- und hilflos zwar nicht in der Bowle, aber immerhin in ihrem Heimatgewässer.

Sind FLEDERmäuse blind?

Eine oft gestellte Frage, die klar verneint werden kann! Selbst die kleinen Augen der echoortenden Kleinfledermäuse (Mikrochiroptera) sind lichtempfindlich. Bei den Flughunden (Megachiroptera) können sich nur die Höhlenflughunde mithilfe von Echoortung in ihren Tagesquartieren orientieren. Auf ihren nächtlichen Flügen zu den Früchte tragenden Bäumen orientieren sich alle Flughunde als ausgesprochene Augentiere optisch. Mit ihren riesigen Nachtaugen sehen Flughunde bei Nacht nicht empfindlicher, wohl aber schärfer als der Mensch. Flughunde können, obwohl ihre absolute Sehschwelle im gleichen Bereich wie bei uns Menschen liegt, Konturen nahe der absoluten Schwelle noch besser auflösen als das menschliche Auge.

Unter den echoortenden Mikrochiropteren haben die Wirbeltiere jagenden Arten wie die australische Gespensterfledermaus *(Macroderma gigas)*, die Große Spießblattnase *(Vampyrum spectrum)* und die Frosch fressende Fledermaus *(Trachops cirrhosus)*, beide in Südamerika beheimatet, oder die in Indien und Südostasien heimische Großblattnase *(Megaderma lyra)* sowie die Frucht fressenden Blattnasen die größeren Augen und damit ein besseres räumliches Auflösungsvermögen als Vampire und die in großer Mehrzahl Insekten fressenden Arten der anderen Kleinfledermäuse.

Viele Beobachtungen zeigen, dass Fledermäuse ihr Sehvermögen auch zur Orientierung nutzen. Eine afrikanische Fledermausart jagt vom Hangplatz im Gebüsch aus größere fliegende Insekten, die sich offenbar optisch vom Nachthimmel abheben. *Megaderma lyra* als Wirbeltierjägerin fängt signifikant häufiger die Mäuse, deren Fellfarbe sich vom Untergrund abhebt. Auch bei der allgemeinen Orientierung zum Höhleneingang hin, beim Zurückkehren in die Höhle und beim Langstreckenflug nutzen Fledermäuse optische Marken. Erblindete (geblendete) echoortende Fledermäuse fliegen dichter über dem Erdboden als sehende. Dies könnte bedeuten, dass die Insekten jagenden Arten ihre Flughöhe mit den Augen kontrollieren.

Die Netzhaut der Fledermäuse ist nicht anders aufgebaut als die anderer nachtaktiver Säugetiere. Nachdem ihre Sehzellenschicht nur

aus Stäbchen besteht und bei vier Gattungen der Kleinfledermäuse nur Rhodopsin als Sehpigment gefunden wurde, ist Farbensehen unwahrscheinlich, während UV-Sehen nachgewiesen wurde.

Bauen FLEDERmäuse Nester?

Obwohl Fledermäuse in den letzten Jahren sehr populär wurden, sind immer noch viele Menschen davon überzeugt, dass diese nachtaktiven Flugsäuger Nester bauen. Keine einzige der weltweit immerhin gut 1000 Fledertierarten baut sich selbst ein Nest. Allerdings benötigen fast alle Arten Tagesquartiere, in denen sie energiesparend ihren Kreislauf drosseln können und vor Beutegreifern sicher sind. Ihr Flugvermögen garantiert ihnen zwar eine rasche Flucht. Gegenüber schnell fliegenden Greifvögeln hätten Fledermäuse tagsüber aber keine Chance.

Zwei Qualitäten muss ein Tagesquartier erfüllen: Das Quartier sollte entweder ein möglichst konstantes Tagesklima nahe der für die jeweilige Art optimalen Temperatur haben oder aber eine so niedrige Temperatur aufweisen, die das Verfallen in Tagesschlaflethargie begünstigt. Während die allermeisten Fledermäuse bereits „fertige" Quartiere brauchen, von Baumhöhlen, Felsspalten und Höhlen bis hin zu Spalten an und in Gebäuden bzw. ruhigen Dachböden, verändern einige wenige ihre Ruheplätze nach ihren Bedürfnissen. Einige südamerikanische Neuwelt-Blattnasen der Gattungen *Uroderma*, *Ectophylla* und *Artiebus* gestalten sich in ihrem tropischen Lebensraum ein schützendes Blätterdach selbst. An großen Blättern beißen sie die Querrippen durch oder knicken Palmblätter durch Kauen ab, wodurch sich ein einfaches Zeltdach über ihren Füßen bildet. „Zeltbauer" werden diese Blattnasen dann auch treffender Weise bezeichnet. Am weitesten in Sachen „Eigenbau" geht eine seltene Fledermausart auf Neuseeland: Die Kurzschwanzfledermaus *Mystacina tubercu-*

lata gräbt sich mit Zähnen und Krallen Tunnel und Höhlen in morsche, umgestürzte Kauribäume, in denen mehr als 100 Tiere Platz finden. Diese „Handwerker" sind einen ganz eigenen Weg im Laufe der bisherigen Fledermaus-Evolution gegangen: Sie setzen ihre Vorderextremitäten neben dem Graben auch zum Laufen am Boden ein, was die anderen Fledertiere kaum tun.

Wie landet die FLIEGE an der Decke?

Stubenfliegen sind unter den Insekten so etwas wie die Kulturfolger schlechthin – sie sind weltweit verbreitet und auch in unserem Klima während des größten Teils des Jahres aktiv. Eigentlich sind es sogar zwei verschiedene, aber in etwa gleich häufige Arten, die Kleine Stubenfliege mit länglich-schmalem Hinterleib und die deutlich rundlichere Große Stubenfliege. Vor allem die letztere Art begibt sich gerne auf unentwegte Rundkurse um Lampen und andere Einrichtungsgegenstände. Fliegen sind allerdings nicht auf menschliche Nähe angewiesen – ihre Larvenentwicklung läuft fast immer im Freiland ab.

In der Wohnung sind sie keine gern gesehenen Gäste. Sie gelten als Lästlinge, weil sie sich nur mit mäßigem Erfolg verscheuchen lassen und partout immer dorthin zurückkehren, wo sie prompt zum Ärgernis werden. Bewundernswert ist dabei, wie überaus reaktionsschnell sich eine Fliege aus praktisch jeder Lebenslage in Sicherheit bringt – ein minimaler Schatten oder erst recht ein leichter Luftzug lösen ein meist erfolgreiches Ausweichmanöver aus, und die zur Attacke ausholende Hand trifft ins Leere. Schon wegen solchen Verdrusses hat die Fliege keine Chance, zum Sympathieträger zu werden.

Zumindest hätte sie Bewunderung verdient, denn ihre fliegerischen Leistungen stellen jeden Kunstflugakrobaten in den Schatten. Das Parademanöver einer Stubenfliege ist die Landung an der Zimmer-

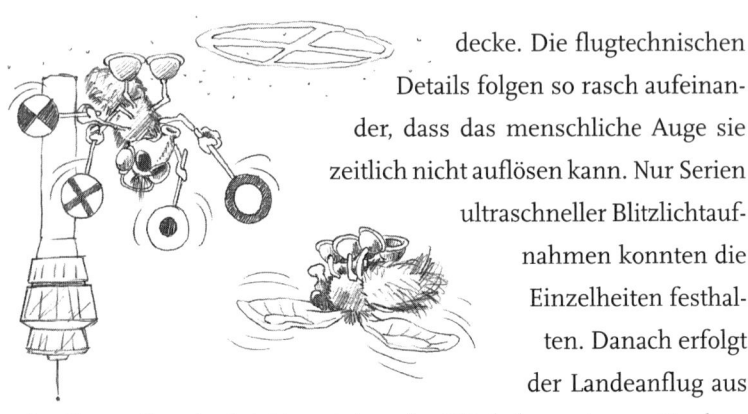

decke. Die flugtechnischen Details folgen so rasch aufeinander, dass das menschliche Auge sie zeitlich nicht auflösen kann. Nur Serien ultraschneller Blitzlichtaufnahmen konnten die Einzelheiten festhalten. Danach erfolgt der Landeanflug aus der Normallage im leicht ansteigenden Winkel von etwa 45 Grad gegen den angepeilten Aufsetzpunkt an der Decke. Das vorderste Beinpaar, im Streckenflug sonst eng angewinkelt, streckt sich weit nach vorne und erhält als erstes Deckenkontakt. Feinste Greifhäkchen an den Fliegenfüßen rasten an irgendeiner Unebenheit ein und hängen das Tier wie an einem Reck auf. Der restliche Schwung vom Anflug lässt auch die zweiten und dritten Fußpaare verankern. Die gesamte Landung gleicht demnach einem halben Salto rückwärts – die Fliege sitzt anschließend mit dem Kopf gegen die ursprüngliche Flugrichtung.

Ist FLIEGEN bei Säugetieren die große Ausnahme?

Fliegen ist ein uralter Menschheitstraum. Wenn Menschen vor Erfindung der Flugapparate vom Fliegen träumten, dachten sie zu allererst an Vögel. Deren Kunstfertigkeit wurde zuletzt weltweit gefeiert in dem überaus erfolgreichen Film „Nomaden der Lüfte". Doch die im Dunkeln fliegen sieht man meist nicht! Schließlich ist das Fliegen unter den Säugetieren häufiger verbreitet als allgemein bekannt. Zwar bleibt das aktive Fliegen in Form eines Flatterflugs auf die Fledertiere beschränkt. Alle übrigen flugfähigen Säuger sind ausschließlich Gleitflieger: Riesengleiter, Flughörnchen und Flugbeutler können mit ihren seitlichen Flughäuten, der Armflughaut, mehr oder minder weite Strecken im Gleitflug überbrücken, beherrschen aber nicht den Steigflug. Dagegen haben die Fledertiere neben der Armflughaut auch Flughäute zwischen den stark verlängerten zweiten bis fünften Fingern ausgebildet. Solcherart ausgerüstet beherrschen die Fledertiere seit mindestens 50 Millionen Jahren den nächtlichen Luftraum, wie die gut erhaltenen Fossilfunde in der Grube Messel beweisen. Wobei einige Arten außer dem Ruderflug sogar den Rüttelflug auf der Stelle in ihrem Flugprogramm haben, der ihnen das Absammeln von Insekten oder Spinnen von Blättern und anderen Unterlagen oder das kolibrigleiche Nektarlecken aus Blütenkelchen im Fluge ermöglicht. Nachdem fast jede vierte Säugetierart ein Fledertier ist, beherrschen damit praktisch 25 Prozent aller Säugetiere das Fliegen!

Wirbeltiere haben das aktive Fliegen übrigens dreimal völlig unabhängig voneinander entwickelt. Bei den Vögeln wird das verhältnismäßig kurze Flügelskelett durch lange Schwungfedern ergänzt. Die ausgestorbenen Flugsaurier – zu den Kriechtieren gehörend – besaßen als die größten, jemals fliegenden Wirbeltiere eine Flughaut, die sich von einem einzigen, sehr stark verlängerten Finger über das Bein bis zum Schwanz spannte. Nur die Fledertiere fliegen mit den Händen, was dieser Säugetierordnung mit 18 Familien und über 1000 Arten richtigerweise den Namen Handflügler (Chiroptera) einbrachte.

Schwitzen **FLUSS**pferde Blut?

„Das Nilpferd geht, wenn es Beschwerden hat, dorthin, wo Reste von abgeschnittenem Schilfrohr sind, und reibt dann so lange eine Ader, bis es sie durchschnitten hat. Und nachdem es so viel Blut wie nötig abgelassen hat, beschmiert es sich mit Schlamm, und so heilt die Wunde. Es hat eine ähnliche Gestalt wie ein Pferd, einen gespaltenen Huf, einen Ringelschwanz und Hauer wie der Eber, dazu einen Hals mit Mähne. Seine Haut lässt sich nur dann durchbohren, wenn es badet. Es ernährt sich von Getreide und geht rückwärts in die Felder hinein, damit es den Anschein habe, als sei es aus ihnen herausgekommen." Diese Eigenschaften schrieb kein Geringerer als der geniale Künstler und Konstrukteur Leonardo da Vinci dem Flusspferd in seinem „Bestiarium" zu. Dass der große da Vinci sich dabei fünfmal irrte, sei ihm verziehen. Schließlich hatte er keine Möglichkeit, jemals ein lebendes Flusspferd zu sehen.

Dass Flusspferde keine Halsmähne tragen, wäre Leonardo mit Sicherheit aufgefallen. Ebenso hätte er festgestellt, dass sie an ihren Füßen vier Zehen tragen und somit keine Paarhufer sind. Ihre Haut wird im Wasser keineswegs weicher, denn sie ist durch eine ölige Schleimschicht geschützt. Zwar besuchen Flusspferde gelegentlich Felder zum weiden, allerdings nie im listigen „Rückwärtsgang". Dagegen ist die Sache mit dem Blut ein weiteres Märchen, das sich lange gehalten hat. „Blut und Wasser schwitzen" ist eine altbekannte Redewendung, die möglicherweise mit Flusspferd-Eigenschaften etwas zu tun hat: Wer Flusspferde einmal an Land beobachtet hat, könnte meinen, dass die im Wasser lebenden Landweidegänger dies tatsächlich tun. Die rosafarbene, ölige Flüssigkeit auf der Flusspferd-Haut ist jedoch kein Blut, sondern ein Drüsensekret, das der Wärmeregulierung dient und die Tiere vor Sonnenbrand, eventuell auch vor Infektionen schützt. Schwitzen wie wir und viele andere Säuger können die auch Nilpferde genannten afrikanischen Großsäuger nämlich nicht: Sie besitzen keine Schweißdrüsen. Flusspferde leben heute noch in vielen afrikanischen Flüssen. Dagegen sind sie schon lange im Oberlauf des Flusses ausgerottet, den sie einst bis zu seiner Mündung besiedelten und der ihnen ihren Namen gab, dem Nil.

Wer hat die meisten FRAUen?

Bei uns Menschen dominiert als Paarbeziehung die Familie (mit leichter Tendenz zur Polygynie, Vielweiberei). Echte Haremsformen sind auf wenige Kulturkreise beschränkt. Selbst in polygynen Gesellschaften sind die Männer meist nur mit einer Frau verheiratet. Dagegen sind unter unseren Säugetier-Verwandten Haremsstrukturen weit verbreitet, bei denen ein Männchen mit mehreren Weibchen in unterschiedlichen räumlichen und zeitlichen Mustern zusammenlebt und sich mit ihnen paart. So können die Harems wie bei Wildschafen und -ziegen beweglich und nur auf bestimmte Zeiten beschränkt sein, indem das Männchen mit einer Weibchengruppe umher zieht. Es gibt aber auch beständige Harems mit (zum Beispiel Mantelpaviane und Vikunjas) oder ohne persönliche Beziehungen der Weibchen untereinander (zum Beispiel viele Fledermäuse).

„Rekord-Lover" sind einige Robbenarten: Bei den Auckland-, Steller-, Kalifornischen und den Galapagos-Seelöwen etwa oder auch bei dem Südamerikanischen Seebär verteidigen die Männchen jeweils ein Stück

Strand gegen Geschlechtsrivalen, auf dem die Weibchen ihre Jungen gebären und sich mit den Revierbesitzern paaren. Mit 161 Weibchen hält ein Bärenrobben-Männchen *(Callorhinus ursinus)* von den Pribylow-Inseln bei Alaska wohl den Weltrekord als polygamster Säugetier-Mann, während ein guter „Paarungs-Schnitt" für männliche Bärenrobben normalerweise 15 bis 30 Weibchen sind. Auch die Nördlichen See-Elefanten *(Mirounga angustirostris)* sind sehr polygame Flossenfüßer. Dominante Bullen kommen pro Paarungssaison auf 40 bis 50 Weibchen mit bis zu 100 Paarungen in wenigen Wochen. Allerdings ist der Konkurrenzkampf unter den Bullen äußerst hart. Nur einer von 100 Männchen erreicht das Optimalalter von neun bis zehn Jahren, um überhaupt dominant zu werden. Viele See-Elefanten-Bullen sterben, ohne sich je verpaart zu haben. Und die erfolgreichsten unter ihnen halten den Paarungsstress nur ein oder zwei Jahre aus.

Was aber macht unsere, im Vergleich zu anderen Primaten bemerkenswerte Anpassung an die Einehe aus? Während bei den übrigen Primaten und allen anderen Säugern das sexuelle Verhalten an kurze Brunstzyklen gebunden ist, hat sich der Mensch in seinem Sexualverlangen davon gelöst. Die Frau ist auch außerhalb ihrer fruchtbaren Tage bereit, den Mann zu empfangen und gewährt ihm damit eine bindungsstärkende Befriedigung. Durch das Erleben eines Orgasmus bindet sie sich gleichzeitig auch an den Mann. Dieses Wechselspiel menschlicher Gefühle schließt Polygamie – und insbesondere Vielweiberei – dennoch nicht aus. Unsere Lebensform der Einehe oder serieller Einehe hat sicher viel mit gesellschaftlichen (kirchlichen) Moralvorstellungen und weniger mit der Natur und dem Sexualverlangen des Menschen zu tun. Mehr Ehrlichkeit beim Umgang mit den wahren sexuellen Bedürfnissen anstelle von doppelmoralischem Verhalten und aufgesetzter Prüderie wäre hier ein wichtiger Entwicklungsschritt.

Warum duftet GARTENerde?

Blumen locken mit ihrem feinen Duft nicht nur tierische Besucher an, sondern betören auch unsere Sinne. Früchte duften ebenfalls recht einladend – Friedrich Schiller soll immer dann in Dichterlaune geraten sein, wenn das Aroma überreifer Äpfel ihm aus der Schreibtischschublade in die Nase stieg. Bei edlen Weinen spricht man vom Bukett und meint damit jenen Teil des komplexen Erlebens, den überwiegend unser Geruchssinn vermittelt. Aber Erdgeruch und Bodenduft?

Auf Hobbygärtner wirken die spezifisch „erdigen" Duftnoten von frisch umbrochenem Gartenboden fast schon berauschend. Während jedoch die Duftquellen bei Blüten und Früchten eine klare Signaladresse haben, sind die unverkennbaren geruchlichen Eigenschaften von Acker-, Garten- und Waldboden weniger eindeutige Botschaften. Die versammelten Duftnoten, von Fachleuten als Geosmine bezeichnet, sind in erster Linie ein (gutes!) Zeichen der so genannten Bodenaktivität. Darunter versteht man die Tätigkeit der im Boden überaus zahlreich vorhandenen Mikroorganismen.

Alle im Boden lebenden Organismen, die eindeutig nicht zum Tierreich gehören, fasst man unter der Sammelbezeichnung Bodenflora zusammen, obwohl sie überwiegend keine Vertreter des Pflanzenreichs im modernen engeren Sinne sind. Sie besetzen durchweg die Größenklassen unter 50 Mikrometer (1 Mikrometer = 1/1000 Millimeter) Zelldurchmesser und sind daher eigentlich nur bei mikroskopischen Untersuchungen erkennbar. Wegen ihrer Kleinheit kann man sie in ihrer Gesamtheit vereinfachend auch als Bodenmikroflora bezeichnen. Deren wichtigste Verwandtschaftsgruppen sind neben einer Unzahl von Bodenbakterien die zahlreichen Kleinpilze des Bodens. Hinzu kommen einzellige oder fädig wachsende Algen, obwohl man diese Formen eher als Typorganismen von Gewässern kennt. In einer einzigen Hand voll krümeliger Gartenerde leben mehr Mikroorganismen als derzeit Menschen auf der Erde. Außer den Bodenbakterien sind insbesondere die zu den Streptomyceten gehörenden Bodenpilze an der Duftstoffproduktion beteiligt. Wenn die Märzsonne nach der winterlichen Ruhe den dunklen Boden erwärmt, nehmen die Bodenorganismen ihre Stoffwechseltätigkeit auf, und nach wenigen Stunden „riecht es nach Frühjahr". Charakteristische Düfte verströmt der Boden aber auch im Sommer, wenn ein Gewitterguss einsetzt. Das einsickernde Niederschlagswasser vertreibt die Luft in den Bodenporenräumen, und dann nimmt die Nase eben den typischen Sommerregengeruch wahr. Erst ein längerer Landregen wäscht die Duftwolken weg.

GEHEIMbotschaft: Sehen Insekten Blüten anders als wir?

Das symbolträchtige Rot einer Rose, das tiefe Blau eines Enzians oder andere, mitunter sogar knallbunte Farbstellungen von Blüten hat die Natur nicht in erster Linie zur ästhetischen Erbauung des Menschen entwickelt. Die Blütenfarbe ist vielmehr ein wichtiges Signal an die Umwelt, das tierische Bestäuber aufmerksam machen und zum verweilenden Besuch in der Blüte animieren soll.

Manche Blüten kommen indessen ohne Farbe aus – sie erscheinen reinweiß. Nun kann man natürlich argumentieren, dass auch eine dezent weiße Blüte in einer grasgrünen Wiese auffällt wie ein weißer Rabe und Farbe wohl fallweise entbehrlich ist. Bezeichnenderweise sind die meisten von nachtaktiven Tieren besuchten und bestäubten Blüten weiß – sie sind selbst bei funzligem Mondschein noch klar erkennbar und locken ihre Gäste zusätzlich mit starken Duftsignalen an.

Aber selbst eine völlig blasse und auf Tagkundschaft spezialisierte Blüte muss den Tieren nicht so erscheinen wie unseren Augen, denn selbst in solchen Fällen präsentieren sie sich für Insektenaugen völlig anders und häufig dennoch ausgesprochen aufreizend kontrastreich. Sämtliche Blütenteile können nämlich das für menschliche Augen nicht wahrnehmbare kurzwellige UV-Licht hochgradig reflektieren oder völlig absorbieren. Damit bieten sie ein gegenüber unserer menschlichen Sinnesempfindung völlig abweichendes Farbspektakel. Beispiele dafür sind die Blüten vieler Hahnenfußgewächse. Bei genauerem Hinsehen erkennen wir in der Blütenkrone von Scharbockskraut oder Hahnenfuß allenfalls ein paar Unterschiede zwischen glänzendem Hellgelb und einer zum Blütenzentrum hin eher trüberen Gelbversion. Die Betrachtung dieser Blüten im UV-Licht überrascht mit einem völlig anderen Erscheinungsbild: Das Zentrum zeigt sich wegen seiner starken Strahlungsabsorption für kurzwelliges Licht der Wellenlänge unterhalb 380 Nanometer (1 Nanometer = 1 milliardstel Meter) als nahezu einfarbig schwarzer Stern, während der UV-reflektierende Blütenrand sich davon grell abhebt. In welch hinreißendem Licht sich gerade die UV-verarbeitenden Blüten(organe) oder deren Teilbereiche für Insektenaugen zeigen, lässt sich fotografisch leider nur mit den grob vereinfachenden Mitteln abgestufter Grauwerte wiedergeben. Wenn man um die versteckte Botschaft im UV-Bereich weiß, kann man ahnen, dass manche Blüte – in anderem Licht betrachtet – allerhand Kontrastprogramm bietet, so beispielsweise die Blüte des Scharbockskrauts: An den Blütenblättern hebt sich der äußere, glänzende und im UV-Licht entsprechend grelle Abschnitt vom eher trübgelben Basisteil stark ab.

G | Wozu tragen Hirsche ein GEWEIH und werfen es wieder ab?

Bis auf das asiatische Moschustier und das chinesische Wasserreh tragen bei allen anderen Hirscharten die Männchen ein Geweih aus Knochen, das sie periodisch abwerfen. Nur beim Ren sind auch die Weibchen mit einer solchen, wenn auch etwas schwächeren Kopfzier ausgestattet. Der Kopfschmuck des Rehbocks wird in der Jägersprache zwar als „Gehörn" bezeichnet. Es ist aber keineswegs ein auf einem Knochenzapfen sitzendes und ständig nachwachsendes Horngebilde wie die Gehörne von Gämsen oder Steinböcken, sondern schlichtweg ein typisches Hirschgeweih.

Offensichtlich brauchen Hirsche ihr Geweih nicht das ganze Jahr. Der Geweihzyklus hängt eng mit ihrem Fortpflanzungs- und Sozialverhalten zusammen. Geweihe spielen eine Rolle in der Konkurrenz der Männchen um die Weibchen und entscheiden dabei auch über die Frage, ob ein Bock ein eigenes Revier oder ein Platzhirsch einen eigenen Harem erwerben und verteidigen kann. Brünftige Rothirsch-Männer kämpfen zwar heftig, aber immer auch nach einem festen Ritual um ihre Harems. Meist nähert sich ein Herausforderer dem Platzhirsch, um sich minutenlang gegenseitig anzuröhren. Danach gehen beide in einen parallelen Imponiermarsch über, bis einer sich umdreht, den Rivalen anstarrt und sein Geweih senkt. Danach verhaken sie ihre Geweihe und gehen in ein Kreisen und schließlich einen Schiebekampf über, bei dem die Kräfte gemessen werden und die Entscheidung fällt, wer als Verlierer durch Flucht den Platz räumen muss. Das Geweih als „Waffe" bei kämpferischen Auseinandersetzungen mit Rivalen ist zugleich auch „Schaustück" und „Maßstab" für die Kondition seines Trägers. Für Konkurrenten wie Weibchen liefert es eine Art Orientierungshilfe zur Abschätzung der Qualitäten als Gegner oder Partner. Je größer und besser ausgebildet das Geweih ist, um so gesünder, stärker und potenter ist sein Träger.

Zusammen mit dem Brunftzyklus wird die Geweihbildung hormonell gesteuert, wobei der Testosteronspiegel eine wichtige Rolle spielt. Ein zyklischer Wechsel im Hormonhaushalt führt zum Abwurf und Wiederaufbau des Geweihs. Dafür sorgen die saisonalen Veränderungen der täglichen Lichtmenge (Photoperiode) im Zusammenspiel mit vielen anderen Umweltfaktoren wie etwa Verfügbarkeit und Qualität des Futters, oder auch der soziale Stress. Im Spätwinter verlieren die Hirsche ihr Geweih. Innerhalb von 100 Tagen wächst aus den Rosenstöcken, den Stirnbein-Fortsätzen, ein von einer gut durchbluteten Haut (Basthaut) umgebenes neues Geweih hervor. Ist es im August fertig ausgebildet, wird die jetzt funktionslose Basthaut an elastischen Bäumen und Sträuchern abgescheuert. Rot-, Dam- und Sikahirsche sowie Elche fegen den Bast im Hoch- und Spätsommer, der Rehbock im Frühjahr.

GEWITTER: Buchen suchen, Weiden meiden?

Blitz und Donner sind auch in unseren Breiten nicht selten, im süddeutschen Bergland übrigens statistisch etwas häufiger als in den norddeutschen Niederungen. Früher empfanden die Menschen ein Gewitter als göttliches Grollen. Heute weiß man über die physikalischen Vorgänge bei Blitz und Donnerschlag etwas besser Bescheid, aber dennoch bleibt das heftige Sommergewitter ein beeindruckendes und manchmal sogar dramatisches Naturereignis. Während das eigentliche Donnerwetter uns zusammenzucken lässt, ist der meist nicht einmal Sekunden währende Blitzschlag die eigentlich kritische Situation.

Der Blitz fährt nie aus heiterem Himmel, sondern immer nur aus einer geladenen Wolke. Wenn Wolken als Träger negativer Ladung relativ tief hängen, verursachen sie an der Erdoberfläche eine Ladungsverschiebung, und dann zucken die Blitze nicht nur horizontal zwischen den Wolken, sondern schlagen auch auf der Erde ein. Ein direkter Blitzschlag ist für Mensch und Tier (fast) immer tödlich. Wegen dieser objektiven Gefahr gibt es mancherlei gute oder weniger gute Ratschläge, wenn man einmal draußen von einem Gewitter überrascht wird: Buchen sollst du suchen, Fichten mitnichten, Eichen lieber weichen, Weiden immer meiden ... Was trifft zu? Blitze schlagen im freien Gelände meist in erhöhte Objekte, und da spielt bei frei stehenden Bäumen die Art überhaupt keine Rolle. Bei den rauborkigen Eichen entsteht im Fall eines Einschlags allerdings eine deutlich sichtbare Brandspur, während die nasse glattrindige Buche den Strom ohne bleibende Schädigung ableitet. Das mag die Redensart von den angeblich schützenden Buchen erklären. Fichten gelten angeblich deswegen als kritisch, weil sie schon wegen ihrer Wuchshöhe die Blitze anziehen, und Weiden wachsen in der Nähe von Wasser, das den elektrischen Strom bekanntlich besonders gut leitet.

Beim Blitzeinschlag fließen enorm starke Ströme über die Erdoberfläche zur Einschlagstelle. Befindet sich hier ein Körper, der den Strom besser leitet als der Boden, dann wird auch er vom schädigenden Strom durchflossen. So erklärt es sich, dass Weidetiere Opfer von Blitzschlag werden, ohne dass sie direkt vom Blitz getroffen wurden. Das Gleiche gilt auch für einen Menschen, der bei Gewitter davonrennt, weil sich dann zwischen seinen beiden Beinen eine gefährliche Schrittspannung entwickeln kann. Wenn man also in freier Flur vom Gewitter überrascht wird, soll man ganz flach in die Hocke gehen und die Füße eng nebeneinander stellen. Genauso verhält man sich im Wald: Nicht an hohe Bäume anlehnen und die Beine geschlossen halten. Was den Körper elektrisch spannungsfrei hält, ist dennoch eine ganz schön gespannte, weil unbequeme Haltung. Zum Glück (und zur Entspannung) zieht ein Gewitter meist rasch weiter.

Heimleuchten: Was bewirken GLÜHwürmchen mit ihrem Leuchten?

In lauen Sommernächten wecken die wie Irrlichter aufblitzenden Lichtsignale der Glühwürmchen in uns leicht romantische Gefühle. Damit haben wir unbewusst den Leuchtzweck schon erkannt. Die Geschlechter der Leuchtkäfer-Familie Lampyridae finden so zueinander. Im Volksmund heißen sie „Glühwürmchen", weil die ungeflügelten Weibchen nicht wie typische Käfer, sondern eher wie Würmer aussehen. Bei Tage recht unscheinbar und grau, leuchten bestimmte Körperteile der Käfermänner und -frauen nachts. Spezielle Leuchtorgane erzeugen das kalte grünliche Licht. In diesen Drüsen werden zwei Stoffe gebildet und gespeichert: das Luziferin und die Luziferase. Während sich das Luziferin mit Sauerstoff in Oxyluziferin verwandelt, wirkt das Enzym Luziferase als organischer Katalysator und bringt das Oxyluziferin zum Leuchten. Auch die Leuchtkäfer-Larven beherrschen diesen Leuchttrick, sogar schon im Ei.

Bei uns kommen vor allem zwei Arten vor, das Johanniswürmchen und seltener der Große Leuchtkäfer. Die Weibchen sitzen am Boden, auf Steinen oder an Grashalmen und leuchten unentwegt. Ihre „Mor-

sezeichen" sind die einzigen Signale, die die geflügelten Männchen aus der Ferne anlocken. Bei Störungen allerdings wird das Licht – wie im Disney-Film „Das große Krabbeln" – sofort ausgeschaltet: „Schalte deinen Arsch ab!". In der Nähe wirken dann noch die von den Damen verströmten Duftstoffe als zusätzlicher Anreiz.

Während die Männchen des Großen Leuchtkäfers die Leuchtsignale der Weibchen beider Leuchtkäferarten problemlos unterscheiden können, fallen die der Johanniswürmchen auch auf die Signale artfremder Weibchen herein. Sie bemerken ihren Irrtum erst am Geruch – wenn sie den Weibchen also schon ganz nahe sind. Solcherart „Schwäche" nutzen tropische Leuchtkäfer-Weibchen skrupellos aus. Mit ihrem Morselicht locken die räuberischen Damen – eiskalt wie die Sirenen aus der griechischen Sage – artfremde Liebhaber an, um sie genüsslich zu verspeisen.

Warum frisst die GOTTES-anbeterin ihre Männer auf?

Als Fangschrecke ist die im Mittelmeerraum lebende Gottesanbeterin *(Mantis religiosa)* ein äußerst räuberisches Insekt, das durch seine Färbung meist gut getarnt im Gras und Gebüsch auf vorbeikommende Fliegen oder Grashüpfer lauert. Mit den bedornten Fangbeinen wird die Beute blitzschnell ergriffen und zu den Mundwerkzeugen geführt. Weil die Lauerstellung der Fangschrecke an eine Gebetshaltung erinnert, hatte die Gottesanbeterin ihren Namen weg, wobei man ihr noch frömmelnde Hinterlist unterstellte. Beutetiere der Gottesanbeterin sind Insekten, die fast so groß wie sie selbst sein können. Daher verzehrt sie gelegentlich auch unachtsame, schwächere Artgenossen. Besonders gefährdet sind die paarungswilligen Männchen. Von Haus aus deutlich zierlicher und kleiner pirscht sich das flugfähige Männchen sehr vorsichtig von hinten an das Weibchen an, springt schließlich blitzschnell auf ihren Rücken, um sich dort mit seinen Fangbeinen festzuklammern. Wenn das Weibchen paarungswillig ist, darf das Männchen sein Hinterleibsende seitlich am weiblichen Hinterleib vorbeiführen und von unten her die Vereinigung vollziehen. Wenn gegen Ende der oft stundenlangen Paarung die Lethargie beim Weibchen erlischt, ist für das Männchen Eile geboten. Sonst landet er in den Fangarmen der Partnerin, die ihn als günstiges Zubrot verspeist. Seinen einzigen Zweck als „Befruchter" für diese Dame hat er ja bereits erfüllt.

Warum sind die Pflanzen GRÜN?

Jeder Regenbogen bringt es an den Tag: Das Licht der Sonne ist eine bunte Mischung verschiedener Spektralfarben von Hellblau bis Dunkelrot. Nur wenn diese unterschiedlich farbigen Lichtwellen alle zusammen unterwegs sind, registrieren unsere Augen den Gesamteindruck Weißlicht. Bestimmte Stoffe haben nun die Eigenart, einzelne Farbanteile aus diesem gemischten Angebot auszuwählen und sozusagen zu verschlucken. Die restlichen Anteile lassen sie dagegen ungenutzt. Entnimmt ein Stoff dem Sonnen- bzw. Tageslicht beispielsweise nur die blauen und die roten Anteile, summiert sich der verbleibende Rest zu einem grünen Farbeindruck. Genau das ist der Fall bei den Farbstoffen in den grünen Organen der Wasser- und Landpflanzen. Ihr Blattgrün, unter Fachleuten auch Chlorophyll genannt, nutzt die blauen und roten Lichtwellen als Energielieferanten für die Photosynthese, der mit Abstand wichtigsten organismischen Stoffwechselleistung überhaupt. Genau genommen enthalten die Blatt- und sonstigen Organzellen einer grünen Pflanze immer zwei verschiedene Chlorophyll-Sorten: Chlorophyll a ist leicht türkisgrün, Chlorophyll b dagegen eher gelblich- bis apfelgrün. Das jeweilige Mengenverhältnis beider Chlorophylle und einiger zusätzlicher begleitender Gelbfarbstoffe ist in jeder Pflanzenart ein wenig anders. Aus Menge und Gesamtmix ergeben sich die (angeblich) 35 verschiedenen Grünnuancen irischer Grashänge ebenso wie das kräftige Dunkelgrün von Spinat, das zarte Hellgrün von Kopfsalat oder die feinen Grünabstufungen der übrigen Gartenbestückung. Die unterschiedlichen Farbwerte, die man beim Vergleich der Ober- und Unterseite beispielsweise eines Efeublatts feststellen wird, ergeben sich daraus, dass die Farbstoff tragenden Zellen unter der Blattoberseite ungleich dichter angeordnet sind als unter der Blattunterseite, wo sie eher an das Arrangement eines Schwamms erinnern.

GUTES Tier – böses Tier: Was stimmt (nicht) bei dieser Einteilung?

Freund- und Feindbilder sind leider weit verbreitet, ohne allerdings immer identisch zu sein. Die meisten von uns neigen dazu, die Welt der Tiere (und Pflanzen) in Gut und Böse einzuteilen. Bei Elster, Rabenkrähe und Eichelhäher findet sich für deren Einstufung als „Böse" ein breite Allianz. Schließlich räumen diese Arten ja die Nester unserer heiß geliebten Singvögel aus, um sich gleichzeitig noch am Niederwild der Jäger und an landwirtschaftlichen Kulturpflanzen zu vergreifen. Mehr auf bestimmte Interessengruppen bezogen ist die Sicht auf Kormoran, Graureiher, Eisvogel oder Gänsesäger. In ihnen sehen Angler und Fischer Konkurrenten. Während Hirsche (und Rehe) des Jägers heilige Kühe sind, werden sie aus dem Blickwinkel des Forstmanns und mancher Naturschützer leicht zu „Schädlingen". Die Feldzüge gegen Wolf, Bär und Luchs als „böse" Raubtiere waren so erfolgreich, dass diese Arten bis vor kurzem in Mitteleuropa völlig ausgerottet waren.

Trotz zwischendurch erreichter hoher Bewusstseinsbildung in Sachen Ökologie und Naturschutz sitzen solche Feindbilder in unserem biologischen Erbe fest und tief. Bereits die Verbissenheit, mit der mancher Hobbygärtner heute noch mit allen ihm zur Verfügung stehenden Mitteln auf Schädlingsjagd geht, lässt mehr den Steinzeitjäger in uns erkennen als den Ökologen, der sich am Gesamthaushalt der Natur und an den zeitlichen Dimensionen biologischer Evolution orientiert. So wird bis heute die von Jägern mit kräftiger Unterstützung einiger Landwirte und vieler „einäugiger Naturfreunde" angezettelte Kampagne zur regulierenden Bejagung geschützter Rabenvögel mit ebenso scheinheiligen wie falschen ökologischen Argumenten geführt. Denn trotz aller Behauptungen können Arten mit dem Gewehr niemals „reguliert", sondern höchstens dezimiert werden.

Die „Feuer-frei"-Parolen als Rückfall in längst vergangen geglaubte Zeiten, in denen das Nützlichkeits-Schädlichkeits-Denken unser Verhältnis zur Natur bestimmte, sind heute wieder hoffähig geworden. Durch ihr Schielen nach Mehrheiten sind leider viele unserer Politiker auf diesen Zug in die Vergangenheit aufgesprungen. Natürliche Gleichgewichte sind immer dynamische Prozesse, die sich zwar ständig neu einpendeln, aber nicht „hergestellt" werden können im Sinne unserer Machermentalität, durch die sich Politiker oft besonders auszeichnen und die von ihnen schließlich ja auch verlangt wird. Nach diesen Gedankenbildern hört man förmlich schon den alt bekannten Widerspruch: „Alles schön und gut, doch das natürliche Gleichgewicht ist längst so gestört, dass regelnde Eingriffe in die Natur geradezu Pflicht sind."

Doch es bleibt dabei: Begriffe wie Schädlinge und Nützlinge zeugen immer von einer eingeschränkten und unökologischen Sichtweise. Daraus abgeleitete Handlungsweisen haben höchstens unter wirtschaftlich-existenziellen Gesichtspunkten ihre Berechtigung. Um die Natur wirklich zu verstehen, müssen wir sie wo immer möglich gewähren und sich entfalten lassen. Dieser Standpunkt hat viel mit in-

H tellektueller Bescheidenheit zu tun und verlangt uns ein hohes Maß an Toleranz gegenüber unseren Mitlebewesen ab. Er kann uns aber auch zwischenartlich wie -menschlich weiterbringen!

Sommer- und Wintermode: Warum wechseln Hermeline die HAARfarbe?

Einige Raubtiere des hohen Nordens wechseln ihre Fellfarbe mit den Jahreszeiten. Der Haarwechsel ist genetisch verankert. Er entstand wohl durch Auslesevorteile. Helle bzw. weiße Tiere „verschmelzen" quasi mit der winterlichen Umgebung und können so von ihren Beutetieren weniger gut wahrgenommen werden. Dadurch überleben mehr Tiere den eh schon harten Winter. Eines der bekanntesten Beispiele dafür liefert das auch bei uns heimische Hermelin. Das zu den Mardern zählende Kleinraubtier wechselt im Herbst sein braunes Sommerfell zu einem weißen Winterfell. Lediglich die Schwanzspitze bleibt immer schwarz.

In früheren Jahrhunderten wurden die weißen Winterfelle der Hermeline zu Mänteln für Könige und Fürsten verarbeitet. Die schwarzen Schwanzenden nähte man als besondere Zierde auf. Hermelin-Mäntel oder -Kragen sind nicht nur besonders weich und schön, sondern durchaus auch exklusiv. Denn nicht alle Hermeline färben sich in ihrem Verbreitungsgebiet winterlich um. Im Westen, Südwesten und Südosten ihres europäischen Areals unterbleibt bei einem Großteil der Tiere die Umfärbung völlig. Im wintermilden Irland werden nur selten weiße Hermeline beobachtet. Von Nordost- nach Südwestschottland nimmt der Anteil winterweißer Tiere von 80 Prozent auf 30 Prozent ab. Schottische Forscher haben festgestellt, dass das Zahlenverhältnis von winterbraunen zu winterweißen Hermelinen von der Zahl der Schneefalltage, der Dauer der Schneebedeckung sowie den monatlichen Minimaltemperaturen und damit auch von deren Höhenlage abhängig ist. Offensichtlich unterbindet das Melatonin infolge von Kältewirkung über das Zentralnervensystem die Synthese des für die Pigmentbildung notwendigen melanozytenstimulierenden Hormons (MSH) während des Herbsthaarwechsels. Solcherart „kältebehandelte" Tiere werden dann weiß. Durch die zunehmende Tageslänge im Frühjahr wird die zentralnervöse Hemmwirkung auf die MSH-Bildung aufgehoben. Damit kann die Braunfärbung wieder stattfinden, wobei der Frühjahrshaarwechsel durch niedrige Temperaturen verzögert werden kann.

In Gebieten mit winterbraunen Tieren kommen winterweiße Weibchen häufiger als weiße Männchen vor, was als Anpassungsvorteil gesehen werden kann. Dass die Bereitschaft zur Umfärbung genetisch festgelegt ist, zeigt sich darin, dass sich Wurfgeschwister, die unter identischen Umweltbedingungen aufwachsen, unterschiedlich umfärben können. Der Haarkleidwechsel dauert übrigens zwei bis vier Wochen. So können, etwa wie in Schleswig-Holstein nachgewiesen, im April noch bis auf die Schwanzspitze rein weiße Tiere vorkommen, während schon ab März im gleichen Gebiet die ersten vollständig braun umgefärbten Tiere beobachtet werden.

Und wie sehen Mauswiesel, die kleineren Verwandten des Hermelins, im Winter aus? Nur die Tiere der nördlichen Breiten und Hochgebirge tragen dann ein weißes Haarkleid.

Gibt es bei den Tieren HAUSmänner?

Bei den meisten Tieren tragen die Väter wenig, wenn nicht gar nichts zur Pflege ihrer Jungen bei. Aber es gibt sie doch, wenn auch selten, die echten Hausmänner. Fast schon völlig umgekehrte Rollen, d. h. Mutterrollen, übernehmen die Seepferdchen. Die ungewöhnlichen, putzig aussehenden Fische sind entfernte Stichlingsverwandte und leben in warmen Meeren. Schon der Befruchtungsvorgang Marke Seepferdchen scheint verkehrt herum abzulaufen. Mit einer verlängerten Genitalpapille spritzen nämlich die Weibchen ihre Eier ejakulatähnlich in die Brusttasche des Männchens an dessen Unterseite. Dort entwickeln sich die besamten Eier in einigen Wochen. Das Männchen bringt die kleinen Jungen dann durch Pumpbewegungen zur Welt. Bis ein Weibchen der mit den Seepferdchen verwandten Seenadeln ihre Eier in die männliche Seenadel-Brusttasche legen darf, muss sie um seine Bereitschaft sogar stundenlang balzen. Die Mühe macht Sinn. Schließlich haben sich aus Investitionsgründen die Rollen bei der Balz umgekehrt. Mit der Übernahme der kompletten Mutterrolle sind die Männchen zum begrenzenden Faktor bei der Fortpflanzung geworden. Um so was muss geworben werden!

Keine Mütter, aber umso bessere Väter im „Hausmann-Sinn" geben die Männchen der südamerikanischen Springaffen (Gattung *Callicebus*) ab. Sie leben in kleinen monogamen Familieneinheiten, die aus Vater, Mutter und ein bis zwei Kindern bestehen. Wenn sich die Mitglieder dieser Kleinfamilie in ihren Schlafbäumen zusammenkuscheln, rollen sie in enger Verbundenheit ihre langen Schwänze umeinander. Vorwiegend der Vater kümmert sich im Alltag um den Nachwuchs und gibt ihm emotionale Geborgenheit. Bei Gefahr rückt das Junge automatisch näher an ihn. Schließlich trägt der Vater es die meiste Zeit, putzt es auch und schützt es bei Sturm und Regen mit seinem Körper. Lediglich zum Säugen muss es umsteigen. „Nimm dir ein Beispiel an den Springaffen!", könnte da manche Menschenfrau sagen ... Wo liegt der Vorteil Mann oder Frau zu sein?

Wie kommen die HELLEn FLECKEn auf das Dach?

Bei manchen Bauherren lösen sie sogar helle Verzweiflung aus: Da ist das teure Häusle gerade mal ein paar Monate fertig und schon bilden sich auf den Dachziegeln die ersten kleinen Flecken. Nach wenigen Jahren haben sie sich auf den Durchmesser von Zwei-Euro-Stücken vergrößert, so dass spätestens jetzt die Dacheindeckung aussieht wie ein Streuselkuchen. Schlimm?
Was hier abläuft, ist im Grunde genommen der Beweis dafür, dass die Natur ihr angebotene Siedlungsflächen nicht ungenutzt lässt und letztlich sogar ein Zeichen besonders guter Luftqualität. Doch der Reihe nach: Die aufsässigen und letztlich überhaupt nicht bedenklichen Flecken gehen auf so genannte Krustenflechten zurück. Flechten sind höchst seltsame Lebewesen. Genau genommen sind es sogar immer zwei, die sich lebenslang zusammengetan haben. Eine Flechte besteht nämlich aus dichtem Pilzgeflecht, in dem mikroskopisch kleine Algen als Untermieter wohnen. Die Algen produzieren im Licht per Photosynthese organische Stoffe, die der Pilz gleichsam als Miete erhält. So haben beide etwas vom Zusammenleben – der eine ein geregeltes Einkommen, der andere eine dauerhafte Bleibe.
Erstaunlich ist nun, was Flechtenpilz und Flechtenalge in der Betriebsgemeinschaft Flechte ertragen: Der Flechtenstandort dunkler

H Dachziegel heizt sich im Sommer fast auf Bratpfannentemperatur auf und ist im Winter tageweise klirrend kalt. So kommen im Jahreslauf leicht Temperaturunterschiede von über 100 Grad Celsius zusammen. Der Flechte macht es nichts, aber Pilz und Alge getrennt könnten solche Bedingungen nicht aushalten. Dagegen sind die meisten Flechten geradezu extrem empfindlich gegen Luftschadstoffe aus Abgasen. Da die frühere Abgasbelastung nach Einführung von Autokatalysator und Kraftwerkentschwefelung spürbar nachgelassen hat, können auch die Flechten wieder üppiger gedeihen und verzieren nun nicht nur Dachlandschaften. Auch auf Mauern und Baumrinden nehmen die „Verflechtungen" als Zeichen besserer Luftqualität wieder zu.

Warum wird im HERBST das Laub bunt?

Bekanntermaßen verabschieden sich die Laub werfenden, sommergrünen Gehölze in den Herbstwochen von ihren Blättern, weil die Kälte des Winters keine dünnhäutige Belaubung zulässt. Sichtbarer Ausdruck dieses dramatischen Geschehens ist die oft spektakuläre herbstliche Laubfärbung – ein furioses Finale in der nur wenige Monate währenden Dienstzeit der einzelnen Blätter: Vor dem herbstlichen Blattfall stellen die sommergrünen Sträucher und Bäume ihr Erscheinungsbild unübersehbar auf eine vielstufige Farbskala zwischen verhaltenem Käsegelb und flammendem Karminrot um.

Die enge zeitliche Koppelung der Laubfärbung mit dem Zeitpunkt des planmäßigen Blattabwurfs verdeutlicht, dass die Umfärbeereignisse wohl etwas mit dem nahen Betriebsende der auszurangierenden Blattmasse zu tun haben.

Bevor Bäume und Sträucher ihre hübsche Sommerdekoration einfach zu Boden schicken, holen sie fast das Letzte aus ihnen heraus:

Besonders wertvolle Substanzen wie die löslichen Zucker oder stickstoffhaltige Verbindungen wie die Aminosäuren werden rechtzeitig vor dem Blattabwurf in Zweige, Äste und Stämme zurücktransportiert. 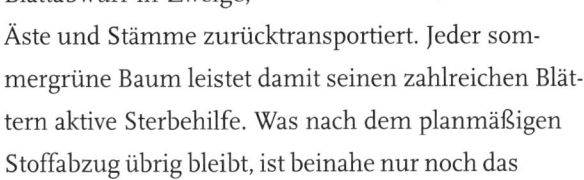 Jeder sommergrüne Baum leistet damit seinen zahlreichen Blättern aktive Sterbehilfe. Was nach dem planmäßigen Stoffabzug übrig bleibt, ist beinahe nur noch das Verpackungsmaterial. Auffälliges äußeres Zeichen dieser Rückrufaktion ist der innerhalb von Tagen ablaufende Abbau des Blattgrüns, während die in den Blattzellen ebenfalls vorhandenen Gelbpigmente (Carotenoide) vor Ort verbleiben. Das Ergebnis sind warmtonig gelb verfärbte Wälder. Die Logistik der Stoffverlagerung bildet sich im Blatt ab: Zunächst verfärben sich die Randbereiche, während die Säume entlang der Saftbahnen (Blattnerven) zunächst noch grün bleiben.

Das Abzugmanöver der grünen Blattfarbstoffe erklärt aber nur einen Teil des Erscheinungsbilds. Fallweise und zum Teil artspezifisch verfärbt sich das Herbstlaub jedoch auch intensiv rot, beispielsweise bei Rot-Eiche, Kirsche, Felsenbirne oder Schneeball. Dabei beladen sich die Blattzellen mit rötlichen Anthocyanen, ganz anderen Pigmenten aus einer Stoffklasse, die zuvor im Blatt so nicht vorhanden war. Deren Kombination mit den Carotenoiden liefert nun besonders leuchtende Farbstellungen zwischen Orange- und Flammenrot, wie man es vom „indian summer" im Nordosten Nordamerikas kennt.

Die Anthocyanbeladung ist letztlich eine unnütze und Energie verbrauchende Neusynthese. Im Unterschied zur Gelbfärbung durch (verbleibende) Carotenoide ist sie gegenläufig zur gleichzeitig stattfindenden Ausräumung der Blätter und der Rettung recyclingfähiger Baustoffe. Vermutlich stellt sie eine nicht mehr aufzuhaltende Überschussreaktion dar: Beim Abbau der gebundenen Stickstoffreserven spielt ein bestimmtes Enzym ein wenig verrückt, das gleichzeitig den Syntheseweg für Anthocyane auf Touren bringt.

Signalgeber dieser ganzen Ereignisfolge, die der rechtzeitigen Vorbereitung der Pflanzen auf die jahreszeitlich vordiktierte Winterruhe dient, ist die abnehmende Tageslänge – ab Mitte September liegen Kurztagbedingungen vor. Bei Laubgehölzen, die dagegen künstlich unter einem wirksamen Langtagregime verbleiben wie etwa einzelne Kronensegmente von Stadtbäumen im direkten Lichtkegel der Straßenbeleuchtung, bleibt das Umschaltereignis aus. Die Blätter der betreffenden Zweigbereiche sind – sofern zuvor keine strengen Nachtfröste eintreten – auch noch bis weit in den Dezember grün.

Wie hören HEUschrecken ihren Gesang?

Grillen und Grashüpfer besitzen am Kopf keine Ohren. Dennoch hören sie ihren „Gesang", der eigentlich ein Instrumentalkonzert ist, sehr gut. Ihre „Ohren" bestehen aus dünnen, mit spezialisierten Rezeptoren ausgestatteten Membranen, die je nach Art am Hinterleib oder an den Beinen sitzen. Langflügelschrecken hören beispielsweise mit dem Knie. Beim großen Grünen Heupferd sind die Hörorgane als je zwei Schlitze in den Vorderbeinen äußerlich gut erkennbar.

Wie entstehen HEXENringe?

Zur Pilzzeit im Spätsommer sind sie auf Wiesen, Brachland oder im Wald gar nicht so selten, und manchen ärgern sie auch in seinem peinlich gepflegten Zierrasen: Hexenringe nennt man die kreisförmige Anordnung von meist einigen Dutzend Pilzhüten auf dem Boden. Den abergläubischen Menschen früherer Zeiten müssen sie ziemlich rätselhaft vorgekommen sein, und weil die enorm rasch wachsenden und buchstäblich über Nacht aus dem Boden schießenden Pilze ohnehin äußerst verdächtig waren, hatte man auch schnell die eine oder andere sagenhafte Erklärung bei der Hand: Hexen sollen am Wuchsplatz der Pilze ihre wilden nächtlichen Tänze mit dem Teufel aufgeführt haben. Andere Deutungen, die nicht unbedingt dem finsteren Hexen- oder Teufelsspuk nachhängen, verstanden die seltsamen Ringe als Tummelplätze der weniger kritischen Feld-, Wald- oder Wiesengeister und nannten sie Elfen- bzw. Feenringe.

Dabei ist die Sache überhaupt nicht gespenstisch und – wie immer in solchen Fällen – ganz natürlich zu erklären. Was wir vom Pilz als Hut oder Schwammerl sehen, ist ja nicht das eigentliche Lebewesen, sondern nur sein kurzlebiger Fruchtkörper, in dem die der Vermehrung und Verbreitung dienenden Sporen entstehen. Das eigentliche Pilzwesen ist ein aus haarfeinen Zellfäden bestehendes Geflecht, das Pilzmyzel. Wenn ein Myzel aus einer auf oder in den Boden geratenen Pilzspore keimt, wächst es unterirdisch strahlenförmig nach allen Seiten weiter. An seinem äußeren Rand entwickeln sich dann bei günstigen Witterungsbedingungen nahezu gleichzeitig die Pilzfruchtkörper. Auf der Suche nach ausbeutbaren Nährstoffen wächst das Myzel immer weiter, so dass sich der Myzelring jedes Jahr vergrößert. So hat man schon Hexenringe mit bis zu 50 Meter Durchmesser gefunden. Wenn man die Wachstumsgeschwindigkeit kennt, lässt sich das Alter eines Rings zurückrechnen. Einige gut untersuchte Beispiele sind mehrere Hundert Jahre alt.

Beileibe nicht alle Pilzarten lassen ihr Myzel in alle Richtungen wachsen und solche ringförmig angeordneten Fruchtkörperansammlungen entstehen. Besonders häufig kommen sie beim Nelkenschwindling, Grauen Erdritterling, Safran-Schirmpilz, Mairitterling und Riesentrichterling vor.

Sind große Ohren zu mehr als nur zum HÖREN gut?

Natürlich stehen auffällig große Lauscher in erster Linie für besonders gutes Hörvermögen ihrer Besitzer. Das gilt für viele Säugetiere, egal ob die Hörtüten Mitgliedern der Raubtier-, Huftier-, Hasentier- oder Fledermaussippe gehören. Bei den Wüsten- und Steppenbewohnern unter den Großohren haben die riesigen Lauscher aber zusätzlich eine Kühlfunktion. Sie regulieren auch die Körpertemperatur der Tiere, indem sie überschüssige Wärme abgeben. So sind die Ohren der afrikanischen Steppenelefanten wesentlich größer als die ihrer nahen Verwandten, den Waldelefanten. Deshalb hält auch der in südwestamerikanischen und nordmexikanischen Wüstenregionen lebende Schwarzschwanz-Eselshase *(Lepus alleni)* mit gut 16 Zentimeter den Längenrekord aller Hasenohren.

Die Ohren des Wüstenfuchses oder Fenneks sind mit 15 Zentimeter und mehr im Verhältnis zu anderen Füchsen die weitaus längsten. Dieser mit ein bis 1,5 Kilogramm leichtgewichtigste Vertreter der Fuchssippe lebt schließlich unter extremen Bedingungen. Wie bei allen Hundeartigen fehlen ihm die Schweißdrüsen. Seine gesamte Gestalt und sein Verhalten helfen ihm dennoch, die extremen Temperaturunterschiede des Wüsten-Lebensraumes auszuhalten. Tagsüber halten sich Fenneks in ihren unterirdischen Bauen auf. Als Wärmeabstrahler wirken die spitze Schnauze und vor allem ihre großen Ohren. Auch die helle Fellfarbe dient dem Temperaturausgleich, wobei das dichte und feine Fell wiederum den von Haus aus nachtaktiven Wüstenfüchsen hilft, die nächtliche Kälte bei der Jagd nach Insekten, Kriechtieren und Kleinsäugern besser zu ertragen.

Wie viele Stacheln hat ein IGEL?

Ihn kennt jedes Kind, unseren Stacheligel. Stacheln als „Abwehrmaßnahme" sind eine erfolgreiche Erfindung der Natur, von den Schalen der Kastanien bis hin zum Stachelkleid der Seeigel oder Igel. Stacheln sind nichts anderes als umgewandelte Haare. Von diesen nadelspitzen Dingern trägt ein erwachsener Igel zwischen 5000 und 16 000 an sich herum.

Igelstacheln sind etwa zwei bis drei Zentimeter lang, cremeweiß und an der Basis schwarz oder braun gebändert. An den Körperflanken gehen die dicken Stacheln zunächst in dünnere, dann in dicke steife Haare und schließlich in weiche Haare über. Ihre Kombination aus möglichst großer Leichtigkeit bei gleichzeitiger Stärke und Festigkeit wird dadurch erreicht, dass die Stacheln hohl sind und innen viele, durch dünne Wände getrennte Luftkammern besitzen. An ihrer Basis verjüngen sich die Stacheln zu einem dünnen, flexiblen Knick und verdicken sich dann wieder zu einer kleinen Kugel als Verankerung in der Igelhaut. Dieser Aufbau verhindert, dass bei Schlag oder Aufprall die steifen Stacheln in den Körper getrieben werden. Vielmehr wird jeder Druck auf den Stachel in eine Beugung des dünnen, flexiblen Teils umgewandelt. Kleine Muskeln an den Stachelwurzeln, die normalerweise entspannt sind, richten die Stacheln auf.

Igel haben zwei Stufen der Gefahrenabwehr entwickelt. Oft rollen sich die Tiere bei Bedrohung nicht sofort ein, sondern stellen durch Muskelspannung zunächst nur die Stacheln auf. Dabei stehen die Stacheln in verschiedenen Winkeln und überkreuz ab, stützen sich gegenseitig und bilden so eine kaum überwindbare Barriere.

Wer einmal einen Igel in der Hand hatte, wird feststellen, dass er scheinbar zu viel Haut hat. Die „überschüssige" Haut braucht er für seinen „Einrolltrick" als Stufe zwei der Abwehrmaßnahme. Ein kräftiger Rückenmuskel zusammen mit einem Ringmuskel sorgen dafür, dass sich der Igel durch ruckartiges Zusammenziehen dieses Muskelpanzers in sein Stachelkleid zusammenrollen kann.

Igel werden übrigens blind und scheinbar nackt geboren. Die Stacheln der Babys sind während der Geburt noch in ihrer wasserreichen, angeschwollenen Haut eingebettet. Dadurch werden Verletzungen der Mutter beim Geburtsvorgang vermieden. Innerhalb 24 Stunden schauen sie dann aus der zusammengeschrumpften Haut heraus. Bis sie ihre Mutter verlassen, sind Jungigel mit etwa 3000 Stacheln gespickt.

Igel sind die einzigen echten Winterschläfer unter den Insektenfressern. Ihr Abwehrverhalten, das sie gegen die meisten ihrer Fressfeinde – eine Ausnahme ist der „Igelspezialist" Uhu – sehr erfolgreich einsetzen, nützt ihnen im Straßenverkehr herzlich wenig. Manch einer der furchtlosen Stachelritter wäre noch am Leben, hätte er vor Autos das Weite gesucht und nicht einfach nur auf sein Stachelkleid mit den vielen Tausend umgewandelten Haaren vertraut.

Warum fliegen INSEKTen auf Blüten?

Obwohl Tiere von Pflanzen abhängig sind, wären viele Pflanzen ohne Tiere ebenso rasch am Ende ihrer Möglichkeiten. Gerade bei den hoch entwickelten Blütenpflanzen zeigen sich solche Abhängigkeiten besonders deutlich. Die weitaus meisten Pflanzenarten haben nämlich kleine Tiere fest in ihre eigenen Fortpflanzung eingebunden: Bunte Blumen benötigen behaarte (in manchen Teilen der Welt auch gefiederte) Kleintiere als Spediteure ihrer Blütenpollen. Über größere Entfernungen und vor allem zielgerichtet übernehmen solche frei beweglichen Tiere mit größerem Aktionsradius den wichtigen Dienst der Bestäubung, ohne die Fruchtansatz und Samenbildung nicht in Gang kommen.

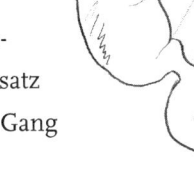

Bereits am Beginn der so sinnvoll aussehenden Zusammenarbeit zwischen Blüte und Bestäuber steht ein höchst praktisches Problem: Wie veranlasst man eine Biene oder Hummel dazu, Pollen von Blüte A nach B zu expedieren? Mit Sicherheit übernehmen diese Tiere ihre Frachtaufträge nicht uneigennützig. Obwohl sie immer so sehr im Mittelpunkt steht, ist die Pollenbeförderung genau betrachtet sogar nur ein Randeffekt. Die tierische Luftflotte entwickelt für Blüten nämlich ein viel vordergründigeres Interesse.

Hautflügler wie Bienen und Hummeln, Käfer, Schwebfliegen oder Schmetterlinge kommen nur deswegen zum Ausflugslokal Blüte, weil diese besondere Leckereien bereithält. Blüten sind gleichsam

Tankstellen und Proviantstützpunkte der fliegenden Kuriere – sie versüßen ihnen buchstäblich den mühsamen Anflug. Nektardrüsen, in den Blüten an verschiedenen Stellen versteckt, produzieren hoch konzentrierte Zuckerlösungen. Manche Insekten, darunter die Schmetterlinge, besitzen so stark spezialisierte Mundwerkzeuge, dass sie nur noch Flüssignahrung wie Nektar aufnehmen können. Richtige Saftläden tun sich da auf. Für die scharenweise einfallenden Insekten wird der Blütenbesuch zur Kneipentour. Die Trinkfestigkeit hat allerdings ihre physiologischen Grenzen. Sinnvollerweise ist der Verdauungstrakt der Insekten so bemessen, dass sie auch nach ausgiebigem Gelage mit reichlicher Abfüllung ihr zulässiges Abfluggewicht nicht überschreiten.

Blüten sind aber nicht nur Saftladen, sondern auch Imbissbude. Wer nicht (nur) Hochkonzentriertes zu sich nehmen möchte, findet hier auch Knabberzeug in Form von Pollen. Wo Knabberpollen auf der Speisekarte stehen, müssen die voraussichtlichen Verluste allerdings durch Überproduktion ausgeglichen werden. Das erklärt, warum manche Blüten richtige Staubblatt-Gebüsche enthalten. Klatsch-Mohn oder Rosen sind solche Pollenblumen. Buchstäblich sackweise bieten sie den Pollen an. Den meisten Insekten, die in ein derartig (blüten)verstaubtes Lokal einkehren, sieht man auch gleich an, dass sie sich so richtig reingesetzt haben, wenn sie sich anschließend wieder aus dem Staube machen.

Wie entstehen JAHRringe im Holz?

Das Jahreszeitenklima der gemäßigten Breiten zwingt den Pflanzen eine ausgeprägte Jahresrhythmik auf: Die Zeit des Wachsens, Blühens und Fruchtens nennt man daher auch Vegetationsperiode, während vom Herbst bis zum Frühjahr überall weitgehend Betriebsruhe herrscht.

Entsprechend unterliegt auch das Holzwachstum in Sträuchern und Bäumen einer klaren Jahresrhythmik. Zu Beginn der neuen Vegetationsperiode im Frühjahr legt das Wachstumsgewebe im Stamm großkalibrige, dünnwandige Zellen für die rasche und wirksame Wasserleitung zum jungen Laub an – das Ergebnis ist das helle, lichte Frühholz. Gegen Spätsommer und bei nachlassendem Wasserbedarf entstehen dagegen zunehmend enge, dickwandige Elemente, die sich als dunkles Spätholz abbilden. Beide Lagen zusammen bilden einen deutlich erkennbaren Jahrring – das dunkle Spätholz des Vorjahrs bildet gegen das helle Frühholz des Folgejahrs eine scharfe und ohne Lupe gut erkennbare Grenze. Tropische Hölzer, deren Wachstum nicht an die Jahreszeiten gekoppelt ist, weisen keine Jahrringe auf.

Ein Stammquerschnitt bewahrt mit seinen deutlich unterscheidbaren Jahrringen somit die gesamte Biografie eines Baums. Man kann daran durch Abzählen der jeweiligen Jahresgrenzen jedoch nicht nur das individuelle Alter des betreffenden Baums ermitteln, sondern an den unterschiedlichen Jahrringbreiten auch die Wachstumsbedingungen eventuell weit zurückliegender Zeiträume ablesen. Schmale Jahrringe weisen auf trockene, heiße Sommer hin, breitere auf eine bessere Niederschlagsversorgung. Ein Baumstamm ist deshalb immer auch ein lückenlos überliefertes Klimaarchiv. Eine besondere wissenschaftliche Disziplin, die Dendrochronologie, befasst sich mit den charakteris-

J tischen Ringbreitenfolgen und setzt sie einerseits als hochauflösende Datierungshilfe, andererseits als Informationsquelle für die Rekonstruktion der jüngeren Klimageschichte ein. Durch zahlreiche Ringbreitenvergleiche genau datierbarer Hölzer, deren Fälldatum bekannt ist (Balkeninschriften), ist unterdessen die Zuwachsleistung zurückliegender Jahre, Jahrzehnte und Jahrhunderte exakt bekannt. Für die Eichen des mittel- und westeuropäischen Wuchsgebiets hat man durch schrittweise rückwärtige Überlappung eine Standardchronologie für die letzten acht Jahrtausende ermitteln können. Diese Modelleiche, die mit ihren Detailmaßen nur im Computer existiert, hätte einen Stammdurchmesser von über 30 Meter. Eichenholzproben unbekannten Alters, an denen man ein paar Ringbreiten messen kann, lassen sich mit Rechnerhilfe in den wahrscheinlichsten Abschnitt dieser Standardkurve einpassen und somit genau datieren. Auf diese Weise konnten Moorwege aus Eichenbohlen ebenso jahrgenau eingegrenzt werden wie römische Brückenfundamente oder Bauabschnitte mittelalterlicher Kathedralen.

Warum sind manche JUNGtiere anders gefärbt als ihre Eltern?

Mit am bekanntesten für auffällige Färbungsunterschiede zwischen Jung und Alt ist zweifellos unser Wildschwein. Während Erwachsene und ältere Jungtiere ein schwarz- bis graubraunes Fell mit langen Grannen und dichter Unterwolle tragen, sind die hellbraunen Jungen auffällig längs gestreift. Ihr Streifenmuster dient aber keineswegs dem Auffallen, sondern der Tarnung. Im Licht- und Schattenspiel der Waldvegetation verschwimmen die Frischlinge mit der Umgebung, deren Streifen mit zunehmendem Alter verblassen.

Besonders auffällig ist auch das Fellmuster neugeborener Tapire. Weißliche oder blassgelbe Längsstreifen, die stellenweise von Flecken unterbrochen werden, ziehen sich über Körper und Beine. Auch die Tapirjungen werden durch die wechselnden Beleuchtungsverhältnisse am Waldboden mithilfe dieser Musterung „unsichtbar".
Weitere Beispiele für Tarnmuster liefern die Jungtiere vieler Hirscharten, die Längsreihen heller Flecken auf meist braunem Fell tragen. Nichts anderes bezwecken auch die hübschen Muster der Dunenkleider nestflüchtender Hühnervögel oder Limikolen. Vor allem die Dunenjungen der Strand- und Sumpfvögel zählen wohl zu den hübschesten Vogelkindern, die es gibt. Vom ersten Tag an sind die quicklebendigen, bunt gescheckten Dunenbällchen mit einem unverhältnismäßig großen Kopf (Kindchenschema!) und munteren Augen auf kräftigen Beinen unterwegs. Bei nahender Gefahr warnen die Eltern, und bei manchen Arten, wie etwa bei den Regenpfeifern, versuchen sie den Feind durch „Verleiten" von den Jungen wegzulocken, indem sie sich hilflos und flügellahm stellen. Diese sind unterdessen scheinbar vom Erdboden verschwunden. Als hätten sie sich eine Tarnkappe aufgesetzt, sind sie dank ihrer Zeichnung fast völlig mit der Umgebung verschmolzen.
Dagegen hat die auffällige Andersfärbung bei einigen Primaten im Babyalter wohl eher die Bedeutung den erwachsenen wie jugendlichen Gruppenmitgliedern zu signalisieren: „Bitte nehmt Vor- und Rücksicht, denn ich bin noch sehr klein und unerfahren!". Wohl am auffälligsten sind die Färbungsunterschiede bei den asiatischen Haubenlanguren. Während Erwachsene und ältere Jungtiere ein silbrig schwarzes Fell haben, tragen ihre Jungen bis zu drei Monate lang ein leuchtend orangefarbenes Fellkleid. Einen auffälligen Fellwechsel machen Schopfgibbon-Junge durch: Zunächst goldig „mamafarben" färben sie sich dann in Richtung dunklem „Papa", um später wieder heller zu werden.

K

Warum kochen KARTOFFELn weich, Eier jedoch hart?

Die Küchenchemie steckt voller Überraschungen, die mancher als Geheimnisse der Kochkunst ansehen mag. Tatsächlich jedoch ist – ohne das bewundernswert kreative Können hoch dekorierter Vier-Sterne-Köche in Zweifel zu ziehen – auch das zarteste Soufflé ausschließlich im Rahmen der Naturgesetzlichkeit erklär- und zubereitbar. Dennoch bleibt vieles erstaunlich und somit erklärungsbedürftig, darunter das nur scheinbar so banale Problem, warum längere Temperatureinwirkung eine anfangs knallharte Kartoffel unwiderruflich erweicht, dass von Natur aus flüssige Ei jedoch schnittfest werden lässt.

Die Kartoffelknolle besteht wie jedes Pflanzenorgan aus zahllosen, mikroskopisch kleinen Zellen, die von einer stabilisierenden Zellwand aus Kohlenhydraten umgeben sind. Die Wand je zweier benachbarter Zellen grenzt mit einer gemeinsamen, sehr feinen Mittelschicht aneinander, die nicht besonders fest ist: Bei höherer Temperatur verlieren ihre Bausteine den Zusammenhalt – die Kartoffel wird mehlig und lässt sich anschließend auf dem Teller mit der Gabel zerdrücken.

Das Frühstücksei besteht dagegen überwiegend aus einer Mischung von Wasser und Proteinen, die man danach bezeichnenderweise auch Eiweiße nennt. Die Proteine hat man sich als lange, unübersichtlich gewundene Kettenmoleküle vorzustellen, die ihre Haltung ausschließlich durch schwache Bindungskräfte zwischen ihren einzelnen Bauteilen und vor allem den überall vorhandenen Wassermolekülen bewahren. Beim Erhitzen im Eierkocher brechen diese Bindungen zwischen den Atomgruppen auf. Jedes zerbrochene Verhältnis geht jetzt erneut auf Partnersuche und knüpft nach erfolgreichem Kontakt an einer beliebigen anderen Stelle des Proteinmoleküls eine andersartige, nunmehr nämlich sehr feste Bindung. Die Eiproteine bilden zunächst lockermaschige Netze und verknüpfen sich dann immer mehr zu einem festen Körper – ein Vorgang, den man wissenschaftlich als temperaturabhängige Gerinnung bezeichnen könnte. Der Prozess ist nicht umkehrbar. Das Eiklar gerinnt übrigens als Erstes, der Vorgang beginnt bei etwa 60 Grad Celsius. Im Dreiminutenei bleibt der Dotter zunächst noch geschützt, weil das Eiklar die meiste Hitze absorbiert. Innerhalb der nächsten Minute(n) versteinert es aber auch im Innersten. Vergleichbare Umbauten der Proteine laufen auch beim Spiegelei in der Pfanne und bei allen anderen Zubereitungen ab, wo Eiweiße gerinnen.

Warum leuchten KATZEnaugen?

Bestimmt haben Sie das auch schon einmal erlebt: Man kommt spät bei Dunkelheit mit dem Auto nach Hause und im Scheinwerferlicht taucht plötzlich ein hell leuchtendes Augenpaar auf. Der nächste Augenblick klärt die Erscheinung – Nachbars Katze ist eben auch noch unterwegs. Dieses für manche Gemüter etwas unheimliche und in jedem Fall eindrucksvolle Leuchten von Katzenaugen ist zum festen Begriff geworden. Im Märchen von den Bremer Stadtmusikanten

lässt die Katze aus der Viererbande ihre Augen sogar aktiv funkeln und die Rückstrahler an Fahrrädern und Schulranzen kennt man ebenfalls unter der Bezeichnung Katzenauge. Übrigens leuchten nicht nur die Augen streunender Katzen nachts, sondern vieler anderer nachtaktiver Tiere. Marder und Füchse gehören dazu und im südlichen Nordamerika wird man im Schein einer Taschenlampe am ehesten auf herumliegende Alligatoren aufmerksam.

Natürlich sind die leuchtenden Tieraugen keine aktiven Scheinwerfer, sondern reflektieren nur das einfallende Licht aus anderen Lichtquellen. Ein Mensch, der mit dem beleuchteten Auto oder zu Fuß mit einer Lampe unterwegs ist, erregt die Aufmerksamkeit der Tiere – sie blicken geradewegs auf die Geräusch- und Lichtquelle. Weil in der Dunkelheit ihre Pupillen maximal geweitet sind, fällt eine Menge Licht durch ihre Augenlinsen auf den Augenhintergrund. Hier treffen die Lichtstrahlen auf die Stäbchen und Zapfen der Netzhaut und werden dort teilweise verschluckt, um Nervenimpulse an das Sehzentrum im Gehirn auszulösen. Das verbleibende Restlicht dringt bis zur Reflektionsschicht hinter der Netzhaut vor, wird hier zurückgeworfen, muss ein zweites Mal an den Stäbchen und Zapfen vorbei, wobei es erneut Impulse erzeugt, und tritt durch die Linse wieder nach außen. Nur dieses nicht absorbierte Restlicht erscheint uns als Leuchtsignal aus den Katzenaugen.

Unsere Augen besitzen diese reflektierende Schicht hinter der Netzhaut nicht. Wenn plötzlich eine größere Lichtmenge durch unsere weit geöffneten Pupillen dringt, wie etwa bei Blitzaufnahmen in abgedunkelten Räumen, kommt lediglich Reflektionslicht in der rötlichen Farbe der Netzhaut zum Vorschein. Das erklärt den bekannten Kaninchenaugen-Effekt auf Familienfotos im trauten Heim. Obwohl wir keine nachtaktiven Wesen sind, leisten unsere Augen auch bei Dunkelheit Erstaunliches. Immerhin reicht eventuell schon das Sternenlicht für die gröbste Orientierung.

Wie und warum klappern KLAPPERschlangen?

Ihren volkstümlichen Namen tragen Klapperschlangen nach dem Rasselorgan an ihrem Schwanzende. Mit zwei Gattungen, ungefähr 30 Arten und etwa 60 Unterarten leben Klapperschlangen ausschließlich in Amerika, ihr Verbreitungsgebiet erstreckt sich von Kanada bis Südamerika. Gefürchtet sind sie wegen ihres hämotoxischen Gifts, das auf das Blut wirkt. Nur einige im Süden Amerikas vorkommende Arten produzieren ein Gemisch aus Blut- und Nervengift. Wohl am gefährlichsten ist die sehr große Östliche Diamant-Klapperschlange mit schönen dunklen Rauten (= diamonds) auf ihrem Rücken.

Das gemeinsame und auffallendste Merkmal aller Klapperschlangen ist die Rassel, die sich aus mehreren hornigen Gliedern am Schwanzende zusammensetzt. Junge Klapperschlangen tragen beim Schlüpfen eine knopfähnliche Anschwellung am Ende ihres Schwanzes. Bei der ersten Häutung bleibt das Hautstück in der Nähe dieses Endknopfs erhalten. Bei jedem neuen Häutungsprozess, in der Regel drei- bis viermal im Jahr, kommt ein neues Häutungsstück hinzu, das sich am Aufbau der Rassel beteiligt. Jedes neue Segment fügt sich locker in das nachfolgende ein. Bei älteren Schlangen kann sich die Rassel aus 15 und mehr Gliedern zusammensetzen. Die Rassel hat dennoch nichts mit „Jahresringen" gemein. Nicht das Alter der Schlange, sondern die Zahl ihrer Häutungen kann von der Rassel angezeigt werden, vorausgesetzt sie bleibt unversehrt erhalten. Zumindest in der Natur ist dies praktisch nie der Fall. Deshalb ist auch ein Terrarientier mit 29 Klapperringen Rekordhalterin unter allen Klapperschlangen.

Wenn die Klapperschlangen ihre Klapper erzittern lassen, kommt das charakteristische Rasselgeräusch durch das Aneinanderreiben dieser Glieder zustande. In der freien Natur können Menschen und andere Feinde das Rasseln über 30 Meter weit hören. Als Verständigungs-

K signal untereinander wie etwa zum Anlocken der Geschlechter, gäbe das Klappern keinen Sinn. Denn wie alle Schlangen, sind auch die Klapperschlangen taub. Sie können zwar Bodenerschütterungen, aber keine Schallwellen wahrnehmen. Auch zum Anlocken von Beute wurden die Rasseln wohl nicht „erfunden". Hungrige Klapperschlangen klappern nicht häufiger als gesättigte. Als plausibelste Deutung bleibt, dass Klapperschlangen quasi eine Alarmanlage entwickelten, mit der sie Feinde abschrecken konnten. Als in der Tertiärzeit in Amerika die großen Steppensäugetiere in riesigen Herden erschienen, von denen heute nur noch der Präriebison übrig blieb, half den am Boden kriechenden Schlangen ihre Rassel als vergrämendes Organ vor dem Zertretenwerden. Für diese Theorie spricht, dass eine Klapperschlangenart, die auf der großtierfreien Insel Santa Catalina im Kalifornischen Golf lebt, im Laufe ihrer Entwicklungsgeschichte sich wieder von den Klappern getrennt hat. Große Greifvögel und Königsnattern als Klapperschlangenjäger lassen sich vom Geklapper wohl kaum beeindrucken bzw. sind dafür taub. Dagegen wurde die Aufmerksamkeit manches Beuteopfers der Klapperschlangen, die sich zu über 80 Prozent von Kleinsäugern bis Präriehund- und Kaninchengröße ernähren, vom Geklapper auf den Schwanz statt auf den tödlichen Kopf gelenkt. Wir Menschen waren schon lange von den Klapperschlangen-Rasseln fasziniert. Als Amulette und Kultgegenstände spielen sie bei indianischen Medizinmännern eine große Rolle.

Wie viele KNOCHEN hat ein Mensch?

Erstaunlicherweise lassen selbst modernste Lexika zur Biologie die Antwort auf diese Frage etwas im Unbestimmten und geben meist „etwa 200" an. Weiß man das wirklich nicht exakter oder haben die Anatomen bisher nicht genau genug hingesehen? Die Antwort zum Problem ist wirklich nicht ganz einfach, denn es kommt sehr darauf an, zu welchem Zeitpunkt der Entwicklung man die Inventur des normalen Knochengerüsts anstellt. Im zarten Kindesalter sind – beispielsweise im Bereich des Schädels oder der unteren Wirbelsäule – einige Knochen zwar angelegt, aber noch nicht richtig fertig, während im Erwachsenenalter (spätestens mit 25 Jahren) einige Knochen miteinander verwachsen und verschmelzen. Hinzu kommt, dass es in Teilbereichen des Skelettaufbaus minimale individuelle Unterschiede gibt.

Sehen wir uns unsere tragende Innenkonstruktion von oben nach unten einmal genauer an. Der Schädel besteht aus (ursprünglich) 22 einzeln angelegten Knochen, wovon 14 auf den Gesichtsschädel entfallen. Diese Zahl liegt eindeutig fest. Die Wirbelsäule umfasst sieben Halswirbel (bei der extrem langhalsigen Giraffe übrigens auch ...), zwölf Brustwirbel, fünf Lendenwirbel, fünf Kreuzbeinwirbel (im Erwachsenenalter zum Kreuzbein verwachsen) und drei bis fünf Steißbeinwirbel – es ist der beim Menschen nur noch ansatzweise vorhandene Greifschwanz der Kletteraffen, dessen unterste Wirbelchen auch knorpelig bleiben können. Damit besteht die Wirbelsäule aus 32 bis 34 Teilen. Der Schultergürtel hat zwei Schlüsselbeine und zwei Schulterblätter, zusammen also vier Knochen. Der Brustkorb besteht aus 24 Rippen und einem Brustbein, macht insgesamt 25 Bauteile. Der Beckengürtel besteht aus zwei Darm-, zwei Sitz- und zwei Schambeinen – diese 6 Teile verwachsen miteinander zu zwei Hüftbeinen. Ohne die Extremitäten besteht das Schädel- und Rumpfskelett demnach aus 85 bis 87 Einzelknochen.

Bei Armen und Beinen ist die Sache wieder eindeutig. Jeder Arm hat einen Oberarmknochen, eine Elle, eine Speiche, acht Handwurzelknochen, fünf Mittelhandknochen und 14 Fingerknochen (am Daumen zwei, an den übrigen Fingern je drei). Zu jeder Hand gehören also 27 Knochen, zum kompletten Arm 30, für beide Körperseiten 60. Bei den Beinen sieht es vergleichbar aus: Wir stehen rechts und links auf je einem Oberschenkelknochen, einem Wadenbein, einem Schienbein, einer Kniescheibe, sieben Fußwurzelknochen, fünf Mittelfußknochen und 14 Zehenknochen (am großen Zeh zwei, sonst je drei). Der Fuß besteht somit aus 26, das vollständige Bein aus 29 Einzelknochen. Beide Beine setzen sich also aus 58 Knochen zusammen. Die Knochensumme für Schädel- und Rumpfskelett sowie vier Extremitäten kommt auf 203 bis 205. Nun könnte man noch die im Prinzip knöchernen Zähne (Milchgebiss 20, Erwachsenengebiss 32) hinzuzählen. Die Summe aller festen Bauteile liegt damit bei 223 bis 225 bei Kindern bzw. 235 bis 237 bei Erwachsenen.

Nach biblischer Aussage (Genesis 2, 22) soll Eva aus einer Rippe des Adam geschaffen worden sein, was biologisch eine Klonierung wäre und so nicht funktionieren kann, mal abgesehen davon, dass die Sache mit dem kleinen (genetischen) Unterschied unberücksichtigt blieb. Nun fehlt aber dem Mann keine Rippe – im Gegenteil, manche Männer haben eine zu viel. In Mitteleuropa tragen knapp drei Prozent aller Männer eine Zusatzrippe, bei den Eskimos sogar etwa 15 Prozent.

Warum schießt der KOPFsalat?

Ein uralter Gärtnerwitz antwortet auf die Frage, wann es im Garten besonders gefährlich ist, mit dem Hinweis auf die ausschlagenden Bäume und den schießenden Salat. Vermutlich ist klar, dass mit dem Schießen der Salatköpfe keine pflanzliche Artillerie gemeint ist, obwohl es auch eine solche gibt: Manche Pflanzenarten bringen ihre Samen dadurch recht schwungvoll in die Luft, dass sie ihre Früchte regelrecht explodieren lassen. Sprachlich hängt das Schießen des Salats mit den Begriffen Schossen bzw. Schösslingen zusammen. Damit bezeichnet man besonders rasch wachsende Pflanzenteile wie etwa die Wasserreiser an Laubbäumen, die sich innerhalb weniger Tage auf respektable Längen vergrößern. Auch bei den Salatpflanzen stehen die „Schießmanöver" im direkten Zusammenhang mit einer beachtlichen Achsenverlängerung.

Kopfsalat, botanisch eine Lattichart mit vielen Verwandten in der heimischen Flora, ist von Natur aus eine einjährige Pflanze. Sie keimt bei zusagender Temperatur schnell und entwickelt rasch eine große, kräftige Blattrosette. Beim Kopfsalat entwickelt sie sich – als typisches Kulturpflanzenmerkmal – zur kopfartigen Superknospe, deren innere Blattwirtel sich gar nicht nicht mehr flach ausbreiten. In dieser Form ist die Pflanze erntefähig. Bei anderen Salatsorten wie beim Schnitt- und Pflücksalat unterbleibt die Kopfbildung.

Wenn die Kurztagbedingungen des Frühjahrs sich schrittweise zu den Langtagbedingungen des Sommers wandeln, steuert das veränderte Lichtregime die Entwicklung der Pflanze komplett um: Unter Auflösung der Blattrosette streckt sich nun ihre zuvor stark gestauchte Sprossachse und entwickelt an ihrem oberen Ende einen Blütenstand mit zahlreichen hellgelben Blütenkörbchen. Besonders bei feuchtwarmer Witterung erfolgt das Strecken der Achsen mit Durch-

K brechen der Köpfe erstaunlich rasch in wenigen Tagen – entsprechend der Schösslingbildung bei anderen Pflanzen spricht man also vom „Schießen" der Salatpflanze. Entwicklungsbiologisch interessant ist daran vor allem die Umsteuerung durch die Tageslänge. Bei wie vielen Stunden Licht je Tag für eine Pflanze die Langtagbedingungen einsetzen, ist allerdings von Art zu Art verschieden. Manche werden schon kurz nach der Tag-und-Nacht-Gleiche (21. März, Frühlingsbeginn) umgesteuert, andere brauchen nicht nur hochsommerliche Temperaturen, sondern auch mehr als 16 Stunden Licht.

Grüne KRAFTprotze: Wie brechen Pflanzen das Gehwegpflaster auf?

Wo der Mensch den Boden mit Asphalt, Beton oder anderen Werkstoffen versiegelt, wächst im Allgemeinen kein Gras mehr. Oder doch? Nicht selten sieht man im Wegebelag breite Risse, aus denen sich zartes Grün zwängt – tatsächlich haben Pflanzen diese Brüche verursacht und sind nicht etwa als Samen in die Ritzen hineingeweht worden. Manchmal geraten selbst schwere Gehsteigplatten oder Bordsteine verdächtig in Schieflage und auch hier wehren sich Pflanzenteile im Boden sichtlich erfolgreich gegen den belastenden Druck von oben. Solches Durchsetzungsvermögen der im Prinzip schmächtigen, weichen und leicht verletzbaren Pflanzenorgane ist doch höchst erstaunlich.
In einem einfachen Experiment kann man die rohen Kräfte leicht überprüfen, die auch kleine Pflanzenteile walten lassen. Wenn man ein paar rascheltrockene Erbsen in einem leeren Joghurtbecher in etwas Gipsbrei wie Rosinen in einen Kuchenteig einrührt und diesen aushärten lässt, dauert es nur wenige Stunden, bis die unterdessen angequollenen Samen einen erfolgreichen Ausbruchversuch unternehmen: Sie schaffen es ohne weiteres, den felsenfest gewor-

denen Gips in Stücke zu zersprengen und würden sogar ein fest zugeschraubtes Konservenglas über Nacht zerbersten lassen. Die Ursache solcher Gewalttaten sind letztlich die dem Wasser innewohnenden Kräfte. Das Lösungsmittel Wasser hat grundsätzlich das Bestreben, zum Ort höherer Stoffkonzentration zu fließen, um dort eine Verdünnung zu erreichen. In den quellenden Erbsen liegt eine höhere Stoffkonzentration vor als in ihrem Außenmilieu und folglich ist die Richtung der Wasserbewegung vordiktiert. Die zwischenmolekularen Kräfte, mit denen das Lösungsmittel Wasser sich zwischen die zu lösenden übrigen Stoffteilchen zwängt, sind nicht zu bremsen. Die Folge sind prall mit Wasser gefüllte Zellen – ähnlich wie ein im Grunde dünnwandiger Ball durch inneren Luftdruck rund und fest wird. Außer der prallen Füllung der einzelnen Zellen ist nun auch deren Summenwirkung bedeutsam. Die einzelne Zelle aus dem Fruchtfleisch eines Apfels ist ein zwar wohl gefülltes, winziges und erstaunlich stabiles Gebilde, aber alle zusammen sind sie noch viel fester: Mit einem Apfel kann man ebenso eine Fensterscheibe einwerfen wie mit einem Stein. Die Kräftesumme eines ganzen Organs ist es also letztlich, die Wegbeläge durchstößt, Mauersteine verrückt oder schwere Deckplatten anheben lässt. Diese Kraftmeierei ist allerdings nur ein Sonderfall der pflanzlichen Durchsetzungskraft. An sich sind die Quellungskräfte ein biologisch bemerkenswert sinnvolles Hilfsmittel: Im festen oder gar verdichteten Boden sorgen die keimenden Samen damit für lockere Verhältnisse und helfen dem jungen Pflänzchen, sich durch die Krume seine Bahn zu brechen. Solche Kraftwirkung beschränkt sich übrigens nicht auf Pflanzenteile. Auch wachsende Pilzfruchtkörper können ganz schön Druck machen. Bei einigen Pilzen dienen die gespannten inneren Verhältnisse sogar der Sporenausbreitung: Der auf Pferdedung wachsende *Pilobolus* entwickelt bis zu fünf Atmosphären Druck und schießt seine Sporenladung artillerieartig ab.

L

LAUBfall: Wie lösen sich die Blätter vom Baum?

Die Laub abwerfenden Gehölze produzieren im Herbst – jahreszeitlich bedingt – eine Menge bunten Abfall. Während im Sommer ein kräftiger Gewittersturm die Blättern am Gezweig zwar heftig durchschüttelt, genügt in den Herbsttagen schon ein leiser Windstoß, um jedes Mal eine ganze Wolke von Falllaub zu Boden zu schicken. Irgendwie muss sich also die Befestigung der Blattorgane an den Zweigen planmäßig so verändert haben, dass die nun allmählich entbehrlich gewordenen Saisonartikel leicht zu verabschieden sind.

An der Verbindungsstelle zwischen Blattstiel und Zweig besteht tatsächlich ein von außen nicht sichtbares besonderes Gewebe, das man Trennschicht nennt. Ihre Zellen werden eigentlich erst in den letzten Herbsttagen aktiv. Nachdem alle noch verwertbaren Stoffe aus den Blättern in die Speichergewebe von Ästen und Stämmen zurücktransportiert wurden, produzieren die Trennschichtzellen besondere Wirkstoffe, die zweierlei bewirken: Sie lösen ihre eigenen Zellwände auf, so dass der feste Zusammenhalt mit dem Zweig verloren geht und das Blatt schließlich einfach dem Gesetz der Schwerkraft nach unten folgt. Zum anderen sorgen sie dafür, dass die Ansatzstelle am Zweig rechtzeitig versiegelt wird. Hier verkorken die Wände der verbleibenden Zellen und werden dadurch wasserundurchlässig. Die feinen Leitbahnen, durch die während der Betriebszeit eines Blatts die Saftströme hin und her wanderten, sind damit gleichsam verplombt und aus dem Betrieb genommen. Die ehemaligen Sitzplätze bzw. Anschlussstellen eines Blatts sind am Zweig noch viele Jahre lang zu sehen. Man nennt sie Blattnarben oder Blattsiegel. Besonders groß sind sie beispielsweise bei den Ahornarten oder der Rosskastanie. Bei genauerem Hinsehen erkennt man als kleine erhabene Punkte sogar noch die nunmehr unwiderruflich verschlossenen Enden der Leitbündel. Ähnlich erfolgt übrigens auch die Ablösung reifer Früchte. Im Bereich der jüngsten Blattnarben fallen gleichzeitig auch die Knospen der Blätter für die nächste Vegetationsperiode auf – sie entstehen immer im Winkel zwischen Zweig und Blattstiel des Vorgängerblatts.

Wie auf Wolke 7: Leben Bakterien in der LUFT?

Schon seit langem ist bekannt, dass die Winde nicht nur Wolken durch die Atmosphäre verschieben. Gelber Feinsand aus der Sahara, der sich auf den sommerlichen Firnfeldern der Alpen niederschlägt, ist für die Partikelfracht der Luft ebenso ein sicherer Hinweis wie die dünnen Staubbänder, die man Tage oder Wochen nach großen Vulkanausbrüchen eventuell auch auf der eigenen Fensterbank findet. Die winzigen Teilchen in der Atmosphäre sind sogar außerordentlich wichtig für die Tröpfchenbildung, denn ohne diese Vorgänge könnte es schließlich überhaupt nicht regnen. Nun sind in der Luft aber nicht nur Sandkörnchen, Ascheteilchen oder andere mineralische Partikeln unterwegs. Mit Wind und Wolken reisen auch Pilzsporen und Pollenkörner weitflächig umher. Warum also nicht auch Bakterien? Natürlich sind auch Bakterien und vermutlich sogar an mineralische Teilchen angeheftete Viren Bestandteil der atmosphärischen Stäube, eventuell sogar Krankheitserreger. Nach Einschätzung britischer Forscher sollen darauf die in Großbritannien oder anderen Gebieten

Westeuropas plötzlich und unerklärlich auftretenden Tierseuchen zurückzuführen sein – man vermutet einen Ferntransport etwa der Erreger der Maul- und Klauenseuche mit Kotstaub infizierter Tiere aus Nordafrika. Dazu genügt es schon, dass nur ein Teil der im Ursprungsgebiet in die Luft gehenden Keime die Reise durch die Atmosphäre bei extremer Kälte, stark verringertem Druck und intensivem Strahlungsklima unbeschadet übersteht. Der gelegentlich oder sogar planmäßige Lufttransport organischer Verbreitungseinheiten ist allerdings etwas anderes als ein ständiges oder auch nur längeres (Über-)Leben in der Atmosphäre mit Stoffwechsel und Zellvermehrung. Nach den Ergebnissen neuerer Forschungen müssen wir das bisherige Bild auch in dieser Hinsicht erweitern: In Wolkenwasser wurden schon über 1000 Bakterienzellen je Milliliter gefunden. Diese Bakterien nutzen den Wolkenraum, angeheftet an kleine Kondensationskerne, tatsächlich nicht nur als Transportroute, sondern wirklich als Lebensraum. Sie sind nicht ausschließlich auf den Biotop Wolke spezialisiert, können aber die hier herrschenden Bedingungen durch besondere Anpassungen bestens überstehen. Das Leben auf Wolke 7 ist demnach möglich, aber nicht besonders gemütlich.

Was macht der MAIkäfer im Juni?

Kaum ist die Saison der Osterhasen vorüber, rollt schon die nächste süße Versuchungswelle an: Maikäfer in diversen Größen und Preislagen dominieren die Süßwarenregale der Supermärkte. Die Schokoladenausgabe sieht man häufiger als das Original: Seit dem Einsatz von Insektiziden sind die Maikäfer seltener geworden. Wenn sie regional – wie vor 1960 beinahe üblich – ausnahmsweise dennoch in Massen auftreten, werden sie zum Medienereignis. Meist sind es Feldmaikäfer, die man an ihrem schwarzen Halsschild erkennt. Die verwandten Waldmaikäfer mit einem braunen Halsschild sind noch rarer.

Mit den ersten zuverlässigen Wärmeschüben Anfang Mai kommen die Käfer aus dem Boden. Im Spätsommer des Vorjahrs sind sie nach fast vierjähriger Larvenzeit als Wurzeln benagender Engerling aus der Puppe geschlüpft und verbrachten die Herbst- und Winterwochen kältestarr im Boden. Die nun geschlechtsreifen Käfer suchen Laubbäume auf und fressen an deren frischen Blättern, bevorzugt an Eichen, aber auch an Buchen, Hasel, Ahorn oder Obstbäumen. Abends schwärmen sie mit vernehmlichem Gebrumm in den Baumkronen. Nach der Begattung legen die Weibchen ihre Eier in tieferen Bodenschichten ab. Mit der Fortpflanzung ist die Lebensaufgabe der Käfer erfüllt. Spätestens im Juni sterben sie ab und dann gibt es völlig planmäßig und naturgewollt keine Maikäfer mehr (Reinhard Mey). In den Folgewochen treten verwandte Arten wie der Junikäfer oder der Julikäfer mit ähnlichen Lebenszyklen auf. Sie sind mit höchstens zwei Zentimeter Länge nicht ganz so groß wie ein Maikäfer und benötigen für ihre Entwicklung ebenfalls mindestens zwei komplette Jahre.

Warum wächst MAIS viel schneller als andere Getreide?

Am späten Vormittag des 5. November 1492 fand an der kubanischen Küste ein denkwürdiges Ereignis statt: Als die Spanier im Gefolge von Kolumbus ihre Karavellen verlassen hatten und an Land gegangen waren, boten ihnen die gastfreundlichen Eingeborenen die kolbenförmigen Fruchtstände einer Pflanze an, die sie in ihrer Sprache mahiz nannten. Kolumbus vermerkt im Bordbucheintrag des gleichen Tages: „Gekocht, geröstet oder zu Mehl vermahlen ist er äußerst schmackhaft, und alle Menschen in diesem Lande leben davon". Königin Isabella I. von Kastilien, die Kolumbus die drei Karavellen spendiert hatte, machte sich indessen nicht viel aus der kulinarischen Neuentdeckung, hatte sie ihr Auge doch eher auf Gold oder Gewürze gerichtet. Doch für portugiesische und venezianische Kaufleute wurde der Mais bald ein lohnendes Importgeschäft.

Mais ist eines der ganz wenigen Gräser, bei denen die männlichen Rispen und kolbenförmigen weiblichen Blütenstände räumlich weit getrennt auf der gleichen Pflanze sitzen. Nur beim Kulturmais ist der Kolben von sehr festen Hüllblättern (Lieschen) eingeschlossen, aus denen noch zur Reifezeit die bis zu 40 Zentimeter langen Griffelbüschel herausschauen.

Im Unterschied zu allen anderen Getreiden (mit Ausnahme der Hirsen) gehört der überaus ertragreiche Mais zu den so genannten tropischen Hochleistungspflanzen – deren Photosynthese läuft ein wenig anders als bei sonstigen grünen Pflanzen. Das Kohlenstoff-Bindungssystem, das Kohlenstoffdioxid aus der Luft entnimmt und in Zucker bzw. Stärke umwandelt, arbeitet hier nämlich wie eine besonders hochtourig laufende Pumpe und viel besser als bei gewöhnlichen Pflanzen. Das ermöglicht eine beachtliche Stoffproduktion und in kurzer Zeit enorme Zuwachsraten. Auch Zuckerrohr und die Hirsearten gehören zu diesen raschwüchsigen Produktionsspezialisten.

Die zu den Hochleistungs-Gräsern gehörenden Arten lassen sich auch äußerlich gut erkennen, da sie sich in der Blattanatomie unterscheiden. Die Blätter üblicher Getreidearten sind mit Ausnahme der Leitbündel fast ganz von grünem Gewebe ausgefüllt – die parallel verlaufenden Blattnerven erscheinen daher im Gegenlicht sehr hell und die Bereiche dazwischen kräftig grün. In Mais- und Zuckerrohrblättern konzentrieren sich die grünen Gewebe dagegen besonders um die Leitbündel. Deshalb sind hier gerade die Bereiche zwischen den Blattnerven deutlich heller. Diese besondere Gewebeanordnung ist eine wichtige Voraussetzung für die enorme Stoffproduktion der Pflanzen.

Trocknen MIESmuscheln bei Ebbe aus?

Die hübsch blauschwarzen Miesmuscheln – man kennt sie vom Strandspaziergang oder von der Speisekarte im Restaurant – führen im Vergleich zu den meisten ihrer nächsten Verwandten ein geradezu oberflächliches Leben: Sie graben sich nämlich nicht tief in den schützenden Wattboden ein, sondern bilden auf Wattenmeerflächen und Küstenfelsen dichte Ansammlungen in Form ausgedehnter Bänke – mit bis zu 2000 Individuen auf den

Quadratmeter. Während sich Austern auf einem festen Untergrund felsenfest anzementieren, kleben sich die Miesmuscheln mit extrem zugfähigen Fäden fest, die sie im Fuß in einer eigens dafür vorgesehenen Drüse herstellen. Diese so genannten Byssusfäden sind – technisch gesehen – ein bewundernswerter Dreikomponentenkleber, dessen ausgefallene Klebetechnologie man erst seit kurzem genauer kennt. Mit diesem Klebstoff können die Tiere sich an jeder Oberfläche unverrückbar anheften, sogar an spiegelglattes Glas.

Im tieferen Wasser unterhalb der Gezeitenzone halten die Miesmuscheln praktisch während des ganzen Tages ihre Schalen leicht geöffnet und pumpen sauerstoffhaltiges, mit Nahrungspartikeln angereichertes Wasser durch sich hindurch – je Tag bewegt eine drei Zentimeter lange Muschel etwa einen Eimer voll. Muschelbänke in der Gezeitenzone werden jedoch vom Tidenrhythmus regelmäßig an die frische Luft gesetzt. Wenn mit der einsetzenden Ebbe das Wasser zurückweicht und die Muscheln trocken fallen, klappen die Tiere mit ihren Schließmuskeln ihr Gehäuse einfach zu – und müssen jetzt erst einmal Stunden lang die Klappe halten. Die passgenau und recht dicht sitzenden Schalenhälften verhindern dramatische Wasserverluste – die Muschel sitzt gleichsam im eigenen Saft. Andererseits ist in dieser Situation für mehrere Stunden sowohl die Zufuhr von Atemwasser als auch die von Nahrungspartikeln abgeschnitten. Daher müssen die Tiere zwangsläufig ihren Stoffwechsel drosseln. Sie können vorübergehend sogar von normaler Atmung auf Milchsäuregärung umstellen (und dabei innerlich ganz schön sauer werden), die keinen Sauerstoff benötigt und auch innerhalb des geschlossenen Systems funktioniert. Wegen solcher Zwangspausen wachsen Miesmuscheln in der Gezeitenzone deutlich langsamer als solche von tieferen Sitzplätzen. Dafür bleiben sie während der Ebbezeiten zumindest von den Angriffen ihrer ärgsten Feinde, der unzähligen Seesterne, verschont.

MINI-Zwerge: Wie groß sind die kleinsten Lebewesen?

Lebewesen gibt es nicht nur in einer erstaunlichen Arten- und Typenfülle – sie verteilen sich auch über eine enorm weit gespannte Größenskala, die von Bruchteilen eines Millimeters bis zu mehreren Dutzend Metern reicht. Am unteren Ende dieser Skala tummeln sich die zu Recht so genannten Mikroorganismen. Sie sind mit dem bloßen Auge allesamt nicht erkennbar und selbst in einem gut ausgestatteten Mikroskop nur mit Mühe zu sehen: Die Kleinsten der ganz Kleinen gehören allesamt zu den Bakterien, aber selbst innerhalb dieser erstaunlich vielfältigen Lebewesen verhalten sich die bisher entdeckten Formen größenmäßig etwa so wie eine Etruskische Zwergspitzmaus (Kopf-Rumpf-Länge um 3,5 Zentimeter) zum Blauwal-Weibchen (Gesamtlänge bis zu 33 Meter). Der Wal ist damit rund tausend Mal größer als das kleinste lebende Wirbeltier – und mehr als zehn Millionen Mal länger als ein Durchschnittsbakterium.

Die definitiv kleinsten bisher entdeckten Bakterien sind die so genannten Mycoplasmen. Ihr Zelldurchmesser beträgt nur um 0,2 Mikrometer – rund 5000 Exemplare davon müsste man also dicht hintereinander legen, um auf die Länge eines Millimeters zu kommen. Diese Winzlinge sind nun tatsächlich so klein, dass ihnen einige wesentliche Einrichtungen zum selbstständigen Leben fehlen. Das liegt unter anderem daran, dass ihr minimal ausgestattetes Erbgut nicht genügend Bau- und Betriebsanleitungen aufweist: Alle Mycoplasmen leben daher als Parasiten in größeren tierischen Zellen und können vor allem bei Haustieren fallweise gefährliche Infektionskrankheiten auslösen. Beim Menschen kommen sie vor allem in Schleimhautzellen vor und verursachen besondere Formen der Lungenentzündung oder Entzündungen im Bereich der Mundhöhle.

| M | Wird man von **MOHN**brötchen rauschgiftsüchtig? Die artenreiche Familie der Mohngewächse hat auch zur heimischen Flora einige ausgesprochen dekorative Pflanzen beigesteuert. Kaum eine andere Pflanze hat so farbintensive Blüten wie der Klatsch-Mohn. Seit der Jungsteinzeit erobert er als Kulturfolger Getreideäcker, Brachland und Wegsäume. Sein naher Verwandter, der blasslila bis purpurn blühende Schlaf-Mohn ist dagegen eine echte Kulturpflanze und nur gelegentlich in freier Natur zu sehen. In Gärten ist diese Art zwar häufiger anzutreffen, aber sie verwildert nur recht unbeständig.

In allen Mohngewächsen kommen besondere, auf unser Nervensystem abzielende Inhaltsstoffe vor, die man Alkaloide nennt. Beim Klatsch-Mohn und bei vielen anderen Mohnarten aus Natur und Garten liegen sie entweder nur schwach konzentriert vor oder entfalten keine besondere Wirksamkeit. Anders beim hübschen Schlaf-Mohn: Schon sein wissenschaftlicher Name *Papaver somniferum*, der Schlaf Bringende, weist darauf hin, dass seine Alkaloide offenbar einer anderen Wirksamkeitsklasse angehören und tatsächlich das wache Bewusstsein beeinflussen. Die Alkaloide sind vor allem im Milchsaft enthalten. Den eingetrockneten, leicht gummiartigen Milchsaft der unreifen Kapseln nennt man Roh-Opium – er enthält etwa 40 verschiedene Alkaloide, darunter auch das bedeutsame Morphin. Früher nannte man es Morphium, abgeleitet vom Traumgott Morpheus der griechischen Sagenwelt. Dieser Wirkstoff stillt außerordentlich zuverlässig schwere Schmerzen und ist in dieser Funktion im medizinischen Bereich fallweise unentbehrlich, aber er führt bei beliebigem Gebrauch zur Abhängigkeit und Sucht. Durch geringen chemischen Umbau lässt sich aus Morphin das noch viel gefährlichere Heroin gewinnen. Die Fruchtkapseln, aus denen man durch Anritzen das Morphin und wichtige verwandte Wirkstoffe wie Narcotin oder Codein gewinnt, bringen natürlich auch die ölreichen Samen hervor, deretwegen man die Pflanze in warmen Ländern sogar feldmäßig anbaut. Die kleinen grauschwarzen Samenkörner, die Sie in Mengen auf Ihrem Mohnbrötchen oder im Mohnstrudel finden, sind allerdings garantiert alkaloidfrei oder enthalten nur minimale Mengen völlig unbedenklicher Mohn-Alkaloide. Selbst bei häufigem Verzehr geht von Mohngebäck mit Sicherheit keinerlei Suchtgefahr aus.

Sind MUNGOs gegen Schlangengift immun?

In Souvenirläden Asiens beliebt, aber aus Artenschutzgründen hoffentlich nicht gekauft und aus dem Urlaub mitgebracht: Ein ausgestopfter Mungo mit aufgerissenem Maul, um dessen Leib sich eine ausgestopfte Kobra windet, den giftzahnbewehrten Kopf auf die meist schlecht präparierte Schleichkatze gerichtet.

Die Fähigkeit der Mungos, Kobras und andere Schlangen zu töten, ist legendär. Von mindestens drei Arten kennt man das Schlangentöten gut: von dem Indischen Mungo, dem Kleinen Mungo und dem Ichneumon. So hat nachweislich ein 40 Zentimeter langer Indischer Mungo schon eine 1,9 Meter lange Kobra getötet. Ihre Fähigkeiten werden auch im 1000 vor Christus erschienenen Mahabharata, dem indischen Epos, beschrieben und die Schlangenkiller als Helden und Helfer des Menschen gerühmt. In Rudyard Kiplings Dschungelbuch wusste Rikki-Tikki-Tavi, der Indische Mungo, „dass es die Lebensaufgabe eines erwachsenen Mungos war, Schlangen zu vertilgen".

MKeineswegs immun, aber immerhin sehr resistent sind Mungos gegen die Gifte von Schlangen und Skorpionen. Ihre Überlegenheit gegenüber diesen Tieren ist nicht auf ihre Giftimmunität, sondern auf die Schnelligkeit ihrer Augen und Füße zurückzuführen. Mungos „springen" ihre Beutetiere einfach „müde". Wenn sie dennoch gebissen werden, können Mungos die sechsfache Dosis Gift vertragen, die ein Kaninchen töten würde. Auch die afrikanischen Zwergmangusten, mit den Mungos und Erdmännchen zur Unterfamilie der Mangusten aus Afrika und Asien zählend, überleben die Bisse der Puffotter wie den Angriff der Speikobra. Wird eine Zwergmanguste von einer Speikobra getroffen, lecken ihr die anderen Gruppenmitglieder das Gift aus den Augen. Der Getroffene kann sich meist in 15 Minuten wieder erholen.

Die besonders putzig wirkenden afrikanischen Erdmännchen sind gegen das Gift von Skorpionen immun. Nachdem sie unter Holzstämmen einen Skorpion ertastet haben, schleudern sie den Giftstachler hervor, bringen ihn durch Scharren und Schlagen aus dem Gleichgewicht, um zunächst seinen Stachel abzubeißen. Wird ein Erdmännchen ausnahmsweise einmal Opfer eines Stichs, zeigt es keinerlei Reaktion auf das Gift, das ein Kind töten könnte: Es leckt sich nur seine Wunde. Dabei sind die genannten Schlangen- und Skorpionbezwinger als Allesfresser keineswegs auf diese giftigen Nahrungstiere angewiesen.

Wo genau sitzt unser MUSIKANTenknochen?

Gewiss ist es Ihnen auch schon einmal so ergangen: Beim Hantieren im Haus oder im Freiland erregt man mit dem Ellenbogen irgendwie etwas heftiger Anstoß, und wie ein elektrischer Schlag durchzuckt uns ein kurzes, seltsam kribbelndes Schmerzgefühl, das aber Sekunden später wieder abklingt. Ähnlich muss es den Geigern in den engen Orchestergräben früherer Musiktheater gegangen sein, wenn sie zu gewaltigen Bogenstrichen ausholten und dabei mit ihrem Ellbogen Notenpult oder Stuhl des Kollegen trafen. Von daher mag diese empfindsame Stelle am Ellbogen ihren seltsamen Namen erhalten haben. Ein besonderer Knochen ist dafür nicht verantwortlich, denn das Ellbogengelenk besteht schließlich nur aus dem Scharnier zwischen Elle und Speiche einerseits und dem Oberarmknochen andererseits. Der so genannte Musikantenknochen ist in Wirklichkeit ein Musikantennerv – genauer die von den Anatomen als Nervus ulnaris oder Ellennerv bezeichnete Bahn, welche die Beugemuskeln von Unterarm sowie Hand versorgt und für die Empfindungen im kleinen Finger und im Ringfinger zuständig ist. Dieser Nerv verläuft im Unter- und im Oberarm auf fast seiner gesamten Länge tief und gut geschützt unter der Haut. Nur im Bereich der Ellbogeninnenseite liegt er fast an der Oberfläche und kann hier durch einen ungeschickten Stoß leicht gereizt werden, was wir dann als Schmerzempfindung bis in die Spitzen der beiden Außenfinger zu spüren bekommen.

Was ist dran an den Nasenhörnern der NAShörner?

Ihre Größe, ihr urtümliches Aussehen, ganz besonders aber die seltsamen Horngebilde auf dem Vorderkopf waren Anlass zu Legenden und Märchen über Nashörner von Südostasien bis Afrika. In Europa erregte die Ankunft der ersten Nashörner im Mittelalter großes Aufsehen. Die je nach Nashornart einzelnen oder doppelten „Nasenhörner" sitzen auf einer knöchernen Vorwölbung des Nasenbeins. Sie bestehen aus Keratin, sind also Horngebilde, die sich aber weder mit Haaren noch mit den Hörnern der eigentlichen Horntiere vergleichen lassen. Nashorn-Nasenhörner wachsen ständig nach und können, wenn ein Tier sie durch einen Unfall verliert, in den meisten Fällen wieder ersetzt werden.

Die beiden afrikanischen Arten, das Spitz- und Breitmaulnashorn, sowie das südostasiatische Sumatranashorn tragen je zwei hintereinander angeordnete Hörner, von denen das vordere meist das längere und breitere ist. Das indische Panzernashorn und das in letzten, winzigen Beständen auf Java und in Vietnam lebende Javanashorn besitzen nur ein Horn am Schnauzenende.

Ihr fast saurierartiges Aussehen ist nicht ganz verkehrt, denn Nashörner entstammen einer sehr alten Linie mit zahlreichen, allesamt gehörnten Formen vor 40 Millionen Jahren im Tertiär. Die fünf „Überlebenden" sind Vertreter dreier Abstammungslinien innerhalb der Nashorn-Familie, wobei das urtümliche Sumatranashorn der einzige überlebende Nachfahre eines sich vor 20 Millionen Jahren entwickelten Geschlechts ist.

Alle Nashörner sind sehr wehrhaft und greifen mit und ohne Provokation oft sehr schnell an. Nashorn-Bullen machen bei Rivalenkämpfen rasch Ernst und können einander mit den Hörnern, vor allem aber mit den unteren Schneidezähnen klaffende Wunden zufügen, die oft zum Tod führen. Mit den Nasenhörnern nehmen die Tiere, vor allem Halbwüchsige, aber auch freundschaftlichen Kontakt auf, indem sie sich zum „Nasengruß" gegenüberstellen und spielerisch mit den Hörnern hakeln.

Der Aberglaube, dass die Nasenhörner pulverisiert die menschliche Potenz stärken und im Alter vor allerlei Gebrechen heilen könnten, oder dass sie, zu Trinkbechern aufgearbeitet, gifthaltige Getränke aufschäumen lassen, brachte fast alle Arten an den Rand der Ausrottung. Den Letzten ihrer Art drohen weiterhin Lebensraumverlust und fortgesetzte Wilderei, solange noch der Markt für traditionelle chinesische Heilmittel boomt. Gegen weit reichende Gewehre nützt leider weder gefährliches Aussehen, unterstrichen von den Nasenhörnern, noch griesgrämiges, unberechenbares Verhalten.

Warum bauen die meisten Vögel NESTer, warum einige keine?

Die reptilischen Vorfahren der Vögel verscharrten die Eier im Boden, um sie von der Sonne ausbrüten zu lassen. Die dadurch vorprogrammierte hohe Verlustquote an Eiern und Jungtieren glichen sie durch entsprechend große Gelegezahlen aus. Diese Methode konnte allerdings nur in relativ warmen Regionen funktionieren und musste spätestens bei der Eroberung des Luftraums versagen, denn viele Eier im Körper machen

aufgrund des Gewichtsproblems das Fliegen unmöglich. Um flugfähig zu bleiben und zudem noch kältere Erdregionen besiedeln zu können lernten die Vögel, ihre Eier zu verbergen, vor Feinden zu schützen und sie unter ihrem Körper warm zu halten. Mit der Verbesserung dieser Schutz- und Warmhaltemethoden war wohl auch die „Erfindung" des Nestbaus verbunden.

So unterschiedlich wie die Vogelarten – von Kolibri bis Strauß, Pinguin bis Mauersegler – so vielgestaltig sind auch ihre Nester. Nester gibt es wohl in allen erdenklichen Variationen: Von der flüchtig angelegten Bodenmulde (bei Watvögeln und Möwen) bis zum kunstvoll geflochtenen Kugelnest (bei Beutelmeise), der Erdhöhle (bei Bienenfresser und Eisvogel), dem Lehmnest (bei Schwalben und Töpfervögel), dem Schwimmnest (bei Lappentaucher wie dem Haubentaucher), dem Speichelnest (bei Salanganen) bis hin zur „Mietwohnung", also dem Bezug von Nestern anderer Arten, und dem „Mehrfamilienhaus" (bei Siedelsperlingen und -webervögeln). Vogelarten, die keine eigenen Nester bauen, sind auf die Aktivitäten anderer Arten angewiesen. So bewohnen beispielsweise Waldohreulen verlassene Raben- oder Greifvogelnester, Hohltauben und Raufußkäuze die Höhlen von Schwarzspechten und Sperlingskäuze leer stehende Baumhöhlen von Buntspechten. Manchen Arten wie Uhu und Wanderfalke genügt schon ein Felssims zum Brüten. Wo die Feenseeschwalbe keine Felsvorsprünge findet, legt sie ihr einziges Ei einfach auf die flache Stelle eines Asts, um es dort in Hockstellung auszubrüten.

Die beiden Großpinguine Königs- und Kaiserpinguin sind schließlich die einzigen Vogelarten, die weder ein Nest noch einen festen Nistplatz brauchen. In der antarktischen Kälte liegt das einzige Ei auf den fettgepolsterten Füßen von Vater oder Mutter Pinguin, die es mit ihrer Bauchfalte noch wärmend umschließen und damit sogar watschelnd spazieren gehen.

Verkriechen sich OHRwürmer wirklich ins Ohr, um uns zu kneifen?

Volkstümlich werden Ohrwürmer auch als Ohrkneifer bezeichnet. Mit den beiden Namen versehen hat sich hartnäckig das Gerücht gehalten, dass diese Insekten in menschliche Gehörgänge abtauchen und uns mit den gefährlich großen Zangen an ihrem Hinterende schmerzhafte Schäden zufügen. Richtig ist, dass Ohrwürmer sich gern durch jede kleine Ritze und Spalte quetschen und so auch schon mal der eine oder andere, nachdem er einem Menschen auf den Kopf fiel und fluchtartig einen Unterschlupf suchte, sich in ein Menschenohr verlaufen haben mag. Zu den üblichen Aufenthaltsorten für Ohrwürmer zählen Menschenohren sicherlich nicht. Trotzdem ist die Vorstellung so weit verbreitet, dass die Franzosen den Ohrwurm perce-orielle (Ohrstecher) und die Engländer ihn earwig (Ohrkäfer) nennen.

Seine auffälligen Zangen sind jedoch weniger Kneifwerkzeuge als vielmehr Präzisionspinzetten. Mit ihrer Hilfe hält er größere Insekten fest, um sie mit einem gezielten Biss der Mundwerkzeuge zu töten. Auch kann er damit seine Partnerin vor dem Geschlechtsakt richtig packen oder sich vor dem Abflug in eine günstige Startposition bringen. Unter den kurzen Ohrwurm-Flügeldeckeln vermutet man kaum tragfähige Flügel. Doch diese sind einfach nur platzsparend zusammengefaltet und werden von seinen Zangenfortsätzen nach Anheben der Flügeldecken wie ein Fächer entfaltet.

Dass Ohrwürmer nützliche Tiere sind, hat sich bei Gartenfreunden längst herumgesprochen. Deshalb bieten heute viele Ökogärtner ihnen Ohrwurmhäuschen in Form von umgedrehten und mit Holzwolle gefüllten Blumentöpfen als Unterschlüpfe an. Allerdings vertilgen Ohrwürmer nicht nur lästige Blattläuse oder geschwächte Insekten. Zumindest unser heimischer Gemeiner Ohrwurm *(Forficula auricularia)* geht gerne auch an zarte Pflanzenteile oder Früchte.

P

Wie kommt die Luft in die PAPRIKAfrucht?

Fast selbstverständlich nehmen wir zur Kenntnis, dass eine Aubergine innen komplett mit Fruchtfleisch angefüllt ist. Auch bei anderen Fruchtgemüsen wie Gurken oder Zucchini erwartet man innen keine großen Hohlräume. Nur bei der appetitlich grünen, gelben oder feurig roten Paprikafrucht umschließt die knapp zentimeterdicke Fruchtwand einen nur ansatzweise gekammerten, hohlen und offensichtlich mit Luft gefüllten Innenraum. Da die Paprikafrucht botanisch eine Beere ist, obwohl man sie umgangssprachlich so herrlich falsch als Schote bezeichnet, muss ihr unausgefülltes Innenleben um so mehr verwundern, denn die große Mehrzahl aller Beerenfrüchte von der mickrigen Johannisbeere bis zum gigantischen Ölkürbis enthält raumfüllend und lückenlos saftiges Fruchtfleisch. Nun fragt man sich also, wie denn so viel Luft in die Paprikafrucht gelangen kann, wo sie doch nach äußerem Augenschein eine rundum geschlossene Konstruktion ist. Außerdem ist ihre Außenwand ebenmäßig glatt und auf Hochglanz poliert, was auf eine abdichtende Wachsauflage schließen lässt.

Nun tragen alle mit der Atmosphäre in Direktkontakt stehenden Pflanzenteile winzige, mikroskopisch kleine Spaltöffnungen. In besonders großer Zahl (bis zu eine Million je Quadratdezimeter) befinden sie sich auf der Unterseite der grünen Laubblätter. Sie säumen aber auch die Stängel, die Blütenblätter und eben auch die Außenwand der sich entwickelnden Frucht, die ja letztlich nichts anderes als durch Verwachsungen umgebaute Blätter mit Spezialfunktionen darstellt. Jede nadelspitzenfeine Spaltöffnung steht nach innen mit einem feinen, weit verzweigten und luftgefüllten Kanalsystem in Verbindung, das alle Gewebepartien durchzieht. Ein solches Kanalsystem durchzieht übrigens auch den Blüten- bzw. späteren Fruchtstiel. Während der wochenlangen Entwicklungszeit einer Paprikafrucht besteht also genügend Gelegenheit, durch freien Austausch der Gasteilchen Außenluft in den Innenraum sickern zu lassen. Außerdem ist die Frucht, solange sie noch unreif und grün ist, photosynthetisch aktiv und produziert eine Menge Sauerstoff, der ebenfalls leicht nach innen gelangen kann. Schließlich geht von der wachsenden Frucht, die als millimetergroßer Fruchtknoten beginnt und als mindestens faustgroße Paprikabeere endet, bei der aufblähenden Vergrößerung eine gewisse Sogwirkung aus.

Gibt es die Rache der PHARAOnen?

An sich hatte die Sache einen so schönen Abschluss gefunden: Nach 16 Jahren erfolglosen Suchens hatte der britische Archäologe Howard Carter eher per Zufall am 4. November 1922 unter dem Vorplatz des Ramses-Mausoleums das unversehrte Grab des Pharaos Tut-anch-Amun gefunden – eine der größten archäologischen Sensationen in der ersten Hälfte des 20. Jahrhunderts. Man wartete bis zur Öffnung des Sarkophags mit seinen drei ineinander gestellten Goldsärgen allerdings noch bis Oktober 1925, denn der Mäzen des gesamten Grabungsunternehmens, Lord Carnarvon, sollte dabei anwesend sein. Zuvor hatte die britische Schriftstellerin Mary Mackay allerdings ausdrücklich vor den Folgen einer solchen Grabschändung gewarnt, denn immerhin soll am Pharaonengrab eine Tafel mit warnender Adresse an mögliche Schatzräuber angebracht gewesen sein.

Daraus entwickelte sich nun einer der hartnäckigsten Trivialmythen, der Fluch der Pharaonen. Keine fünf Monate nach der Sarkophagöffnung starb Lord Carnarvon und im gleichen Augenblick sollen in Kairo die Lichter ausgegangen sein. Wenige Jahre später sollen alle Teilnehmer an Carters Expedition tot gewesen sein. Die genauere Überprüfung ergab allerdings, dass sie im Durchschnitt erst rund ein Vierteljahrhundert später und im Mittel mit 73 Jahren verstarben, was durchaus der damaligen Lebenserwartung entspricht.

Wenn er also kein Mythos ist, könnte der so medienwirksame „Fluch der Pharaonen" zumindest eine Mykose gewesen sein. So nennt man Organerkrankungen durch innere Pilzinfektionen. Dem Kairoer Arzt Ezzeddin Tara war nämlich aufgefallen, dass vor allem Ägyptologen, die sich mit alten Pergamenten befassten, häufiger als andere Altertumswissenschaftler an Entzündungen der Atemwege litten. Das führte ihn auf die Spur des Schwarzschimmels, und fortan trug der „Fluch der Pharaonen" den wissenschaftlichen Namen *Aspergillus niger*. Tatsächlich können die massenhaft eingeatmeten Sporen dieses überall häufigen Schimmelpilzes bei geschwächten oder sonstwie vorgeschädigten Personen erhebliche gesundheitliche Probleme verursachen. In keinem Fall ist jedoch zweifelsfrei nachgewiesen, dass sich die Mitglieder von Howard Carters Grabungsteam oder Museumsarchäologen, die mit den Grabschätzen aus dem Tal der Könige später zu tun hatten, eine tödlich verlaufene Organmykose zugezogen hätten. Fachleute bezweifeln außerdem, dass die in der Grabkammer (ebenso wie überall sonst) sicherlich vorhandenen Pilzsporen unter den extrem trockenen Bedingungen der ägyptischen Wüste über mehr als drei Jahrtausende infektiös geblieben sind. Damit gehört auch die Horrorgeschichte von der pharaonischen Biowaffe zu den Akten.

Die Anhänger der Fluch-Theorie werden solche Fakten vermutlich nicht überzeugen. In allen modernen Verschwörungsmythen gilt das Fehlen einer sauberen Indizienkette gerade als sicherer Beweis für die Richtigkeit der Theorie.

Warum brauchen PINGUINe keine Wollsocken?

Schon der Anblick der Enten auf dem zugefrorenen Teich im Stadtpark müsste zu denken geben: Wie ist es möglich, dass die Vögel mit bloßen Füßen auf der Eisfläche stehen? Hätte man uns ohne Schuhe und Strümpfe auf Eis gelegt, würden wir dessen Temperatur nicht nur als unfreundlich, sondern schon nach wenigen Augenblicken als äußerst schmerzhaft empfinden. Klirrende Winterkälte ist nicht bitter – sie erzeugt, weil sie wegen der drohenden Unterkühlung lebensbedrohlich ist, heftige Schmerzen, die rechtzeitig alarmieren.

Unser Problem mit der winterlichen Kälte ist unsere immer gleich bleibende Eigentemperatur, die der gesunde Körper automatisch auf etwa 37 Grad Celsius einreguliert. Selbst wenn wir mal kalte Füße oder eine rote Nase haben, weichen deren Temperaturwerte von der Solltemperatur nicht allzu dramatisch ab. Zusammen mit den übrigen Säugetieren gehören wir also stoffwechseltypologisch zu den Gleichwarmen bzw. Endothermen. Einige Säugetiere können sich allerdings aus der Endothermie,

die ständig eine Menge kalorienreicher Nahrung erfordert, zumindest zeitweilig verabschieden. Während des Winterschlafs sinkt die Körpertemperatur von Igel oder Fledermäusen bis auf etwa vier Grad Celsius ab – die Tiere sind jetzt nur noch ungefähr so warm wie ihr Winterquartier. Diese Temperatureinstellung nennt man ektotherm. Die weitaus meisten anderen Tiere, darunter Fische, Lurche und Kriechtiere, verfahren so. Nach einer kühlen Nacht sitzt die Eidechse etwas klamm in ihrer Mauerfuge, aber mittags ist sie im vollen Sonnenschein äußerst agil.

Vögel sind außer den Säugetieren die einzigen Gleichwarmen im Tierreich. Allerdings können einzelne Arten Teile ihres Körpers aus diesem Wärmeprogramm auskoppeln, die heimischen Enten, Gänse und Schwäne beispielsweise ihre Füße: Diese sind kaum durchblutet und verursachen somit keine Wärmeverluste, während die zugehörigen Muskeln allesamt im rundlichen Vogelkörper sitzen, der ohnehin ein ziemlich günstiges Oberflächen-Volumen-Verhältnis aufweist. Ähnlich verhält es sich bei den Pinguinen. Nur die relativ größten Arten brüten in der Südarktis. Bei den Kaiserpinguinen ist das Brutgeschäft sogar ausschließlich Sache der Männchen, die dazu fast drei Monate lang ziemlich reglos auf dem Eis ausharren. Sie holen sich dabei sicher kalte Füße, aber sie spüren diese nicht, weil sie in dieser Körperregion ektotherm sind.

Wie überlebt das Gras den RASENmäher?

Wenn man im Garten eine Kohlpflanze erntet, stirbt mit dem abgeschnittenen Stängel auch der Stumpf mit den Wurzeln im Boden. Nur ausnahmsweise haben mehrjährige Pflanzen die Möglichkeit, sich aus Erneuerungsknospen an den verbleibenden Sprossachsenresten zu regenerieren – eine Eigenschaft, die man als Stockausschlag bezeichnet. Bei den

Rasengräser liegen die Dinge offenbar anders. Kaum hat man den Rasenschnitt erledigt, kann man den Mäher schon wieder aus dem Schuppen holen. Auch wiederholtes Köpfen scheint den Graspflanzen wenig anzuhaben. Nach einigen Tagen hat kräftiger „Nachwuchs" den streichholzkurzen Golfrasen wieder zu einer saftigen Weide aufschießen lassen.

Gräser ertragen den Verbiss durch Weidetiere und Mähmaschine nur deswegen, weil sie eine andere Wachstumsstrategie verfolgen als die meisten übrigen Pflanzen. Bei einer Graspflanze geht nur das Längenwachstum des Halms, der in seinem oberen Teil den Blütenstand entwickelt, von der Sprossachsenspitze aus. Die grundständigen Grasblätter verlängern sich dagegen mit einem Wachstumsgewebe an der Blattbasis – es sitzt etwa in Höhe der knotenartigen Verdickung, an der das Blatt mit der Sprossachse verbunden ist. Fachmännisch nennt man das eine interkalare Wachstumszone. Solange man ein Gras nicht direkt an der Bodenoberfläche abrupft, bleiben diese tief sitzenden Wachstumszonen unverletzt und schieben kurz darauf neue Blattmasse in die Höhe. Grasende Weidetiere rotten daher die Gräser mit Sicherheit nicht aus, denn sie entnehmen die Blattmasse – wenn auch artabhängig etwas unterschiedlich – deutlich über dem Bodenhorizont. Beweidung oder Schnitt verhindert bei den meisten Gräsern nur die Entwicklung langhalmiger Blütenstände – im ultrakurzen Zierrasen kommt daher keine Graspflanze zum Blühen.

Nun wachsen, sehr zum Verdruss puristischer Gartenbesitzer, im Zierrasen auch einige Arten von Nichtgräsern. Man bezeichnet sie etwas unschön als Rasenunkräuter. Gänseblümchen gehören dazu, aber auch Faden-Ehrenpreis, Kleine Braunelle oder Kriech-Klee. Diese zu den Zweikeimblättrigen gehörenden Arten haben keine interkalare Wachstumszone, sondern entgehen dem Mähermesser einfach dadurch, dass sie sich mit ihrer grundständigen Blattrosette oder

der kurzen Sprossachse ganz tief an den Boden drücken. Solche Bodenanlieger bleiben daher buchstäblich völlig ungeschoren, wenn die rotierenden Messer eines Rasenmähers um Zentimeterbeträge über sie hinweggehen.

Ist REIZgas eine menschliche Erfindung?

Nein, mit heißem Reizgas gegen Angreifer geht der in Trockengebieten, bei uns in Trockenrasen lebende Bombardierkäfer vor. Der Käfer aus der Gattung *Brachinus* hält relativ harmlose Chemikalien in speziellen Kammern seines Hinterleibs auf Lager: In einer Kammer zwei Hydrochinon-Verbindungen, in der anderen Kammer 23-prozentiges Wasserstoffsuperoxid. Fühlt er sich von einem Beutegreifer angegriffen, werden die Stoffe über Ventile in eine weitere, besonders dickwandige Kammer, den eigentlichen Reaktionsraum, entlassen. Im gleichen Augenblick, in dem die beiden Stoffe zusammenkommen, wirkt ein Enzym als Katalysator und ruft eine explosionsartige Reaktion hervor, wobei das Wasserstoffperoxid zersetzt wird. Der frei gewordene Sauerstoff liefert jetzt den nötigen Gasdruck zum Ausspritzen der entstandenen Chinonlösung. Die heftige chemische Reaktion ist mit beträchtlicher Hitzefreisetzung verbunden. Das Gemisch wird vom Bombardierkäfer durch den After als explodierendes, bis zu 100 Grad Celsius heißes, dampfen-

des Reizgas ausgestoßen. Sein Name ist Programm: Äußerst zielsicher und mit einer „Schussfolge" von 500 Gaswölkchen in der Sekunde, setzt der Käfer seine Verteidigungswaffe ein, wobei die „Explosionen" unter günstigen Bedingungen sogar zu hören sind. Meist wirkt der Gasangriff so abstoßend, dass Angreifer von einer weiteren Verfolgung des Käfers ablassen. Und wer ihn dennoch schluckt, ob Kriechtier oder Vogel, spuckt ihn sofort wieder aus, wenn sich die Ladung des beißenden Stoffs in der Mundhöhle bemerkbar macht. Das Rückstoßsystem „Marke Bombardierkäfer" ähnelt übrigens dem der im Zweiten Weltkrieg eingesetzten V1-Rakete. Diese Rakete galt als deutsche „Wunderwaffe", die es in der gleichen Zeit allerdings nur auf höchstens 50 „Rückstöße" pro Sekunde brachte.

Ranken ROSEn mit Dornen oder Stacheln?

Betörend duftende Rosen sind eine hoch geschätzte Zierde und Zutat jedes Gartens. Allerdings gelten sie auch nahezu sprichwörtlich als gefährliche Schönheiten. Nach gärtnerischen Pflegearbeiten auf Rosenrabatten sehen die Unterarme des Rosenfreunds mitunter aus, als habe er mit einer Wildkatze gerungen: Von den Stämmen bis zu den Blättern vermitteln fast alle Rosen eine klar spürbare Bereitschaft wehrhafter Eindringlichkeit. Das – übrigens auch tiefenpsychologisch recht bemerkenswerte – Bild vom unzugänglichen Dornröschenschloss und andere von der abwehrenden Rose abgeleitete Begriffsschöpfungen begründen die verbreitete Einschätzung, die bedrohlich spitzen Hakengebilde am Rosenstängel seien Dornen. Für solche unverschämt unangenehmen Pflanzenteile haben die Botaniker aber auch noch einen anderen Fachbegriff – es könnte sich dabei auch um Stacheln handeln, und wenn die tief im Fleisch sitzen, kommt ebenfalls keine Freude auf. Wo liegen die Unterschiede?

Dornen sind nach botanischer Festlegung immer komplett umgewandelte Pflanzenorgane: So kann beispielsweise das Endstück einer Sprossachse sein Längenwachstum vorzeitig einstellen und zu einem mehr oder weniger langen, nadelspitzen Sprossdorn werden. Beispiele dafür gibt es bei den heimischen Rosengewächsen: Schlehen nennt man wegen ihrer fast fingerlangen Dornen auch Schleh- oder Schwarzdorn und bei den Weißdornarten oder beim Feuerdorn sind sie ebenfalls Namensbestandteil. Auch Blätter können sich zu dornigen Gebilden vereinfachen – entsprechend liegen dann Blattdornen vor. Beispiele liefern neben der Robinie, bei der die Nebenblätter umgewandelt wurden, auch die Berberitze, die man bezeichnenderweise Sauerdorn nennt. Auch bei den Kakteen, denen man gerne ein stachliges Äußeres unterstellt, liegen Blattdornen vor.

Stacheln sind dagegen immer nur Oberflächenbildungen an Pflanzenorganen. Sie gehen gewöhnlich aus den äußeren Gewebeschichten der Stängelrinde hervor. Deshalb sitzen sie verhältnismäßig locker und lassen sich durch seitlichen Druck unverhältnismäßig leicht wegknicken. Genauso liegen die Dinge bei den Wild- und Gartenrosen, bei Brombeeren und anderen Stachelsträuchern, die ihre Hakenspitzen nicht nur als Abwehrsystem, sondern auch als Kletterhilfe nach dem Steigeisenverfahren einsetzen.

Wie viel SAUERstoff produziert ein Baum?

Die pflanzliche Photosynthese ist einer der erstaunlichsten Naturprozesse: Nur aus dem Kohlenstoffdioxid der Luft, etwas Wasser aus dem Boden und der eingefangenen Energie des Sonnenlichts bauen die grünen Pflanzen eine beinahe unendliche Palette organischer Stoffe auf. Für jedes aufgenommene und zu organischer Substanz verarbeitete Molekül Kohlenstoffdioxid geben sie je ein Sauerstoffmolekül an die Luft ab. Sauerstoff ist der einzige

Luftbestandteil, den auch wir zum Leben ständig brauchen. Die Sauerstoffproduktionsrate der grünen Pflanzen hängt von vielen Faktoren ab, vor allem von der Lichtversorgung und von der Außentemperatur. Eine etwa 25 Meter hohe, frei stehende Rot-Buche trägt an ihren zahlreichen Zweigen ungefähr 200 000 Blätter mit einer Gesamtblattfläche von rund 1250 Quadratmeter und zusammen etwa 200 Gramm Blattgrün. Unter optimalen Bedingungen, also an einem sonnigen, nicht allzu heißen Sommertag und bei guter Wasserversorgung, produziert sie an einem Tag fast zehn Kilogramm organische Stoffe und benötigt dazu rund 7500 Liter Kohlenstoffdioxid aus nahezu 21 000 Kubikmeter Luft und gibt dazu 7500 Liter Sauerstoff an ihre Umgebung ab. Diese Sauerstoffmenge reicht für die tägliche Versorgung von drei Menschen – bei durchschnittlicher Arbeit oder Bewegung verbraucht ein Mensch von 70 Kilogramm Körpergewicht in der Minute etwa zwei Liter Sauerstoff. Die einzelnen Baumarten unterscheiden sich allerdings deutlich in ihrer Leistung. Dennoch ist schon der Gesamtbeitrag eines einzelnen Baums zur Sauerstoffanreicherung unserer Atemluft beträchtlich und beläuft sich auf mehrere Tausend Kubikmeter im Jahr.

Ladenschluss bei Pflanzen: Warum SCHLIESSEN sich Blüten?

Auch Blüten haben offenbar ihre geregelten Öffnungs- und Ladenschlusszeiten – leicht zu überprüfen an den blühenden Krokussen im Vorgarten, an einer blühenden Frühlingswiese mit Löwenzahn und Gänseblümchen oder an vielen Zierpflanzenarten eines Sommergartens: Abends sehen die Blüten deutlich anders aus als über Tag. Schon in der Dämmerung krümmen sich die äußeren Blütenblätter weit nach innen und schließen somit die Imbissbude der Insekten, die sich hier Nektar oder Pollen holen.

Bei trübem, regnerischem Wetter öffnen sie erst gar nicht. An der Steuerung der Öffnungs- und Schließbewegung der Blütenorgane, die letztlich nur durch Druckveränderungen in bestimmten Feldern der Blütenblattgewebe ausgelöst werden, ist also nicht allein eine innere, mit der Tageszeit abgestimmte Uhr beteiligt. An kühlen Tagen bleiben die Blüten auch völlig unabhängig von der Tageszeit geschlossen. Auch reicht oft schon eine dunkle Wolke, um den Laden dichtzumachen.

Der biologische Sinn liegt auf der Hand: Bei ungünstiger Witterung ist das Regenrisiko relativ hoch. Regengüsse, die wie Sturzbäche in die zarten Blüten klatschen, könnten einerseits die Nektarvorräte stark verdünnen oder gar abspülen, andererseits aber auch die angebotenen Pollen wegschwemmen. Beides ist in den Blüten jedoch unter hohem Energieaufwand produziert worden und soll daher nicht ungenutzt verloren gehen. Ähnlich sind wohl auch die abendlichen bzw. nächtlichen Schließbewegungen vieler Blüten zu verstehen: Eine stärkere Benetzung durch Tau wirkt in einer weit geöffneten Blüte ebenso verheerend wie ein Platzregen. Bezeichnenderweise beobachtet man solche täglichen Schließbewegungen, die die Warenauslage für die überwiegend nur in sonnigen Zeiten aktive Blütenkundschaft schützen soll, vor allem an Blütenformen, die teller- oder schüsselartig flach ausgebreitet sind. Glockige, zudem auch abwärts geneigte Blütengestalten oder Konstruktionen wie eine Taubnessel, die durch ihre gewölbte Oberlippe ausreichend gesichert sind, brauchen keine Schließmechanismen.

Abgedreht: Wie sind SCHNECKEnhäuser gewunden?

Obwohl die üblicherweise verwendeten Normschrauben ein Rechtsgewinde haben, sind sie paradoxerweise nicht im (rechtsläufigen) Uhrzeigersinn gewunden. Ihre technische Bezeichnung erhielten sie nach der Drehrichtung, mit der ein Schraubendreher sie in das jeweilige Werkstück zwingt.

In der Textilfasertechnik bezeichnet man die gewöhnliche rechtsgängige Normschraube oder Wendel (Rechtsschraube) als linkswendige Z-Spirale – der Aufstieg führt rechts aufwärts, aber links herum von der Basis zur Spitze (Merkhilfe: Mittelbereich des Z weist nach rechts oben). Stellt man eine solche Schraube oder Spirale auf die Spitze, ändert sich an Windungssinn oder Gängigkeit nichts, denn der Buchstabe Z ist rotationssymmetrisch. Entsprechend lässt sich das Spiegelbild – die linksgängige, rechtsgewundene Wendeltreppe als S-Spirale (Linksschraube) beschreiben (Merkhilfe: Mittelbereich des S weist nach links oben). Der Aufstieg über eine solche Wendel vollzieht Drehungen im Uhrzeigersinn. Auch hier ändert sich nichts, wenn die Linksschraube auf der Spitze oder auf dem Kopf steht, denn das S ist ebenfalls drehsymmetrisch. Mit diesem Bezeichnungssystem lassen sich auch Spiralen (Schrauben, Gewinde, Wendel) in der belebten Natur eindeutig kennzeichnen.

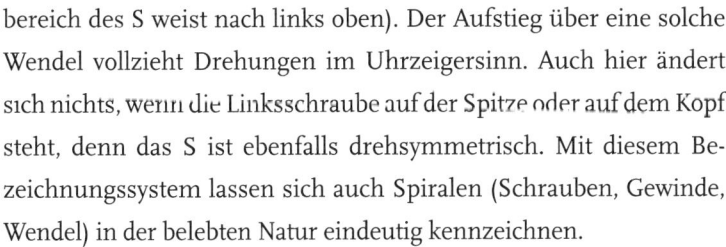

Zu den bekanntesten Wendelkonstruktionen in der Natur gehören die Schneckenhäuser. Stellt man das leere Haus einer Schnirkel- oder Weinbergschnecke so auf, wie es in den meisten Bestimmungsbüchern abgebildet ist, liegt die Mündung (Hauseingang) rechts vorne. Der Aufstieg im Gehäuse läuft über Linksdrehungen und somit gegen den Uhrzeigersinn, aber jeweils nach rechts oben. Die meisten Schneckenschalen (deren Spitze entwicklungsgeschichtlich eigentlich die Basis ist) sind also rechtsgängig und gleichzeitig linksgewunden, stellen demnach klassische Z-Spiralen dar. Unnötigerweise bezeichnen viele Fachbücher diese mit Abstand häufigste Normalausgabe eines Schneckenhauses – abweichend von allen genormten technischen Festlegungen – als Rechtsgehäuse. Nur selten bilden einzelne Individuen aus Arten mit typischem Rechtsgehäuse auch die spiegelbildliche S-Linksversion aus – als so genannte Schneckenkönige sind sie gesuchte Sammlerobjekte. Bei einigen Schneckengattungen gibt es jedoch planmäßig beide Ausgaben: Das Gehäuse der Sumpf-Wendelschnecke *(Vertigo antivertigo)* ist rechtsgängig/linksgewunden, das der Schmalen Wendelschnecke *(Vertigo angustior)* dagegen linksgängig/rechtsgewunden. Fast alle heimischen Schließmundschnecken (Familie Clausiliidae) konstruieren – im Sinne der technischen Normschraube – einheitlich S-Linksgehäuse mit ziemlich steilen Rechtswindungen im Uhrzeigersinn.

Können alle Katzen SCHNURREN?

Wenn unser „Haustiger" schnurrt, fühlen wir uns mit ihm wohl. Von den Großkatzen Löwe, Tiger, Jaguar und Leopard wissen wir, dass alle vier recht laut brüllen oder röhren können. Je nach Verknöcherungsgrad des Zungenbeins (Hyoidbogen) teilt man gerne die Katzen in „brüllende und röhrende" Großkatzen mit teilweise verknöchertem Zungenbein und „schnurrende" Kleinkatzen mit völlig verknöchertem Hyoidbogen ein. Beim genaueren Hinhören sind die Verhältnisse aber wohl nicht so eindeutig. Zwar brüllt der Löwe als in Rudeln jagende Steppen-

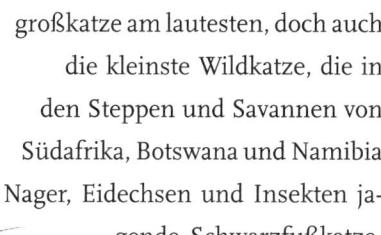

großkatze am lautesten, doch auch die kleinste Wildkatze, die in den Steppen und Savannen von Südafrika, Botswana und Namibia Nager, Eidechsen und Insekten jagende Schwarzfußkatze, hat ebenso wie der Nordluchs einen sehr lauten „brüllenden" Gattungswerberuf. Andererseits finden wir neben Schnarchlauten auch Schnurrtöne bei Schneeleoparden und Tigern, wenn sie zum Beispiel ihnen vertraute Menschen begrüßen. Auch Pumaweibchen schnurren bei der Pflege ihrer Jungen. So nett wir schnurrende Katzen empfinden, so schräg geht uns der Katergesang zweier kämpfender Katzenmänner oder das Jaulen erwachsener Kätzinnen während der Ranzzeit ins Ohr, besonders dann, wenn die nächtliche Katzenmusik vor dem Schlafzimmerfenster stattfindet.

Können Pflanzen SCHWINDELN?

Im Tierreich kennt man viele Formen von Täuschung – Schmetterlingsraupen sehen aus wie Aststückchen, Falter wie Rinden oder Zikaden wie Dornen. Aber täuschende Pflanzen? Viel versprechende Staubblattbüschel, auffällig in der Blütenmitte platziert, sind für Pollen sammelnde Insekten wie Blütenkäfer, Bienen oder Hummeln offenbar ein besonders wirksames Verführungssignal. Manche Blüten nutzen die positiven Erfahrungen ihrer Besucher, indem sie ganz schwelgerisch viel mehr in Aussicht stellen, als tatsächlich zu holen ist. Zu diesen übertrei-

S benden Etikettenschwindlern gehören beispielsweise die Blüten der Königskerzen. Nur zwei ihrer fünf Staubblätter enthalten tatsächlich nahrhaften Pollen. Die übrigen drei sind reine Attrappen, verstärken aber ihre Signalwirkung außer durch Färbung auch durch eine äußerst reizvolle Behaarung, die aus einiger Entfernung wie haufenweise aufgetischte Pollenmassen aussieht und tatsächlich umfangreiche Kundenkreise anlockt.

Bei anderen Blüten, beispielsweise bei Nelken und Lilien, tragen die ausgebreiteten Blütenkronblätter eigenartige Punktmuster und Flecken, die ebenfalls im Dienst der Besucheranlockung und -lenkung stehen.

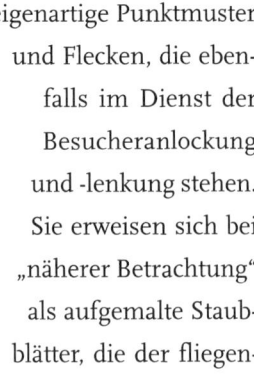

Sie erweisen sich bei „näherer Betrachtung" als aufgemalte Staubblätter, die der fliegenden Kundschaft den Eindruck vermitteln sollen, hier seien besonders zahlreiche Pollensäcke auszuleeren. Die Besucherinsekten lassen sich von diesem Täuschungsmanöver dennoch fesseln. Sie suchen eine ganze Weile in der Blüte herum, wobei um so eher Gelegenheit besteht, ihnen die wenigen tatsächlich vorhandenen Pollen zur Beförderung an die nächste Blüte in den Pelz zu setzen.

Solcher Schwindel findet sich nicht nur im Bereich der Blüten. Manche Pflanzenarten verzieren auch ihre grünen Laubblätter mit Punktmustern, die aussehen wie bereits vorhandene Insektengelege. Wo der Tisch zwar reich gedeckt, aber augenscheinlich bereits besetzt ist, werden die Weibchen anderer Arten ihre wertvollen Eier nicht mehr ablegen.

Warum bekommen SPECHTe beim Klopfen keine Kopfschmerzen?

Echte Spechte sind in Körperbau und Verhalten darauf eingestellt, sich an senkrechten Flächen wie Baumstämmen längere Zeit anzuklammern und sie nach oben und unten auf der Suche nach Gliedertieren zu beklettern. Um an die Beute zu gelangen, müssen die Spechte in der Lage sein, unter Umständen sehr kräftig mit dem Schnabel zu hacken oder auch mit ihrer Zunge sehr tief in Insektengänge einzudringen. Deshalb verfügen sie über lange Stocher- oder Hackschnäbel und enorm lange Zungenapparate. Außerdem können die meisten Arten ihre Höhlen selbst zimmern. Einige verfügen sogar über die Fähigkeit Werkzeuge herzustellen, indem sie sich Schmieden zum Aufhacken von Nüssen und Zapfen anlegen.

Zu den Besonderheiten der Spechte gehört auch ihr vielseitiges Signalsystem. Sie haben nicht nur eine Rufsprache, sondern eine komplizierte Klopf- und Trommelsprache, mit der sie sich über Revierbesitz, Höhlenbau, Paarbildung, Brutablösung und Versorgung der Jungen verständigen können.

Zusammen mit dem Hackeinsatz bei Nahrungserwerb und Höhlenbau wird ein Spechtkopf tagtäglich ordentlich belastet. Dass dies ohne Kopfschmerzen oder bleibende Schäden vonstatten geht, hängt mit folgenden Struktureigenschaften zusammen: Der Spechtschädel zeigt mehrere, als Stoßdämpfer anzusehende Einrichtungen. So ist der Schnabelschädel mit dem Hirnschädel federnd verbunden. Die Stoßwirkung des Hackschlags wird vor allem durch das stark entwickelte und fest eingefügte Quadratum, ein Knochenteil an der Unterseite des Kopfschädels, aufgefangen und in eine Torsionswirkung umgewandelt. Das Quadratum ist zwar drehbar, aber doch an einen festen Widerhalt gelagert. Außerdem besitzt es starke Muskelfortsätze. Dagegen scheint Gehirnflüssigkeit bei der Abfederung der Stöße keine Rolle zu spielen, da kein besonderes Liquorkissensystem vorhanden ist. Somit kann ein Specht-Junggeselle seine täglichen 500 bis 600 Trommelwirbel kopfschmerzfrei auf Holz klopfen.

Warum ist SPIELEN für Jungtiere so wichtig?

In einer hektischen Zeit mit gestiegenen Anforderungen auch schon an die Kinder stellen wir mit Bedauern fest, dass das Spielen oft zu kurz kommt. Nicht nur Menschen, sondern viele höher entwickelte Tiere spielen. Und wir Menschen können meist sogar recht gut erkennen, wann ein Tier spielt und wann Ernst „im Spiel" ist. Kein Geringerer als Friedrich Schiller hat die Wurzeln des Spiels mit folgender Feststellung sehr kennzeichnend umschrieben: „Das Tier arbeitet, wenn ein Mangel die Triebfeder seiner Tätigkeit ist, und es spielt, wenn der Reichtum an Kraft diese Triebfeder ist." Gespielt wird wirklich nur dann, wenn man (Mensch und Tier) von keinen anderen Aufgaben in Anspruch genommen wird.

Auffällig ist, dass Insekten ebenso wenig wie Fische und Lurche spielen. Dagegen spielen viele Säugetiere, vor allem als Jungtiere, und einige Vögel. Offensichtlich sind „Lerntiere" die echten Spieler und Spielen hat etwas mit Lernen zu tun. Vieles im Spiel erinnert an ernste Tätigkeiten, allerdings fehlt der Ernstbezug und die Rollen beim miteinander Spielen können unvermittelt gewechselt werden. Im Gegensatz zum Ernstfall schlüpft zum Beispiel beim spielerischen Flüchten und Jagen der Verfolger plötzlich in die Rolle des Verfolgten und umgekehrt. Spielhandlungen werden zwar aus einem inneren Antrieb ausgeführt, doch ist dieser Antrieb offenbar nicht identisch mit jenem, der den Verhaltensweisen im Ernstfall zugrunde liegt. Die Spielhandlungen sind davon quasi „abgehängt". Im Idealfall ist Spielen zunächst ungerichtet. Je nach dem Aufforderungscharakter seiner Umwelt (Artgenossen/Gegenstände) kann ein Tier Jagd und Kampf spielen oder spielerisch experimentieren. Im Spiel lernt es Anwendbares für das spätere Leben. Bei einigen Tieren ist die spielerische Erfahrung mit Geschwistern zur Entwicklung mancher Verhaltensweisen wie Beutefang oder ritualisierte Kämpfe geradezu eingeplant. Auch gibt es eine deutliche Spielappetenz, der ein Neugiertrieb zugrunde liegt, d. h. ein Mechanismus, der das Tier drängt, neue Situationen aufzusuchen und mit neuen Dingen zu experimentieren. Meist ist das mit einem starken Bewegungsdrang verbunden.

Spiel ist mit Sicherheit eine Form aktiven Lernens. Beim spielerischen Experimentieren können Tiere Erfindungen machen, die ihnen nützlich sind. Auch beim Menschen ist Spielen ein Experimentieren mit den eigenen Fähigkeiten, sowohl mit unserer außerartlichen Umwelt wie mit unseren Artgenossen.

Ein neues Element des menschlichen Spielverhaltens ist das konstruktive, oft von Vorbildern geleitete Spiel, dem möglicherweise angeborene Dispositionen zugrunde liegen. Dazu gehört zum Beispiel das Hüttenbauen von Kindern in einem bestimmten Alter, das unabhängig von der Umgebung ist, in der sie aufwachsen. Obwohl angeborene Dispositionen unterschiedlichster Art den Spielrahmen abstecken, ist Spielen in erster Linie ein freies Handeln. Die Unabhängigkeit von Ernstantrieben erlaubt dabei ein exploratives Wechselspiel von Distanzierung und Annäherung und setzt zum Teil Potenzen frei, die sonst nicht zu beobachten sind.

Eine Besonderheit des Menschen ist die Fähigkeit, auch in unserer Fantasie zu spielen. Schon Kinder teilen Umweltdingen verschiedene Bedeutungen zu und übernehmen selbst auch wechselnde Rollen. Wir können schließlich auch vor uns hinträumen und mit unseren Vorstellungen spielen. Wir kombinieren unsere Bewusstseinsinhalte im Geiste nicht nur zur Lösung einer konkreten Aufgabe. Wir spielen auch mit ihnen, fügen sie neu zusammen, bauen Luftschlösser, entwerfen Handlungsweisen als Pläne und lösen dabei Gewohnheiten wieder auf – ein Mechanismus, der uns vor Erstarrung schützt.

Dieser Schutz ist allerdings nicht absolut. Wir können uns in unserer Fantasie auch Leitvorstellungen schaffen, die wie ein Zwang als „fixe Idee" unser Verhalten bestimmen. Eine solche Gefahr besteht vor allem dann, wenn die Fantasiegebilde unter dem Einfluss starker Antriebe wie Machtstreben oder Sexualität geformt werden. Bis zum gewissen Grad allerdings können wir in der Fantasie ein zweites Leben führen und Antriebe ausleben, für die in der Wirklichkeit kein Raum ist. Gefährlich wird es, wenn sich aus Fantasiegebilden Fanatismus entwickelt und daraus etwa Kriege entstehen. Dagegen ist das zunächst in unserer Fantasie spielerisch Erträumte, das wir dann real werden lassen, zwar kein reines Spiel mehr, aber etwas zutiefst Menschliches: unser Wille zum Erschaffen.

Was machen SPINNEn alles mit ihren Mundwerkzeugen?

Der Mund mit seinen Sinnesorganen, unterstützt durch das Riechvermögen der Nase, ist normalerweise zum Schmecken da. Ganz anders sieht das bei Spinnen aus.

Im Gegensatz zu den mit drei Beinpaaren ausgestatteten Insekten haben Spinnen vier Beinpaare. Dazu besitzen sie zwei Paar Mundwerkzeuge. Ihre beiden Kieferklauen, die so genannten Cheliceren, haben eine nadelartige Spitze, durch die das Gift in die Beute injiziert wird. Das zweite Paar Mundwerkzeuge, die Pedipalpen, ist den Schreitbeinen sehr ähnlich und wird von Walzenspinnen auch als zusätzliches Beinpaar benutzt.

Hauptaufgabe der mit Sinneshaaren besetzten Pedipalpen ist aber das Ertasten der Umgebung, das Schmecken von Nahrung und – bei Spinnen-Männchen – das Aufbewahren von Sperma. Spinnen-Männchen spinnen sich nämlich zunächst ein winzig kleines Spinngewebe, auf das sie ihren Spermatropfen absetzen, um ihn dann in ein Pedipalpen-Reservoir einzusaugen. Das Weitere ist dann meist eine echte „Zitterpartie". Um nicht den sofortigen Tod durch die Gattin zu riskieren, zupfen und klopfen die kleinen Spinnen-Männchen als Erkennungszeichen am Netz der Spinnenfrau. Andere haben besondere Dornen und Reibeflächen entwickelt, mit denen sie Vibrationen erzeugen. Die Männchen müssen so lange ihre Balzhandlungen wiederholen, bis die sexuellen Instinkte der Spinnenfrau stärker sind als ihr Beutetrieb. Ansonsten geht er (ausgesaugt) leer aus und hat ihr einfach nur pedipalpenmäßig gut geschmeckt.

Warum stinken STINKtiere so bestialisch?

Ihr Name ist Programm. Die mit den Dachsen verwandten Stinktiere sind in zehn Arten und drei Gattungen mit Ausnahme von Nordkanada über ganz Nord-, Mittel- und Südamerika verbreitet. In ihrer schwarzweißen Fellzeichnung wirken die „Stinker" eigentlich sehr hübsch, vor allem aber sehr auffällig. Ähnlich wie bei der gelbschwarzen Färbung der Wespen soll das schwarzweiße Stinktier-Outfit Raubtiere rechtzeitig warnen. Reicht die Optik allein nicht aus, werden Stinktiere bei Bedrohung recht munter. Sie heben den buschigen, auffälligen Schwanz, stampfen mit den

Pfoten, zischen und führen Scheinangriffe aus. Hat der vermeintliche Angreifer vom Stinktier immer noch nicht genug, wird in den Handstand gegangen und der Fressfeind mit einer stinkenden Mischung aus Schwefel-, Butan- und Methanverbindungen bespritzt. Dieses Moschus-Sekret sammelt sich in zwei Afterdrüsen und wird mithilfe von Muskeln durch zwei kleine Öffnungen herausgedrückt. Die beiden Afterdrüsen halten genug Moschus für fünf bis sechs „Schüsse" bereit. Obwohl die Vorräte in zwei Tagen wieder aufgefüllt sind, gehen Stinktiere eher sehr sparsam mit ihrem Gestank um. Treffsicher sind sie höchstens in bis zu zwei Meter Entfernung. Kommt das Sekret in die Augen, führt es zu starken Reizungen und sogar zu vorübergehender Blindheit. Trotz unserer eher mäßigen Nasen können wir die Stinkattacke eines Stinktiers bei richtigem Wind immerhin noch in einem Kilometer Entfernung riechen.

Warum schädigt STREUsalz Straßenbäume?

Streu- oder besser Auftausalz setzen die Winterdienste in Mengen ein, um die Straßen eisfrei zu halten und ein sicheres Autofahren auch bei winterlichen Bedingungen zu ermöglichen. Dem Auftauen einer eisglatten Straßenoberfläche liegt ein einfacher physikalischer Effekt zugrunde: Salzhaltige Lösungen erstarren erst erheblich unter dem Gefrierpunkt von reinem Wasser.

Auf dem Straßenbelag ist die entstehende Salzlösung zunächst einmal nützlich, aber bereits am Straßenrand beginnen die Probleme. Bei Tauwetter oder mit dem nächsten Regen gelangt die Salzlake in den Boden und verteilt sich dort über den gesamten Wurzelraum der Pflanzen. Bei den Straßenbäumen zeigen sich die Salzeffekte spätestens im folgenden Sommer: Noch lange vor dem herbstlichen Laubfall werfen sie abgestorbene Blätter ab oder zeigen zumindest in den Randbereichen rostbraun verfärbte Stellen. Blattrandnekrosen nennt man diese abgestorbenen Blattfelder, die der Baum in der gleichen Saison nicht mehr ersetzen kann. Offenbar sind also die aufgetragenen Auftaumittel für die Pflanzen nicht besonders förderlich, obwohl sie doch bestimmte Stoffe für ihre mineralische Ernährung benötigen. Das entstehende Problem besteht aber einerseits aus der Menge an Salzteilchen, die sich für den Rest des Jahrs im Boden befinden, und andererseits aus ihrer chemischen Natur. Der Salzgehalt der Bodenlösung erschwert den Wurzeln die Aufnahme von Wasser, weil dieses lebenswichtige Lösungsmittel wegen der höheren Stoffkonzentration zwischen den Bodenteilchen stärker festgehalten wird. Zum anderen wirken bestimmte Bestandteile der Auftausalze, vor allem die Chlorid-Ionen, für das Zellplasma in den lebenden Geweben giftig, weil sie etliche Stoffwechselreaktionen stören. Aus ähnlichen Gründen ist die Aufnahme von zu viel Kochsalz auch für uns nicht besonders gesund. Die betroffenen Pflanzen reagieren folglich mit geschwächter Vitalität oder sterben sogar ab.

Mit dem Faktor Salz werden nur solche Landpflanzen fertig, die darauf besonders eingerichtet sind – beispielsweise die Arten von den Salzwiesen an der Küste. Nur sie verfügen über spezielle Tricks, mit denen sie die aufgenommene Salzfracht unschädlich machen. Deshalb haben sich einige dieser Küstenarten – das Dänische Löffelkraut oder der Salz-Spörgel – in den letzten Jahren auf den Randstreifen der salzimprägnierten Straßen bis ins Münsterland ausgebreitet.

S

Warum finden wir Haselmäuse SÜSS, Ratten eher eklig? Diese Einstellung hat etwas mit angeborenen Auslösemechanismen zu tun, die der große Verhaltenforscher Konrad Lorenz schon 1943 beschrieb. Der spätere Nobelpreisträger und vergleichende Verhaltensforscher führte aus, dass die Verhaltensweisen der Brutpflege und die affektive Gesamteinstellung, die ein Mensch einem Menschenkind gegenüber erlebt, sehr wahrscheinlich angeborenermaßen durch eine Reihe von Merkmalen ausgelöst werden, die das Kleinkind charakterisieren: ein im Verhältnis zum Rumpf großer Kopf, ein im Verhältnis zum Gesichtsschädel stark überwiegender Hirnschädel mit vorgewölbter Stirn, tief bis unter die Mitte des Gesichtsschädels liegende große Augen, kurze dicke Extremitäten, rundliche Körperformen, weich-elastische Oberflächenbeschaffenheit, runde, vorspringende „Pausbacken". Wenn zu diesen körperlichen Merkmalen noch eine gewisse Tolpatschigkeit des Verhaltens hinzukommt, finden wir dies so herzig, dass unser Drang, das Objekt auf den Arm zu nehmen – zu Herzen – sehr heftig wird. Die stark überwölbte Stirn und der relativ große Hirnschädel sind dabei die wesentlichsten Merkmale für diese „Herzigkeit".

Werbung, Puppen- und Filmindustrie haben dieses Schema längst durch Anbieten „übernormaler" Brutpflegeattrappen ausgenutzt (von Babypuppen über Trickfilmfiguren bis Kindfrauen). Während die Jungtiere vieler Arten unserem Kindchenschema natürlicherweise entsprechen, springen wir positiv auch auf solche Arten an, bei denen die erwachsenen Individuen in dieses Schema passen. Deshalb finden wir Haselmäuse mit ihrem rundlichen Kopf, den Knopfaugen und dem einheitlich weichen Fell so süß, während die nagerverwandte Ratte mit spitzer Schnauze und nacktem Schwanz eher eklig wirkt. Für das Herzig-Sein als Tier im Wohnbereich des Menschen genügt übrigens der runde Kopf des Wellensittichs, die dickpfotige Tollpatschigkeit junger Hunde oder die Rundlichkeit unserer Hauskatzen. Die „Haustierindustrie" hat dies längst ausgenutzt mit dem Herauszüchten von Kindchen-Schema-Merkmalen bei Zwerghasen etwa oder dem Pekinesen, mit dem geradezu ein Ersatzobjekt für ungestillte Brutpflegereaktionen älterer Damen geschaffen wurde.

Woher kommt der TANNENhonig?

Der Weg von der Blüte zum Bienenhonig ist eigentlich einfach und überschaubar: Sprichwörtlich fleißige Sammelbienen schwärmen zu den mit Duft und Farbe lockenden Blüten aus, schlürfen dort den angebotenen Nektar auf, tragen ihn zu den Wabenzellen ihres Bienenstocks und lassen ihn dort zum Honig reifen. Die chemischen Einzelschritte vom dünnflüssigen Blütennektar zum streichfähigen, aber kaum tropfenden Honig sind zwar etwas komplexer, aber die Biochemie steht hier nicht infrage. Aber wie verhält es sich denn mit dem dunklen und meist auch deutlich teureren Tannenhonig? Wer spendet denn hier den Blütennektar, wo doch Tannen, Fichten und sämtliche übrigen Nadelhölzer grundsätzlich Windblüter sind und für ihre Pollenverbreitung gar keine tierische Bestäubungshilfe benötigen? Produzieren die Nadelbaumblüten am Ende trotzdem süßen Nektar als Lockspeise für ihre Gäste?

Nein, tun sie nicht. Die Blütenbiologie der Windblütigen, die mit einfachster Blütenarchitektur auskommen, stimmt auch in diesem Fall. Die Quelle des süßen Ernteguts, das Bienen von Fichten, Kiefern, Lärchen und Tannen eintragen, sind nämlich saugende Blattläuse. Sie sitzen ab Frühsommer eventuell zu Tausenden an den Zweigen, stechen mit ihrem Rüssel die Stoffleitbahnen des Baums an und lassen sich mit Zuckersaft aus der photosynthetischen Produktion der Nadelblätter voll laufen. An sich sind sie gar nicht so sehr an der Zuckermasse interessiert, sondern an anderen wichtigen Nährstoffen, die ebenfalls in den Stoffleitbahnen der Pflanzen fließen, aber nur in geringer Konzentration vorhanden sind. Den überschüssigen, nicht brauchbaren Zuckersaft lassen die Blattläuse daher unverdaut durch sich hindurch fließen und scheiden ihn einfach als konzentrierte Lösung aus – Blatttau oder Honigtau nennt man diese zuckerig-klebrigen Ausscheidungen. Man findet sie im Sommer auch auf der Frontscheibe des Autos, das man unter der Schatten spendenden Linde oder Rosskastanie geparkt hat. Auf den Laubblättern bildet der in der Tageshitze eintrocknende Zuckersaft eine glänzende Glasur.

Was der Imker eine Blatttracht oder Honigtautracht nennt und seinen Bienen im Blick auf eine besondere Honigqualität sehr gerne zugute kommen lässt, könnte man etwas überspitzt als Blattlaus-Fäkalien bezeichnen. Außer den Bienen sind übrigens auch noch viele weitere Insekten an den Blattlausausscheidungen interessiert. Falls Sie einmal eine Ameisenstraße über Stängel und Zweige Ihrer Gartenpflanzen bemerken, führt diese bestimmt zu weiter oben saugenden Blattläusen. Manche Blattlausarten brauchen sogar die Hilfe der Ameisen, um ihre Zuckersaftfüllung abspritzen zu können.

Können Singvögel TAUCHEN?

Weil Wasser reichlich Nahrungsmöglichkeiten bietet, haben sich viele Vogelgruppen und -arten aufs Tauchen spezialisiert, so zum Beispiel Lappentaucher, Tauchenten, Säger, Kormorane, Pinguine, Pelikane und Eisvögel. Auch wenn Singvögel alles andere als wasserscheu sind und zur Gefiederpflege gerne mal ein Bad nehmen, ging von dieser besonders artenreichen Gruppe nur eine Art unter die Taucher und Schwimmer: die Wasseramsel. Schnell fließende Bäche und Flüsse mit kaltem, klarem Wasser, vorzugsweise mit steinigem Grund und bewaldeten Ufern, sind ihr Lebensraum. Mit dem Sekret ihrer Bürzeldrüsen macht *Cinclus cinclus* ihr Gefieder wasserdicht. Ihre schweren, markgefüllten Knochen wirken beim Tauchen wie Bleigewichte. Bei ihren Tauchgängen, die bis zu 30 Sekunden dauern und bis in eine Tiefe von 1,5 Meter reichen, arbeiten die rudernden, kurzen Flügel gegen den Auftrieb. Wasserinsekten und deren Larven, kleine Krebstiere und Fischchen werden von dem etwa starengroßen Singvogel tauchend erbeutet. Selbst unter Steinen sind sie nicht sicher vor ihm. Wasseramseln sammeln ihre Nahrungstiere aber auch schwimmend von der Wasseroberfläche ab oder können Insekten nach Fliegenschnäppermanier im Flug erbeuten.

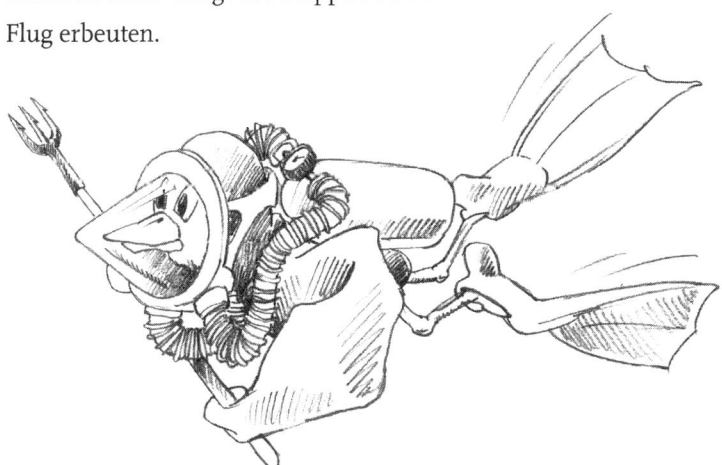

TObwohl viel größer, erinnert die Wasseramsel mit ihrer rundlichen Statur und dem kurzen, oft hochgestellten Schwanz an einen Zaunkönig. Auch ihr backofenförmiger Nestbau, den sie meist dicht am Wasser, zwischen Baumwurzeln, in Felslöchern oder auf Brückenträgern anlegt, ist einer Zaunkönig-Wohnung nicht unähnlich. Erwachsene Wasseramseln sind oberseits graubraun gefärbt, mit hellerem Kopf und leuchtend weißer Kehle und Brust. Sie knicksen oft beim Sitzen und fliegen geradlinig mit schwirrendem Flügelschlag über ihr Tauchrevier. Wo Flüsse und Bäche einigermaßen sauber sind und sie geeignete Uferstrukturen oder Brücken für ihren Nestbau findet, kann man bei uns die Wasseramsel als Singvogel auf Tauchgang beobachten.

Wie viel Kompost brauchen THERMOMETERhühner zum Ausbrüten?

Ein ganz eigenartiges Nistverhalten zeigen zwölf der in Australasien und auf einigen pazifischen Inseln lebenden Vertreter der Megapoden- oder Großhühner-Familie. Sie legen ihre Eier nicht in normale Nester ab, sondern in Höhlen und Hügeln. Ihre gesamte Brutfürsorge beschränkt sich anschließend darauf, dass die Eltern durch Umschichten des Bruthügels die Temperaturen im Innern bei konstant 32 bis 35 Grad Celsius halten. Diese Wärme entsteht durch Sonneneinstrahlung, vulkanischer Asche oder durch Gärungsprozesse faulenden Pflanzenmaterials in Form eines riesigen Komposthügels. Einige Arten legen Nester aus Laub und Erde an, die eine Höhe von fünf Meter und einen Durchmesser von elf Meter erreichen können. Für Bruthügel dieser Größenordnung müssen die Vögel in einem Jahr bis zu 250 Kubikmeter Pflanzen und Erde mit einem Gewicht von über 300 Tonnen zusammenbringen.

Thermometerhühner leben streng territorial und das Männchen erhält und betreut die „Kompostburg" das ganze Jahr über. So viel die Großfüße in ihren Bruthügel investieren, so wenig kümmern sie sich um die Küken, die gleich nach dem Schlupf sehr selbstständig sind. Ihre großen, schmackhaften Eier und auffälligen Brutplätze wurden schon vielen Arten zum Verhängnis. So brachten menschliche Eiersammler einige dieser interessanten Vögel schon an den Rand des Aussterbens.

Gibt es auch im TIERreich TAXIs?

Wer ganz schnell von A nach B muss und gerade kein eigenes Beförderungsmittel zur Verfügung hat, winkt sich ein Taxi herbei – die rasche Lösung eines Transportproblems, das so auch schon in den Zeiten von Rikscha und Pferdekutsche funktionierte. Diese praktische Einrichtung ist aber mutmaßlich wesentlich älter. Erfunden wurde sie von Insekten und Spinnentieren, die sich wegen ihrer eingeschränkten Eigenbeweglichkeit von rascher laufenden oder gar fliegenden Arten weiträumig verschleppen lassen. Für diesen vorübergehenden Transport, der mehr an hitch-hiking als an eine Taxifuhre erinnert, haben die Ökologen den wohlklingenden Begriff Phoresie geprägt. Ein gut untersuchtes Beispiel sind die Larven der eigenartigen Ölkäfer, deren Weibchen auffallend verkürzte Flügeldecken aufweisen und deshalb auch Maiwurm heißen. Aus den Eiern schlüpfen nur etwa zwei Millimeter lange, gelbliche Larven, die am letzten Fußglied drei klauenartige Gebilde tragen und deswegen Dreiklauer genannt werden. Sie klettern nun auf Pflanzen und warten in deren Blüten auf anfliegende Insekten, vor allem Hummeln oder nicht Staaten bildende Wildbienen. Sofort klammern sie sich im Pelz des Trägerinsekts fest und lassen sich zielgenau in das Wirtsnest tragen. Hier wird der Dreiklauer zum Nahrungsklauer:

Ter häutet sich zu einer größeren, jetzt mehr madenartigen Larve und ernährt sich fortan vom Pollen-Nektar-Brei, der eigentlich der Wirtsnachkommenschaft zugedacht war. Ölkäfer-Larven, die sich ausschließlich in die Larvenkammern von Grabwespen tragen lassen, fressen auch an den gelähmten Opfern, die ihre Wirte eingetragen haben. Nach ausgiebigen Fressorgien erfolgt die Verpuppung. Die neue Ölkäfer-Generation schlüpft im folgenden Frühjahr.

Auch die metallisch blau schillernden Mistkäfer sind oft unfreiwillig als Taxiunternehmen unterwegs. An ihrer Bauchseite hängen vor allem im Frühjahr oft mengenweise die winzigen Larven bestimmter Milbenarten, die sich vom Käfer zu einem frischen Dunghaufen verschleppen lassen, wo sie sich ihrerseits zum geschlechtsreifen Stadium häuten. Ein weiteres Beispiel für Phoresie sind die eigenartigen Schiffshalterfische, die sich mit besonderen Haftorganen an rasch schwimmende Haie festsetzen.

Gibt es Tiere, die TOILETTEn benutzen?

Reinlichkeit und Hygiene sind keineswegs menschliche Erfindungen. Auch viele höher entwickelte Tiere, besonders solche mit Territorialverhalten, und hier vor allem Säugetiere, lassen ihre Ausscheidungen nicht einfach hinter bzw. unter sich. Im Tierreich finden wir zahlreiche Beispiele für tierische Toilettenbenutzer.

„Du Schwein" ist ein nicht gerechtfertigtes Schimpfwort, denn Schweine halten von Haus aus ihren Liegeplatz sauber und suchen zum Harnen und Koten bestimmte Plätze auf. Es ist gegen die Natur der Sau, in das Wurfnest zu koten und zu harnen. Sie hält ihr Ausscheidungsverhalten möglichst lange zurück und versucht das Nest zu verlassen. Wenn dies nicht möglich ist, können haltungsbedingte Verstopfungen die Folge sein. Wenn Hausschweine von Anfang an sauber gehalten werden, gewöhnen sie sich an bestimmte Mistplätze, an denen sich auch die Ferkel entleeren. Kot und Urin sind oft mehr als nur Stoffwechsel-Endprodukte. Sie können zur Markierung des Reviers ebenso eingesetzt werden wie sie der Stimmungsübertragung dienen.

Bei einem Zoospaziergang mit längerem Verweilen vor allem an den Huftiergehegen lassen sich interessante Beobachtungen um ein „anrüchiges" Thema machen. Besonders eindrucksvoll ist die „Toilettennutzung" bei den neuweltlichen Kamelen. Bei Lamas, Guanakos, Alpakas und Vikunjas nutzen alle Herdenmitglieder einen gemeinschaftlichen Kotplatz. Durch die vorzügliche Düngung gedeiht das Gras am Rande einer solchen Kameliden-Toilette besonders gut, wird aber von den Toilettenbenutzern dort nicht abgefressen.

Von Katzen ist bekannt, dass sie zum Koten eine Kuhle anlegen und die Stelle zuscharren. Von vielen Raubtieren werden Harn und Kot zur Reviermarkierung eingesetzt und somit an bestimmten Stellen abgegeben. Auch vor den Kaninchenbauten finden sich feste Kot-

Tplätze, die zur Duftmarkierung ihres Reviers dienen. Weniger konzentriert geht es dagegen bei unseren engsten Vorfahren, den Tierprimaten, zu. Weil meist baumlebend, können es sich Affen offensichtlich leisten, allein das Gesetz der Schwerkraft zu nutzen …

Ist das TOTE MEER wirklich tot?

Wer die Bibeltexte noch ein wenig im Kopf hat, wird sich daran erinnern, dass im Neuen Testament häufiger von den Fischern am See Genezareth die Rede ist, die Jesus um sich scharte. Bis heute gilt dieser 21 Kilometer lange See, dessen Wasseroberfläche bei 209 Meter unter dem Meeresspiegel liegt, als besonders fischreich – ebenso wie der Jordan, der ihn durchfließt. Vom abflusslosen Mündungssee des Jordan, dem knapp 80 Kilometer langen Toten Meer, berichtet die Bibel allerdings kein Anglerlatein, denn hier konnte man auch zur Zeit der biblischen Antike nichts fangen. Dieses seltsame Gewässer in der tiefsten natürlichen Landschaft der Erde galt auch schon im Altertum als unbelebt. Der Seespiegel lag ursprünglich 398 Meter unter dem des nur 75 Kilometer entfernten Mittelmeers. Heute bewegt er sich bei etwa 420 Metern unter Meeresniveau, denn das Tote Meer trocknet im heißen Klima des Jordan-Grabenbruchs allmählich aus, weil wegen zahlreicher Bewässerungsprojekte im oberen Jordan-Tal die Süßwasserzufuhr ausbleibt. Allerdings wird es noch lange dauern, bis es völlig verschwunden ist, denn es ist immerhin fast 400 Meter tief. Das Tote Meer ist kein eintrocknendes Meer, sondern ein extrem salzhaltiger Binnensee (Salzgehalt über 30 Prozent) mit einer gänzlich anderen Salzzusammensetzung als Meerwasser. Außer den Badetouristen, die in der hoch konzentrierten Lake dümpeln, gibt es darin tatsächlich keine größeren Lebewesen. Fische oder andere Süßwasserbewohner, die vom Jordan eingespült werden, verenden sofort, denn in der hohen Salzkonzentration werden sie eingepökelt.

So richtig tot ist das Ökosystem Totes Meer nun aber nicht. In dem angenehm warmen und bestens durchlichteten Wasser gedeihen mengenweise so genannte Halobakterien – ausgesprochene und in ihren sämtlichen Stoffwechseltätigkeiten überaus eigenartige Lebensraumspezialisten, die auch höchste Salzkonzentrationen ohne weiteres ertragen. Solche Mikroorganismen, die man heute in eine eigene Verzweigung am großen Stammbaum der Lebewesen einordnet, kommen auch im Großen Salzsee in Utah/USA, in den Salzseen Zentralaustraliens oder in den Salzteichen entlang vieler Küstengebiete vor, wo man durch Eindampfen Salz für technische Zwecke gewinnt. Bei Massenauftreten verfärben sie das Wasser eigenartig rot – etwa in der Farbstellung der 10-Euro-Banknoten.

Gibt es im Tierreich die ewige TREUE?

„Bis dass der Tod euch scheidet" gilt nach wie vor in christlichen Kreisen als Maßstab für eine gute Ehe. Zumindest im Tierreich wird von dieser Art des Paarungssystems eher weniger Gebrauch gemacht. Dabei ist die Monogamie oder Einehe eine bei Vögeln weit verbreitete Form des Zusammenlebens, allerdings mit zahlreichen Varianten.

Bei einer Gelege-Ehe, die zum Beispiel viele Entenvögel führen, leben die Sexualpartner nur vor und während der Eiablage zusammen. Die Brut-Ehe vieler Sperlingsvögel hält eine Brut oder eine Fortpflanzungsperiode (Saison-Ehe) lang an. Bei der Ortstreue-Ehe treffen sich ortstreue Vogelarten an demselben, vorjährigen Brutplatz und leben dort zusammen – Beispiele sind Weißstorch und Mauersegler. Bei der Dauer-Ehe gehen die Partner, zum Beispiel Elstern, mehrjährige, also mindestens zweijährige Bindungen ein. Bei der Lebens-Ehe dauert die Bindung in der Regel lebenslang. Grau- und Kanadagans, Kolkrabe und Kraniche sind Beispiele für diese eher besondere Eheform. Die Treue, respektive Untreue der verschiedenen Vogelarten lässt sich oft schon an ihrem Äußeren ablesen: Je bunter und auffälliger das Gefieder der Vogel-Männchen ist (wie beispielsweise bei Stockente, Pfau und Fasan), desto weniger treue Ehepartner sind sie, geschweige denn treu sorgende Familienväter.

Warum können nicht alle Tiere VEGETARIER sein?

Irgendwie haben Vegetarier etwas „Friedliches" an sich, während wir Fleischfresser gerne als „wild" und „kriegerisch" ansehen. Besonders krass werden die Unterschiede „hier friedliche Pflanzenfresser, da gefährlich wilde Fleischfresser" in computeranimierten Saurierfilmen dargestellt. Wenn wir dann noch miterleben müssen, wie ein friedlich äsendes Bambi vom großen, bösen Wolf gefressen wird, liegt die Frage nah, ob es nicht auch ein wenig vegetarischer zugehen könnte. Trotz des vielen Grüns, sprich der riesigen pflanzlichen Biomasse, lebt es sich für Vegetarier keineswegs leicht und locker. Zwar kann ihre Nahrung weder flüchten noch sich beim Auftauchen des Fressfeindes verstecken, dafür haben Pflanzenfresser mit allen möglichen anderen Abwehrmechanismen zu kämpfen, die die Pflanzen in jahrmillionenlanger Evolution als Schutz vor ihren Fressfeinden entwickelten: Dornen, Stacheln, Gifte und anderes macht das Pflanzenfressen so schwer. Dazu kommt, dass die die Pflanzenzellen schützenden Zellulosewände für das normale Verdauungssystem eines Säugetiers unangreifbar sind. Selbst Riesen wie Elefanten sind auf winzige Darmbakterien angewiesen, um das harte Gewebe verdauen zu können. Und schließlich müssen Herdentiere oft genug auf ewiger Wanderschaft ihrem Futter hinterherziehen.

Der Energiegehalt einer Fleischmahlzeit ist nicht nur ungleich größer als derjenige einer Pflanzenmahlzeit bei gleichem Gewicht. So zieht zum Beispiel das Wiesel 26 Mal mehr Energie aus seiner Fleischmahlzeit als seine Beute, die Pflanzen fressende Wühlmaus. Kleinere Vertreter einer Säugetierordnung ernähren sich zur Deckung ihrer höheren Energiekosten meist von energiereicherer Nahrung als ihre größere Verwandtschaft. Während das winzige Buschbaby energiereiche Früchte braucht, kann ein Gorilla mit Blätternahrung überleben.

Einzige Ausnahme von der Regel, dass mit zunehmender Körpergröße die Qualität der Nahrung sinkt, sind die Raubtiere. Wenn sie groß sind, fällt ihnen das Erlegen schwerer Beutetiere leichter. Doch auch sie können nicht in den Himmel wachsen, zahlen- wie größenmäßig. Denn generell ist hochwertige Nahrung seltener als minderwertige. Die Nahrungsfülle, die einer Art zur Verfügung steht, hängt zudem von ihrer Stellung in der Nahrungskette ab. Und auf jeder Nahrungsstufe geht Energie verloren. Die Biomasse (das Gesamtgewicht) von Fleischfressern muss deshalb zwangsweise geringer sein als die der Beutetiere und die der Pflanzenfresser geringer als die ihrer Futterpflanzen. Diese Regeln, die wechselseitige Aufrüstung zwischen den Pflanzenfressern und Pflanzen und der zusätzliche ständige Druck, den die Raubtiere auf die Vegetarier ausüben, führ-

te im Ergebnis zu der fast unendlichen Vielfalt von Formen und Funktionen bei den Lebewesen. Eine rein vegetarische Welt würde nicht nur schlechter funktionieren. Sie wäre auch ärmer.

Gibt es VERBRECHERmethoden im Tierreich?

Nachdem es durchaus Situationen gibt, bei denen Tiere zielgerichtet Artgenossen umbringen, zum Beispiel bei Kindstötungen, stellt sich die Frage, ob weitere „Verbrechermethoden" im Tierreich Anwendung finden. Auch für „Raub" oder „Geiselnahme" gibt es Beispiele. Wobei die Frage bleibt, ob diese Akte „tierisches Unrecht" sind.

Recht weit verbreitet ist das Entwenden von Nahrung oder Nestbaumaterial bei einem Individuum der gleichen Art, aber auch bei anderen Arten. Das einseitige Ausnutzen eines Anderen ist eine Form von Schmarotzertum und wird als Kleptoparasitismus (Stehlparasitismus) bezeichnet. So nehmen sich beispielsweise Krähen in der Luft untereinander Nahrung aus dem Schnabel ab, verfolgt der Rotmilan zwecks Nahrungsklau ein paar Krähen und wird umgekehrt auch zum „Beklauten". Gerne werden in Abwesenheit der Erbauer (besonders bei koloniebrütenden Vogelarten) Nestmaterialien aus Fremdnestern entnommen, um sie für den eigenen Bau weiterzuverwenden. Männliche Seeotter scheinen in Sachen Nahrungserwerb besonders bequem zu sein. Sie stehlen etwa ein Drittel ihrer aus Muscheln, Seeigeln und anderen Schalentieren bestehenden Nahrung von den Weibchen. Manchmal nehmen diese „faulen", aber offensichtlich intelligenten Meeressäuger sogar ein Junges so lange als „Geisel", bis seine Mutter ihren mühsam ertauchten Fang an den Seeotter-Mann herausrückt. Berberaffen-Männchen „entführen" regelmäßig kleine Junge. Ein Baby als Beschwichtigungsgebärde vor sich haltend und dabei heftig mit dem Maul schmatzend, können sie anderen Männchen ohne aggressive Auseinandersetzung nahe kommen. Diese Verhaltensweise wird als „infant buffering" bezeichnet. Dem „Kleinen" passiert dabei meist nichts. Nach seinem „Einsatz" kann es etwas gestresst und hungrig zur Mutter zurücklaufen. Auch wenn solcherart Handeln unter Tieren zum Nachteil eines anderen ist, kann es dennoch nicht als „Unrecht" im menschlichen Rechtssinn gewertet werden.

Wie rasch VERMEHREN sich Bakterien?

Bakterien oder Bazillen, wie man sie umgangssprachlich nennt, stellen zwar die kleinsten Lebewesen, sind aber dennoch zu erstaunlichen Leistungen fähig. Beeindruckend ist beispielsweise ihre Vermehrungsrate. Manche Bakterienformen können sich unter günstigen Bedingungen, also bei angenehmer Temperatur und optimaler Nährstoffversorgung, etwa alle 15 bis 20 Minuten teilen. Mit dieser kurzen Generationszeit sind sie Rekordhalter. Geht man einmal von einer Bakterienzelle aus, die nur 1 Mikrometer (= 1 tausendstel Millimeter) lang ist, dann entstehen daraus innerhalb einer Stunde nach insgesamt drei Teilungen acht Zellen von zusammen acht Mikrometer Länge. Das stellt sich auf den ersten Blick nicht allzu dramatisch dar, aber wir lassen die kleine Bakterienkultur einfach einen knappen Tag ungebremst weiter wachsen. Nach weiteren 14 Stunden und insgesamt etwa 46 Teilungen würden die Bakterien dann – dicht hintereinander aufgereiht – eine Kette bilden, die länger ist als der Erdumfang mit seinen rund 40 000 Kilometer. Zellzahl und Gesamtlänge aller Bakterienzahl folgen also den gleichen rechnerischen Gesetzen wie bei der berühmten Schachbrett-Reiskorn-Aufgabe. Selbst wenn die Verdoppelungsrate einer Bakterienzelle nur einen Tag betrüge, könnten die betreffenden Bakterien während einer einzigen menschlichen Generation etwa 10 000 Teilungen durchlaufen. Dabei würden aus einer einzigen Bakterienzelle theoretisch $2^{10\,000}$ = ungefähr $10^{3\,000}$ (eine 1 mit 3000 Nullen daran ...) Nachkommen entstehen. Da das gesamte Universum jedoch nur etwa 10^{80} Atome enthält, gingen den überaus vermehrungsfreudigen Bakterien bereits geraume Zeit vorher Nahrung und Lebensraum aus.

Selbst wenn diese Berechnungen nur von grundsätzlichem Interesse sind, zeigen sie doch, dass bereits wenige vermehrungsfähige Bakterienzellen genügen, um Lebensmittel in kürzester Zeit verderben zu lassen. Die Erfahrung zeigt tatsächlich, dass bei Zimmertemperatur aufbewahrte Frischmilch innerhalb eines Tages sauer und flockig werden kann.

Welches Lebewesen war am längsten VERSCHOLLEN?

Vor nicht allzu langer Zeit konnten wir in der Presse lesen, dass ein im Zweiten Weltkrieg verschollener japanischer Kampffliegerpilot erst jetzt auf einer Pazifikinsel entdeckt wurde und feststellen musste, dass der Krieg schon lange vorbei war. Bei seltenen Tierarten, die in abgelegenen, schwer zugänglichen Lebensräumen vorkommen, ist es gar nicht so selten, dass eine Art Jahrzehnte als verschollen gilt, um dann wieder putzmunter einem Forscher in die (Foto-)Falle zu gehen.

Am längsten vermisst von allen war allerdings ein Fisch, dessen

Wiederentdeckung eine Sensation ersten Rangs darstellte, der Quastenflosser *Latimeria chalumnae*. Dieser große Tiefseefisch mit seinen muskulösen, paddelartigen Flossen war zunächst nur durch 65 bis 400 Millionen Jahre alte fossile Überreste bekannt. Daher musste man annehmen, dass er mit den Dinosauriern ausgestorben war. Dann am 22. Dezember 1938 ging vor der Mündung des Chalumna Rivers in der Nähe von East London (Südafrika) in 67 Meter Tiefe eine seltsame Gestalt den Fischern ins Netz, die von den eilig herbeigerufenen Wissenschaftlern als Latimeria bestimmt wurde. Bis zum Fang eines weiteren Exemplars dieser Jahrhundert-Endeckung sollten einige Jahre vergehen. Vor den Komoren, der Fundstelle des zweiten lebenden Quastenflossers, konzentrieren sich aktuell die Wiederfunde und Beobachtungen inklusive der sensationellen ersten Unterwasser-Filmdokumente von diesem „lebenden Fossil", die 1987 Prof. Dr. Hans Fricke in seinem Tauchboot „Geo" gelangen.

Ist der VIELfraß ein Vielfraß?

Namen sind oft genug Programm. Wie der größte Vertreter der Wieselartigen, der Vielfraß *Gulo gulo*, zu seinem Namen kam, ist zwar verständlich, aber wird dem Wesen des „Bärenmarders" aus dem Hohen Norden dennoch nicht gerecht. Weil er durch Reißen von Rentieren und anderen Haustieren Viehzüchtern schaden kann, sich gelegentlich in Blockhütten über Vorräte hermacht und aus Fallen Köder oder Fänge stiehlt, steht er bei allen Ureinwohnern – Indianern, Eskimos, Lappen und Mongolen – in seinem Verbreitungsgebiet in einem schlechten Ruf. Bei Rentier- und Viehzüchtern gilt der Vielfraß als böses Tier. Wo er plötzlich auftaucht, soll er Unglück bringen. Im Schwedischen Fjellfraß = Felsenkatze, im Norwegischen Fjeldfross = Bergkater genannt, beruht sein deutscher Name auf dem Fehler zu meinen, dass Fjell = viel und fraß = fressen bedeutet.

V

Etwas größer und hochbeiniger als ein Dachs, bis zu 25 Kilogramm schwer, mit langem, meist dunkelbraunem, dichtem Fell, einem langen, buschigen Schwanz, dicken Pfoten mit teilweise rückziehbaren Krallen und kräftigem Gebiss ausgerüstet, ist der Vielfraß bestens an das raue Leben in Taiga und Tundra angepasst. Wo Nahrung von Haus aus knapp ist, darf man nicht wählerisch sein. Von Kleinsäugern über Vögel, Eier, Insekten, Aas und Beeren reicht die Nahrungspalette des konsequenten Einzelgängers in der wärmeren Jahreszeit. Im Winter kommen Rentiere hinzu, die im Schnee tiefer einsinken als der Vielfraß auf seinen „Schneeschuhen". Auch Beutereste von Luchs und Wolf werden genutzt. Eigentlich kein guter Jäger, profitiert der Vielfraß vor allem von seiner Ausdauer.

Wenn sich die Gelegenheit bietet, tötet der Vielfraß mehrere Tiere auf einmal und deponiert die Kadaver in Wasserlöchern, wo sie vor anderen Aasfressern wie Fuchs, Adler oder Kolkrabe sicher sind. Also doch ein Vielfraß? Keineswegs für sich allein gedacht sind diese Nahrungsdepots überlebenswichtig für junge Vielfraße, die weitgehend unerfahren im Beuteerwerb und von der Mutter getrennt sich im Spätherbst noch im Gebiet aufhalten. Vielfraß-Reviere sind mit bis zu 2000 Quadratkilometern bei Männchen und bis zu 900 Quadratkilometern bei Weibchen riesig. Wegen der niedrigen Populationsdichte und einer geringen Nachwuchsrate können Viel-

fraße größere Verluste durch intensive Verfolgung kaum ausgleichen. Deshalb streifen aktuell gerade mal noch 220 Fjeldfrosse in Norwegen und 365 Fjellfrasse in Schweden umher.

Warum sind VIREN keine Lebewesen?

In der öffentlichen Einschätzung haben Mikroorganismen im Allgemeinen keinen besonders guten Ruf, weil man ihre Bedeutung allzu sehr auf Keime und Krankheitserreger einschränkt, was in dieser Verkürzung tatsächlich gar nicht zutrifft. Oft werden mit den krankheitserregenden Mikroorganismen auch die Viren im gleichen Atemzug erwähnt. Da stellt sich leicht ein schiefes Bild ein, bei dem diese seltsamen und extrem kleinen Objekte gleichsam auf der untersten Stufe der sehr einfachen Lebewesen stehen.

Nach allgemeiner Überzeugung ist das Leben in allen seinen grundlegenden Erscheinungsformen immer an ein Struktur- und Funktionsgebilde gebunden, das man Zelle nennt. Schon die einfachsten, nur Bruchteile von Millimetern messenden Bakterien sind Zellen, und Gänseblümchen, Gummibäume, Feldhamster und Elefanten sind ebenso und ausnahmslos aus Zellen aufgebaut. Auch der Mensch macht da keine Ausnahme. Zu einer vollständigen, funktionierenden Zelle gehört auf jeden Fall ein Informationsspeicher. Die gesamte Information, die eine Zelle für ihren ungehinderten Betrieb benötigt, ist im molekularen Aufbau der Erbsubstanz verschlüsselt. Seit den 1950er Jahren ist bekannt, dass deren stofflicher Träger die Desoxyribonukleinsäure (DNA) ist. Um die abgespeicherte Information in tatsächliche Betriebsabläufe in der Zelle umzusetzen, sind weitere Nukleinsäuren erforderlich, die man Ribonukleinsäure (RNA) nennt. In jeder „richtigen" Zelle arbeiten also DNA *und* RNA. Viren bestehen ebenfalls aus Nukleinsäuren. Sie enthalten aber immer nur DNA *oder* RNA, niemals beide Typen zusammen. Allerdings ist deren Informationsgehalt weitaus kleiner als selbst in der kleinsten Bakterienzelle. Außerdem sind Viren nicht zellig aufgebaut, und deswegen können sie logischerweise überhaupt nicht zu den Mikroorganismen gehören. Viren sind auch keine mikrobenähnlichen Vorlebewesen, mit denen man die Lücke zwischen organischen Makromolekülen und der einfachsten Zelle anfüllen könnte. Am ehesten lassen sie sich als vagabundierende Nukleinsäure-Stücke verstehen, die sich nur in einer lebenden Zelle vermehren können.

Viren sind enorm klein. Ihre Durchmesser bewegen sich zwischen etwa 30 und 300 Nanometer (1 Nanometer = 1 millionstel Millimeter). Würde man einen erwachsenen Menschen im gleichen Maßstab vergrößert abbilden wie ein in vielen Schulbüchern mit etwa fünf Zentimeter Bildhöhe dargestelltes Herpes-Virus (HSV), wäre er fast 300 Kilometer hoch!

Wie schlafen VÖGEL?

In der Regel schlafen Vögel im Stehen, Sitzen oder auch im Schwimmen. Bodenvögel wie Kraniche, Limikolen oder Flamingos stehen beim Schlafen oft auf einem Bein. Der Kopf wird meist ins Rückengefieder oder unter einen Flügel gesteckt; das Kleingefieder ist aufgeplustert. Singvögel wie Amseln oder Meisen übernachten sitzend in dichtem Gebüsch und Geäst. Die nachts brütenden Weibchen schlafen auf dem Gelege oder die Jungen zudeckend. Höhlenbrütende Singvögel suchen zum übernachten auch Nistkästen auf. Meisen benutzen zum Schlafen aber nur solche Kästen, in denen sich keine Nestreste mehr befinden. Deshalb sollten Nistkästen nach der Brutzeit gesäubert werden, um den Vögeln dann als „Schlafzimmer" zu dienen. Abweichende Schlafstellungen nehmen zum Beispiel Pinguine ein, die beim Schlaf im Stehen den Kopf zurücknehmen, Reiher, die den Schnabel vorne seitlich zwischen Flügel und Brust stecken, und Eulen, die zwar sitzen, aber den Kopf aufrecht halten. Die verschiedenen Arten der Segler-Familie übernachten, bis auf den Mauersegler, an senkrechten oder überhängenden Wänden angeklammert.

Geselliges Übernachten kommt bei vielen Vogel-Ordnungen vor. Einige sammeln sich sogar an Massenschlafplätzen in Bäumen (Saatkrähen und Stare), im Gebüsch und Schilf sowie an geeigneten Hausfassaden mit Gesims oder Efeu (Stare), zu denen sie Schlafplatzflüge unternehmen. Solche Massenschlafplätze dienen sicherlich dem Schutz und liegen oft an belebten Plätzen mitten in der Großstadt. Fledermauspapageien schlafen fledermausähnlich mit Kopf nach unten an einem Fuß hängend.

Am ungewöhnlichsten ist wohl das Schlafen unserer Mauersegler in der Luft. Dazu steigen sie in große Höhen auf, um dort segelnd mit dazwischen geschalteten Flügelschlägen die Nacht zu verbringen. Ihre Entspannung erfahren die „Flugschläfer" offensichtlich dadurch, dass sich abwechselnd eine Gehirnhälfte „ausruht", während die andere die Wachfunktionen übernimmt.

Müssen VÖGEL das Fliegen lernen?

Nach den Säugetieren spielt wohl bei Vögeln die Lernfähigkeit unter allen Tierklassen die wichtigste Rolle. Ohne Aufnahme und Auswertung von Informationen aus der Umwelt wäre das komplizierte Sozialverhalten der Vögel, die vielfältige Nutzung der Ressourcen, ihr Platz in unterschiedlichsten Lebensgemeinschaften einschließlich der Möglichkeiten weiter

Ortsveränderungen durch Wanderungen, die Anpassung vieler Arten als Antwort auf Veränderungen ihrer Umwelt sowie Arealverschiebungen kaum denkbar. Manches, was wir im Sprachgebrauch als „Lernen" bezeichnen, sind allerdings nur Reifungsvorgänge in der Entwicklung der Individuen. Hier ist auch das „Fliegenlernen" von Jungvögeln einzuordnen. Ihm liegt kein Lernvorgang, sondern lediglich die Reifung in der Ontogenese des Vogels zugrunde. Wenn sie es auch vom Grundsatz her können, trainieren doch zumindest einige Arten, wie zum Beispiel Greifvögel oder Mauersegler, vor dem ersten Ab- und Ausflug im Sitzen oder Stehen ihre Flugmuskulatur. Dennoch wirken die ersten Flüge von Jungvögeln oft recht hilflos, enden manchmal nicht am angepeilten Zielort und gelegentlich sogar im Maul einer jagenden Katze.

Gibt es Bruchlandungsspezialisten unter den VÖGELn?

Aus Zeichentrickfilmen wie aus dem „richtigen (Dokumentarfilm-) Leben" kennen wir ihn: den Albatros. Dieser ausdauernde und elegante Flieger kommt beim Landen schon mal mit so viel Schwung an, dass Brust und Kopf gen Boden gedrückt werden und er mit einer halben Rolle vorwärts landet. Doch einer läuft dem Albatros in Sachen Bruchlandungen wohl noch den Rang ab: der Hoatzin, ein Vogel des tropischen Südamerika mit eindeutig prähistorischem Erscheinungsbild. Sein primitives Aussehen, der schlechte

Flug und die zwei Krallen am Flügelbug der Jungtiere, die damit und mit den Füßen hangelnd im Geäst umherklettern, zwingen geradezu den Vergleich mit dem „Urvogel" Archaeopteryx auf. Dennoch beruhen diese Übereinstimmungen wahrscheinlich nur teilweise auf der Erhaltung einiger tatsächlich ursprünglicher Merkmale, zum anderen Teil auf Konvergenz und sind keine Anzeichen einer engeren Beziehung zu den Ursprüngen der Vogelentwicklung.

Hoatzine halten sich fast ausschließlich im Geäst von überschwemmten Wäldern entlang von Flüssen auf. Dort gleiten sie, mit den Flügeln flatternd, plump von Baum zu Baum. Ihre großen, breiten Flügel nutzen die gesellig lebenden und brütenden Hoatzine mehr zum Abstützen und Klettern, als zum echten Fliegen. Die recht ruffreudigen „Schlechtflieger" haben eine nur schwach entwickelte Brustmuskulatur und einen übermäßig entwickelten Kropf, der als Kauorgan anstatt des Kaumagens dient. Ein mit Blättern, Blüten und Früchten gefüllter Kropf macht den Hoatzin noch schwerfälliger. Er ist dann so kopflastig, dass er sich nach vorn aufs Brustbein abstützen muss, um nicht die Balance zu verlieren. Die Landeversuche nach kurzen Flatterflügen sind dann kaum mehr als kontrollierte Bruchlandungen.

Warum horsten manche VÖGEL auf Strommasten?

Das Brüten auf Strommasten ist bei Vögeln zwar nicht allzu häufig, aber dennoch regelmäßig zu beobachten. Vor allem Großvögel ab Dohlengröße findet man brütend auf Strommasten. In Mitteleuropa wurden bisher rund 20 Vogelarten, vor allem Raben- und Greifvögel, als „Mastbrüter" festgestellt. Dabei werden von den Vögeln die unterschiedlichsten Masttypen genutzt und die Nester auf den Querträgern, der Mastspitze oder im Mastschaft angelegt.

Interessanterweise kommen Bruten auf Strommasten sowohl in Regionen vor, in denen ein Mangel an geeigneten natürlichen Brutmöglichkeiten wie Bäume oder Felsen herrscht, aber auch in Gebieten, wo den Vögeln in unmittelbarer Nähe zu den Masten optimale Baumbrutplätze zur Verfügung stehen. Oft werden dann die Hochspannungsmasten den Brutmöglichkeiten auf Bäumen deutlich vorgezogen. Gründe hierfür sind: Strommasten sind sehr hoch und damit sicher. Durch ihren festen Bau bieten sie stabilen Halt für die Nestunterlagen. Ihre „regelmäßige Verteilung" bedeutet, dass gleichwertige Brutplätze weit gestreut vorhanden sind und somit eine gleichmäßige Revierverteilung möglich ist.

Zum Strommast-Spezialisten wurde der Fischadler in seinem nordostdeutschen Brutgebiet. Früher auf den Wipfeln von Überhältern, vor allem Kiefern, am Rande von Wäldern horstend, ziehen heute die meisten Fischadler Masthorste den Baumhorsten vor. Zu den sehr häufigen Mastbrütern zählen in manchen Regionen auch Weißstörche und Nebelkrähen, zu den häufigen Turmfalken, Rabenkrähen, Saatkrähen und Elstern. Auch der Baumfalke nimmt gerne alte Krähennester auf Strommasten als Horstunterlage.

Bei einigen Masttypen besteht für die Vögel allerdings die Stromschlaggefahr (siehe Stromleitungen auf Seite 157). Durch ebenso einfache wie meist preiswerte Vorkehrungen können die Energieversorgungsunternehmen (was sie zum Teil auch tun) in Zusammenarbeit mit Vogelschützern mithelfen, das Nistplatzangebot für einige Vogelarten wesentlich zu verbessern. Dazu gehören Nistunterlagen oder das Anbringen spezieller Nistkästen.

Warum sitzen VÖGEL so gerne auf Drähten?

Das Bild ist uns allen bekannt: Vor allem nach der Brutzeit und beim herbstlichen Wegzug sitzen ganze Kleinvogelschwärme auf Leitungsdrähten, wobei die einzelnen Tiere oft den gleichen Abstand untereinander einhalten. Beim Anblick von Schwalben, die versetzt auf Leitungsdrähten übereinander sitzen, wurde mancher schon an eine Notenschrift erinnert. Neben Schwalben, Staren und Drosseln sind es vor allem Tauben und Rabenvögel, die man in größerer Zahl auf den Drähten sitzend sehen kann. Doch auch Turmfalke und Mäusebussard sind regelmäßige „Leitungshocker". Letztere nutzen die Drähte als Ansitzwarten, um am Boden ihre Mäusebeute zu entdecken. Auch die Rabenvögel bespähen ganz gerne ihre Umgebung von den hohen Drähten aus. Ihnen fallen von diesen „Hochsitzen" aus aber auch viel früher plötzlich auftauchende Feinde wie Greifvögel auf. Das Gleiche gilt für die Tauben und Kleinvögel. Hier fällt die Qualität „sichere und bequeme Rast" bei der Entscheidung ins Gewicht, auf Leitungsdrähten zu sitzen. Hochspannungsleitungen erzeugen allerdings an ihrer Oberfläche und in ihrer Umgebung starke elektrische und magnetische Felder. Mit heutigem Wissensstand ist davon auszugehen, dass die dabei in Betracht kommende Wechselfeldkomponente keine nennenswerte Wirkung auf den Vogelorganismus hat. Die starken elektrischen Wechselfelder direkt auf den Leitern können bei den Vögeln zur Vibration des Federkleids oder durch die begleitenden Ströme zur Reizung der Sinnesrezeptoren in spitzen Körperpartien oder im Bereich der Flügel führen. Solche Effekte sind reversibel und stellen keine Bedrohung für die Tiere dar. Sie können als Beeinträchtigung des Wohlbefindens eingestuft werden, wobei diese Wirkungen nur im Bereich der Bündelleiter der Hochspannungsfreileitungen vorkommen.

Dagegen können Vögel an Leitungen durch Leitungsanflug und Stromschlag umkommen. Wenn Vögel Leitungsseile zu spät wahrnehmen und ihnen nicht mehr rechtzeitig ausweichen können, kommt es zu Kollisionen. Stromschlag entsteht durch Überbrückung von Spannungspotenzialen, entweder als Erdschluss zwischen spannungsführenden Leitern und geerdeten Bauteilen (auch über Kriechstrom) oder als Kurzschluss zwischen Leiterseilen verschiedener Spannung. Gefahr besteht fast ausschließlich an Mittelspannungsfreileitungen (1 bis 60 kV) durch die Kombination von tödlicher Spannung und relativ kleinen Isolationsstrecken von nur fünf bis 30 Zentimetern, die von vielen Vögeln leicht überbrückt werden können. Besonders häufig ist der Erdschluss, wenn ein Greifvogel auf Masten mit stehenden Isolatoren landet und mit den Flügeln oder seinem Kotstrahl eine Überbrückung einleitet. Heute werden gefährliche Masttypen von den Energieunternehmen umgerüstet. Zudem werden in Leitungsabschnitte von Hochspannungsleitun-

gen, die durch wichtige Vogellebensräume führen, Markierungen eingebaut, damit die Vögel diese Lufthindernisse früher wahrnehmen können.

Warum sind VOGELeier nicht kugelrund?

Allein aus Energiespargründen und wegen des Materialaufwands wäre die Kugel die ideale Eiform. Denn bei gleicher Oberfläche ist das Volumen einer Kugel größer als das jedes anderen runden Körpers. Umgekehrt wäre eine ovale bis lang gestreckte Eiform am besten für ein leichteres Gleiten in den Geburtswegen des Vogelweibchens geeignet. Fast alle Eiformen orientieren sich deshalb zwischen diesen beiden Möglichkeiten, wie zum Beispiel schon ein Hühnerei zeigt. Letztlich bestimmen aber noch zusätzlich verschiedene Anpassungen an unterschiedliche Umweltbedingungen über die Form des Eies. So sind die Eiformen an eine optimale Raumnutzung unter dem elterlichen Körper, im Nest oder an den Standort der Eiablage angepasst. Aufgrund ihrer kreiselförmigen Form rollen beispielsweise die Lummeneier kaum von den schmalen Felsgesimsen herunter, auf denen sie zum Ausbrüten abgelegt werden. Im Überblick gibt es folgende Eiformen: Rackenvögel, Eisvogelartige: kurzelliptisch; Lappentaucher: elliptisch; Flughühner, Taubenvögel: langelliptisch; Falken, Greifvögel, Eulen: kurzoval; Entenvögel, Schreitvögel, Hühnervögel, Rallen, Movenvögel, Singvögel und andere: oval; Flamingos: langoval; Blatthühnchen: kurzspindelförmig; Segler: spindelförmig; Röhrennasen: langspindelförmig; Pinguine: kurzkreiselförmig; Watvögel: kreiselförmig und Alke: langkreiselförmig. Womit die ovale Form als echter Kompromiss zwischen rund und lang gestreckt die häufigste und am weitesten verbreitete Eiform im Vogelreich ist.

Brennen WALen die Augen im Meerwasser?

Wale sind ganz und gar außergewöhnliche Säugetiere. Die Evolution der Säugetiere erfolgte an Land. Da jedoch zwei Drittel der Erdoberfläche mit Wasser bedeckt ist, suchten die Vorfahren der Wale und Delfine ihre Nische in diesem gewaltigen Lebensraum. Sie passten sich allmählich den besonderen Bedingungen des ausschließlichen Wasserlebens an und entwickelten sich in eine Richtung, die an Land unmöglich wäre. Nur dank des Auftriebs im salzigen Meerwasser konnten einige Arten in solch gewaltige „Größen- und Gewichtsklassen" vorstoßen, gegen die selbst die mächtigsten Saurier verblassen. So ist der heute noch zwischen den kalten polaren, nährstoffreichen Gewässern und warmen äquatorialen Meeresbuchten (zum Kalben) hin und her pendelnde Blauwal mit bis zu 35 Meter Körperlänge und bis zu 130 Tonnen Gewicht das größte, jemals auf Erden existierende Tier.

Die von schweineartigen Huftieren abstammenden Wale haben zahlreiche Organe stark zurückgebildet, die nur an Land nützlich wären, so zum Beispiel Sinneshaare, Hautdrüsen, Ohrmuscheln, Beckenknochen und Hintergliedmaßen. Ihre Vordergliedmaßen sind zu Flossen umgewandelt. Die waagrecht liegende Schwanzflosse, die so genannte Fluke, ist eine Neubildung des Bindegewebes ohne Skelettgrundlage. Anders als bei allen anderen Säugetieren liegen die Luft- und Speisewege des Walkopfs getrennt, was eine ungehinderte Nahrungsaufnahme unter Wasser ermöglicht. Dafür verschob sich die Nasenöffnung von der Schnauzenspitze zum Scheitelpol. Selbst gegen Augenbrennen in stark salzhaltigem Meerwasser haben Wale ein „Rezept": Ihre sehr fetthaltige Tränenflüssigkeit dient ihnen als Augenschutz. Über wie unter Wasser können die meisten Walarten recht gut sehen. Nur ständig im Trüben lebende Flussdelfine sind blind und verlassen sich allein auf ihren ausgezeichneten Gehörsinn (Echoortung).

Warum ist die WALnuss keine Nussfrucht?

Der botanisch korrekte Sprachgebrauch weicht nicht selten von der Alltagssprache ab und ruft deshalb fallweise ungläubiges Stirnrunzeln hervor. Wussten Sie beispielsweise, dass die Banane ebenso eine Beere ist wie Gurke, Paprika und Tomate? Und was würden Sie sagen, wenn Ihnen das Rezept für eine Vierfrucht-Beerenmarmelade empfiehlt: „Man nehme drei Kürbisse und eine Johannisbeere …"?

Die Natur hält zahlreiche Fruchtformen bereit, die allesamt nur die eine Aufgabe haben, die Samen für die nächste Pflanzengeneration möglichst effektiv zu verbreiten. Dafür stehen vielerlei Wege offen, und folglich sahen sich die Botaniker vor dem Problem, die verwirrend unterschiedlichen Erscheinungsformen der Früchte in nur wenige übersichtliche Grundtypen einzuteilen.

Die Mohnkapsel, aus der die Samen beim Schütteln herausrieseln wie die Salzkörner aus dem Streuer, ist logischerweise eine Kapselfrucht. Sie entsteht aus mehreren miteinander verwachsenen Fruchtblättern. Entwickelt sich ein solches Kapselgebilde jedoch nur aus einem einzigen Fruchtblatt, spricht man von einer Balgfrucht. Ein solches Balgfruchtensemble, entstanden aus fünf Einzelbälgen, ist der üblicherweise als Kernfrucht bezeichnete Apfel, genau genommen natürlich nur sein pergamentartiges Kerngehäuse. Das deutlich wohlschmeckendere Drumherum, entwickelt sich gar nicht aus Fruchtknotengewebe, sondern aus der Blütenachse. Sie geht nur in ihrem unteren Teil den Weg der Verholzung und wird zum Apfelstiel. Eine richtige Nuss zum Knacken ist die Haselnuss. Hier verholzt die komplette, in der Blüte noch grüne und weiche Fruchtknotenwand zu einem erstaunlich festen Gebilde, das aber dennoch von Eichhörnchen- oder Mäusezähnen zu bewältigen ist. Mininüsse sind die grünen Punkte auf der Oberseite einer Erdbeere – diese gehört also gar nicht zu den botanisch korrekten Beeren, sondern zu den Sammelnussfrüchten. Verholzt von der Fruchtwand nur der innere Teil, während die äußeren Partien weich, saftig und meist auch wohlschmeckend bleiben, spricht man von einer Steinfrucht wie bei Kirsche, Aprikose und Pfirsich. Genauso ist es eigentlich auch bei der Walnuss. Wenn sie reif vom Baum fällt, ist die Nussschale meist noch von der weichen, grünschwarzen und in diesem Fall nicht genießbaren äußeren Fruchtwand eingepackt. Die Walnuss ist also tatsächlich ebenso eine Steinfrucht wie die Zwetschge. Und was ist mit Brom- und Himbeeren? Fruchttypologisch gehören sie auch in die Kategorie der Sammelsteinfrüchte.

WANDERN nur Vögel?

Wenn auch der Vogelzug die bekannteste Erscheinung unter den Tierwanderungen ist, sind es nicht nur die Flugtiere Vögel und viele Fledermausarten weltweit, die saisonale und periodische Wanderungen unternehmen. Viele Tiere verlassen nach der Fortpflanzung und gegebenenfalls Jungenaufzucht ihre Lebensräume, um andere Gebiete aufzusuchen. Andere unternehmen Wanderungen auf der Suche nach Nahrung. So müssen die großen Huftierherden der afrikanischen Steppe, Gnus, Zebras und Antilopen, ständig weiterwandern, damit sie sich nicht selbst die Nahrungsgrundlagen wegen Überweidung entziehen. Einstmals waren auch die nordamerikanischen Bisons auf solchen Weidewanderungen durch die Prärie unterwegs. Auch die Karibus in Alaska und Kanada oder die Rentiere im Norden der Alten Welt bilden große Herden und unternehmen weite Wanderungen. Im Wasser sind viele Fischarten immer unterwegs, unternehmen Wale und Robben weite, saisonale Wanderungen und kehren geschlechtsreife Meeresschildkröten über Hunderte von Kilometern zur Eiablage an Sandstrände zurück, auf denen sie einst als Schildkrötchen das Licht der Welt erblickten. Während unsere Aale zum

Laichen aus den Flüssen bis ins Sargassomeer schwimmen, steigen Lachse vom Meer bis in die Oberläufe der Flüsse auf, in denen sie geboren wurden, um dort zu laichen und danach zu sterben.

Recht bekannt sind die alljährlichen Wanderungen von Amphibien zu ihren Laichgewässern im zeitigen Frühjahr. Bei den Massenwanderungen von Erdkröten, Grasfröschen und Molchen helfen viele NaturschützerInnen den Tieren über die Straße, leiten Krötenzäune die Tiere zu Straßenunterführungen und weisen besondere Verkehrsschilder die Autofahrer auf Rücksichtnahme hin.

Unter den Tagschmetterlingen gibt es echte „Wanderfalter" wie Distelfalter und Admiral, die im Frühjahr aus dem Mittelmeerraum einfliegen, um sich im Sommer bei uns fortzupflanzen. Andere Einwanderer sind der Totenkopf- und der Windenschwärmer sowie das Taubenschwänzchen. Letzteres sorgt immer wieder für Verwirrung. Weil der tagaktive Falter im Sommer regelmäßig Balkon- und Gartenblumen anfliegt und zur Nektaraufnahme schwirrend vor den Blüten in der Luft steht, wird er nicht selten für einen entflohenen Kolibri gehalten.

Können alle WASSERtiere von Geburt an schwimmen? Bei ständig im Wasser lebenden, mit Kiemen atmenden Arten scheint die Frage überflüssig. Auch bei Walen, die ihre Jungen unter Wasser gebären, können die Jungen sofort nach der Geburt schwimmen. Um zu atmen schwimmen sie instinktiv an die Wasseroberfläche, werden dabei aber von der Mutter mit Kopf oder Flosse sanft unterstützt. Wenngleich die ersten Schwimmbewegungen der Walkälber noch unsicher wirken, schwimmen sie innerhalb kürzester Zeit sehr geschickt im Schutz von Walmüttern und -schulen.

Dagegen werden die Jungen von Robben, Ottern, Bibern und was-

Wserlebenden Insektenfressern an Land geboren und kommen erst nach einer gewissen Reifezeit mit dem nassen Element in Berührung. Die oft noch recht unfertig (Otter, Biber, Insektenfresser) oder mit einer dichten, vor Kälte schützenden Behaarung geborenen Babys (einige Robben), die aber beim Nasswerden sofort zur Unterkühlung führen würde, wären überfordert, wenn sie gleich nach der Geburt schwimmen müssten. Sind diese Arten aber „reif" fürs nasse Element, brauchen sie keinen speziellen „Schwimmunterricht". Bei Wasservögeln hängt die Schwimmfähigkeit mit ihrem Status als Nestflüchter oder -hocker zusammen. Während Enten-, Gänse- und Taucherküken sofort mit dem Wasser zurechtkommen, brauchen zum Beispiel Pinguin- oder Alkenjunge erst ihre betreute „Landphase", bevor sie sich ins Wasser begeben – dann allerdings gleich richtig und ohne lange Übungsphase.

Etwas aus der Reihe der „Wassertiere" tanzen die Seeotter. Die Weibchen dieser Art können an Land oder im Wasser ihr Junges bekommen. Allerdings schwimmt und taucht das Baby nach der Wassergeburt nicht sofort eigenständig. Vielmehr macht es seine ersten Tauch- und Schwimmgänge fest an den Rumpf der Mutter geklammert mit.

Wie viel Atemluft spendet eine WIESE für den Menschen?

Von den gasförmigen Hauptkomponenten der Luft sind für die Lebensvorgänge der Organismen eigentlich nur das Kohlenstoffdioxid (CO_2, Volumenanteil 0,035 Prozent) und der Sauerstoff (O_2, Volumenanteil rund 20 Prozent) von unmittelbarer Bedeutung. Kohlenstoffdioxid ist neben Wasser das Endprodukt der Zellatmung – mit jedem Atemzug geben wir es über die Lunge an die Atmosphäre ab, und auch alle anderen atmenden Lebewesen produzieren diesen Stoff. Grüne Pflanzen nehmen Kohlenstoffdioxid aus der Luft (oder gelöst in Wasser) wieder auf. Sie stellen daraus durch den bewundernswert raffinierten Prozess der Photosynthese wieder wertvolle organische Stoffe wie Zucker und Stärke her.

Ein gesunder erwachsener Mensch, der völlig entspannt in seinem Garten sitzt, nur die Zeitung liest und sich auch in den restlichen Tagesstunden nicht sonderlich anstrengt, atmet am Tag ungefähr 400 Liter Kohlenstoffdioxid aus. Diese Menge entspricht dem durchschnittlichen CO_2-Gehalt von etwas mehr als 1000 Kubikmeter Luft. Mit der ausgeatmeten Luft eines Erwachsenen könnte nun ein etwa 20 Quadratmeter großer Pflanzenbestand aus mittelhohen Gräsern oder Kräutern den Kohlenstoffbedarf für seine Photosynthese decken (unter Annahme einer Durchschnittsleistung von 20 Mikromol CO_2 je Quadratmeter Blattfläche und Sekunde) und dabei für sich selbst einen Trockenmassenzugewinn von 530 Gramm verbuchen. Diese Menge entspricht umgekehrt wiederum dem ungefähren täglichen Energiebedarf eines nur am Strand dösenden Urlaubers von etwa 7325 Kilojoule (= 1750 Kilokalorien). Jede etwas anstrengendere körperliche Tätigkeit würde diesen Betrag deutlich erhöhen und damit natürlich auch den Kohlenstoffdioxid-Ausstoß über die Atmung. Der 20-Quadratmeter-Pflanzenbestand, also etwa ein überschaubares ungemähtes Wiesenstück, würde für jedes als Betriebsstoff aufgenommene Molekül Kohlenstoffdioxid ein Molekül Sauerstoff abgeben – in jeder Sekunde fünf Milliliter oder rund 18 Liter in der Stunde. Für den täglichen Sauerstoffbedarf eines Menschen müsste man das Wiesenstück daher noch etwas vergrößern, denn die Pflanzen können ja nur im Licht photosynthetisch aktiv sein: Bei einem Sauerstoffverbrauch von weniger als einem Liter in der Minute (in absoluter Ruhelage) würde uns die tägliche Sauerstoffproduktion eines knapp 70 Quadratmeter großen Wiesenausschnitts am Leben erhalten, nicht eingerechnet natürlich die benötigte Nahrung.

Solche Berechnungen sind wichtig für Überlegungen, wie groß man denn eigentlich künstliche Ökosysteme bemessen muss, mit denen sich Menschen längere Zeit im Weltraum aufhalten können. Der Raum- und Energiebedarf solcher bioregenerativer Systeme ist nicht allzu ermutigend. Auf der Erde, beispielsweise in Ihrem Garten, funktioniert das alles viel problemloser.

Gibt es auch WINTERschlaf haltende Vögel?

Unsere Vorfahren konnten sich aufgrund ihrer Weltsicht nicht vorstellen, dass viele Vogelarten im Winter wegziehen. Sie nahmen an, dass Schwalben beispielsweise in Weihern und Seen abtauchten, um im Schlick in Winterschlaf zu verfallen. Heute weiß jeder, dass „abwesende" Vogelarten nicht winterschlafen, sondern ergiebigen Nahrungsquellen folgen.

Und dennoch gibt es sie, die Winterschläfer unter den Vögeln! Genauer gesagt ist es weltweit eine Art, von der man dieses Verhalten kennt. Die für einen Vogel außergewöhnliche Fähigkeit war den Hopi-Indianern durchaus bekannt. Sie nannten die in den nordamerikanischen Wüsten heimische Winternachtschwalbe *(Phalaenoptilus nuttallii)* treffend Holchko, „der Schlafende". Der Wissenschaft gelang erst im Dezember 1946 der Nachweis, dass Winternachtschwalben bis zu fünf Monate lang abgetaucht in Felsspalten oder versteckt unter Sträuchern die kälteste Jahreszeit verpennen. Wie bei den winterschlafenden Säugetieren fällt ihre Körpertemperatur von etwa 41 Grad Celsius auf gerade sechs Grad Celsius, Herzschlag und Atmung sinken auf kaum mehr messbare Frequenzen. Zum Aufwachen und Hochheizen auf „Betriebstemperatur" brauchen die gefiederten Dauerschläfer entsprechend lange, nämlich sieben Stunden. Kurzfristig können auch andere Nachtschwalben, Segler, Mausvögel und Schwalben ihre Körpertemperatur absenken und erstarren.

Warum duften WÜRZkräuter?

Pflanzen bieten uns nicht nur wertvolle Biomasse, die man essen oder technisch nutzen kann. In Blättern und Blüten, Wurzeln oder Früchten führen sie fallweise eine Menge interessanter Inhaltsstoffe, die eigenartigerweise ganz gezielt in körperliche Prozesse eingreifen: Pflanzliche Stoffe können tatsächlich Abläufe und Vorgänge beeinflussen, die so in Pflanzen gar nicht vorkommen. Diese Wirkmöglichkeiten bedeuten zugleich Glück und Gefahr. Gefahr deswegen, weil einige Pflanzenstoffe biologisch so aktiv sind, dass sie bestimmte Körperfunktionen schädigen oder sogar völlig lähmen können – man nennt sie üblicherweise Gifte. Ein besonderer Glücksfall sind sie aber deswegen, weil sie Fehlleistungen des Organismus korrigieren oder ausgleichen, Abwehrprozesse in Gang setzen oder ganz normale körperliche Funktionen unterstützen können. Viele Pflanzenarten erfüllen sogar gleichzeitig mehrere Aufgaben, darunter beispielsweise die Würzpflanzen, die man als besonders „dufte" Typen bezeichnen könnte. Sie kommen der Gesundheit gleich zweifach zugute – dem guten Geschmack und der besseren Nahrungsverwertung. Insofern sind sie also allemal mehr als die letzte Rettung fader Kost und haben zu Recht ihren festen Platz im Gewürzbord ebenso wie im Arzneischrank. Dabei ist die Grenze zwischen reiner Würz- und erwiesener Heilwirkung nicht genau abzustecken.

Zu den besonders wertvollen Inhaltsstoffen der Würz- und Heilkräuter gehören die so genannten ätherischen Öle – ätherisch deshalb, weil sie sich rasch in die (früher auch Äther genannte) Luft verflüchtigen und somit im Unterschied zu fetten Ölen rückstandsfrei verduften. Bei vielen Aroma-, Duft- oder Gewürzpflanzen sind diese geruchlich auffälligen Öle in mikroskopisch feinen Haaren an Blättern und Stängeln enthalten. Wenn man diese Pflanzenteile berührt oder gar abstreift, werden die Haare zerstört und setzen dann ihren duftenden Inhalt augenblicklich frei. Ohne solche Handgreiflichkeiten duften beispielsweise Lavendel, Melisse, Thymian oder Ysop wenig bis gar nicht. Bei Anis, Fenchel, Koriander oder Kümmel sitzen die ätherischen Öle vor allem in besonderen Ölbehältern der Früchte. Daraus sind sie ungleich schwerer freizusetzen als aus den äußerst berührungsempfindlichen Blatthaaren, etwa durch Zermahlen oder durch Hitzeeinwirkung beim Zubereiten.

Warum darf man ZECKEn nicht ersticken?

Zecken gehören zu den Milben und sind damit Spinnentiere. Alle Arten sind Blut saugende Ektoparasiten an Reptilien und Warmblütern. Die bekannteste Art ist der weltweit verbreitete, auch Waldzecke genannte Holzbock. Die Weibchen legen über 1000 Eier an Pflanzenstängel. Nach vier bis zehn Wochen schlüpfen daraus Larven, die auf Pflanzen klettern und sich von dort auf geeignete Wirte (meist ein Säugetier bzw. Mensch) begeben. Auslösendes Signal ist die von der Säugerhaut verströmte Buttersäure, welche die Zecken mit einem speziellen Sinnesorgan in ihren Vorderbeinen wahrnehmen. Nach drei bis fünf Tagen Saugzeit lässt die Larve von ihrem Wirt ab, entwickelt sich zur Nymphe, befällt dann erneut einen Wirt und saugt etwa acht Tage. Nun kann die Entwicklung zur erwachsenen Form abgeschlossen werden. Die Männchen befallen warmblütige Tiere jetzt nur, um darauf ein Weibchen zu finden. Nach der Paarung benötigt das Weibchen eine dritte Blutmahlzeit, um die Eier zu entwickeln. Dabei nimmt es das 500-fache seines Ausgangsgewichts an und wird über ein Zentimeter groß. Alle Entwicklungsstadien können über ein Jahr lang hungern.

Der nach einiger Zeit von starkem Juckreiz begleitete Biss der Zecke wäre an sich harmlos, wenn die Tiere nicht gefährliche Krankheitserreger übertrügen. Zu nennen ist die Lyme-Borreliose, hervorgerufen durch das zu den Spirochäten gehörende Bakterium *Borrelia burgdorferi* und benannt nach der Stadt Old Lyme (Connecticut/USA), wo man 1975 erstmals den Zusammenhang erkannte. Etwa zehn Prozent der Zecken in der BRD sind Überträger von Borrelien, in Süddeutschland gebietsweise bis zu 30 Prozent. Mindestens drei Prozent der Bevölkerung hatten bereits eine Borreliose. Man nimmt heute an, dass manche Fälle von Rheuma in Wirklichkeit die Spätfolgen einer nicht ausgeheilten oder nicht erkannten Borreliose darstellen.

Auch eine besondere Form der gefährlichen Hirnhautentzündung (FSME = Frühsommer-Meningoencephalitis oder Zecken-Encephalitis), ausgelöst durch das zur Toga-Gruppe gehörende FSME-Virus, wird von Zecken übertragen. In bestimmten Gebieten ist etwa jede 50. Zecke Träger dieses Virus. Seit 1981 ist eine wirksame Schutzimpfung möglich.

Eine saugende Zecke sollte man (auch von befallenen Haustieren) mit einer spitzen Pinzette oder besser einer Zeckenzange (aus der Apotheke) durch langsame Drehung nach links (gegen den Uhrzeigersinn) entfernen. Den Körper der Zecke darf man dabei allerdings nicht zusammenquetschen, weil sonst die Erregerreservoire erst recht in die Bissstelle gelangen. Das geschieht auch, wenn man eine Zecke mit Öl, Butter, Margarine oder Hautcreme zu ersticken versucht. Diese angeblich bewährten Hausmittel sind also keineswegs empfehlenswert.

Aus wie vielen ZELLEn besteht mein Körper?

Malen Sie sich mit einem normalen Kugelschreiber doch einmal einen satten, ungefähr millimetergroßen Punkt auf die Haut. Mit dieser – allerdings abwischbaren – Minitätowierung haben Sie ungefähr 1000 Ihrer eigenen Zellen markiert, und zwar nur diejenigen aus der alleroberstem Hautschicht. Darunter geht es natürlich fröhlich weiter, denn alle Teile

Zunseres Körpers bestehen aus Zellen – mikroskopisch kleinen Gebilden, die man nur ausnahmsweise mit dem bloßen Auge erkennen kann. Schon allein unsere roten Blutzellen, die überaus zahlreich auch in den Blutgefäßen der tieferen Hautschichten unterwegs sind, könnte man als ausgesprochene Winzlinge bezeichnen – etwa 25 000 von ihnen füllen gerade mal eine Fläche von einem Quadratmillimeter aus, und rund fünf Millionen davon sind in einem einzigen Kubikmillimeter Blutflüssigkeit enthalten. Wesentlich größer sind auch die meisten Zellen des Hautbindegewebes, der Knochen oder anderer wichtiger Bauteile nicht. Vorsichtige Hochrechnungen ergeben dann folgendes Bild: Die durchschnittliche Fingerkuppe eines Erwachsenen ist ein Gebilde von knapp drei Kubizentimeter Inhalt. Sie allein besteht bereits aus ungefähr fünf Milliarden Zellen – das sind etwa so viele Reiskörner, wie in eine mittelgroße Dorfkirche passen, die man vom Boden bis an die Decke anfüllt. Die Gesamtzahl der Körperzellen eines erwachsenen Menschen veranschlagt man auf ungefähr 100 Billionen. Sie verteilen sich auf mehr als 200 verschiedene Zelltypen. In jeder Sekunde gehen davon völlig planmäßig etwa 50 Millionen zugrunde, aber die gleiche Anzahl wird gleichzeitig neu gebildet, damit wir nicht in die roten Zahlen geraten. Der geregelte Zelltod ist in einem völlig gesunden Organismus daher nicht nur normal, sondern sogar lebenswichtig. Damit beschäftigt sich ein besonders faszinierender Zweig der modernen Zellforschung.

Wer hält die Meisterschaft im ZIELspucken?

Zumindest jeder Junge hat es schon irgendwann einmal versucht: mit Spucke oder einem Kirschkern möglichst weit zu spucken und dabei auch noch zu treffen! Doch während Zielspucken bei uns allenfalls eine Episode auf dem Weg zum Erwachsenwerden bleibt, gehört es bei anderen Wirbeltieren zum Handwerk. Erzählungen aus Afrika und Indien über Gift spuckende Schlangen wurden lange ins Reich der Fabulierkunst verwiesen. Erst die gründlichen Untersuchungen von Kriechtierforschern konnten die alten Berichte bestätigen. Die afrikanische Speikobra trägt diese besondere Fertigkeit sogar in ihrem Namen. Zu den Giftspeiern zählt daneben noch die afrikanische Ringelhalskobra und eine indonesische Unterart der Indischen Kobra. Der Vorgang ist dabei weniger ein Spucken als vielmehr ein weitreichendes, gezieltes Spritzen. Der besondere Giftzahnbau ermöglicht den Schlangen dieses ungewöhnliche Verteidigungsverhalten. Während bei den beißenden Arten die längliche, schlitzförmige Giftöffnung nahe der Zahnspitze liegt, ist sie bei den Giftspritzern weniger ausgezogen, mehr rundlich und befindet sich näher an der Zahnbasis. Außerdem ist der Giftgang im Zahninnern ellenbogenförmig gegen die Oberfläche abgewinkelt. Das durch Muskeldruck ausgespritzte Gift tritt deshalb senkrecht zur Zahnachse direkt aus und kann in zwei parallelen feinen Strahlen bis zu drei Meter weit und durchaus mannshoch gegen den Feind gerichtet werden. Das Fatale an dieser Spuck-/Spritzaktion ist, dass das Gift in der Regel die Augen des Angegriffenen trifft. Dort führt es zu einer brennenden, schmerzhaften Reaktion, die sogar zum Erblinden führen kann.

Können uns ZIMMERpflanzen sprachlos machen?

Pflanzen bilden zwar einen wichtigen und unverzichtbaren Teil unserer täglichen Nahrung, aber so manches Kraut ist auch ganz schön ungesund. Schon die heimischen Brennnesselarten jagen dem unvorsichtigen An„greifer" eine gehörige Portion des pflanzlichen Wirkstoffs Histamin unter die Haut, dessen Wirkung man eine ganze Weile spürt (siehe Seite 34). In manchen Fällen setzt die pflanzliche Attacke aber auch körpereigenes Histamin mit entsprechend unangenehmen Begleiterscheinungen frei. Ein berüchtigtes Beispiel dafür ist die als Zierpflanze weit verbreitete, recht hübsch anzusehende und an sich ganz harmlos erscheinende Dieffenbachie. Wenn man unvorsichtigerweise auf den frischen Pflanzenteilen herumkaut, schwellen binnen kurzer Zeit die Schleimhäute im gesamten Mund- und Rachenraum unter brennend-stechendem Schmerz an. In allen grünen Teilen einer Dieffenbachie sitzen nämlich dicht unter der Oberfläche zahllose Schießzellen, die prall gefüllt sind mit Massen nadelfeiner Kristalle. Schon unter geringem Druck öffnen sie sich und schleudern ihre scharfspitzigen Kristallnadeln bündel- und salvenweise aus. Die spitzen Minigeschosse durchschlagen die Schleimhautzellen ungebremst, dringen sofort bis zum Bindegewebe vor und verursachen hier eine lawinenartige Ausschüttung des Gewebe verändernden Zündstoffs Histamin. Meist sind damit starke Schluckbeschwerden und auf jeden Fall auch längerer Sprechverlust verbunden, denn mit stark geschwollener, kaum mehr beweglicher Zunge verschlägt es dem Geschädigten buchstäblich die Sprache. In ihrer westindischen Heimat hat man die Pflanze früher dazu verwendet, unliebsame Zeugen vorübergehend zum Schweigen zu bringen – daher ihr englischer Name *dumbcane* („Schweigrohr").

Wozu haben Schmetterlinge und Eulen ZWEITaugen?

Ein Tagpfauenauge sitzt seelenruhig mit zusammengeklappten Flügeln auf einer Blüte, um Nektar zu naschen. Da nähert sich plötzlich ein Vogel. Gerade als er den Schmetterling packen will, öffnet dieser blitzschnell seine Flügel und präsentiert dem Feind die Augenflecken auf den Hinterflügeln. Erschrocken sucht der Vogel daraufhin das Weite. Augenflecken sind ein wirkungsvoller Schutz vor dem Gefressenwerden. Zahlreiche Insekten und ihre Raupen tragen derartige Nachahmungen von Wirbeltieraugen. Sie stellen für Vögel einen Schlüsselreiz dar: Schließlich signalisieren die Augen eines Todfeinds, ob Katze oder Eule, höchste Gefahr. Manchmal können „Zweitaugen" einen Angriff nicht ganz vereiteln, aber zumindest Schlimmeres verhindern. Gar nicht selten sieht man „einäugige" oder gar „augenlose" Schwalbenschwänze, denen das Augenmuster auf den Flügeln fehlt. Sie wurden vermutlich von einem Vogel attackiert, der auf ihren Leib zielte. Die Augenflecken auf den Flügeln lenkten den Angreifer aber wohl derart ab, dass er nur diese aus dem Falterflügel herausstanzte. Und der Schmetterling kam mit seinem Leben davon.
Nicht nur Augenfalter und manche Raupen arbeiten mit Augensymbolen als wirkungsvolle Abschreckmechanismen. Auch unsere kleinste Eule, der Sperlingskauz, trägt ein Augenmuster auf seinem Hinterkopfgefieder. Es soll einen potenziellen Angreifer jedoch we-

niger erschrecken, sondern ihm wohl eher signalisieren: „Ich kann dich sehen, weil du von vorne kommst."

Warum sind manche Männchen ZWERGe?

Die bemerkenswertesten Unterschiede in der Körpergröße der Geschlechter finden wir bei manchen Spinnenarten. Im Vergleich zu ihren Weibchen sind die Männchen echte Zwerge. Bei den Seidenspinnen der Gattung *Nephila* wirken die massigen, silber-schwarz-gelben Weibchen neben ihrer winzigen Männlichkeit geradezu wie Riesinnen. Bei einigen tropischen Arten sind diese Riesenfrauen fast tausendmal schwerer als ihre Männer. Solcherart Kleinheit hat für die Männerwelt allerdings einen riesigen Überlebensvorteil: Mit ihrer Winzigkeit unterschreiten die Männchen einfach die Minimalgröße, ab der eine Beute für die Spinnen-Weibchen interessant ist, und entziehen sich so der Gefahr, die anderen Spinnen-Männern droht, nämlich nach dem Sex verspeist zu werden. Eine unter Wirbeltieren ganz einzigartige Fortpflanzungsmethode haben die Tiefseeanglerfische in ihrem für uns so unwirtlich wirkenden Lebensraum entwickelt. Lange Zeit brachte man von diesen Arten nur die großen, gedrungenen Weibchen ans Tageslicht, bis man bemerkte, dass ein oder mehrere kleine, röhrenförmige Körperanhänge an ihnen ihre Männchen waren. Die Zwerg-Männchen schwimmen nur so lange frei herum, bis sie auf ein Weibchen stoßen, um sich in ihre Haut zu verbeißen. Mit der Zeit verschmilzt ihr Körper mit dem des Weibchens und das kleine Männchen lebt von da an als ihr Parasit weiter. Es verliert Verdauungskanal und Sinnesorgane und wird von einer plazentaartigen Gewebebrücke mit Nahrung aus dem Blut des Weibchens versorgt. Schließlich degeneriert so ein Tiefseeanglerfisch-Männchen zu einem am Weibchen hängenden, bloßen Hodensack.

KOSMOS

Erlebnis Natur

Wissenswertes und Verblüffendes

Ulrich Schmid
Neue populäre Irrtümer über Pflanzen und Tiere
ISBN 3-440-09628-9
€ 12,95; €/A 13,40; sFr 22,70

Wolfgang Hensel
120 populäre Gartenirrtümer
ISBN 3-440-09655-6
€ 12,95; €/A 13,40; sFr 22,70

Ulrich Schmid
275 populäre Irrtümer über Pflanzen und Tiere

224 Seiten, 100 Abbildungen
gebunden
ISBN 3-440-09028-0

€ 14,90; €/A 15,40; sFr 25,80

Maulwürfe sind blind – oder etwa nicht? Ulrich Schmid macht Schluss mit alltäglichen Lügen, Legenden und Vorurteilen, die jeder für wahr hält! Erfahren Sie Überraschendes und Verblüffendes aus der Welt der Biologie! Der erste erfolgreiche Irrtümer-Band.

www.kosmos.de   Preisänderungen vorbehalten

KOSMOS

Erlebnis Natur

In der Praxis bewährt: Kosmos Naturführer

Markus Flück
Welcher Pilz ist das?
ISBN 3-440-08042-0
€ 16,90; €/A 17,40; sFr 29,–

Mayer/Schwegler
Welcher Baum ist das?
ISBN 3-440-08586-4
€ 19,90; €/A 20,50; sFr 33,60

Detlef Singer
Welcher Vogel ist das?

431 Seiten, 1.486 Abbildungen,
396 Verbreitungskarten,
Klappenbroschur
ISBN 3-440-07820-5
€ 19,90; €/A 20,50; sFr 33,60

In diesem Naturführer werden
über 400 europäische Vogelarten
vorgestellt. Über 1.400 Farbfotos
zeigen die verschiedenen Kleider
der Vögel, Männchen, Weibchen,
Jungvögel sowie Flugbilder.
Der ideale Fotoführer über die
Vögel Europas!

www.kosmos.de

Preisänderungen vorbehalten

Irmgard Hantsche

Atlas zur Geschichte des Niederrheins

Kartographie: Harald Krähe

5., überarbeitete Auflage 2004

Verlag Pomp, Bottrop, Essen

Die Deutsche Bibliothek – CIP-Einheitsaufnahme

Hantsche, Irmgard:

Atlas zur Geschichte des Niederrheins / Irmgard Hantsche. –
Verlag Pomp, Bottrop, Essen, 1999
(Schriftenreihe der Niederrhein-Akademie ; Bd. 4)
ISBN 3-89355-200-6
ISBN 3-89355-201-4

5., überarbeitete Auflage Juni 2004
4., überarbeitete Auflage November 2000
3. Auflage Januar 2000
2. Auflage Dezember 1999

© 1999 Verlag Pomp, Bottrop, Essen

Umschlaggestaltung:
Miriam Willnat, Bad Wildungen

Kartographie:
Harald Krähe, Duisburg

Gesamtherstellung:
Druckerei und Verlag Pomp, Bottrop, Essen

ISBN: 3-89355-200-6 (broschiert), 3-89355-201-4 (gebunden)

Alle Rechte vorbehalten

Inhalt

Dieter Geuenich
**Vorwort des Herausgebers der Schriftenreihe der
Niederrhein-Akademie** 13

Irmgard Hantsche
Vorbemerkung zur vierten und zur fünften Auflage 14

Irmgard Hantsche
Einleitung 15

Verzeichnis der Karten und Texte

  1. Übersichtskarte des Niederrheingebiets 19

  2. Das Niederrheingebiet in römischer Zeit 20

  3. Christianisierung zur Zeit der Merowinger
     und frühen Karolinger 22

  4. Pfarrkirchen im Archidiakonat Xanten bis zum Ende des
     10. Jahrhunderts 24

  5. Filiationen von Kloster (Alten-)Kamp im 12. und 13. Jahrhundert . 26

  6. Stifte und Klöster am Niederrhein bis 1250 28

  7. Grundbesitz des Xantener Stifts im Mittelalter 30

  8. Die Machtkonstellation vor der Schlacht bei Worringen 1288 . . . 32

  9. Die territoriale Entwicklung des Kurfürstentums Köln 34

10. Die territoriale Entwicklung des Herzogtums Kleve 36

11. Die territoriale Entwicklung des Herzogtums Jülich 38

12. Die territoriale Entwicklung des Herzogtums Berg 40

13. Geistlicher Grundbesitz als territoriale Grundlage
     der Grafschaft Moers im Mittelalter 42

14. Von Rheinverlagerungen beeinflusste Siedlungen 44

15. Der Rhein bei Duisburg vom 1. bis 20. Jahrhundert 46

16. Zollstätten am Niederrhein bis 1400 48

17. Münzstätten am Niederrhein in der ersten Hälfte
     des 14. Jahrhunderts 50

18. Juden am Niederrhein bis zur Mitte des 14. Jahrhunderts 52
19. Lombarden am Niederrhein im 14. Jahrhundert 54
20. Straßennetz und Hansestädte am Niederrhein
    im späten Mittelalter 56
21. Städte und Freiheiten am Niederrhein bis 1520 58
22. Einwohnerzahlen niederrheinischer Städte um 1550 60
23. Beginen am Niederrhein bis 1520 62
24. Kirchliche Organisation am Niederrhein um 1450 64
25. Sprachentwicklung im Rhein-Maas-Dreieck 66
26. Territorien am Niederrhein um die Mitte des
    16. Jahrhunderts 68
27. Das Herzogtum Geldern 1543 70
28. Die Herzogtümer Jülich, Kleve, Berg und die Grafschaften
    Mark und Ravensberg sowie das Herzogtum Geldern
    im 16. und 17. Jahrhundert 72
29. Spanisch und staatisch-niederländisch besetzte und
    umkämpfte Plätze (1585–1672) 74
30. Niederländische Exulanten am Niederrhein im 16. Jahrhundert . 76
31. Konfessionen am Niederrhein um 1610 78
32. Katholische Diözesen am Niederrhein 1610 80
33. Wallfahrtsorte am Niederrhein 82
34. Hexenverfolgungen am Niederrhein 84
35. Buchdruck am Niederrhein bis zum 17. Jahrhundert 86
36. Akademische Bildungsstätten im Einzugsbereich
    des Niederrheins im 17. und frühen 18. Jahrhundert 88
37. Territorien am Niederrhein um die Mitte des 17. Jahrhunderts .. 90
38. Geplante Kanalverbindung zwischen Rhein und Maas:
    Fossa Eugeniana (1626) und Nordkanal (1808) 92
39. Die Aufteilung des Oberquartiers Geldern nach 1713 94
40. Die Ausdehnung Brandenburg-Preußens
    am Niederrhein 1609–1815 96
41. Sprachen (Hochsprachen) am Niederrhein um 1789 98

42. Staatsgebiete am Niederrhein 1789 .... *100*

43. Staatsgebiete am Niederrhein 1789 (Ausschnitt) *102*

44. Territoriale Zersplitterung des heutigen Kreises Viersen 1789 ... *104*

45. Geldern unter französischer Herrschaft *106*

46. Staatsgebiete am Niederrhein 1800 .... *108*

47. Departement-Einteilung der linksrheinischen Gebiete 1798–1814 .... *110*

48. Das Roer-Departement 1808 .... *112*

49. Das Arrondissement Kleve als Teil des Kaiserreichs Frankreich 1808 .... *114*

50. Staatsgebiete am Niederrhein 1804 .... *116*

51. Staatsgebiete am Niederrhein 1806 .... *118*

52. Staatsgebiete am Niederrhein 1809 .... *120*

53. Staatsgebiete am Niederrhein 1811 .... *122*

54. Das Rhein-Departement 1813 .... *124*

55. Die Rheinlande nach 1815 .... *126*

56. Grenzveränderungen bei Elten und Zyfflich 1816 und 1949–1963 .... *128*

57. Geldern nach 1815 .... *130*

58. Kreise und kreisfreie Städte am Niederrhein 1825 .... *132*

59. Lutherische und reformierte Gemeinden am Niederrhein vor der Preußischen Union 1817 .... *134*

60. Katholische Diözesen am Niederrhein 1821 .... *136*

61. Konfessionsverteilung im Großkreis Geldern 1843 .... *138*

62. Eisenbahnen am Niederrhein bis zum Ersten Weltkrieg *140*

63. Kreis- und Kleinbahnen am linken Niederrhein bis zum Ersten Weltkrieg *142*

64. Bergbau am Niederrhein *144*

65. Kreise und kreisfreie Städte am Niederrhein 1887 .... *146*

66. Die Synoden der Evangelischen Kirche am Niederrhein 1879 ... *148*

67. Wirkungsstätten von Kaiserswerther Diakonissen und Duisburger Diakonen am Niederrhein 1879 .... *150*

68. Einrichtungen und Vereine der evangelischen Sozialfürsorge am Niederrhein 1879 .... *152*

69. Kolpingvereine am Niederrhein 1879 .... *154*

70. Katholische Arbeitervereine am Niederrhein 1877 .... *156*

71. Konfessionelle Verschiebungen durch die Industrialisierung am Beispiel von Duisburg und Meiderich *158*

72. Konfessionsverteilung am Niederrhein 1905 .... *160*

73. Rheinlandbesetzung und Ruhrkampf *162*

74. Gemeinnützige Bauvereine am Niederrhein 1926 .... *164*

75. Kreise und kreisfreie Städte am Niederrhein 1930 .... *166*

76. Die Zerstörung von Synagogen und Beträumen am Niederrhein 1938 .... *168*

77. Die Gaue und NSDAP-Kreise am Niederrhein 1939 .... *170*

78. Totalzerstörung von Wohnungen in niederrheinischen Städten 1941–1945 .... *172*

79. Die Eingliederung der Vertriebenen am Niederrhein nach dem Zweiten Weltkrieg *174*

80. Konfessionsverteilung im Regierungsbezirk Düsseldorf 1970 ... *176*

81. Katholische Diözesen am Niederrhein 1957 .... *178*

82. Die Kirchenkreise der Evangelischen Kirche am Niederrhein 1975 .... *180*

83. Kreise und kreisfreie Städte am Niederrhein 1980 .... *182*

84. Karnevalsvereine am Niederrhein bis zum Zweiten Weltkrieg ... *184*

85. Alt und Kölsch – traditionelle Bierlandschaften am Niederrhein gegen Ende des 20. Jahrhunderts *186*

Systematisches Inhaltsverzeichnis

Übersichtskarte des Niederrheingebiets (1) 19

Territoriale Entwicklung und politische Geschichte

Das Niederrheingebiet in römischer Zeit (2) 20

Die Machtkonstellation vor der Schlacht bei Worringen (8) 32

Die territoriale Entwicklung des Kurfürstentums Köln (9) 34

Die territoriale Entwicklung des Herzogtums Kleve (10) 36

Die territoriale Entwicklung des Herzogtums Jülich (11) 38

Die territoriale Entwicklung des Herzogtums Berg (12) 40

Geistlicher Grundbesitz als territoriale Grundlage der
Grafschaft Moers im Mittelalter (13) 42

Territorien am Niederrhein um die Mitte des 16. Jahrhunderts (26) . 68

Das Herzogtum Geldern 1543 (27) 70

Die Herzogtümer Jülich, Kleve, Berg und die Grafschaften
Mark und Ravensberg sowie das Herzogtum Geldern
im 16. und 17. Jahrhundert (28) 72

Spanisch und staatisch-niederländisch besetzte und umkämpfte
Plätze (1585–1672) (29) 74

Territorien am Niederrhein um die Mitte des 17. Jahrhunderts (37) . 90

Die Aufteilung des Oberquartiers Geldern nach 1713 (39) 94

Die Ausdehnung Brandenburg-Preußens am Niederrhein
1609–1815 (40) 96

Staatsgebiete am Niederrhein 1789 (42) 100

Staatsgebiete am Niederrhein 1789 (Ausschnitt) (43) 102

Territoriale Zersplitterung des heutigen Kreises Viersen 1789 (44) .. 104

Geldern unter französischer Herrschaft (45) 106

Staatsgebiete am Niederrhein 1800 (46) 108

Departement-Einteilung der linksrheinischen Gebiete
1798–1814 (47) 110

Das Roer-Departement 1808 (48) 112

Das Arrondissement Kleve als Teil des Kaiserreichs Frankreich
1808 (49) *114*

Staatsgebiete am Niederrhein 1804 (50) *116*

Staatsgebiete am Niederrhein 1806 (51) *118*

Staatsgebiete am Niederrhein 1809 (52) *120*

Staatsgebiete am Niederrhein 1811 (53) *122*

Das Rhein-Departement 1813 (54) *124*

Die Rheinlande nach 1815 (55) *126*

Grenzveränderungen bei Elten und Zyfflich
1816 und 1949–1963 (56) *128*

Geldern nach 1815 (57) *130*

Rheinlandbesetzung und Ruhrkampf (73) *162*

Die Zerstörung von Synagogen und Beträumen
am Niederrhein 1938 (76) *168*

Die Gaue und NSDAP-Kreise am Niederrhein 1939 (77) *170*

Kreise und kreisfreie Städte am Niederrhein 1825 (58) *132*

Kreise und kreisfreie Städte am Niederrhein 1887 (65) *146*

Kreise und kreisfreie Städte am Niederrhein 1930 (75) *166*

Kreise und kreisfreie Städte am Niederrhein 1980 (83) *182*

Religiöse Bewegungen und Institutionen

Christianisierung zur Zeit der Merowinger
und frühen Karolinger (3) *22*

Pfarrkirchen im Archidiakonat Xanten bis zum Ende des
10. Jahrhunderts (4) *24*

Filiationen von Kloster (Alten-)Kamp
im 12. und 13. Jahrhundert (5) *26*

Stifte und Klöster am Niederrhein bis 1250 (6) *28*

Grundbesitz des Xantener Stifts im Mittelalter (7) *30*

Beginen am Niederrhein bis 1520 (23) *62*

Wallfahrtsorte am Niederrhein (33) *82*

Hexenverfolgungen am Niederrhein (34) *84*

Niederländische Exulanten am Niederrhein
im 16. Jahrhundert (30) *76*

Kirchliche Organisation und Konfessionsverteilung

Kirchliche Organisation am Niederrhein um 1450 (24) *64*

Katholische Diözesen am Niederrhein 1610 (32) *80*

Katholische Diözesen am Niederrhein 1821 (60) *136*

Katholische Diözesen am Niederrhein 1957 (81) *178*

Die Synoden der Evangelischen Kirche am Niederrhein 1879 (66) . . . *148*

Die Kirchenkreise der Evangelischen Kirche
am Niederrhein 1975 (82) *180*

Konfessionen am Niederrhein um 1610 (31) *78*

Lutherische und reformierte Gemeinden am Niederrhein
vor der Preußischen Union 1817 (59) *134*

Konfessionsverteilung im Großkreis Geldern 1843 (61) *138*

Konfessionelle Verschiebungen durch die Industrialisierung
am Beispiel von Duisburg und Meiderich (71) *158*

Konfessionsverteilung am Niederrhein 1905 (72) *160*

Konfessionsverteilung im Regierungsbezirk Düsseldorf 1970 (80) . . . *176*

Wirtschafts- und Sozialgeschichte

Zollstätten am Niederrhein bis 1400 (16) *48*

Münzstätten am Niederrhein in der ersten Hälfte
des 14. Jahrhunderts (17) *50*

Juden am Niederrhein bis zur Mitte des 14. Jahrhunderts (18) *52*

Lombarden am Niederrhein im 14. Jahrhundert (19) *54*

Straßennetz und Hansestädte am Niederrhein
im späten Mittelalter (20) *56*

Städte und Freiheiten am Niederrhein bis 1520 (21) *58*

Einwohnerzahlen niederrheinischer Städte um 1550 (22) *60*

Von Rheinverlagerungen beeinflusste Siedlungen (14) *44*

Der Rhein bei Duisburg vom 1. bis 20. Jahrhundert (15) 46

Geplante Kanalverbindung zwischen Rhein und Maas:
Fossa Eugeniana (1626) und Nordkanal (1808) (38) 92

Eisenbahnen am Niederrhein bis zum Ersten Weltkrieg (62) 140

Kreis- und Kleinbahnen am linken Niederrhein bis zum
Ersten Weltkrieg (63) 142

Bergbau am Niederrhein (64) 144

Wirkungsstätten von Kaiserswerther Diakonissen
und Duisburger Diakonen am Niederrhein 1879 (67) 150

Einrichtungen und Vereine der evangelischen Sozialfürsorge
am Niederrhein 1879 (68) 152

Kolpingvereine am Niederrhein 1879 (69) 154

Katholische Arbeitervereine am Niederrhein 1877 (70) 156

Gemeinnützige Bauvereine am Niederrhein 1926 (74) 164

Totalzerstörung von Wohnungen in niederrheinischen Städten
1941–1945 (78) 172

Die Eingliederung der Vertriebenen am Niederrhein
nach dem Zweiten Weltkrieg (79) 174

Geistes- und Kulturgeschichte

Buchdruck am Niederrhein bis zum 17. Jahrhundert (35) 86

Akademische Bildungsstätten im Einzugsbereich des Niederrheins
im 17. und frühen 18. Jahrhundert (36) 88

Sprachentwicklung im Rhein-Maas-Dreieck (25) 66

Sprachen (Hochsprachen) am Niederrhein um 1789 (41) 98

Karnevalsvereine am Niederrhein bis zum Zweiten Weltkrieg (84) . . 184

Alt und Kölsch – traditionelle Bierlandschaften am Niederrhein
gegen Ende des 20. Jahrhunderts (85) 186

Vorwort des Herausgebers der Schriftenreihe der Niederrhein-Akademie

Mit dem kommentierten Kartenwerk zur Geschichte des Niederrheins kommt Irmgard Hantsche einem vielfach an die Autorin und an die Niederrhein-Akademie herangetragenen Wunsch nach. Denn die ersten vergrößerten Kartenentwürfe, die im Rahmen von Ausstellungen in Duisburg, Xanten, Neukirchen-Vluyn und Emmerich gezeigt wurden, stießen nicht nur bei Wissenschaftlern und Studenten, sondern auch und vor allem bei den Menschen am Niederrhein, die sich über die Geschichte und Kultur ihrer Heimat auf anschauliche Weise informieren möchten, auf größtes Interesse. Als Vorsitzender der Akademie und Herausgeber der Schriftenreihe freue ich mich deshalb besonders, dass die Autorin nun in mühevoller Detailarbeit eine Auswahl von 85 Karten zusammengestellt und für den vierten Band zur Verfügung gestellt hat. Ich bin sicher, dass das Werk dankbar angenommen und weite Verbreitung finden wird.

Duisburg, im September 1999   Dieter Geuenich

Zur fünften Auflage:

Die im Vorwort zur ersten Auflage geäußerte Zuversicht, dass der Atlas zur Geschichte des Niederrheins dankbar angenommen und weite Verbreitung finden werde, hat sich heute, fast fünf Jahre nach dem ersten Erscheinen des kommentierten Kartenwerkes, als berechtigt erwiesen, ja, alle Erwartungen sind weit übertroffen worden. Der Atlas ist von der Bevölkerung am Niederrhein – und auch darüber hinaus – sofort gut aufgenommen worden, wird im Unterricht an den Schulen, Volkshochschulen und Universitäten benutzt und in den einschlägigen Publikationen zitiert.

Damit ist ein wesentliches Anliegen der ‚Niederrhein-Akademie/Academie Nederrijn', „die Geschichte und Kultur (im umfassenden Sinn) der Niederrhein-Region von den Anfängen bis zur Gegenwart zu erforschen und ... in Publikationen darzustellen" (§ 2 der Satzung) in die Tat umgesetzt. Als Vorsitzender der Akademie, in dessen Vorstand die Autorin seit Jahren mitarbeitet, möchte ich ihr dafür auch an dieser Stelle Anerkennung und Dank aussprechen.

Duisburg, im Juni 2004   Dieter Geuenich

Vorbemerkung zur vierten Auflage

Der ‚Atlas zur Geschichte des Niederrheins' hat eine so große Resonanz gefunden, dass die erste bis dritte Auflage jeweils nach wenigen Wochen bzw. Monaten vergriffen war. Für die nun vorgelegte vierte Auflage sind viele Karten und auch einige Texte nochmals überarbeitet worden. Dabei konnten Verbesserungen und Ergänzungen vorgenommen sowie einige Fehler beseitigt werden, auf die mich zum Teil Kollegen aus Hochschule und Archiven, aber auch andere kritische und sachkundige Benutzer des Atlas hingewiesen haben. Ihnen allen sei hiermit sehr herzlich gedankt. Ich hoffe, dass ich auch in Zukunft Rückmeldungen und Verbesserungsvorschläge erhalten werde, zumal viele Einzelheiten nur mit einem lokal- und regionalgeschichtlichen Spezialwissen ermittelt werden können.

Die Konzeption und der Umfang des Atlas sind nicht verändert worden. Schon bei der ersten Auflage wies ich in der Einleitung darauf hin, dass ich aus Zeitgründen nicht alle von mir ursprünglich geplanten Karten erstellen konnte. Daran hat sich auch jetzt nichts geändert, so dass leider nach wie vor wichtige Themen ausgespart sind. Ich arbeite jedoch bereits an weiteren Karten, die ich in hoffentlich absehbarer Zeit in einem zweiten Atlasband vorstellen kann, dessen Kartographie wieder Harald Krähe übernehmen wird. Die wenigen inzwischen fertiggestellten neuen Karten habe ich bewusst nicht in diese vierte Auflage eingefügt, um alle Auflagen untereinander vergleichbar zu machen und für alle Besitzer des Atlas thematisch dieselbe Ausgangssituation im Hinblick auf den geplanten zweiten Band zu schaffen.

Essen, im Juni 2000   Irmgard Hantsche

Vorbemerkung zur fünften Auflage

Auch in der 5. Auflage des *Atlas zur Geschichte des Niederrheins* hat sich an Konzeption und Umfang, an der kartographischen Gestaltung sowie den Texten grundsätzlich nichts geändert. Ich habe allerdings alle Karten und Texte nochmals kritisch durchgesehen und an vielen Stellen korrigiert oder verbessert. Dabei konnte ich auch die Erkenntnisse berücksichtigen, die ich bei der Arbeit an meinen seit dem Erscheinen der 4. Auflage erarbeiteten Kartenwerken *Preußen am Rhein. Kleiner kommentierter Atlas zur Territorialgeschichte Brandenburg-Preußens am Rhein* (2002) sowie *Geldern-Atlas. Karten und Texte zur Geschichte eines Territoriums* (2003) neu gewonnen habe. Eingeflossen sind aber auch zahlreiche Anmerkungen und Korrekturvorschläge von aufmerksamen und sachkundigen Lesern, denen ich hier ausdrücklich und sehr herzlich für ihr Interesse und ihre Mithilfe danke. Stellvertretend für viele andere möchte ich an dieser Stelle nur Herrn Theo Derstappen nennen, von dem ich eine große Fülle von Anregungen erhielt. Auch in Zukunft werde ich mich über Zuschriften freuen, denn ein Kartenwerk wird nie abgeschlossen sein, da die historische Forschung ständig neue Einsichten bringt. In das Literaturverzeichnis habe ich allerdings nur dann Titel neu aufgenommen, wenn ich sie maßgeblich für meine Überarbeitung von Texten und Karten benutzt habe. Weitere Aspekte werden Eingang in den zweiten Band des *Atlas zur Geschichte des Niederrheins* finden, den ich in absehbarer Zeit fertig zu stellen hoffe.

Essen, im Juni 2004   Irmgard Hantsche

Einleitung

Ein ‚Atlas zur Geschichte des Niederrheins' wirft zuallererst die Frage auf, wie sich ‚Niederrhein' definiert. Die Beantwortung ist äußerst schwierig, denn es herrscht keine Einigkeit über die Abgrenzung des Niederrheingebiets, das keine geschlossene Landschaft darstellt.[1]) Duisburg und Wesel, um zwei Beispiele zu nennen, werden zwar von allen als niederrheinische Städte betrachtet; aber über andere Orte oder Bereiche kann man streiten, und es kommt darauf an, welche Kriterien zugrunde gelegt werden. So ist historisch gesehen Geldern, das heute allgemein zum Niederrhein gerechnet wird, keine niederrheinische, sondern eine maasländische Stadt. Anholt und seit 1975 auch Isselburg gehören zwar zum Kreis Borken und damit zu Westfalen, doch von den meisten Besuchern werden sie eher als niederrheinisch denn als westfälisch angesehen werden, zumal sie nur ca. 20 km vom Rhein entfernt liegen. Die Bewohner von Köln und Bonn werden sich selbst kaum dem Niederrhein zugehörig fühlen. Und dennoch liegen beide Städte geographisch gesehen in der Kölner Bucht und damit im Bereich des Niederrheins. Ein Sonderproblem stellt das Gebiet jenseits der deutschen Staatsgrenze dar. Die niederländischen Landstriche am Nederrijn und an der Waal dürften weder topographisch noch historisch vom Niederrhein ausgegrenzt werden. Sie sind zwar niederländisches Staatsgebiet, aber die Staatsgrenze besteht überhaupt erst seit dem Westfälischen Frieden und ist seitdem mannigfachen Änderungen unterworfen worden. Auch die Territorialgrenzen, die zwar erheblich älter als die Staatsgrenzen sind, allerdings auch erst im Verlauf des Mittelalters entstanden, können keine Richtschnur sein, da viele der historischen Territorien den Bereich des Niederrheins überschreiten, wie großzügig man ihn auch definieren mag.

Es wurde daher für diesen Atlas eine pragmatische Lösung gewählt, bei der im Großen und Ganzen der physisch-geographische Niederrheinbegriff zugrunde gelegt wurde. Die bis südlich von Bonn reichende Niederrheinische Bucht, deren östlich der Ville gelegener Teil als Kölner Bucht bezeichnet wird, wurde also mit eingeschlossen, häufig auch einige westfälische Gebiete, die unmittelbar an das niederrheinische Tiefland angrenzen, wobei die Übergänge zur Westfälischen (Tieflands-)Bucht fließend sind. Wegen der Quellen- und Literaturbasis wurde außerdem im Allgemeinen nur das heutige Staatsgebiet der Bundesrepublik Deutschland in der Kartendarstellung berücksichtigt. Einige Karten gehen jedoch über den physisch-geographischen Niederrhein-Begriff hinaus oder sind nach heutigen Gesichtspunkten grenzüberschreitend.

Maßgeblich waren jeweils die inhaltlichen Erfordernisse der Karten. Es wäre z.B. nicht sinnvoll gewesen, die Herrschaft der Römer am Niederrhein nur im Abschnitt zwischen Bonn und Emmerich darzustellen. Um den historischen Zusammenhang der für das Niederrheingebiet äußerst wichtigen Schlacht bei Worringen aufzuzeigen, bedurfte es ebenfalls einer großräumigen Darstellung; sie wurde zudem schematisiert, um der Tatsache Rechnung zu tragen, dass es im 13. Jahrhundert noch keine festen Territorialgrenzen gab. Um Geldern zu Beginn der Neuzeit als politische Einheit zu zeigen, mussten die drei Niederquartiere mit einbezogen werden, die bis an die Zuidersee reichten. Die Bedeutung des Klosters Kamp für die Ostkolonisation ließ sich sogar nur vermitteln, wenn das Kartenbild bis ins Baltikum ausgeweitet wurde. Andererseits waren auch Ausschnitte angebracht, um etwa das Prinzip der Rheinverlagerungen zu illustrieren oder um die Entwicklung einzelner Territorien zu zeigen.

Die Beispiele könnten fortgeführt werden, um zu verdeutlichen, dass versucht wurde, jedem Thema gerecht zu werden. Dazu gehört auch, dass die Karten nicht unbedingt die heutigen geographischen Gegebenheiten spiegeln, sondern nach Möglichkeit die historische Geographie zugrunde legen. Besonders beim Verlauf des Rheins wie auch bei den Küstenlinien haben sich im Verlauf der letzten 2000 Jahre, die im Atlas ihren Niederschlag finden, große Änderungen ergeben; sie wurden je nach Kenntnisstand im Kartenbild berücksichtigt.

Ich habe mich darum bemüht, sachliche Präsizion mit graphischer Aussagekraft zu verbinden. Um die Karten nicht zu überladen und ihre Lesbarkeit nicht zu beeinträchtigen, war eine Beschränkung auf das Wesentliche notwendig. Die Karten verstehen sich nicht als Forschungskarten, auf denen möglichst viele Einzelheiten und Aspekte dargestellt werden, sondern als ‚Informationskarten', die nicht nur den Historiker ansprechen wollen, sondern auch Studenten und Schüler sowie ein allgemein an landesgeschichtlichen Fragen interessiertes Publikum. Sie sollen einen Überblick vermitteln, Verständnis wecken und Zusammenhänge aufzeigen.

Die graphischen Möglichkeiten wie Flächen- und Randfärbung, Linien, Schraffuren, Symbole, Schriftart und -größe sowie die Gestaltung der Legende, die konstitutiver Bestandteil der Karten ist, werden dabei bewusst eingesetzt, um die inhaltlichen Aussagen besser zu vermitteln. Die Farbgebung etwa setzt Signale, indem Farben bestimmten Territorien zugeordnet werden, sodass sie einen Wiedererkennungseffekt auslösen. (Mit Violett-Tönen werden zum Beispiel geistliche Territorien gekennzeichnet.) Auch chronologische Abfolgen sind durch Farben erkennbar, indem zur Darstellung einer zeitlichen Entwicklung eine feste Farb-Reihenfolge für die Symbole gewählt wurde (rot–orange–blau–grün–gelb bzw. dunkle Farbtöne – helle Farbtöne). Darüber hinaus wurde versucht, Symbole nach Möglichkeit dem Thema anzupassen, sie gewissermaßen als Piktogramm zu gestalten (Geldsäcke bzw. Karnevalskappen statt Punkte) oder sie so zu zeichnen, dass die Art ihrer Differenzierung innerhalb einer Karte unterschiedliche Kategorien aufschlüsselt (vgl. die Symbole für die Folgen der Rheinverlagerungen). Insgesamt war es mein Ziel, Karten zu schaffen, die nicht nur so korrekt wie möglich, sondern auch gut lesbar und damit eingängig sowie auch optisch ansprechend sind. Ästhetische Gesichtspunkte spielten dabei durchaus eine Rolle.

Dass diese Kriterien in der vorliegenden Form der Karten weitgehend erfüllt sind, ist dem Kartographen, Herrn Dipl.-Ing. Harald Krähe zu verdanken, der meine Ideen und Entwürfe mit sicherem handwerklichen Können, feinem Einfühlungsvermögen, äußerster Akribie und viel Geduld so hervorragend am Computer umsetzte. Ich danke Herrn Krähe daher besonders herzlich für seine Leistung und die gute Zusammenarbeit. Wir haben uns beide bemüht, nicht nur ein nützliches, sondern auch ein schönes Buch zu erstellen in der Hoffnung, dass es nicht nur häufig, sondern auch gern in die Hand genommen wird.

Nicht alle Themen, die ich ursprünglich aufnehmen wollte, sind in dem Atlas mit einer Karte vertreten. Es ist mir bewusst, dass wichtige Aspekte aus der Wirtschafts- und Sozialgeschichte fehlen; auch die Parteiengeschichte ist nicht berücksichtigt, und es könnten noch viele weitere eigentlich unverzichtbare Themen aufgezählt werden. Diese Lücken sind bedauerlich, aber der gesteckte Zeitrahmen hat eine Ausweitung nicht möglich gemacht. Außerdem wäre der Umfang des Bandes gesprengt worden. Ich hoffe, dass ich eine Anzahl von Themen in Zukunft noch bearbeiten kann. Einige Vorbereitungen dafür sind schon erfolgt. Die jetzt vorgelegten Karten sind, grob gesehen, in einer chronologischen Reihenfolge angeordnet. Um das Auffinden der einzelnen Karteninhalte zu erleichtern, enthält der Atlas neben dem allgemeinen Inhaltsverzeichnis, das der Reihenfolge im Druck entspricht, zusätzlich noch ein systematisches Inhaltsverzeichnis, das Themengruppen zusammenfasst.

Jede Karte in diesem Atlas wird zudem durch einen zugehörigen Text ergänzt. Er soll den Kartenhintergrund erläutern, Zusammenhänge aufzeigen und Zusatzinformationen bieten, die kartographisch nicht darstellbar sind. Karten und Texte werden als Einheit verstanden. Da das Buch jedoch ein Kartenwerk und keine verbale Darstellung der niederrheinischen Geschichte sein soll, durften die Texte nicht zu umfangreich sein; sie sind daher auf eine Seite beschränkt. Das führte zwangsläufig zu mancherlei Verkürzungen, auch inhaltlicher Art. Die umfangmäßige Beschränkung ermöglichte es jedoch, den jeweiligen Text der Karte direkt gegenüberzustellen, sodass die Benutzer beide zusammen in ‚einem Blick' haben. Indem auf beide Darstellungsarten gleichzeitig zurückgegriffen werden kann, ohne umblättern und suchen zu müssen, wird der enge Bezug von Karte und Text betont, und die sich ergänzenden Informationen sind leichter verfügbar. Insofern als nicht nur die Texte eine erläuternde Ergänzung zu den Karten sind, sondern auch die Karten die Texte veranschaulichen, haben beide gleiches Gewicht. Eine zusätzliche Informationsquelle sind die Literaturangaben sowohl unter dem jeweiligen Text wie zusammenfassend am Ende des Buches. Sie ermöglichen den Benutzern, tiefer in die Materie einzudringen und selbstständig weitere Studien zu betreiben. Diese anzuregen, war ein Teil der Zielsetzung bei der Erarbeitung dieses Kartenwerks.

Sicherlich ist auch dieser Atlas nicht fehlerfrei, obwohl ich mich um äußerste Präzision bemüht habe. Schon die Themenvielfalt bringt es mit sich, dass Unzulänglichkeiten unvermeidbar sind, wenn sämtliche Karten und die zugehörigen Texte von einer Autorin stammen. Andererseits ist es auch ein Vorteil, alles aus einer Hand zu erarbeiten, da Auswahl- und Gestaltungsgrundsätze auf diese Weise einheitlicher sind, als wenn die Karten von einem Expertenteam mit Spezialisten für unterschiedliche Bereiche erarbeitet worden wären. In der zur Verfügung stehenden Zeit war es mir nicht möglich, die gesamte Literatur zur Geschichte des Niederrheins durchzuarbeiten, sodass einige wichtige Gesichtspunkte fehlen mögen.

Einen Atlas zur Geschichte des Niederrheins gab es bisher noch nicht. Bereits vorhandene andere Kartenwerke, die als Arbeitsgrundlage benutzt wurden, sind zum Teil veraltet oder erwiesen sich aus mancherlei Gründen als nicht geeignet, um das dort publizierte Material unverändert zu übernehmen. Dennoch waren die bereits existierenden Karten in Atlaswerken oder sonstigen Publikationen eine sehr große Hilfe für mich. In den Literaturvermerken sind sie nachgewiesen. Ein großer Teil der Karten musste hingegen völlig neu erstellt werden. Da sich in der Literatur zum Teil widersprüchliche oder unvollständige Angaben finden, hatte ich in vielen Fällen eine Entscheidung zu treffen, mit deren Ergebnis ich dann manchmal selbst nicht zufrieden war. Aber im Gegensatz zu verbalen Darstellungen verlangt der Entwurf von Karten, dass deren Autoren sich festlegen. Sie müssen ‚Farbe bekennen' und können nicht unterschiedliche Auffassungen diskutieren oder vage Aussagen machen bzw. Sachverhalte offen lassen. Letztlich bedarf es immer einer subjektiven Entscheidung, um den notwendigen ‚Punkt zu setzen'. Insofern werden Kartendarstellungen immer angreifbar bleiben, und außerdem werden sie nie die verbale Vermittlung von Geschichte ersetzen, sondern nur ergänzen können.

Neben der Benutzung von Literatur habe ich bei der Erstellung von Karten und Text auf den Sachverstand vieler Experten am Niederrhein zurückgreifen können, sei es durch Korrespondenz oder in persönlichen Gesprächen. Auf diese Weise habe ich eine Fülle von Anregungen erhalten, aber auch ganz konkrete Hilfestellungen bei der äußerst zeitraubenden und häufig schwierigen Suche und Auswertung von Material in Bibliotheken und Archiven sowie bei der Klärung spezieller Fragen oder der Korrektur von Karten und Texten. Meine Bitten um Rat und Hilfestellung, die ich an meine Kollegen an der Gerhard-Mercator-Universität und an benachbarten Universitäten sowie an die Damen und Herren in den vielen Archiven, Instituten und Bibliotheken am Niederrhein gerichtet habe, aber auch an historisch interessierte Laien mit zum Teil erstaunlichen Spezialkenntnissen, sind stets auf eine ungewöhnliche Bereitschaft und sehr viel Verständnis gestoßen.

Diese Hilfe war äußerst wichtig für mich, und es war wohltuend, so viel positive Resonanz auf meine vielen Fragen und Probleme zu finden. Viele, die mich – ohne auf die Uhr zu sehen – in meiner Arbeit unterstützt haben, werden in einzelnen Karten und Texten ihre

Anregungen, Informationen und Korrekturen wiedererkennen. Die Zahl derjenigen, die mir in der einen oder anderen Weise bei der Erstellung der Karten und Texte geholfen haben, ist so groß, dass ich sie hier nicht alle namentlich erwähnen könnte, daher verzichte ich auch auf einzelne Nennungen. Aber allen sage ich meinen herzlichen Dank. Ich hoffe, dass sie meine Arbeit auch in Zukunft kritisch begleiten und mir ihre Verbesserungsvorschläge zukommen lassen. Desgleichen würde ich es sehr begrüßen, wenn auch die Benutzer des Atlasses mir Anregungen gäben und mich auf Unstimmigkeiten aufmerksam machen würden.

Schließen möchte ich mit einem besonderen Dank an meinen Kollegen Professor Dr. Dieter Geuenich, der als Vorsitzender der Niederrhein-Akademie diesen Atlas in die Schriftenreihe der Akademie aufgenommen und auch die Finanzierung der Drucklegung gesichert hat. Nur auf diese Weise konnte der Ladenpreis für den Band so niedrig gehalten werden, dass er auch für Schüler und Studenten erschwinglich ist. Das ist besonders wichtig, da es darauf ankommt, auch das Interesse der jungen Generation für die Regionalgeschichte zu gewinnen, die im Geschichtsunterricht der Schulen leider kaum eine Rolle spielt.

Dabei eignen sich gerade lokale oder regionale Vorgänge sehr gut dazu, historisches Interesse zu wecken und geschichtliches Verstehen zu fördern. Denn die Vergangenheit des eigenen Umfelds ist häufig besser zu fassen durch konkrete Anschauung, und sie bewirkt ein *Inter-esse* im eigentlichen Wortsinn, nämlich ein ‚Dazwischensein', ein Dazugehören zu längst Vergangenem. Zudem ermöglicht die Regionalgeschichte in vielen Fällen – wenn auch durchaus nicht immer – ein besseres Verständnis von komplexen Strukturen, weil diese im kleineren Raum vielfach leichter überschaubar sind als auf nationaler oder gar internationaler Ebene. Ich hoffe, dass der ‚Atlas zur Geschichte des Niederrheins' daher mithilft, das Verständnis dafür zu wecken, dass die ‚große' Geschichte immer auch auf der Basis von kleinen Strukturen geschieht und meist nur diese kleinen Strukturen für die Bürger die Möglichkeit einer direkten Mitwirkung an politischen, gesellschaftlichen und ökonomischen Entscheidungsprozessen ermöglichen.

Essen, im September 1999   Irmgard Hantsche

---

[1] HANS HEINRICH BLOTEVOGEL, Gibt es eine Region Niederrhein? Über Ansätze und Probleme der Regionsbildung am unteren Niederrhein aus geographisch-landeskundlicher Sicht, in: Dieter Geuenich (Hg.), Der Kulturraum Niederrhein, Bd. 2: Im 19. und 20. Jahrhundert, Bottrop/Essen 1997, S. 155–185; MEINHARD POHL, Heimatbewußtsein und politische Raumordnung am unteren Niederrhein, in: ebd., S. 69–86; CLAUS BUSSMANN, Gibt es ‚Niederrheiner'? Historische Gründe für das Fehlen eines niederrheinischen Identitätsbewußtseins, in: Dieter Geuenich (Hg.), Der Kulturraum Niederrhein, Bd. 1: Von der Antike bis zum 18. Jahrhundert, 2. Aufl. Bottrop/Essen 1997, S. 157–166.

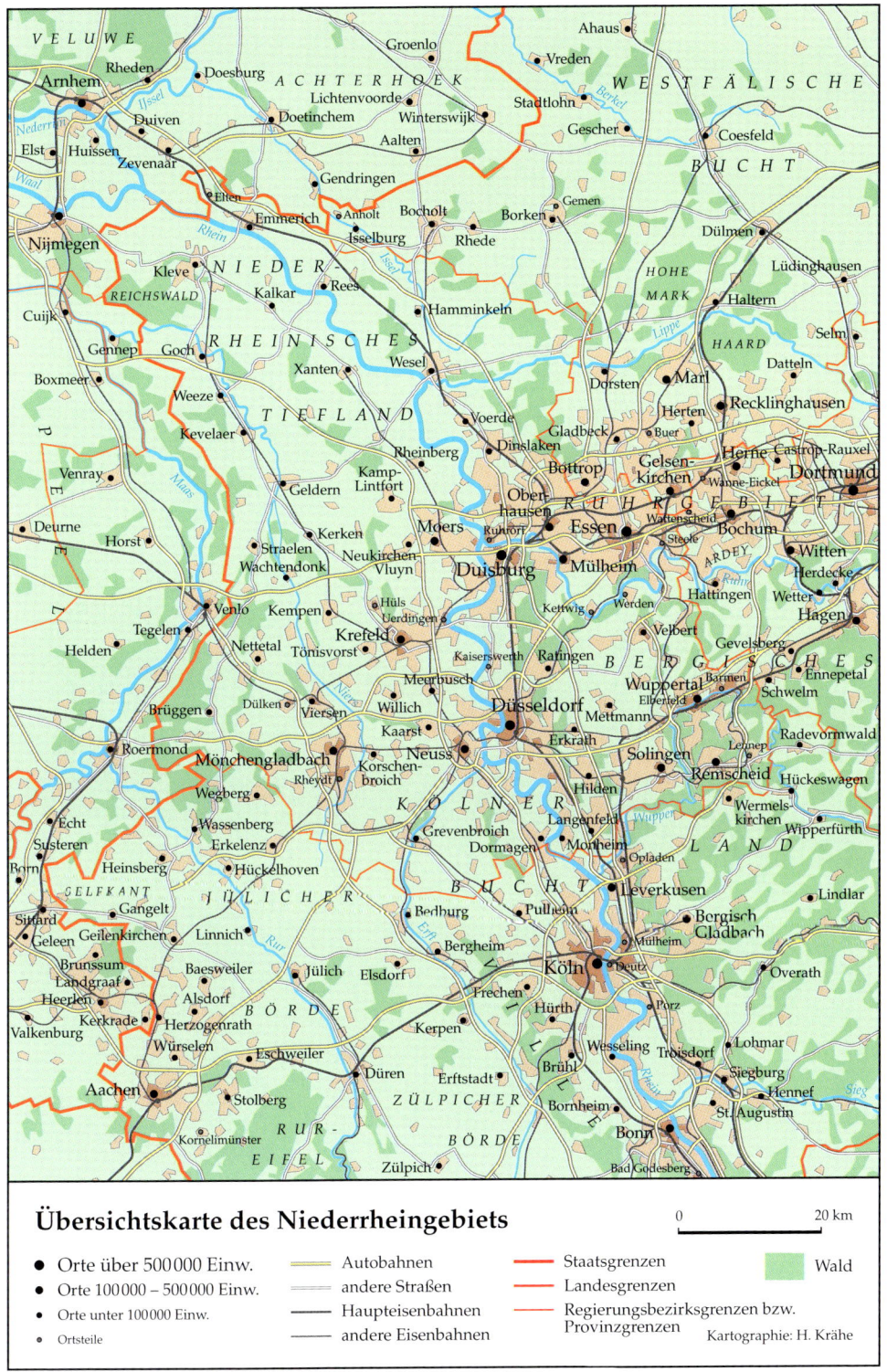

Karte 1: Übersichtskarte des Niederrheingebiets

2. Das Niederrheingebiet in römischer Zeit

Nach ihrer vernichtenden Niederlage in der Varusschlacht (bei Kalkriese zwischen Osnabrück und Bramsche) im Jahre 9 n. Chr. und der im Jahr 16 n. Chr. von Kaiser Tiberius verfügten Einstellung der Germanenoffensive gaben die Römer mit dem Ziel der Elbgrenze auch die Lager an der Lippe auf. Stattdessen wurde der Niederrhein als Grenze ausgebaut. Schon vorher war er ein Schwerpunkt beim römischen Ausgreifen nach Germanien gewesen. So stellten z.B. in Xanten und Haltern stationierte Legionen das Hauptkontingent bei der Varusschlacht. Das Niederrheingebiet mit seinen militärischen und verwaltungsmäßigen Schwerpunkten in Köln und Xanten gehörte zunächst zu Gallien. Im ersten nachchristlichen Jahrhundert wurde die Provinz Niedergermanien *(Germania Inferior)* gegründet; ihre östliche Grenze war der Rhein, im Süden trennte der Vinxtbach sie von der Provinz Obergermanien. An der Mündung des Vinxtbaches übersprang die römische Grenze den Rhein und bog als befestigter Wall, als Limes, nach Osten ab.

Doch auch die Flussgrenze nördlich des Vinxtbaches, der sogenannte Niedergermanische Limes, war stark befestigt durch westlich des Rheins gelegene Legionslager und Auxiliarkastelle. Der entscheidende Ausbau des Niedergermanischen Limes erfolgte erst in der zweiten Hälfte des 1. Jahrhunderts n. Chr. Die Kastelle waren zwar unterschiedlich große, aber nach einem einheitlichen System aus Stein oder Holz gebaute rechteckige Militärlager, in einem regelmäßigen Abstand voneinander errichtet und durch eine Straße untereinander verbunden. Teilweise wurden sie schon in römischer Zeit wieder aufgegeben wie z.B. das bereits um 10 v. Chr. errichtete *Asciburgium* (Moers-Asberg), das um 85 n. Chr. einer Rheinverlagerung zum Opfer fiel. In der unmittelbaren Nachbarschaft dieser *castra* befanden sich meist zivile Siedlungen, die *canabae*, in denen nicht nur Frauen und Kinder, sondern auch Handwerker, Händler, Gastwirte und Veteranen lebten. Einige dieser Siedlungen hatten städtischen Charakter. Die Zahl der bedeutenden römischen Städte am Niederrhein mit dem Status einer *colonia* oder eines *municipium* beschränkt sich auf Köln *(Colonia Claudia Ara Agrippinensium,* abgekürzt *CCAA),* Xanten *(Colonia Ulpia Traiana,* abgekürzt *CUT),* Nimwegen *(Ulpia Noviomagus Batavorum),* Voorburg-Arentsburg *(Forum Hadriani)* und Tongeren *(Municipium Tungrorum).* Ihre Bedeutung ist heute noch an den Überresten der *CUT* im archäologischen Park von Xanten erkennbar. Es waren besonders die zivilen Siedlungen mit ihren Händlern und Handwerkern, die von grenzübergreifender Bedeutung waren, indem sie die friedlichen Kontakte auf wirtschaftlichem und zivilisatorischem Gebiet zwischen Römern und Germanen förderten. Das Hinterland des Niedergermanischen Limes war eindeutig von zivilen Strukturen bestimmt, die die Kultur der einheimischen Stämme überlagerten. Zu nennen sind hier besonders das Straßennetz und die zivilen Siedlungen, aber auch die auf der Karte nicht eingezeichneten römischen Gutshöfe *(villae rusticae)* und technische Bauwerke, z.B. die Wasserleitung aus der Eifel nach Köln.

Die Karte gibt nicht den Stand zu einem bestimmten Zeitpunkt wieder, sondern fasst die Periode der römischen Herrschaft von der Mitte des 1. Jahrhunderts v. Chr. bis ins 4. Jahrhundert n. Chr. zusammen.

Literatur:
HARALD VON PETRIKOVITS, Urgeschichte und römische Epoche (bis zur Mitte des 5. Jahrhunderts n. Chr.) (= Rheinische Geschichte, hg. von Franz Petri und Georg Droege, Bd. 1: Altertum), 2. Aufl., Düsseldorf 1980; HEINZ-GÜNTER HORN (Hg.), Die Römer in Nordrhein-Westfalen, Stuttgart 1987; TILMANN BECHERT und WILLEM J.H. WILLEMS (Hg.), Die römische Reichsgrenze von der Mosel bis zur Nordseeküste, Stuttgart 1987; TILMANN BECHERT, Römisches Germanien, München 1982; WERNER BÖCKING, Der Niederrhein zur römischen Zeit. Archäologische Ausgrabungen in Xanten, Kleve 1987; URSULA MAIER-WEBER, Calo. Zur Lokalisierung und zum Nachleben eines abgegangenen spätantiken Kastells am Niederrhein, in: Clive Bridger und Karl-Josef Gilles (Hg.), Spätrömische Befestigungsanlagen in den Rhein- und Donauprovinzen *(= British Archaeological Reports, International Series 704),* Oxford 1998, S. 13–22.

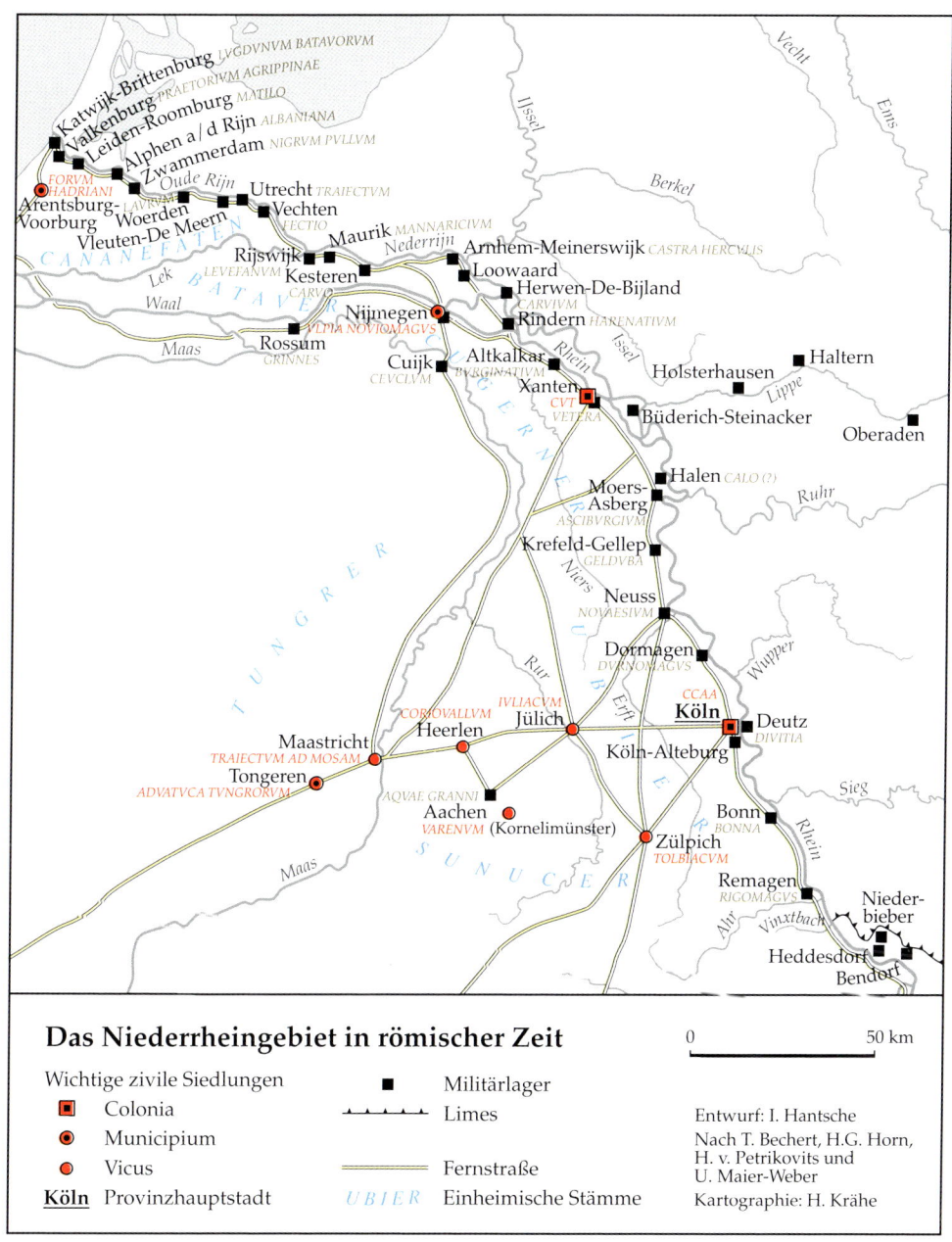

Karte 2: Das Niederrheingebiet in römischer Zeit

3. Christianisierung zur Zeit der Merowinger und frühen Karolinger

Die frühen Anfänge des Christentums zur Zeit des Römischen Reiches am Niederrhein, z.B. in Köln und Xanten, wurden in der Völkerwanderungszeit weitgehend wieder ausgelöscht, sodass man von einer Repaganisierung sprechen kann. Erst in der Merowingerzeit begann eine neue christliche Tradition. Sie vollzog sich nicht als Einzelmissionierung, sondern als kollektive Entwicklung, die meist von den Stammesfürsten ausging und von ihnen auf die Gesamtbevölkerung übersprang. Der Wendepunkt im Frankenreich war die Taufe Chlodwigs (498 oder 499). Doch erst rund hundert Jahre nach diesem Datum begann das Christentum auch im Gebiet von Schelde, Maas und Niederrhein wieder Fuß zu fassen. Maßgeblich daran beteiligt waren Mönche von den Britischen Inseln. Die erste Phase wurde von der Missionstätigkeit iro-schottischer Mönche eingeleitet, durch deren gallische Schüler z.B. die Gründung des Klosters St. Amand an der Schelde geschah. In der zweiten Hälfte des 7. Jahrhunderts war dem Christentum eine Region zurückgewonnen, die durch eine Linie von Antwerpen bis Stablo und Malmedy begrenzt wurde.

Am Niederrhein wird ein Einfluss der iro-schottischen Mönche nicht fassbar. Von sehr großer Bedeutung hingegen wurde das Wirken der angelsächsischen Missionare in der Nachfolge Wilfrieds von York. Besonders seinem Schüler Willibrord († 739), dem ‚Apostel der Niederlande', ist es zuzuschreiben, dass die Christianisierung im Bereich des Niederrheins vorangetrieben wurde und dass die kirchliche Organisation hier von Anfang an nach römischem Muster ausgerichtet wurde. Gefördert wurde er dabei von dem fränkischen Hausmeier Pippin dem Mittleren. Schon der Kölner Bischof Kunibert hatte in Utrecht, am Standort eines ehemaligen römischen Kastells, eine Kirche gegründet. Jetzt, unter Willibrord, wurde Utrecht Bistum und Ausgangspunkt einer vielgestaltigen und weitreichenden Missionstätigkeit. Sie betraf nicht nur Friesland, sondern auch den unteren Niederrhein. Außerdem gründete Willibrord Klöster in Antwerpen, Susteren und Echternach, vermutlich auch ein Kleinkloster in Rindern, das allerdings nicht lange bestand.

Unterstützt wurde Willibrord in seinen Zielen durch weitere Gefährten. Die beiden Ewalde, ebenfalls angelsächsische Mönche, betrieben von Utrecht aus im Gebiet nördlich der Lippe erfolglos die Sachsenmission und fanden dabei den Tod. Auch (die damalige Rheininsel) Kaiserswerth, ein Geschenk von Pippins Gemahlin Plektrud an den Angelsachsen Suitbert um 710, sollte mit seinem von Suitbert gegründeten Kloster als Stützpunkt für die Missionierung der Sachsen dienen. Doch ohne eine ausreichende militärische Rückendeckung vonseiten der fränkischen Herrscher war die Sachsenmission nicht durchzuführen, und Bonifatius stellte sie daher zurück. Er widmete sich stattdessen der Missionstätigkeit in Hessen, wo er mehrere Klöster gründete, u.a. Fritzlar (732) und Fulda (744), das er als rückwärtigen Stützpunkt für eine künftige Christianisierung des südlichen Sachsen ausbaute. Er selbst nahm sie jedoch nicht mehr in Angriff, sondern wandte sich zuletzt noch einmal der Friesenmission zu, in deren Verlauf er im Jahre 754 bei Dokkum erschlagen wurde.

In karolingischer Zeit wurde u.a. das im Jahr 799 gegründete Benediktinerkloster Werden ein Ausgangspunkt der Sachsenmission. Es war eine Gründung des Friesen Liudger, der seine Ausbildung in Utrecht und in York erfahren hatte und erster Bischof von Münster wurde.

Literatur:
ARNOLD ANGENENDT, Die Merowinger- und Karolingerzeit. Vom 5. bis zur Mitte des 10. Jahrhunderts, in: Heinrich Janssen und Udo Grote (Hg.), Zwei Jahrtausende Geschichte der Kirche am Niederrhein, Münster 1998, S. 31–40; EDUARD HEGEL, Kirchengeschichtliches, in: Werdendes Abendland an Rhein und Ruhr, Ausstellungskatalog, Essen 1956, S. 83–87 und 145–153.

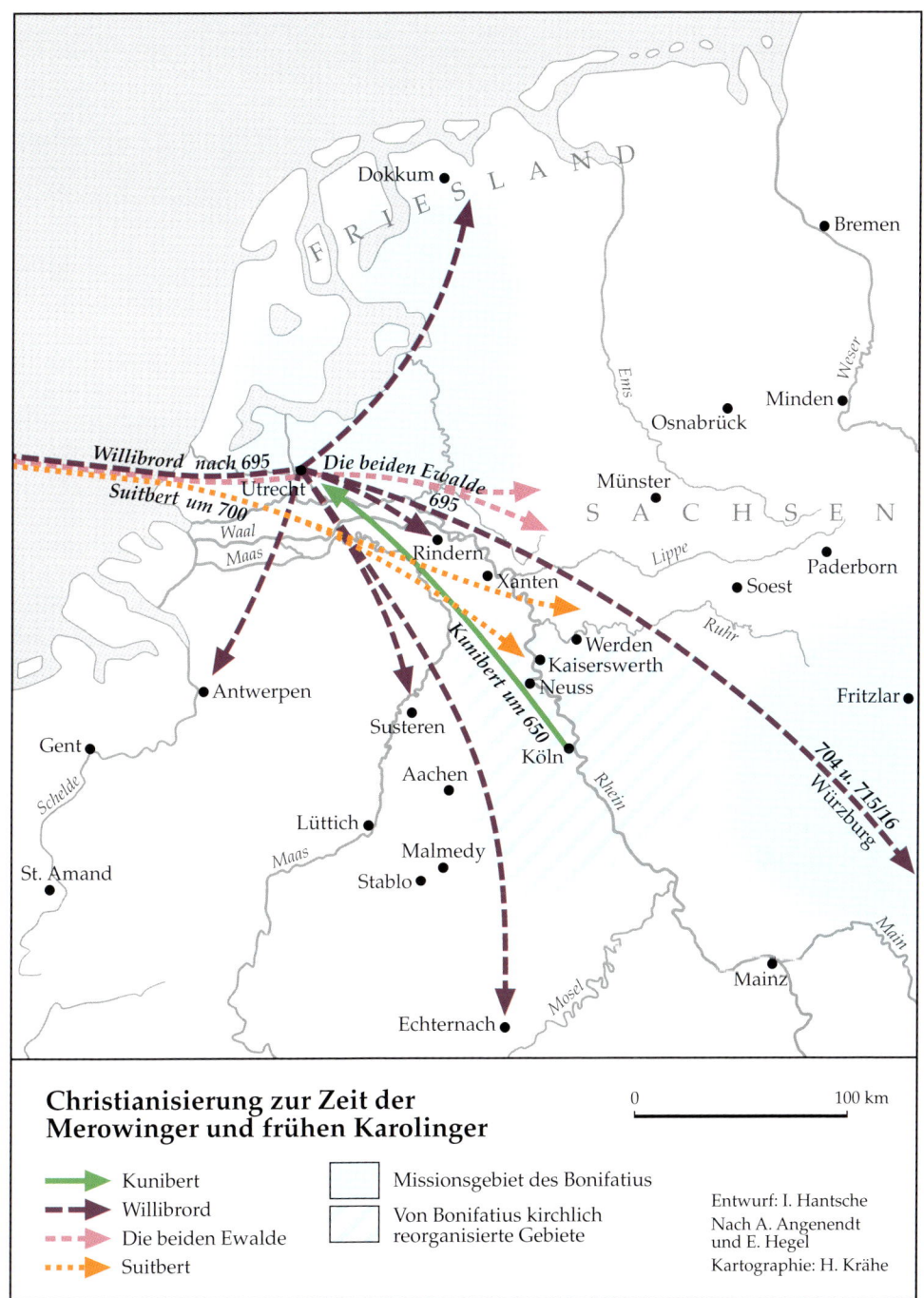

Karte 3: Christianisierung zur Zeit der Merowinger und frühen Karolinger

4. Pfarrkirchen im Archidiakonat Xanten bis zum Ende des 10. Jahrhunderts

Es gibt nur wenige schriftliche Quellen über die Ursprünge des Kirchenwesens am Niederrhein, doch archäologische Befunde aufgrund von Ausgrabungen nach dem Zweiten Weltkrieg ermöglichen wichtige Einsichten über frühe Kirchenbauten. Es besteht kein Zweifel, dass die Anzahl der Kirchen am Niederrhein sich seit der Karolingerzeit erhöhte. Meist handelte es sich um Holzkirchen, vereinzelt auch um Steinbauten. Ihrem Stil nach waren diese frühen Kirchenbauten am Niederrhein größtenteils kleinräumige und einschiffige Saalkirchen, die häufig keinen abgerundeten, sondern einen etwas eingezogenen rechteckigen Chor aufwiesen. Die Karte stellt die Kirchen im Archidiakonat Xanten mit seinen Dekanaten Zyfflich-Nimwegen, Xanten, Duisburg sowie dem Dekanat Mülgau dar, das um 1290 in die Dekanate Straelen und Süchteln geteilt wurde. Nicht für alle in der Karte eingetragenen Orte sind die Kirchenbauten belegt, zum Teil beruhen die Angaben auf Vermutungen.

Alle Kirchen waren einem Heiligen geweiht, mehrfach dem heiligen Martin und dem heiligen Petrus. Religiös gesehen war der jeweilige Heilige Herr und Beschützer der Kirche, und im Konflikt- oder Notfall wandten sich die Gläubigen an ihn in der festen Hoffnung auf tatkräftige Hilfe. Unter dem Altar war meist ein künstliches Grab angelegt, das Reliquien des Heiligen aufnehmen sollte als Zeichen dafür, dass er nicht nur der Beschützer, sondern auch Patron der Kirche sei. Die Wirklichkeit wich jedoch häufig von dieser Vorstellung ab. Denn viele Kirchen wurden nicht von einem kirchlichen Amtsträger, dem Bischof, errichtet und ausgestattet, sondern vom einheimischen Adel. Dadurch waren die Kirchen rechtlich Eigentum des Adels, sie wurden zur Eigenkirche. Auf diese Weise beanspruchte und erlangte der adlige Grundherr in der Regel auch die Zuständigkeit in Kirchendingen.

Diese Tatsache wurde von besonderer Bedeutung nicht nur bei der Ernennung von Pfarrern, sondern auch im Zusammenhang mit dem Zehnten, der bereits in der Bibel genannten Abgabe an die Kirche. Sie wurde im Allgemeinen als Naturalabgabe nach der Ernte geleistet und umfasste ein Zehntel der bäuerlichen Erträge innerhalb eines fest abgegrenzten Pfarrbezirks und bezog sich nicht nur auf die Feldfrüchte, sondern auch auf Vieh. Ein Viertel des Zehnten sollte für den Bischof, ein Viertel für den Pfarrer, ein Viertel für den Kirchenbau und das letzte Viertel für die Armen bestimmt sein. Indem der Grundherr in seiner Eigenkirche weitgehende Verfügungsgewalt hatte, zog er jedoch häufig den Zehnten an sich. Er bestritt daraus zwar die Kosten für den Pfarrer, den Unterhalt des Kirchenbaus und die Unterstützung der Armen, behielt jedoch die verbleibenden Überschüsse für den Eigenbedarf, so wie er auch andere kirchliche Einkünfte, etwa Amtsgebühren, an sich ziehen konnte.

Die Kirchen wurden meist durch ein Haus für den Geistlichen, später auch für den Küster, ergänzt. Seit der von Ludwig dem Frommen (814–841) durchgesetzten Kirchenreform gehörte zur Ausstattung auch eine Hufe Land, die der Grundherr für die Eigenbewirtschaftung des Pfarrers zur Verfügung stellen musste. Auf diese Weise sollte die wirtschaftliche Unabhängigkeit der Geistlichen von ihren weltlichen Kirchenherren gesichert werden.

Literatur:
Günther Binding, Kleinkirchen am unteren Niederrhein, in: Römisch-Germanisches Zentralmuseum Mainz (Hg.), Führer zu vor- und frühgeschichtlichen Denkmälern, Bd. 14: Linker Niederrhein: Krefeld, Xanten, Kleve, Mainz 1969, S. 99–101; Arnold Angenendt, Die Merowinger- und Karolingerzeit. Vom 5. bis zur Mitte des 10. Jahrhunderts, in: Heinrich Janssen und Udo Grote (Hg.), Zwei Jahrtausende Geschichte der Kirche am Niederrhein, Münster 1998, S. 31–40; Arnold Angenendt, Geschichte des Bistums Münster, Bd. 1: Mission bis Millennium. 313–1000, Münster 1998.

Karte 4: Pfarrkirchen im Archidiakonat Xanten bis zum Ende des 10. Jahrhunderts

5. Filiationen von Kloster (Alten-)Kamp im 12. und 13. Jahrhundert

Der erste Zisterzienserkonvent im deutschen Sprachraum entstand 1123 am linken Niederrhein, zunächst vermutlich in Köln. Wenige Jahre später übersiedelten die Mönche dann zum Kamper Berg und errichteten dort zwischen 1180 und 1205 die erste größere Klosteranlage. Das genaue Gründungsdatum des Klosters Kamp, das seit dem 14. Jahrhundert (zur Unterscheidung vom 1234 entstandenen Kloster Neuenkamp in Pommern) den Namen Altenkamp trägt, ist durch die Quellen nicht eindeutig festzulegen.

Der Reformorden der Zisterzienser verfolgte das Ziel, die benediktinische Tradition des *ora et labora* (bete und arbeite) neu zu beleben und das Ordensleben von den inzwischen vielfach eingerissenen Missständen zu befreien. Der Name geht auf das 1098 gestiftete Mutterkloster Cîteaux in Burgund zurück. Die wichtigsten Impulse erhielten die Zisterzienser durch Bernhard von Clairvaux (1090–1153), der die Gründung von Tochterklöstern (Filiationen) initiierte, die sich über ganz Europa ausbreiteten. Bei Bernhards Tod bestanden bereits 167 Klöster. Errichtet wurden die Konvente meist in einsam gelegenen Gegenden, in denen häufig Rodungen überhaupt erst die Voraussetzung für Ackerbau und Viehzucht schufen. Die Mönche sowie die Laienbrüder, die sog. Konversen, sicherten durch die von ihnen selbst betriebene Landwirtschaft nicht nur ihren eigenen Lebensunterhalt, sondern gaben durch die Einführung moderner Methoden ein Vorbild für die Förderung des gesamten wirtschaftlichen Bereichs im Umkreis ihrer neuen Wirkungsstätte.

Diese zivilisatorische Leistung war von besonderer Bedeutung in den damals noch rückständigen Gebieten des östlichen Deutschlands und Ostmitteleuropas. Hier entstand innerhalb von ca. 150 Jahren ein ganzes Netz von Zisterzienserkonventen, alles Tochter- und Enkelklöster der beiden rheinischen Zisterzienserklöster (Alten-)Kamp und Altenberg (gegründet 1138), die ihrerseits Filiationen des burgundischen Morimond waren. Die Ausstrahlung von Kamp und Altenberg erstreckte sich bis nach Brandenburg, Pommern, Schlesien, Böhmen, Polen und in das Baltikum, also auch in Gebiete außerhalb des mittelalterlichen Deutschen Reiches. (Auf der Karte sind nur die von Kamp ausgehenden Gründungen eingezeichnet.) Die Errichtung dieser Klöster wurde durch die deutschen, aber auch durch slawische Landesherren gefördert, die die deutschen Mönche ins Land riefen, um in den Kolonisationsgebieten nicht nur die Christianisierung voranzutreiben, sondern auch den Landesausbau zu fördern. Die Möche enttäuschten die in sie gesetzten Hoffnungen nicht und erwarben sich insgesamt große und dauerhafte Verdienste um die Kultivierung dieser Gebiete.

Die frühen Zisterzienserbauten waren durch Schlichtheit gekennzeichnet, besaßen weder farbige Kirchenfenster noch Türme, sondern nur Dachreiter. Dennoch stellen sie – im norddeutschen Bereich meist als Backsteinbauten – selbst noch als Ruinen herausragende Beispiele der Gotik dar, wie etwa Chorin nördlich von Berlin. Kloster Kamp und seine Kirche wurden zu Beginn des 15. Jahrhunderts durch neue Bauten ersetzt, die im Barock nochmals umgebaut und durch eine große terrassenförmige Gartenanlage ergänzt wurden. Nach der Säkularisation und der damit verbundenen Aufhebung des Klosters blieben neben der Kirche, die die Funktion einer Pfarrkirche erhielt, nur wenige Gebäude erhalten. Erst seit 1954 wird der Komplex auf dem Kamper Berg wieder als Kloster genutzt, nicht mehr durch Zisterzienser, sondern von Karmelitern.

Literatur:
Peter Gottschlich, 875 Jahre Kloster Kamp. Anmerkungen zu den ersten zwölf Jahren des linksrheinischen Zisterzienserkonventes, in: Kreis Wesel. Jahrbuch 1999, Duisburg 1998, S. 7–15; Matthias Dicks, Die Abtei Camp am Niederrhein. Geschichte des ersten Cistercienserklosters in Deutschland. (1123–1802), Kempen 1913.

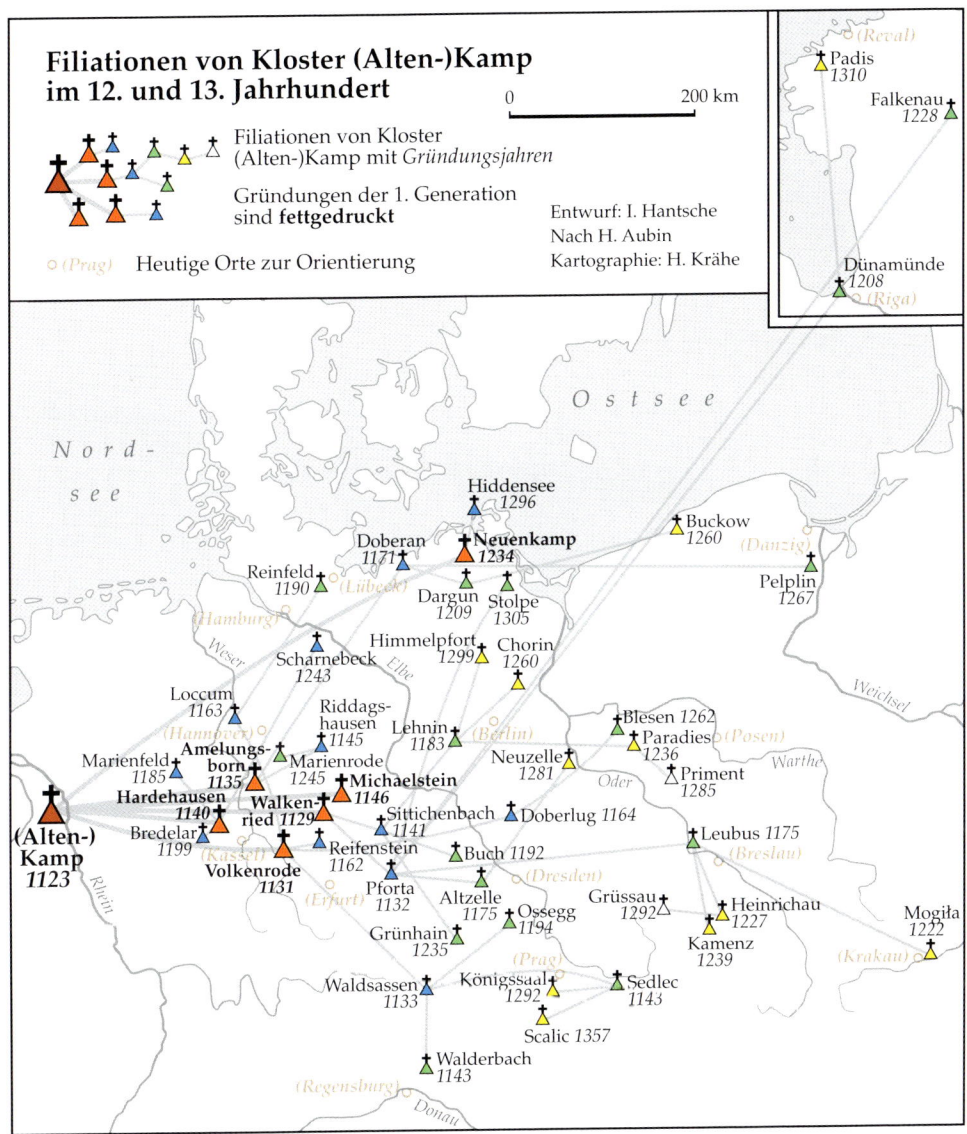

Karte 5: Filiationen von Kloster (Alten-)Kamp im 12. und 13. Jahrhundert

6. Stifte und Klöster am Niederrhein bis 1250

Frühzeitig wurde das Gebiet des Niederrheins von Stiften und Klöstern geprägt. Dabei fällt auf, dass die Stifte zu den frühesten Gründungen gehörten und eine größere Bedeutung besaßen als die Benediktinerklöster, die am Niederrhein verhältnismäßig selten waren. Die Stifte waren religiöse Gemeinschaften von Weltgeistlichen. Im Gebiet der Kölner Erzdiözese, die weitgehend den Niederrheinraum umfasste, wurden sie einerseits von den Kölner Erzbischöfen gegründet, wie die zahlreichen Stifte in der Stadt Köln, aber auch das Stift Xanten, andererseits vom einheimischen Adel wie die Kanonikerstifte Zyfflich und Rees und das Kanonissenstift Elten. Die Adelsgründungen dienten den Stifterfamilien häufig als Grablege, als Stätte für das Totengedenken, aber auch als Versorgungsinstitution für jüngere Söhne und für unverheiratete Töchter.

Von der Reformbewegung des 12. Jahrhunderts, wie sie besonders Norbert von Xanten vertrat, wurden die Stifte nur in Ausnahmefällen beeinflusst. Die Klöster waren hier erheblich aufgeschlossener. Besonders zu nennen ist in diesem Zusammenhang das im 11. Jahrhundert gegründete Benediktinerkloster Siegburg, von dem aus die cluniazensische Reformbewegung den Niederrhein beeinflusste. Von Siegburg aus wurden z.B. die Kölner Benediktinerklöster und das vom Kölner Erzbischof Gero 974 gestiftete Kloster Gladbach reformiert. Ebenfalls gab Siegburg die Anregung zu einer Anzahl von Gründungen, sowohl von Männer- wie auch von Frauenklöstern (z.B. das Nonnenkloster Neuwerk und das kleine Kloster auf dem Fürstenberg bei Xanten). In noch stärkerer Weise wurde die Kirchenreform am Niederrhein jedoch durch die Prämonstratenser- und Zisterzienserklöster gefördert. Norbert von Xanten, der nach seinem Weggang aus Xanten im Zuge seiner Reformbestrebungen 1120 im französischen Prémontré das erste Prämonstratenserkloster gegründet hatte, trug am Niederrhein selbst nicht zu einer Verbreitung dieser Reformstifte bei. Das erste niederrheinische Prämonstratenserkloster entstand als Adelsstiftung in Hamborn.

In ihrer Verbreitung überflügelt wurden die Prämonstratensergründungen durch die Niederlassungen der Zisterzienser, eines französischen Reformordens, der von Burgund aus ganz Europa überzog. Am Niederrhein kam es dabei auch zu einer erstaunlich hohen Zahl von Frauenklöstern, bei denen in der ersten Hälfte des 13. Jahrhunderts geradezu eine Gründungswelle zu beobachten ist (z.B. Saarn, Eppinghoven, Duissern und Sterkrade). Von geradezu historischer Bedeutung wurden jedoch zwei Männerklöster: Kamp (1123) und Altenberg (1133). Sie waren Gründungen des burgundischen Morimond und wurden die Mutterklöster für eine ganze Zisterzienserfamilie, deren weitverzweigte Filiationen bis nach Ostmitteleuropa reichten (vgl. Karte ‚Filiationen von Kloster (Alten-)Kamp im 12. und 13. Jahrhundert'). In mehreren Fällen (Fürstenberg, Walberberg und Burtscheid) übernahmen die Zisterzienser ältere Gründungen, ein Vorgang, der auch für andere Orden am Niederrhein nachweisbar ist. Eingetragen in die Karte sind noch die frühen Niederlassungen der Augustiner. Die Minoriten hatten bis 1250 nur Gründungen in Neuss und Seligenthal an der Sieg, die Franziskaner nur in Aachen.

Literatur:
Manfred Groten, Die Kirche am Niederrhein im Hochmittelalter. Vom Beginn des 10. bis gegen die Mitte des 13. Jahrhunderts, in: Heinrich Janssen und Udo Grote (Hg.), Zwei Jahrtausende Geschichte der Kirche am Niederrhein, Münster 1998, S. 59–67; Dieter Lück, Die Klöster und Stifter im Niederstift, in: Kurköln. Land unter dem Krummstab, Essays und Dokumente (= Veröffentlichungen der staatlichen Archive des Landes Nordrhein-Westfalen, Reihe C: Quellen und Forschungen, Bd. 22), Kevelaer 1985, S. 177–190; Friedrich Wilhelm Oediger, Das Hauptstaatsarchiv Düsseldorf und seine Bestände, Bd. 4: Stifts- und Klosterarchive, Siegburg 1964.

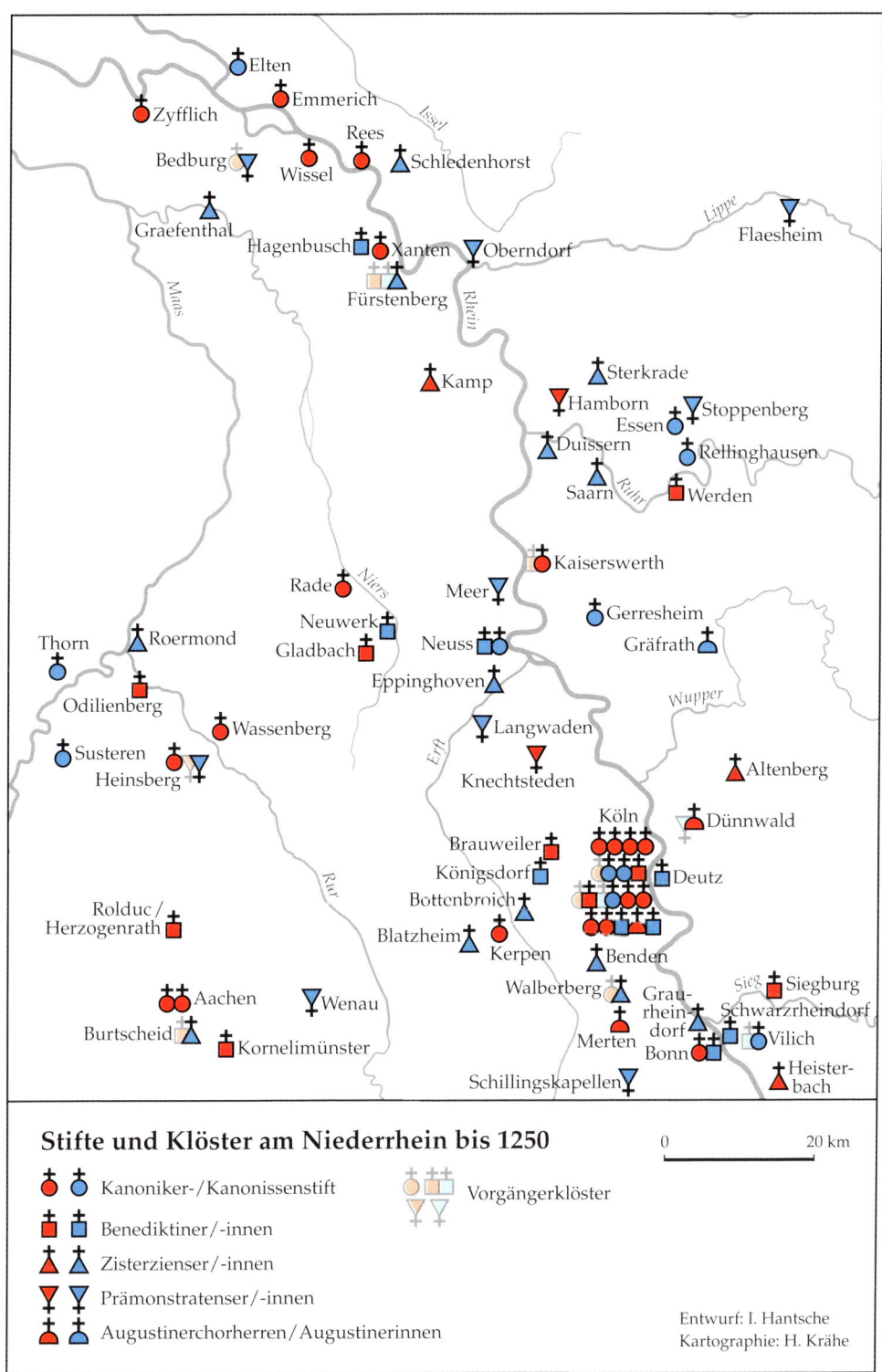

Karte 6: Stifte und Klöster am Niederrhein bis 1250

7. Grundbesitz des Xantener Stifts im Mittelalter

Das um die Mitte des 8. Jahrhunderts gegründete Stift Xanten war kein Kloster, sondern ein Kanonikerstift. Zwar lebten die Stiftsherren anfangs in einer klosterähnlichen Gemeinschaft nach der Aachener Regel, aber wie in anderen Stiften auch wurde die *vita communis* seit dem 11. Jahrhundert zunehmend zugunsten einer individuell gelebten Frömmigkeit aufgegeben, die vielfach auch eine stärker weltlich geprägte Lebensform mit sich brachte. Die 46 bis 49 Xantener Kanoniker wohnten häufig in eigenen Häusern und bezogen vom Stift für ihren Lebensunterhalt ein festes Einkommen in Form von Naturalien und Geld, die sogenannte Präbende oder Pfründe.

Die ökonomische Grundlage für die Versorgung der Kanoniker bildete der reiche Grundbesitz des Stifts, der nicht auf die nähere Umgebung Xantens beschränkt war, sondern sich im Osten bis weit in den westfälischen Bereich (über Dortmund hinaus) erstreckte, im Norden bis in das Gebiet der heutigen Niederlande (Alphen, Nimwegen und Angerlo) und im Süden vereinzelt bis in die Weinanbaugebiete an der Ahr und bei Worms. Ein Teil des Landbesitzes war vom Stift gekauft worden, überwiegend bestand er jedoch aus Schenkungen. Zwar sind häufig Namen von Stiftern überliefert, doch die Herkunft vieler Güter ist im Einzelnen unbestimmt. Es ist zu vermuten, dass nicht nur Einzelhöfe unterschiedlicher Größe, sondern bereits ganze Gütergruppen als Schenkung übertragen wurden, das Stift also von Anfang an nicht nur Streubesitz besaß. Auffällig ist die Güterkonzentration in der rechts- und linksrheinischen Umgebung Xantens, im Bereich beiderseits der Niers und im Ruhrgebiet sowie dem Gebiet zwischen Maas und Waal. Die Güterstruktur bestand aus Oberhöfen und ihnen unterstehenden anderen Höfen. Für die Versorgung des Stifts mit Naturalien waren besonders die Oberhöfe verantwortlich, selbst wenn sie weit entfernt lagen. So mussten etwa auch die Höfe in Dorsten und Schwerte im Mittelalter die Stiftsküche mit Fleisch versorgen.

Der stiftische Grundbesitz kann in vier Gruppen eingeteilt werden, die in der Karte allerdings nicht unterschieden werden: die Lehensgüter, die Oberhöfe und Höfe, die Behandigungs- oder Leibgewinnsgüter sowie die Pachtgüter. Die Lehnsvergabe von Gütern, die gegen die Zahlung einer Gebühr bei Mannfall (Tod des Lehnsmannes) oder Herrenfall (Tod des Lehnsherrn) an das Stift erfolgte, stand allein dem Propst zu. Aus den Oberhöfen und Höfen erhielt das Stift einen stetigen und genau festgelegten Zufluss an Naturalien und Geld. Die Inhaber der meist sehr kleinen Behandigungs- oder Leibgewinnsgüter mussten einen regelmäßigen Zins zahlen und in beschränktem Maße Frondienste leisten, die später durch Geldzahlungen abgelöst wurden. Bei den Pachtgütern blieb das Stift zwar Besitzer, aber für die Dauer des Pachtvertrages konnte es über sie nicht frei verfügen.

Für die ökonomischen Belange und damit auch für die Verwaltung des stiftischen Grundbesitzes und der Zuteilung von Präbenden an die Kanoniker war im Stift der Kellner *(Cellerarius)* als Vorsteher der Kellnerei zuständig, zunächst als Helfer des Propstes, dann in eigener Verantwortung. Durch die erhaltenen Rechnungsnachweise, die jährlichen Schätzungen des Abgabesolls und die Aufzeichnungen über die eingegangenen Abgaben kann die geordnete Verwaltung und die Besitzstandswahrung des Stifts weitgehend bis in die Neuzeit nachvollzogen werden.

Literatur:
Stefan Kraus, Das St. Viktor-Stift zu Xanten und seine Besitzungen im Ruhrgebiet, in: Vergessene Zeiten. Mittelalter im Ruhrgebiet, Bd. 2, Essen 1990, S. 93–96; Franz Weibels, Die Großgrundherrschaft Xanten im Mittelalter. Studien und Quellen zur Verwaltung eines mittelalterlichen Stifts am unteren Niederrhein (= Niederrheinische Landeskunde. Schriften zur Natur und Geschichte des Niederrheins, Bd. III), Neustadt/Aisch 1959.

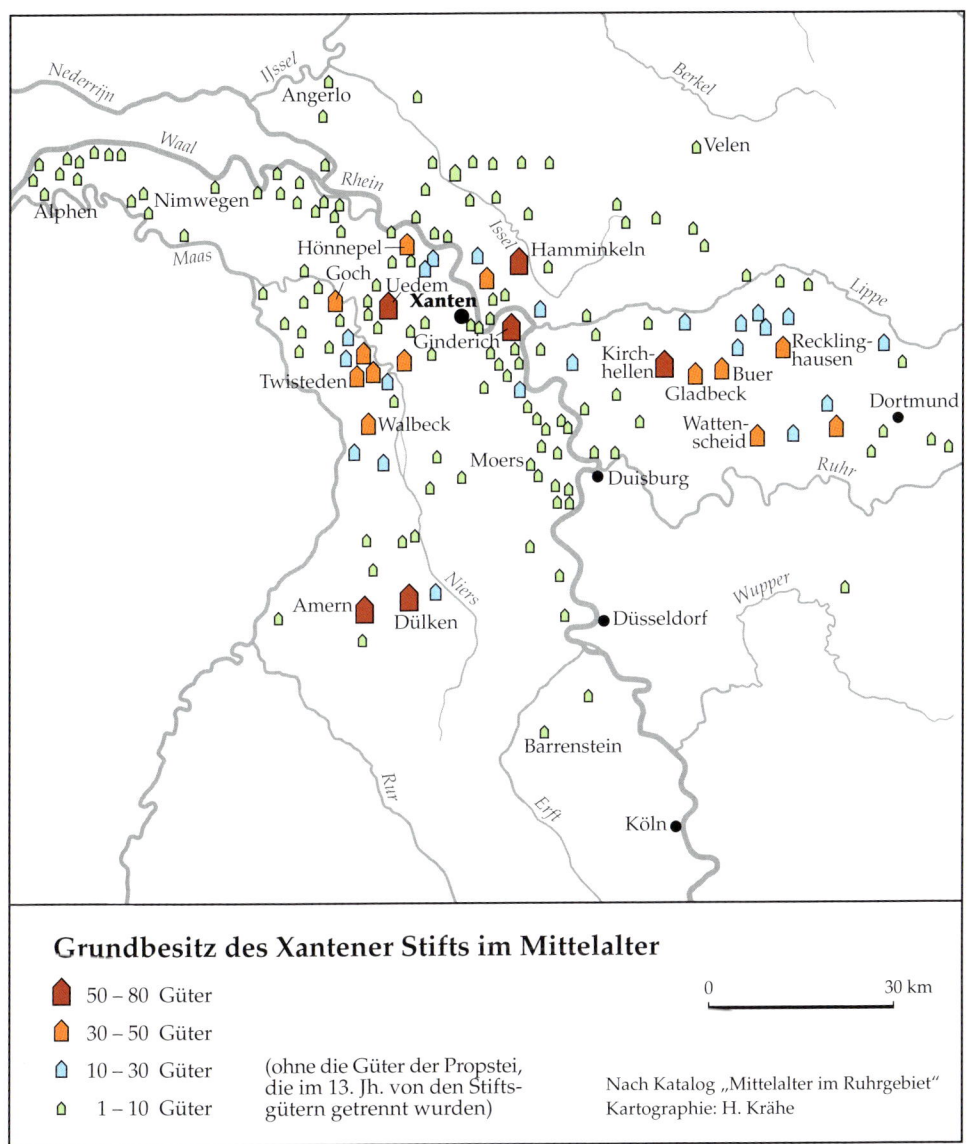

Karte 7: Grundbesitz des Xantener Stifts im Mittelalter

8. Die Machtkonstellation vor der Schlacht bei Worringen 1288

Die kartographische Darstellung von Territorialstaaten mit festen Grenzen ist äußerst problematisch für das Mittelalter, das vornehmlich vom Personenverbandstaat geprägt war und noch nicht vom Territorialstaat. Dennoch basierten die einzelnen Machtbereiche nicht nur auf der Hierarchie personaler Abhängigkeiten, sondern auch auf flächenmäßigem Besitz. Die Folge war eine zunehmende Territorialisierung und eine Verstaatlichung der Territorien. Doch selbst wenn wir die Namen, die Lage und die Größe dieser Gebiete kennen, so ist es dennoch für das Mittelalter unmöglich, die Grenzen von Herrschaftsgebieten mit annähernder Sicherheit anzugeben. Daher ist hier der Versuch unternommen worden, die einzelnen Mächte und ihr Verhältnis zueinander in schematisierter Form zu zeichnen.

Die Darstellung zeigt die Mächtekonstellation im Limburgischen Erbfolgekrieg (1283–1288). Die Hauptkonkurrenten um das limburgische Erbe (zu dem auch die verpfändete Reichsstadt Duisburg gehörte) waren einerseits der Herzog von Brabant, der die bergischen Erbansprüche gekauft hatte, und andererseits der Graf von Geldern, der seine Ansprüche weitgehend dem Grafen von Luxemburg abtrat. Der Kölner Erzbischof machte sich zur Spitze der geldrisch-luxemburgischen Seite, um die drohende Übermacht Brabants abzuwehren, das nicht nur von der Grafschaft Berg, sondern auch von den Grafschaften Jülich und Mark unterstützt wurde. Auf diese Weise hoffte Erzbischof Siegfried von Westerburg eine drohende Umklammerung abzuwehren und sich selbst alle Chancen für den Ausbau eines den Niederrhein beherrschenden Territoriums zu wahren. In seinem rheinischen Teil reichte das Erzstift am Ende des 13. Jahrhunderts bis in das Gebiet von Xanten und Rees und zerschnitt dadurch die Grafschaft Kleve; seine westfälischen Besitzungen, die von den rheinischen durch die Grafschaft Berg getrennt waren, bestanden aus dem Herzogtum Westfalen, dem Vest Recklinghausen und dem Gebiet um Schwelm. Doch die Entwicklung zur Großmacht gelang dem Stift Köln nicht. Alle Hoffnungen in dieser Richtung zerschlugen sich endgültig 1288 durch die Niederlage in der Schlacht bei Worringen, die den Limburgischen Erbfolgekrieg beendete. In ihn waren fast alle Mächte am Niederrhein und seinen angrenzenden Gebieten verwickelt; die Stadt Köln hatte sich dabei auf die Seite der Gegner des Erzbischofs geschlagen, um ihre Freiheiten zu wahren.

Als Ergebnis der Schlacht bei Worringen fiel Limburg dem brabantischen Machtbereich zu (die Stadt Duisburg wurde 1290 von Kaiser Rudolf I. an Kleve verpfändet). Die Stadt Köln konnte die erzbischöfliche Stadtherrschaft auf Dauer abschütteln und 1475 schließlich auch offiziell ihren Status als Freie Reichsstadt durchsetzen. Die Grafen von Jülich, Berg und Kleve vermochten nun die Hegemonialbestrebungen des Kölner Erzstifts in politischer und weitgehend auch in kirchlicher Hinsicht abzuwehren. Insgesamt wurde die überkommene Lehnsabhängigkeit vieler Herren und Gebiete vom Kölner Erzstift durch die Herausbildung von eigenständigen Territorialstaaten zunehmend abgelöst; die vormalige Abhängigkeit von Köln wandelte sich für die meisten Nachbarn des Erzstifts zu einer erfolgreichen Konkurrenz. Dadurch war die Schlacht von Worringen von großer politischer Bedeutung für die Geschichte des Niederrheins.

Literatur:
Wilhelm Janssen, Niederrheinische Territorialbildung. Voraussetzungen, Wege, Probleme, in: Edith Ennen und Klaus Flink (Hg.), Soziale und wirtschaftliche Bindungen im Mittelalter am Niederrhein, Kleve 1981, S. 95–113; Franz Reiner Erkens, Die Schlacht bei Worringen und der Erzbischof von Köln. Grundzüge der erzbischöflichen Politik in der zweiten Hälfte des 13. Jahrhunderts, in: Der Name der Freiheit 1288–1988. Aspekte Kölner Geschichte von Worringen bis heute. Handbuch zur Ausstellung, hg. von Werner Schäfke, Köln 1988, S. 211–219; Gerard Venner, Die Grafschaft Geldern vor und nach Worringen, in: ebd., S. 251–265; Franz Reiner Erkens und Wilhelm Janssen, Das Erzstift Köln im geschichtlichen Überblick, in: Kurköln. Land unter dem Krummstab. Essays und Dokumente, Kevelaer 1985, S. 19–42; Geschichtlicher Handatlas der Rheinprovinz, hg. von Hermann Aubin, bearb. von Josef Niessen, Köln/Bonn 1926, Nr. 21.

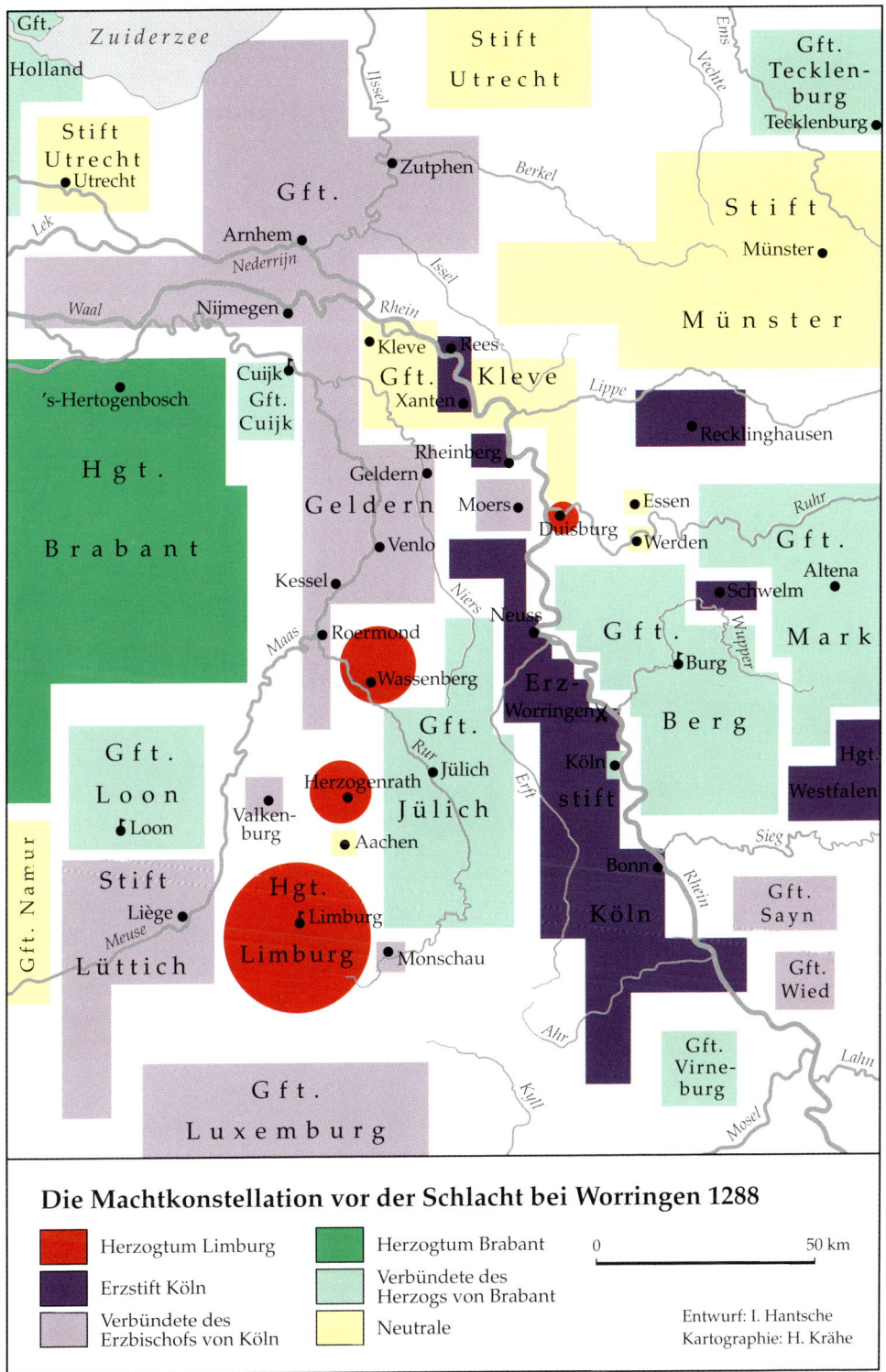

Karte 8: Die Machtkonstellation vor der Schlacht bei Worringen 1288

9. Die territoriale Entwicklung des Kurfürstentums Köln

Indem die Ottonische Reichsreform der Kirche einen wesentlichen Anteil an der Verwaltung des Reiches übertrug, gab sie der hohen Geistlichkeit nicht nur Hoheitsrechte, sondern legte auch den Grundstein für die späteren geistlichen Territorien. Im Mittelalter beruhte Herrschaft anfangs jedoch noch vornehmlich auf dem Personenverband, d.h. persönlichen Abhängigkeiten und gegenseitigen Verpflichtungen, und noch nicht auf gebietsmäßiger Ausdehnung mit festgelegten durchgängigen Grenzen. Die frühe Kölner Territorialisierung spiegelt diesen Tatbestand noch, denn der Besitz des Kölner Erzbischofs war zunächst vornehmlich Streubesitz, und erst im Laufe der Jahrhunderte gelang es, durch Zuerwerbungen ein geschlossenes Territorium zu erreichen, das allerdings immer noch viele Lücken aufwies. Der Vorgang dieser staatlichen Konsolidierung auf territorialer Grundlage setzte verstärkt erst im 12. Jahrhundert ein unter Erzbischof Friedrich I. (1100–1131).

Die weltliche Machtfunktion der Erzbischöfe wurde noch dadurch erhöht, dass sie neben ihren Aufgaben und damit Rechten in der Reichsverwaltung (z.B. dem Recht, die Deutschen Könige zu krönen und dem Amt des italienischen Erzkanzlers) und der stetig wachsenden territorialen Grundlage zwei Dukate übertragen bekamen. Bereits der Titel eines rheinischen Herzogs, zuerst Arnold II. (1151–1156) verliehen, hob die Erzbischöfe über ihre benachbarten geistlichen und weltlichen Standesgenossen heraus, indem er ihnen die Aufgabe der Friedenswahrung in ihrer Diözese auch außerhalb ihrer eigenen Territorien übertrug und damit ihre Machtbasis erheblich stärkte. Zweitens war es die Herzogswürde von Westfalen, die Philipp von Heinsberg 1180 zuerkannt wurde, verbunden mit einem reichen Territorialgewinn (außerhalb der Karte) aus der durch die Entmachtung Heinrichs des Löwen entstandenen Verfügungsmasse.

Der Ausbau des Territoriums erfolgte danach zielstrebig, sowohl im Rheinland wie in Westfalen, wo die Kölner Erzbischöfe spätestens seit der zweiten Hälfte des 12. Jahrhunderts auch die Herrschaft über das Vest Recklinghausen besaßen. Die sehr umfangreichen Erwerbungen Konrads von Hochstaden (1246) liegen außerhalb des Kartenausschnitts. Unter Siegfried von Westerburg (1274/5–1297) kam es zu dem wohl größten Machteinbruch der Kölner Erzbischöfe. Im Verlaufe der kriegerischen Auseinandersetzungen im Limburgischen Erbfolgestreit erlitten er und seine Verbündeten 1288 bei Worringen eine vollständige Niederlage; das Ziel, einen überregionalen kölnischen Großstaat zwischen Maas und Weser auf der Grundlage der Herzogsgewalt zu errichten, wurde damit auf Dauer aussichtslos. Obwohl es also nicht gelang, die rheinischen mit den westfälischen Territorien zu verbinden, konnte Köln wenigstens sein linksrheinisches Gebiet arrondieren. Es gelang, den Raum zwischen Kempen und Brühl weitgehend zu erwerben. Dennoch wurde kein völlig zusammenhängender Flächenstaat erreicht. Weder im Oberstift (südlich der Linie Köln–Königsdorf–Bergheim) noch im Niederstift (nördlich dieser Linie) konnten die erheblichen Lücken geschlossen werden; im Gegenteil: Mit dem Verlust von Xanten und Rees im Spätmittelalter taten sich neue Lücken auf, sodass z.B. die Enklave Rheinberg auf Dauer isoliert blieb. Ebenso wenig kam es zu einem Ausgreifen auf rechtsrheinisches Gebiet. Das Stift Köln mit seiner Hauptstadt Bonn blieb ein von Nord nach Süd langgestreckter schmaler linksrheinischer Streifen und wurde nicht zu einem beherrschenden Flächenstaat im Nordwesten des Reiches.

Literatur:
Franz Reiner Erkens und Wilhelm Janssen, Das Erzstift Köln im geschichtlichen Überblick, in: Kurköln. Land unter dem Krummstab. Essays und Dokumente (= Veröffentlichungen der staatlichen Archive des Landes Nordrhein-Westfalen, Reihe C: Quellen und Forschungen, Bd. 22), Kevelaer 1985, S. 19–42; Erich Wisplinghoff und Helmut Dahm, Die Rheinlande, in: Geschichte der Deutschen Länder. ‚Territorien-Ploetz', Bd. 1, Würzburg 1964, S. 154–178.

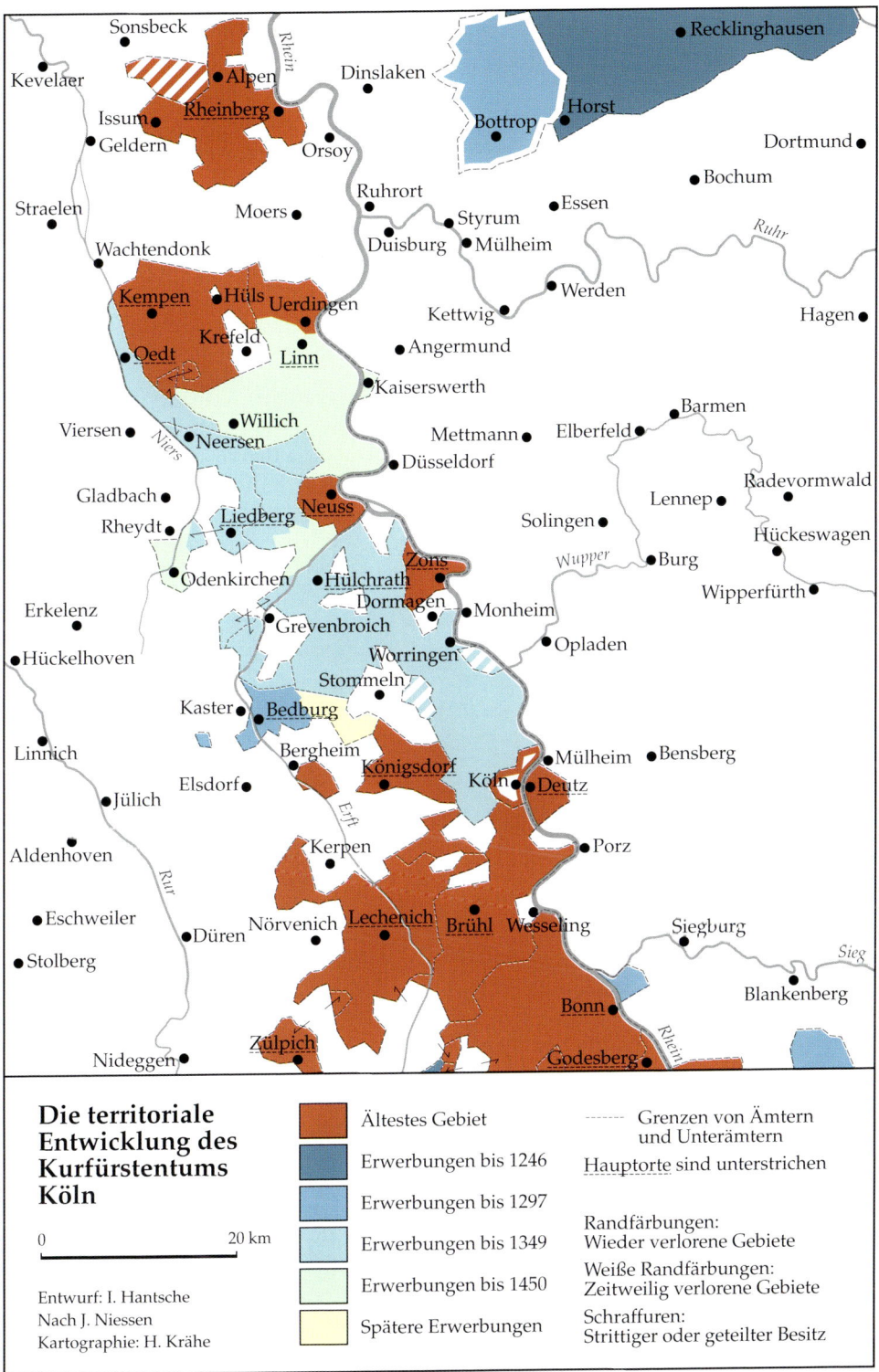

Karte 9: Die territoriale Entwicklung des Kurfürstentums Köln

10. Die territoriale Entwicklung des Herzogtums Kleve

Teile des Nimwegener Reichswaldes und des linken unteren Niederrheins bilden den territorialen Ursprung der Grafschaft Kleve; sie wurde um 1020 dem aus Flandern geflohenen Adligen Rutger Flaming († ca. 1051) vom Kaiser verliehen. Zum Schutz dieses Gebiets wurde die Burg Kleve errichtet, auf einem ‚Kliff' über dem Rheintal, daher der Name Kleve. Zielgerichtet bauten die Nachfahren Rutgers, die Klever Grafen, ihre Herrschaft weiter aus; sie lag nicht nur am unteren Niederrhein, sondern erstreckte sich mit der Herrschaft Tomburg zeitweise bis in die Rheinbacher Gegend südlich von Bonn. Gesteigert wurde die Machtbasis der Grafen durch ihre Vogteirechte über die reich begüterten Stifte und Klöster am Niederrhein. Wie im Fall der Stifte Zyfflich und Xanten gelang es den Grafen von Kleve, Kirchenvogteien ihrer eigenen Landesherrschaft einzugliedern. Im Verlauf der Jahrhunderte vergrößerten Erbschaften den Besitz; auf diese Weise gelangte z.B. Wesel mit dem umliegenden rechtsrheinischen Gebiet und der Lippemündung an Kleve.

Kleves Konkurrenten um die Herrschaft am Niederrhein waren vor allem die Grafschaft Geldern, besonders im Bereich von Nimwegen, Arnheim und Zevenaar, und im Süden das Erzbistum Köln. Auseinandersetzungen waren häufig, und ihr Ergebnis als Gebietsgewinn und -verlust hing meist von der jeweiligen und immer wieder wechselnden Machtposition ab. Bei der Konsolidierung der Herrschaft spielten die Städtegründungen eine wichtige Rolle. Von klevischer Seite erfolgten sie besonders unter dem Grafen Dietrich VI. (1208–1260): Wesel 1241, Kleve 1242, Kalkar 1233/42, Grieth 1254, Kranenburg vor 1255 und nach neuerer Forschung Büderich nach 1260. 1290 gewann Kleve noch die Reichsstadt Duisburg (zunächst durch Verpfändung), im 14./15. Jahrhundert dann die kurkölnischen Städte Rees und Xanten sowie die geldrischen Gründungen Goch und Emmerich. Diese Städte stellten nicht nur durch ihre Befestigung eine militärische Sicherung des Landes dar, sondern förderten auch Handel und Gewerbe und die daraus fließenden Steuereinnahmen. Wirtschaftlich von großer Bedeutung waren auch die Zollstätten am Rhein, die die Einkünfte der Grafen von Kleve beträchtlich erhöhten und damit ihre Handlungsfähigkeit entscheidend erweiterten.

Nicht alle Gebiete konnten auf Dauer von Kleve gehalten werden. Besonders die südlichen Territorien gingen frühzeitig und zum Teil nach nur kurzer Zugehörigkeit wieder verloren, meist durch Verkauf an den Erzbischof von Köln. Das 1255 ererbte Hülchrath und das 1285/86 an eine klevische Nebenlinie gelangte Oedt wurden bereits in der ersten Hälfte des 14. Jahrhunderts endgültig Kölner Besitz, und das in der zweiten Hälfte des 13. Jahrhunderts an Kleve gekommene kölnische Lehen Linn fiel 1388 an Köln zurück. Seitdem beschränkte sich die Grafschaft Kleve, die 1417 zum Herzogtum aufgewertet wurde, rechtsrheinisch auf die Gebiete nördlich von Duisburg, linksrheinisch auf das Territorium nördlich des geldrischen Oberquartiers, der kurkölnischen Exklave Rheinberg und der Grafschaft Moers. Einzige Ausnahme war das seit 1440 an Kleve verpfändete Wachtendonk, das im Vertrag von Venlo 1543 jedoch an Habsburg abgetreten werden musste. Bereits 1368 war das alte klevische Grafengeschlecht aus der Linie der Flaminge im Mannesstamm ausgestorben, und das klevische Territorium war durch Erbschaft an die Grafen von der Mark übergegangen. In ihrer Hand blieb es bis zum Tode Herzog Johann Wilhelms 1609.

Literatur:
Theodor Ilgen, Quellen zur inneren Geschichte der rheinischen Territorien: Herzogtum Kleve I, Ämter und Gerichte, 3 Bde. (= Publ. d. Gesellschaft für rheinische Geschichtskunde 38), Bonn 1921–1925; Dieter Kastner, Die Grafen von Kleve und die Entstehung ihres Territoriums vom 11. bis 14. Jahrhundert, in: Land im Mittelpunkt der Mächte. Die Herzogtümer Jülich–Kleve–Berg, 2. Aufl., Kleve 1984, S. 53–62; Wilhelm Janssen, Kleve–Mark–Jülich–Berg–Ravensberg 1400–1600, in: Land im Mittelpunkt der Mächte. Die Herzogtümer Jülich–Kleve–Berg, 2. Aufl., Kleve 1984, S. 17–40.

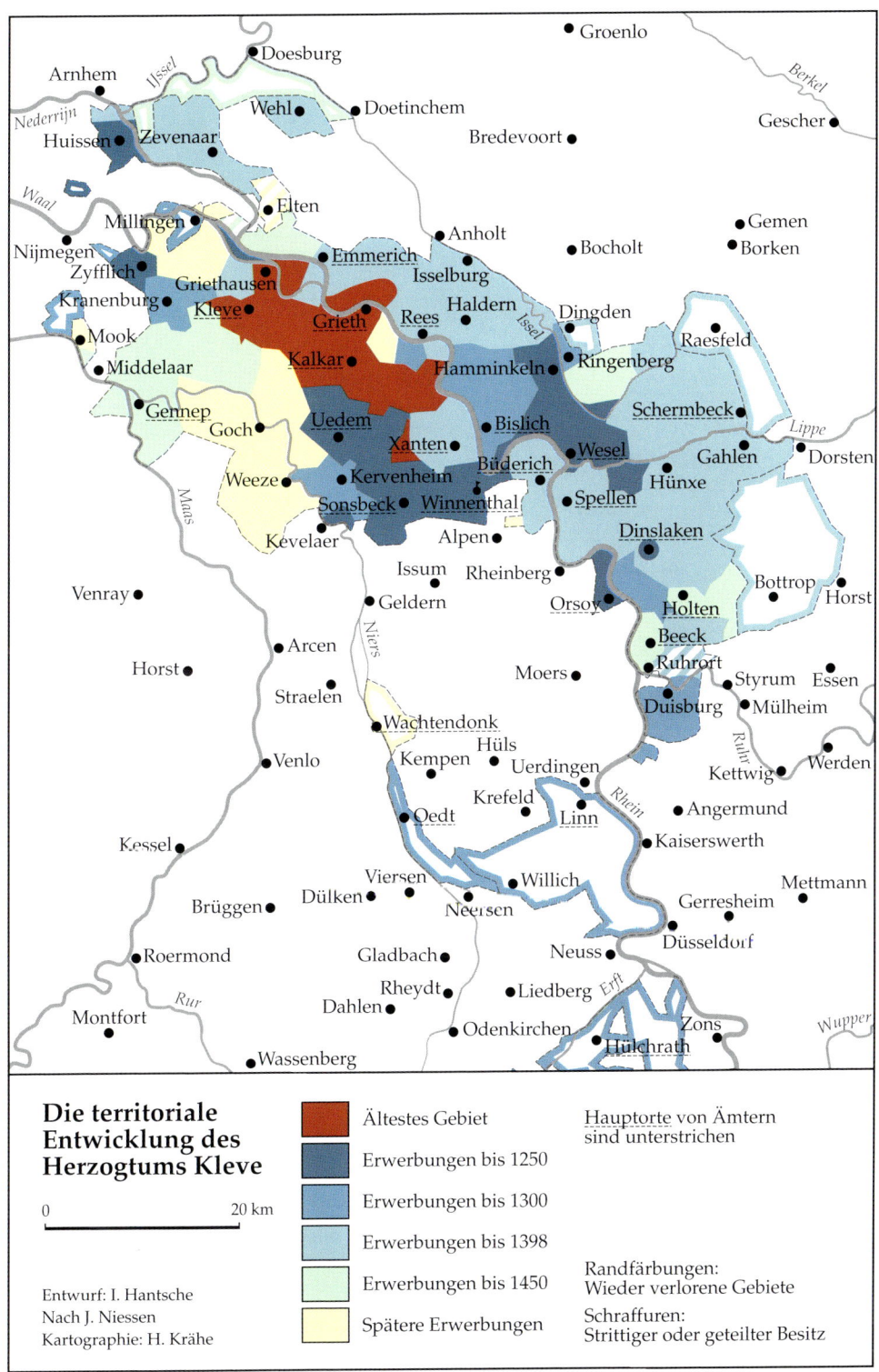

Karte 10: Die territoriale Entwicklung des Herzogtums Kleve

11. Die territoriale Entwicklung des Herzogtums Jülich

Die früheste namentliche Erwähnung eines Grafen im Jülichgau ist für die Mitte des 10. Jahrhunderts belegt. Er entstammte einer begüterten niederlothringischen Familie, deren Streubesitz u.a. auch in der Gegend von Jülich lag. Nachkommen dieses Geschlechts sind dann im 11. Jahrhundert als Grafen von Jülich nachweisbar; ihren Sitz hatten sie auf dem Boden des ehemaligen römischen *Juliacum*. Dieses Jülich galt als Eigenbesitz (Allod) der Erzbischöfe von Köln, und daraus ergab sich ein bedeutsamer enger Bezug – positiv wie negativ – zwischen dem Erzstift und der Grafschaft Jülich. Die vielfältigen Rivalitäten und Auseinandersetzungen, aber auch die teilweise guten Beziehungen zu den Erzbischöfen zogen die Jülicher Grafen mehrfach in die überregionale und sogar in die Reichspolitik hinein, woraus Jülich im Ganzen gesehen mehr Nutzen als Schaden zog.

Auf Dauer gelang es den Grafen von Jülich, ihre Herrschaftsrechte zu vermehren und den ursprünglichen Streubesitz zu einem kompakten Territorium auszubauen. Ihnen kam dabei zu Hilfe, dass die Erzbischöfe von Köln teilweise nicht die politische Macht hatten, dieser Entwicklung gegenzusteuern. 1242 geriet Erzbischof Konrad von Lechenich sogar in die Gefangenschaft des Jülicher Grafen Wilhelm IV. und musste sich im Vertrag von Nideggen verpflichten, in Zukunft auf den Bau von gegen Jülich gerichteten Befestigungen zu verzichten. Dennoch nahmen die Rivalitäten ihren Fortgang. In dem Streit um das Erbe der Grafen von Hochstaden unterlagen die Jülicher dem Erzbischof Konrad von Hochstaden, sie mussten zudem Besitz- und Herrschaftsrechte des Erzstifts bezüglich Zülpich und der Burgen Jülich, Nideggen und Heimbach anerkennen und zugestehen, nur mit der Burggrafschaft von Jülich betraut zu sein. Diese für Jülich ungünstige Situation wandte sich jedoch wenige Jahrzehnte später im Zusammenhang mit dem Limburgischen Erbfolgestreit. Im Gegensatz zu der jülichschen Nebenlinie von Bergheim und Münstereifel nahm Graf Walram von Jülich in dieser Auseinandersetzung Partei für Brabant und gegen Geldern und den Kölner Erzbischof Siegfried von Westerburg und stand daher 1288 nach der Niederlage des Erzbischofs bei Worringen auf der siegreichen Seite.

In der Folgezeit konnten die Grafen von Jülich ihre Herrschaftsrechte konsequent ausbauen und dabei auch jülichsche Nebenlinien wieder mit der Hauptlinie zusammenführen. Als Dank für die Unterstützung des Kaisers wurden die Jülicher Grafen 1336 zu Markgrafen ernannt und damit in den Reichsfürstenstand erhoben. Eine weitere Standeserhöhung erfolgte 1356 unter Wilhelm V. mit der Umwandlung Jülichs in ein Herzogtum. Bereits wenige Jahre zuvor war durch die Ehe Gerhards, des Sohns Wilhelms V. von Jülich, mit Margarethe, der Erbtochter des Grafen von Ravensberg und zugleich Erbin ihres kinderlosen Onkels, des Grafen Adolf VI. von Berg, die Grundlage für die 1423 erfolgende Vereinigung der Herzogtümer Jülich und Berg und der westfälischen Grafschaft Ravensberg gelegt. Das Herzogtum Jülich für sich genommen entwickelte sich durch weitere Gebietsabrundungen bis zum Beginn der Neuzeit zu einem im Zentralbereich weitgehend geschlossenen Flächenstaat, der durch mehrere Exklaven ergänzt wurde. Der Zugang zum Rhein wurde den Herzögen von Jülich allerdings durch die Erzbischöfe von Köln verlegt.

Literatur:

THOMAS R. KRAUS, Die Grafschaft Jülich von den Anfängen bis zum Jahre 1356, in: Land im Mittelpunkt der Mächte. Die Herzogtümer Jülich–Kleve–Berg, 2. Aufl., Kleve 1984, S. 41–51; WILHELM JANSSEN, Kleve–Mark–Jülich–Berg–Ravensberg 1400–1600, in: Land im Mittelpunkt der Mächte. Die Herzogtümer Jülich–Kleve–Berg, 2. Aufl., Kleve 1984, S. 17–40.

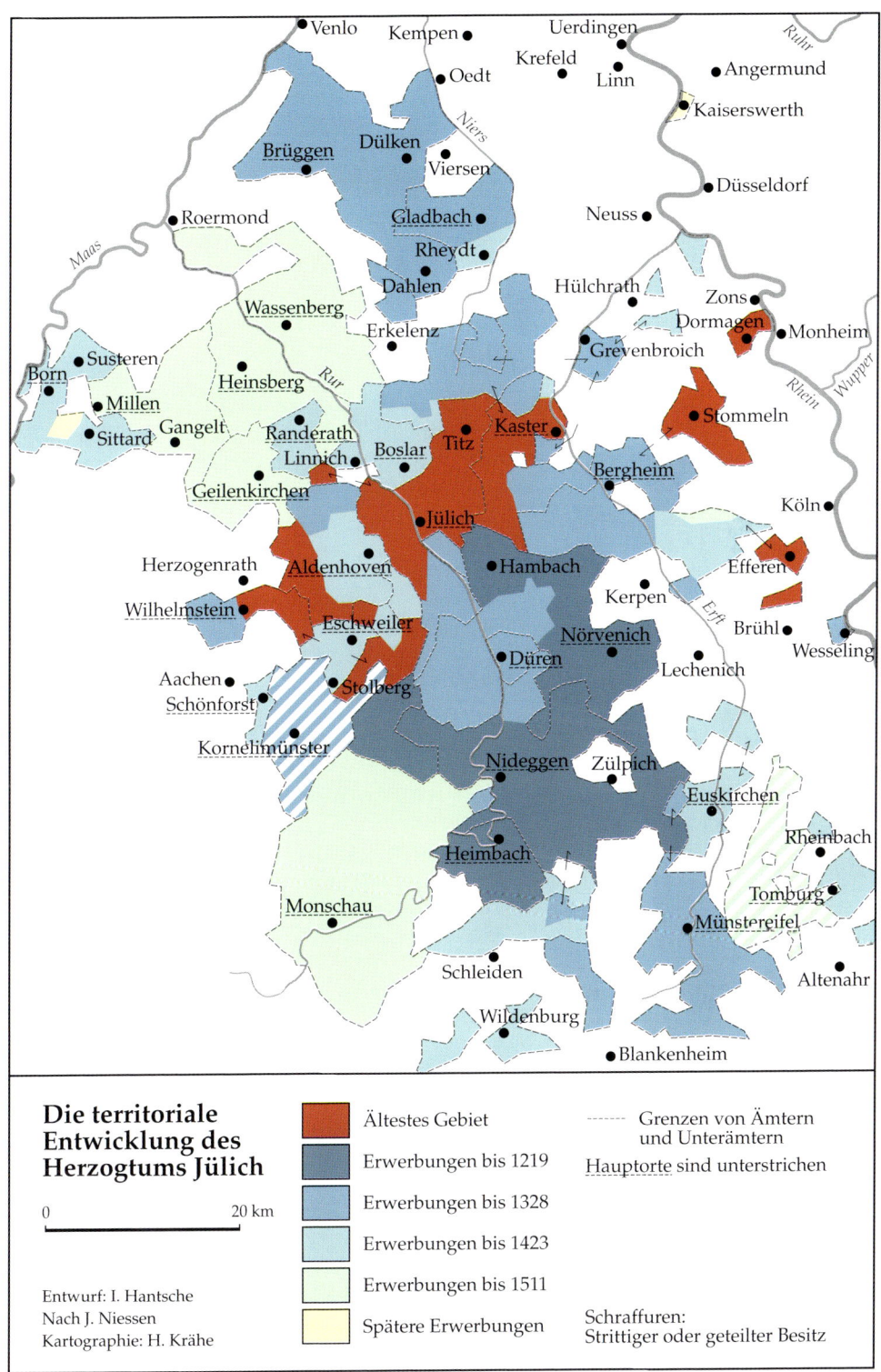

Karte 11: Die territoriale Entwicklung des Herzogtums Jülich

12. Die territoriale Entwicklung des Herzogtums Berg

Das Herzogtum Berg (bis 1380 Grafschaft) war geprägt von mehreren dynastischen Wechseln, wobei die herrschenden Familien sich jedoch stets Grafen bzw. Herzöge von Berg nannten. Die Bezeichnung Graf von Berg ist erstmals für das späte 11. Jahrhundert belegt. Der ursprüngliche Stammsitz, die Burg Berge an der Dhünn, wurde 1133 mit den zugehörigen Ländereien von einem Grafen Adolf von Berg an die Zisterzienser vergeben, die dort das Kloster Altenberg errichteten, das wie das linksrheinische Kloster Kamp von äußerst großer Bedeutung für die Ostkolonisation wurde. Zu diesem Zeitpunkt besaßen die Grafen von Berg noch keine dominierende Stellung unter den Adelsfamilien der Region, doch ihre engen Beziehungen zum Erzstift Köln – allein vier Kölner Erzbischöfe bis 1225 entstammten dem Berger Grafenhaus – steigerten stetig ihre Bedeutung.

Anfänglich war die bergische Herrschaft nicht auf das Rheinland beschränkt; ihr Schwergewicht lag in der ersten Hälfte des 12. Jahrhunderts sogar um die Burg Altena in Westfalen. Doch die um 1160 erfolgte Erbteilung trennte den rheinischen Bereich auf Dauer vom westfälischen Teil, der sich zur Grafschaft Mark entwickelte und nach dem Erlöschen des klevischen Grafenhauses 1368 auch die Grafschaft Kleve gewinnen konnte. Die Grafschaft Berg blieb seit der Erbteilung von 1160 ausschließlich auf rheinisches Gebiet beschränkt. Neuer Stammsitz wurde die Burg über der Wupper, das heutige Schloss Burg. Die guten Beziehungen zu den Kölner Erzbischöfen halfen den Grafen von Berg beim Ausbau ihres Besitzes und ihrer Herrschaftsrechte. Nach dem Aussterben der ersten bergischen Grafenfamilie und dem Übergang von Herrschaft und Titel 1225/26 an die Grafen von Limburg verschlechterten sich jedoch die Beziehungen zum Kölner Erzstift und wurden zu einem Ringen um die Vormachtstellung. Dies war um so bedeutsamer, als die Grafschaft Berg die rheinischen von den westfälischen Teilen des Kölner Erzstifts trennte. Diese Konfliktsituation hielt auch an, als die 1226 in Personalunion verbundenen Grafschaften Berg und Limburg 1241 wieder getrennt wurden. Höhepunkt der Auseinandersetzung wurde der Limburgische Erbfolgestreit nach dem Aussterben der Limburger Grafen 1280. Durch seine vernichtende Niederlage in der Schlacht bei Worringen (1288) konnte Erzbischof Siegfried von Westerburg nicht verhindern, dass das limburgische Erbe an Brabant fiel, das dem bergischen Grafen Adolf V. das Erbfolgerecht abgekauft hatte. Als 1348 auch das bergische Grafenhaus ausstarb, trat Gerhard von Jülich aufgrund seiner Heirat mit der Nichte des letzten bergischen Grafen aus der limburgischen Linie, Adolf VI., als neuer Graf von Berg die Erbfolge an. Doch erst 1423 wurden die Territorien Jülich und Berg zusammengeführt. 1380 war die Grafschaft Berg zum Herzogtum erhoben worden.

Gemeinsam war den Grafen von Berg, dass sie ihre Herrschaftsrechte mit großer Konsequenz ausbauten, wobei vielfältige Mittel eingesetzt wurden: eine kluge Heirats- und damit Erbpolitik zur Vergrößerung der Besitz- und Machtbasis; ein zielstrebiger Erwerb von Vogteien und der Versuch, sie in Herrschaftsrechte umzuwandeln; eine extensive Rodungspolitik, um damit den Eigenbesitz zu vergrößern; die Gründung von Städten mit dem Ziel der Befestigung und Wirtschaftsförderung; die frühzeitige Einebnung des Adels zur Landsässigkeit und seine Einbindung in die ständische Mitverantwortung für das Land. Die Folge war, dass sich die Grafen von Berg ein Territorium aufbauen konnten, das bereits um 1380 eine bemerkenswerte Geschlossenheit aufwies.

Literatur:
NORBERT ANDERNACH, Entwicklung der Grafschaft Berg, in: Land im Mittelpunkt der Mächte. Die Herzogtümer Jülich–Kleve–Berg, 2. Aufl., Kleve 1984, S. 63–73; WILHELM JANSSEN, Kleve–Mark–Jülich–Berg–Ravensberg 1400–1600, in: Land im Mittelpunkt der Mächte. Die Herzogtümer Jülich–Kleve–Berg, 2. Aufl., Kleve 1984, S. 17–40; KARL SCHNEIDER, Die dynastischen Verflechtungen der in Berg regierenden Familien. Die Häuser Berg und Wittelsbach am Niederrhein, in: Romerike Berge, Heft 3, 1985, S. 27–36.

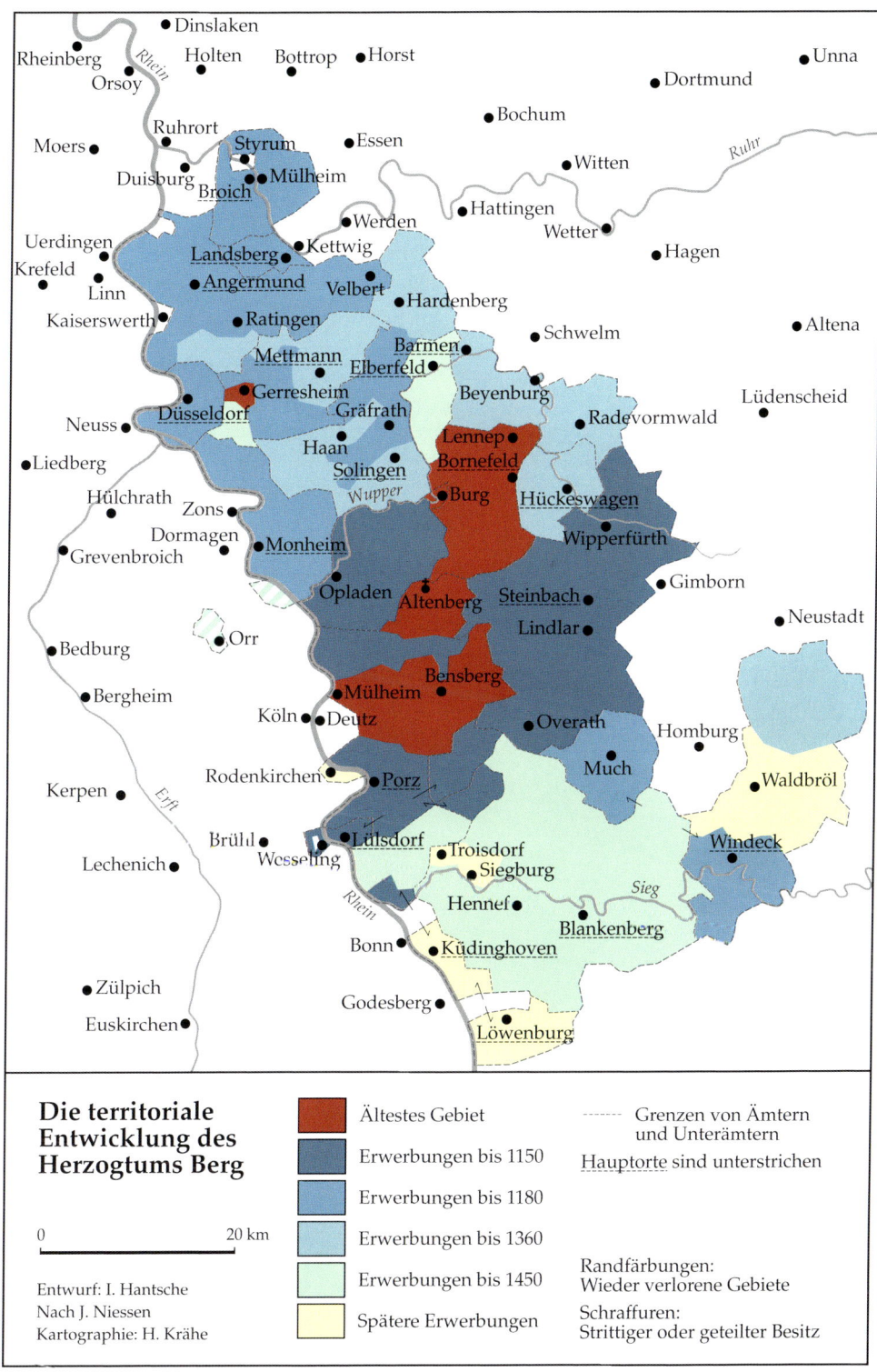

Karte 12: Die territoriale Entwicklung des Herzogtums Berg

13. Geistlicher Grundbesitz als territoriale Grundlage der Grafschaft Moers im Mittelalter

Die Karte zeigt den Bestand an geistlichem Grundbesitz zu unterschiedlichen Zeiten vor dem Entstehen der eigentlichen Grafschaft Moers. Die Grenzziehung spiegelt daher nicht den territorialen oder topographischen Zustand im Mittelalter. Vielmehr zeigt sie das Territorium der Grafschaft Moers mit seiner Exklave Krefeld in der frühen Neuzeit, wie auch am Rheinverlauf deutlich wird. (Das Kasslerfeld liegt infolge eines mittelalterlichen Rheindurchbruchs bereits rechtsrheinisch, während die Rheinverlagerung des 18. Jahrhunderts bei Rheinberg noch nicht erfolgt ist.) Der Flecken Hüls war nur mit seinem nördlichen Teil (Moersische Straße) moersisch, auch Kaldenhausen war in eine kölnische und eine Moerser Hälfte geteilt. Budberg war ein Kondominium mit Kurköln, Ossenberg eine kölnische Erbvogtei.

Die frühesten und zugleich umfangreichsten geistlichen Besitzungen in der späteren Grafschaft Moers gehörten der an der Ruhr gelegenen Abtei Werden. Es sind im Wesentlichen Güter, die zuvor als Fiskus Friemersheim in fränkischem Königsbesitz waren und ursprünglich wohl aus römischem Fiskalbesitz stammten. Karl der Große schenkte den Fiskus Friemersheim dem 799 von Liudger gegründeten Werdener Kloster als wirtschaftliche Grundlage für dessen Aufgaben im Rahmen der Sachsenmission. Insgesamt bestand der Fronhofsverband von Friemersheim aus 121 $^1/_2$ Hufen in 20 Dörfern, vornehmlich in der näheren Umgebung von Friemersheim. Die einzelnen Besitzungen waren von sehr unterschiedlichem Umfang; sie hatten die Größe von einer bis zu 20 (Rumeln) oder sogar 30 (Friemersheim) Hufen. Eingezeichnet sind hier nur die Besitzungen auf später moersischem Gebiet. Durch weitere Erwerbungen konnte der Werdener Besitz noch vergrößert werden. Es gelang den Rittern von Friemersheim durch den Ausbau von Verträgen, die Werdener Fronhöfe Borg und Friemersheim als Pachtbesitz zu erlangen und zur Herrschaft Friemersheim auszubauen, die im 14. Jahrhundert zunächst durch Verpfändung, dann durch Kauf in die Hand der Grafen von Moers gelangte.

Der zweitgrößte Anteil an geistlichem Besitz gehörte dem 1125 gegründeten Zisterzienserkloster Kamp, das wie die übrigen kirchlichen Eigentümer von Moerser Gütern außerhalb der späteren Grafschaft Moers lag. Während das Stift Xanten ebenfalls über eine Anzahl von Höfen im Moerser Gebiet verfügte, hatten die anderen geistlichen Institutionen, die teilweise weit entfernt lagen, nur jeweils eine Besitzung: St. Heribert Deutz in Strommörs, das Kloster Echternach und das Erzbistum Köln in Repelen, St. Maria Rees und die Abtei Prüm in Hochemmerich und das Kloster Meer sowie St. Gertrud Nivelles in Krefeld. Der Klosterbesitz von Corbie (später Xanten), Echternach, Prüm und Nivelles verweist auf die Missionszeit vor dem 8. Jahrhundert.

Im Gebiet der sog. Wald- oder Holzgrafschaft besaßen die Grafen von Moers das Rodungsrecht und damit die Möglichkeit, durch Ansiedlung von Bauern Einkünfte zu erzielen. Die Karte verdeutlicht, dass grundherrliche Rechte und vor allem Vogteirechte an geistlichem Grundbesitz die eigentliche Basis für die spätere Landesherrschaft bildeten und damit zur territorialen Grundlage der Grafschaft Moers wurden.

Literatur:

Dieter Kastner, Zur Lage des Hofes Karls des Großen in Friemersheim, in: Duisburger Forschungen Bd. 27, 1979. S. 1–20; Hans-Werner Goetz, Die Grundherrschaft des Klosters Werden und die Siedlungsstrukturen im Ruhrgebiet im frühen und hohen Mittelalter, in: Vergessene Zeiten. Mittelalter im Ruhrgebiet, Katalog Bd. 2, Essen 1990, S. 80–88; Rudolf Kötzschke, Die Urbare der Abtei Werden an der Ruhr, Bd. I: Die Urbare vom 9.–13. Jahrhundert (= Publikationen der Gesellschaft für Rheinische Geschichtskunde, XX,2), Bonn 1906, S. 15–20; Matthias Dicks, Die Abtei Camp am Niederrhein, Kempen 1913; Leopold Henrichs, Geschichte der Grafschaft Moers, Hüls–Krefeld 1914; Carl Hirschberg, Geschichte der Grafschaft Moers, 2. Aufl., Moers o.J. [1904].

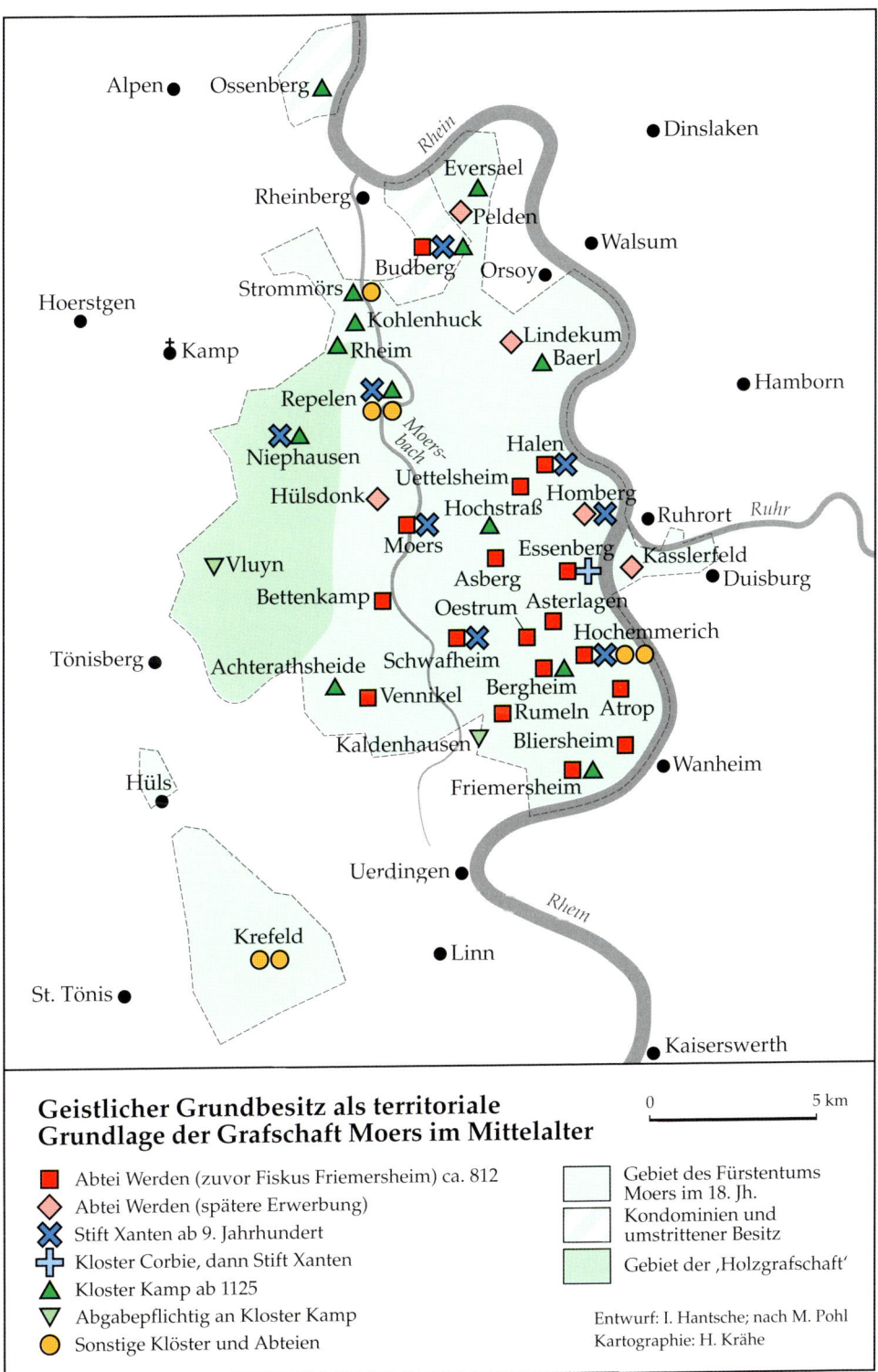

Karte 13: Geistlicher Grundbesitz als territoriale Grundlage der Grafschaft Moers im Mittelalter

14. Von Rheinverlagerungen beeinflusste Siedlungen

Bevor im 19. Jahrhundert mit Hilfe von Eindeichungen und anderen wasserbautechnischen Maßnahmen (z.B. Bau von Buhnen und Uferbefestigungen) eine Stromregulierung erfolgte, hatte der Rhein nicht nur regelmäßig Überschwemmungen durch Hochwasser hervorgerufen, sondern auch seinen Lauf ständig verändert. Denn nur in seltenen Fällen wird der Fluss im Bereich des Niederrheins auf natürliche Weise eingezwängt, sodass er in der weiten Auenlandschaft viel Platz zum Mäandrieren hatte. Die dabei entstehenden vielen Stromschlingen blieben nicht konstant, sondern bewegten sich mit einer Geschwindigkeit von 5–14 Metern pro Jahr flussabwärts, sodass der Strom über die Jahrhunderte seinen Lauf beträchtlich änderte. Besonders bei Hochwassern suchte sich der Fluss zudem häufig ein ganz neues Bett, indem er am Schlingenhals durchbrach und dadurch seinen Lauf verkürzte und beschleunigte. Auf diese Weise entstanden Altwasser, die z.T. noch über Jahrhunderte Wasser führten und manchmal auch mit dem Rhein verbunden blieben.

Die Römer legten an Altarmen z.T. ihre Lager an; später wurden auf Erhebungen innerhalb von schützenden Altwässern gelegentlich Ansiedlungen errichtet. Doch nicht selten gefährdeten die Änderungen des Flusslaufs Gebäude und ganze Orte oder schwemmten sie sogar weg, wie das Kirchdorf Halen auf dem Boden des antiken Calo, dessen Lage unter der jetzigen Rheinbrücke bei Duisburg-Baerl vermutet wird. Außerdem führten Stromverlagerungen dazu, dass Siedlungen ihre Flusslage und damit wirtschaftliche Vorteile verloren. Der Wechsel des Rheinlaufs hatte also nicht nur Folgen für die Landschaft, sondern auch für die in ihr lebenden Menschen, wie schriftliche und archäologische Überreste bezeugen. Wegen der häufigen Änderungen ist es jedoch nicht möglich, eine über Jahrhunderte gültige Rheinkarte zu erstellen, zumal wir für viele Perioden, etwa die Römerzeit, den genauen Verlauf des Flusses überhaupt nicht kennen.

Die Auswirkungen waren für die betroffenen Orte sehr unterschiedlich. Schenkenschanz, die Festung in der ehemaligen Rheingabelung, verlor durch den Wegfall der strategisch herausragenden Stellung jegliche Bedeutung; die Zollstätten Lobith, Griethausen und Schmithausen sanken durch den Verlust der Rheinlage zu unbedeutenden Gemeinden ab. Auch Rheinberg verlor seinen Zoll und stagnierte wirtschaftlich. Hier wurde die natürliche Flussverlagerung noch künstlich verstärkt, indem Preußen zu Beginn des 18. Jahrhunderts den noch bestehenden Rheinberger Altarm zuschüttete, um die kurkölnische Stadt zugunsten eigener Interessen (besonders in Bezug auf Orsoy) endgültig vom Strom abzuschneiden. Duisburg und Neuss wurden ebenfalls durch die Rheinverlagerung benachteiligt, obwohl über Altwässer zunächst der Handelsverkehr noch zur Stadt geführt werden konnte. Doch im 15. bzw. 17. Jahrhundert verlandeten diese Arme, und beide Städte erlitten einen großen wirtschaftlichen Rückschlag. Erst im 19. Jahrhundert konnte dieser Nachteil wieder ausgeglichen werden und wandte sich sogar in sein Gegenteil, als die ehemaligen Altarme und das leicht auszuhebende Schwemmland zwischen der mittelalterlichen Stadt und dem Rhein zu Hafenbecken ausgebaut bzw. zur Industrieansiedlung genutzt werden konnten. Letztlich profitierten also sowohl Duisburg wie Neuss durch die Rheinverlagerung, zumal durch die Ausdehnung der Stadt und durch Eingemeindungen beide Städte ihre Flusslage zurückgewannen.

Literatur:
Christine Hoppe, Die großen Flußverlagerungen des Niederrheins in den letzten zweitausend Jahren und ihre Auswirkungen auf Lage und Entwicklung der Siedlungen, Bonn-Bad Godesberg 1970; Rudolf Strasser, Die Veränderungen des Rheinstromes in historischer Zeit, Bd. 1: Zwischen der Wupper- und der Düsselmündung, Düsseldorf 1992; Ders., Die spätmittelalterlich-neuzeitlichen Rheinlaufverlagerungen zwischen Grieth und Griethausen, in: Kulturlandschaft und Bodendenkmalpflege am unteren Niederrhein, hg. von Landschaftsverband Rheinland (= Materialien zur Bodendenkmalpflege, Heft 2), Köln 1993, S. 54–56; Renate Gerlach, Die natürlichen Grundlagen der Kulturlandschaft oder ‚Wie alt ist die Aue?', in ebd., S. 57–85.

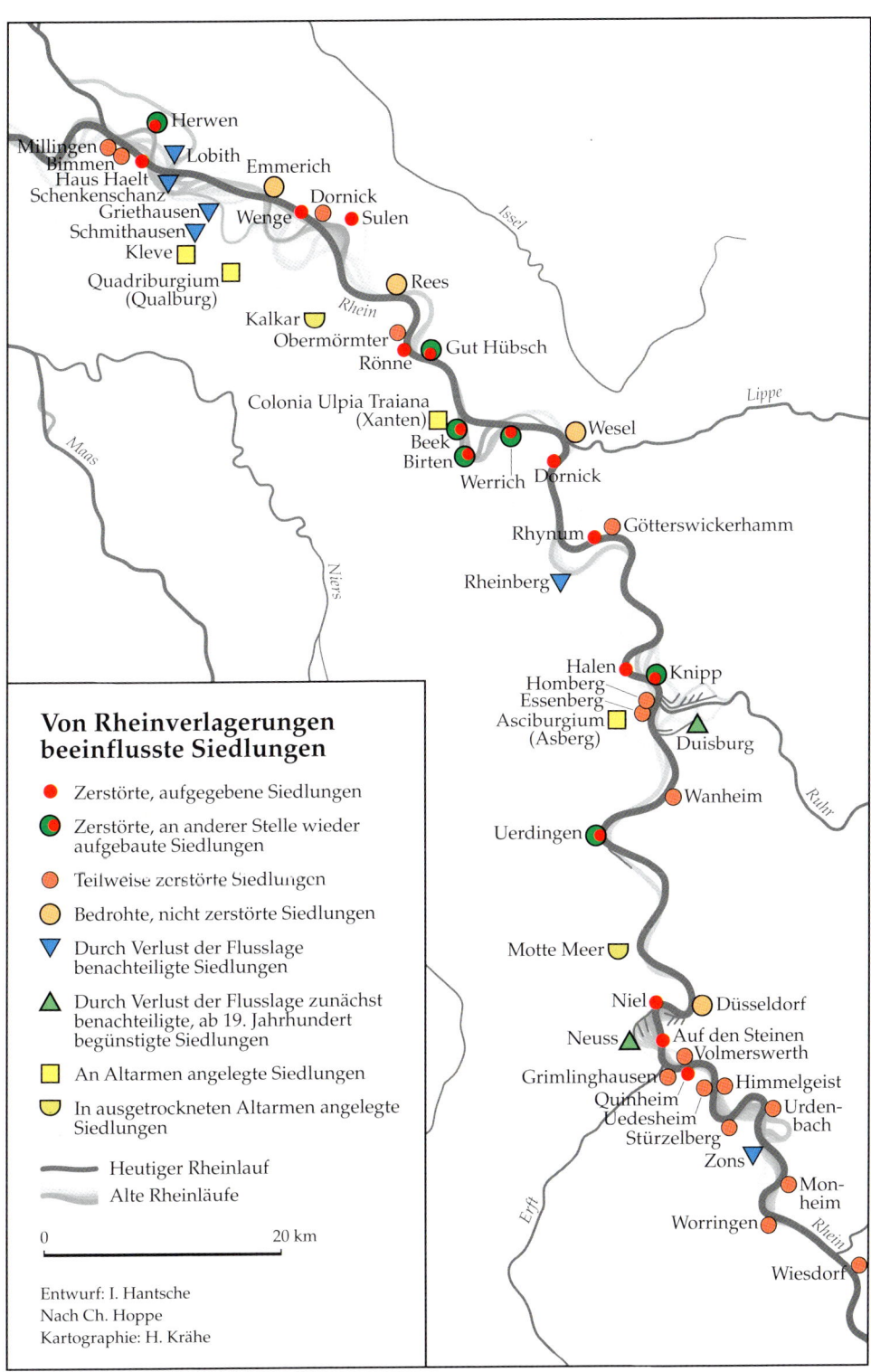

Karte 14: Von Rheinverlagerungen beeinflusste Siedlungen

15. Der Rhein bei Duisburg vom 1. bis 20. Jahrhundert

Der Duisburger Raum ist im Verlauf der Geschichte von mehreren Rheinverlagerungen betroffen worden. Die Lage des augustaeischen Auxiliarkastells *Asciburgium* (Asberg) lässt auf eine Rheinlaufänderung in der Antike schließen. Als Teil der römischen Grenzbefestigung von Xanten über Neuss nach Köln (vgl. Karte ‚Das Niederrheingebiet in römischer Zeit') war es linksrheinisch an einer nach Westen ausgreifenden ehemaligen Stromschlinge erbaut, von der im ersten Jahrhundert zumindest noch ein wasserführender Altarm vorhanden gewesen sein muss. Römische Überreste des 2. Jahrhunderts in der Auenlandschaft innerhalb der ehemaligen Schlinge lassen darauf schließen, dass um diese Zeit der Rhein seit längerem nicht mehr den Mäander durchfloss, sondern sich östlich der römischen Festung bei Werthausen ein neues Bett gesucht hatte.

Im Mittelalter verlief der Rhein zunächst in einer nach Osten ausgreifenden Schlinge, die schon in römischer Zeit vorhanden war und die den erhöhten Sporn des ursprünglich linksrheinischen Kasslerfeldes umfloss. Die südlich der Schlinge entstehende Siedlung Duisburg besaß eine hervorragende Lage; sie lag weitgehend hochwasserfrei auf einer Niederterrasse und war von drei Seiten durch Wasserläufe geschützt: durch den Rhein im Norden, durch die Ruhr im Osten und den Dickelsbach im Westen. Da die Niederterrasse bei Duisburg beidseitig dicht an den Rhein heranragt – eine Ausnahmesituation am Niederrhein –, besaß der Ort die prädestinierte Lage für einen Rheinübergang. Dazu kam, dass Duisburg nicht nur der Ausgangspunkt des nach Osten führenden Hellwegs war, eines vermutlich schon in vorgeschichtliche Zeit zurückreichenden Verkehrsweges, sondern außerdem an einer wichtigen Nord-Süd-Straße lag. Diese bevorzugte Lage wurde jedoch stark beeinträchtigt durch den Rheindurchbruch südlich von Essenberg, der nach neuesten Forschungen nicht um 1200, sondern bereits am Ende des 10. Jahrhunderts stattgefunden haben muss, und der Duisburg der Rheinlage beraubte. Zunächst wurde der Handel davon nicht allzusehr beeinträchtigt, da bis ca. 1400 die Verbindung zum neuen Rheinbett über einen Altarm möglich war, dessen zunehmende Verlandung jedoch den Schiffsverkehr schließlich unmöglich machte. Auch der Verlauf der Ruhr, die ursprünglich östlich der Stadt in den Rhein mündete, änderte sich und trug zur Verschlechterung der Verkehrslage und damit der wirtschaftlichen Situation bei. Die Folge war, dass die Handelsstadt Duisburg zu einer Ackerbürgerstadt abstieg.

Erst im Zuge des Hafenbaus im 19. Jahrhundert und durch die Eingemeindung Ruhrorts 1905 wurde Duisburg wieder an den Rhein angeschlossen. Das weiche Schwemmland des Rheins bot gute Voraussetzungen für die Ausschachtung der Hafenbecken; der Innenhafen am Rande der Altstadt verläuft sogar im ehemaligen Rheinbett. Indem das Gebiet der ehemaligen Rheinschlinge das notwendige Areal für Industrie und Häfen bot, erwies sich die mittelalterliche Rheinverlagerung sogar als Vorteil für die wirtschaftliche Entwicklung der Stadt im 19. und 20. Jahrhundert.

Literatur:
GÜNTER KRAUSE, *Archaeological evidence of medieval shipping from the Old Town of Duisburg, Lower Rhineland*, in: *Travel, Technology and Organisation in Medieval Europe, Papers of the ‚Medieval Europe Brugge 1997' Conference*, Vol. 8, Zellik 1997, S. 101–116; DERS., Die Duisburger Stadtbefestigung von ihren Anfängen bis heute, in: Gabriele Isenberg und Barbara Scholkmann (Hg.), Die Befestigung der mittelalterlichen Stadt, Köln 1997, S. 249–261; RENATE GERLACH, Die Entwicklung der naturräumlichen historischen Topographie rund um den Alten Markt, in: Günter Krause (Hg.), Stadtarchäologie in Duisburg 1980–1990 (= Duisburger Forschungen 38), Duisburg 1992, S. 66–88; CHRISTINE HOPPE, Die großen Flußverlagerungen des Niederrheins in den letzten zweitausend Jahren und ihre Auswirkungen auf Lage und Entwicklung der Siedlungen (= Forschungen zur deutschen Landeskunde, Bd. 189), Bonn-Bad Godesberg 1970; HANS SCHELLER, Der Rhein bei Duisburg im Mittelalter, in: Duisburger Forschungen Bd. 1, 1957, S. 45–86; DERS., Laufverlagerungen der Ruhr nördlich von Duisburg, in: Duisburger Forschungen Bd. 2, 1959, S. 43–70.

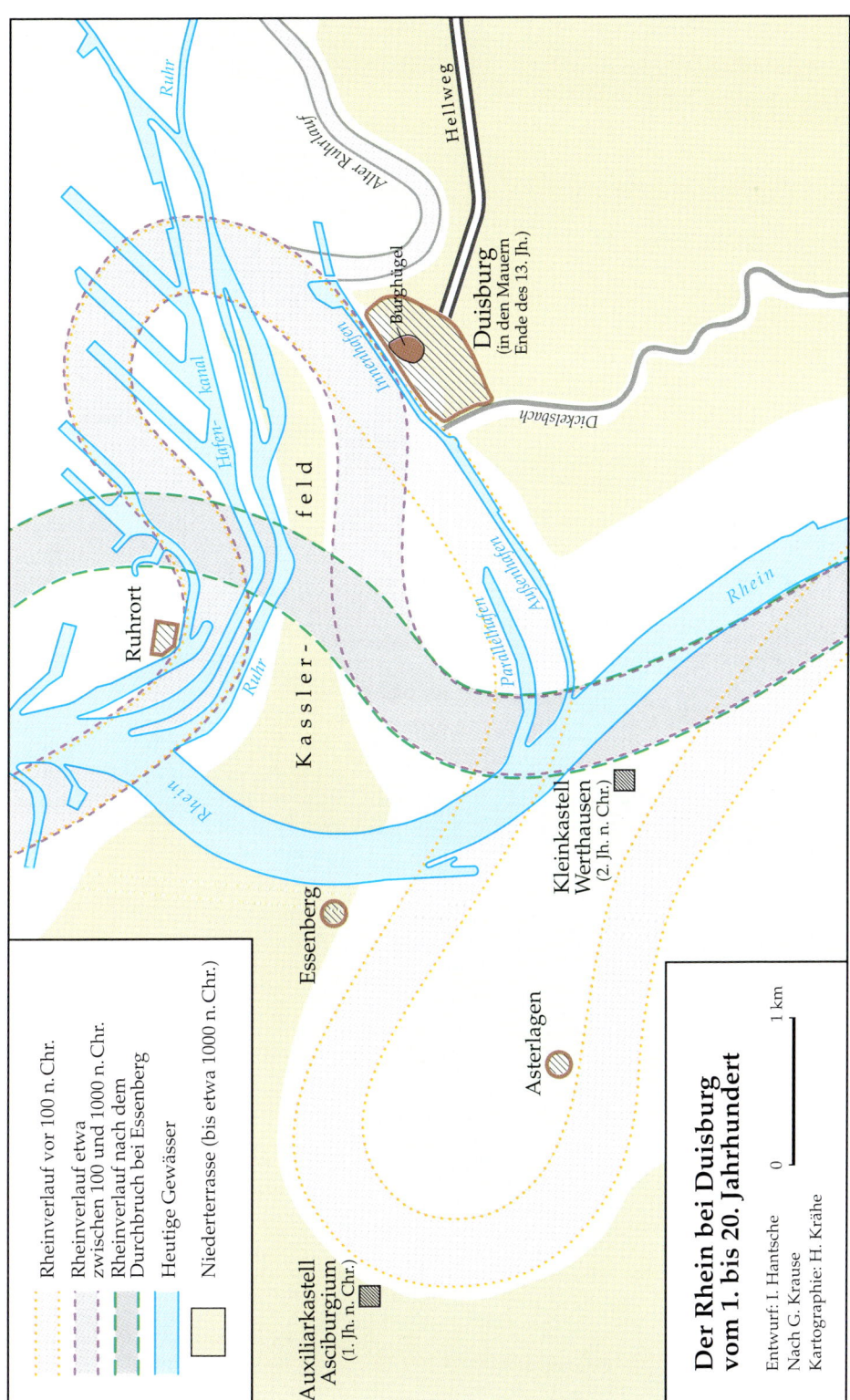

Karte 15: Der Rhein bei Duisburg vom 1. bis 20. Jahrhundert

16. Zollstätten am Niederrhein bis 1400

Bis in die Neuzeit besaßen Flussläufe eine größere Bedeutung für den Warenverkehr als die durchweg schlecht ausgebauten Straßen, und der Transport auf dem Wasser war erheblich bequemer und billiger als auf dem Landweg. Auf dem Rhein, der wichtigsten Nord-Süd-Verbindung, kam es schon frühzeitig zu einer ausgedehnten Erhebung von Zöllen (allein 25 Zollstellen von Bingen bis Bonn). Das ursprüngliche königliche Regal war bald an die regionalen Gewalten übergegangen, zunächst als Schiffszoll, dann als Warenzoll, für den das Weinfuder als Bemessungsgrundlage verwandt wurde. Vom Ursprung her waren die Rheinzölle leistungsbezogen, indem sie Aufwendungen für die Unterhaltung des Wasserwegs (z.B. Bau von Dämmen und Treidelpfaden), aber auch die Sicherung des Schiffsverkehrs (in Form von Geleitsgeld) abgelten sollten. Doch immer stärker trat der fiskalische Charakter in den Vordergrund. Die Zölle erwiesen sich als willkommene Einnahmequelle und machten zum Teil über 50 % der landesherrlichen Einkünfte aus. Neben Zöllen und Geleitsgeld wurden am Ende des 16. Jahrhunderts noch die Lizente eingeführt, Sonderabgaben in Kriegszeiten, die nicht selten zu einer Dauergebühr wurden.

Der Durchfahrtzoll (Warentransit) war oft verbunden mit dem Marktzoll (Warenumschlag). Auch der Übergang vom Fluss zur Straße und umgekehrt unterlag häufig einem Zoll, wie besonders am Weseler Beispiel deutlich wird. Transporte über Land zum Umgehen von Rheinzöllen wurden also nicht nur durch Landzollstätten erschwert. So besaß Köln das Stapelrecht, d.h. alle Waren, die auf dem Rhein an Köln vorbeigeführt werden sollten, mussten für drei Tage ausgeladen und in der Stadt zum Kauf angeboten werden. Abgesehen von der dadurch eintretenden Verzögerung brachte diese Maßnahme eine weitere Verteuerung, z.B. durch Lagergebühren, Einschalten von Mittelsmännern etc. Dass die Kaufleute überhaupt in der Lage waren, diese vielfältigen Abgaben zu bezahlen, zeigt, wie lukrativ der Fernhandel war.

Von der großen Anzahl der im Lauf der Jahrhunderte nachgewiesenen Zollstätten waren nicht alle gleichzeitig in Betrieb, und einige bestanden nur kurz. Denn die natürliche Verlagerung des Flusslaufes gerade im Bereich des Niederrheins, aber auch die Änderung der politischen Gegebenheiten und Besitzverhältnisse (zum Teil durch Verpfändungen, vgl. z.B. Kaiserswerth) führten mehrfach zur Verlegung, teilweise auch zur Neueinrichtung oder Aufgabe von Zollstätten. Eine allgemeine Aussage über den Bestand und über die Zuordnung zu Territorien ist daher nicht möglich. Allerdings kann gesagt werden, dass die Zollrechte am Niederrhein hauptsächlich, wenn auch nicht durchgängig, in der Hand von zwei Territorialherren lagen, dem Herzog von Kleve bzw. seinem Nachfolger, dem Kurfürsten von Brandenburg / König von Preußen (Duisburg, Ruhrort, Orsoy, Büderich, Rees, Schmithausen, Emmerich, Griethausen, Lobith, Huissen) und dem Erzbischof von Köln (Bonn, Zons, Worringen, Neuss, Uerdingen, Rheinberg). Die Aufhebung der Rheinzölle begann erst 1803 mit dem Reichsdeputationshauptschluss und erfolgte endgültig 1868 durch die Mannheimer Schifffahrtsakte.

Literatur:
MARIE SCHOLZ-BABISCH, Quellen zur Geschichte des klevischen Rheinzollwesens vom 11. bis 18. Jahrhundert, Wiesbaden 1971; FRIEDRICH PFEIFFER, Rheinische Transitzölle im Mittelalter, Berlin 1997; THEO SOMMERLAD, Die Rheinzölle im Mittelalter, Halle 1894 (Nachdruck Aalen 1978); GEORG DROEGE, Die kurkölnischen Rheinzölle im Mittelalter, in: Annalen des Historischen Vereins für den Niederrhein 168/169 (1967), S. 21–47; W. JAPPE ALBERTS, Der Rheinzoll Lobith im späten Mittelalter, Bonn 1981; KLAUS VAN EICKELS, Große Schiffe, kleine Fässer: Der Niederrhein als Schifffahrtsweg im Spätmittelalter, in: Dieter Geuenich (Hg.), Der Kulturraum Niederrhein, Bd. 1: Von der Antike bis zum 18. Jahrhundert, 2. Aufl. 1998, S. 43–66; NIKLOT KLÜSSENDORF, Studien zu Währung und Wirtschaft am Niederrhein vom Ausgang der Periode des regionalen Pfennigs bis zum Münzvertrag von 1357, Bonn 1974, S. 67–81.

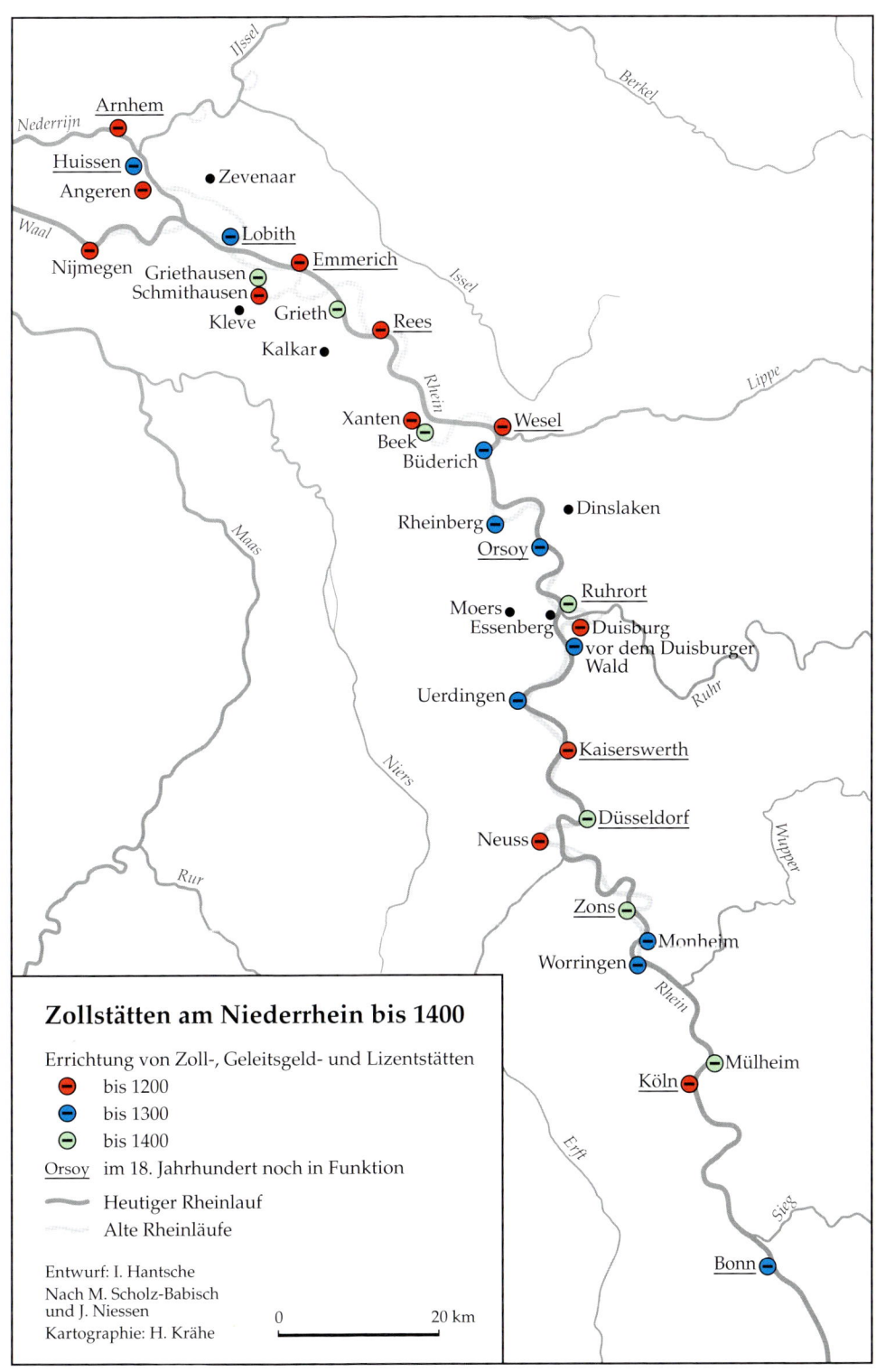

Karte 16: Zollstätten am Niederrhein bis 1400

17. Münzstätten am Niederrhein in der ersten Hälfte des 14. Jahrhunderts

Selbst in dem verhältnismäßig kleinen Niederrheingebiet war die Vielfalt der Münzensorten und Währungen im Mittelalter und in der frühen Neuzeit erstaunlich groß. Das Prägerecht, ursprünglich ein königliches Regal, war im 13. Jahrhundert weitgehend an die Landesherren übergegangen. Bis zur Niederlage in der Schlacht bei Worringen (1288) war der vom Erzbischof in der Stadt Köln geprägte Kölner Pfennig *(denarius Coloniensis)* die führende Münze des Niederrheins mit zugleich überregionaler Bedeutung. Nach 1288 wurde er teilweise ersetzt durch den geringerwertigen Heller (= Pfennig aus Hall) sowie durch den aus England stammenden Sterling und den Brabantiner. Größere Handelsgeschäfte wurden häufig mit ‚Buchgeld' ausgeführt, dem Schilling (= 12 Pfennige) und dem Pfund (= 20 Schilling), für die es zunächst keine Münzen gab. Nachdem der französische König 1266 erstmals den ‚Zählschilling' hatte ausprägen lassen, setzte sich diese neue Münze auch am Niederrhein durch und verdrängte zum Teil den Pfennig. Als Königsturnose (genannt nach Tours in Frankreich) wurde sie im 14. Jahrhundert auch am Niederrhein nachgeprägt und gab als ‚große' Turnose dem Groschen seinen Namen. Für den Niederrhein gewann die Königsturnose besondere Bedeutung, da sie spätestens ab 1309 unter dem Begriff Zollturnose auch als Einheit für Rheinzoll-Tarife verwandt wurde.

Zu Beginn des 14. Jahrhunderts erhöhte sich die Zahl der Münzsorten am Niederrhein. Die Kölner Erzbischöfe prägten Großpfennige (ihr Wert entsprach ca. 2 $^1/_2$ Pfennigen) und deren Häblinge, aber auch Sterlinge englischer Art. Zu Beginn der 30er-Jahre wurde dann die erzbischöfliche Pfennigprägung eingestellt und durch die Prägung von Groschen ersetzt. Auch bei den Groschen gab es eine große Vielfalt; Erzbischof Walram (1332–1349) führte allein sieben Groschenarten ein. Sie besaßen ursprünglich den Wert eines Schillings zu 12 Pfennigen, stiegen dann aber je nach Prägeort und -zeit im Wert bis zu zwei Schillingen. Von ihnen gab es außerdem Teilstücke. In verschiedenen niederrheinischen Münzstätten erfolgte seit den 40er-Jahren des 14. Jahrhunderts auch die mit besonderen Privilegien verbundene Prägung von Goldmünzen (Gulden), die zuvor als Florene (benannt nach Florenz) zunächst aus Italien, dann aber auch aus Frankreich eingeführt worden waren.

Die Vielfalt der Münzsorten wurde noch vergrößert durch den häufig unterschiedlichen Wert von Münzen gleichen Namens, eine Folge des Rechts der Münzherren, Schrot (Gewicht) und Korn (Feingehalt) der Münzen festzusetzen. Besonders häufig waren derartige Abweichungen in Zeiten von Münzverschlechterungen oder bei Nach- und Konkurrenzprägungen. Diese Münzvielfalt erschwerte den Zahlungsverkehr und damit die gesamte Wirtschaft und führte zur Notwendigkeit von komplizierten Umrechnungen sowie von professionellem Geldwechsel, den die Städte meist in eigener Regie betrieben. Zudem wurde häufig festgelegt, in welcher Münzsorte Geldleistungen zu tätigen waren, oder es wurden Prägungen vorgeschrieben, deren Anerkennung für einen bestimmten Ort gewährleistet war. Ein Versuch, die Münzvielfalt am Niederrhein durch den Vertrag von 1357 zwischen dem Kölner Erzbischof, dem Herzog von Jülich und den beiden Reichsstädten Köln und Aachen einzudämmen, hatte zwar einen geringen aber keinen dauerhaften Erfolg.

Literatur:
Niklot Klüssendorf, Studien zu Währung und Wirtschaft am Niederrhein vom Ausgang der Periode des regionalen Pfennigs bis zum Münzvertrag von 1357 (= Rheinisches Archiv 93), Bonn 1974; Manfred van Rey, Kurkölnische Münz- und Geldgeschichte im Überblick, in: Kurköln. Land unter dem Krummstab. Essays und Dokumente, hg. vom Nordrhein-Westfälischen Hauptstaatsarchiv Düsseldorf, Kreisarchiv Viersen und Arbeitskreis niederrheinischer Kommunalarchivare, Kevelaer 1985, S. 281–299; Volker Zedelius, Münzprägung in Xanten, in: Studien zur Geschichte der Stadt Xanten 1228–1978, Köln 1978, S. 47–56.

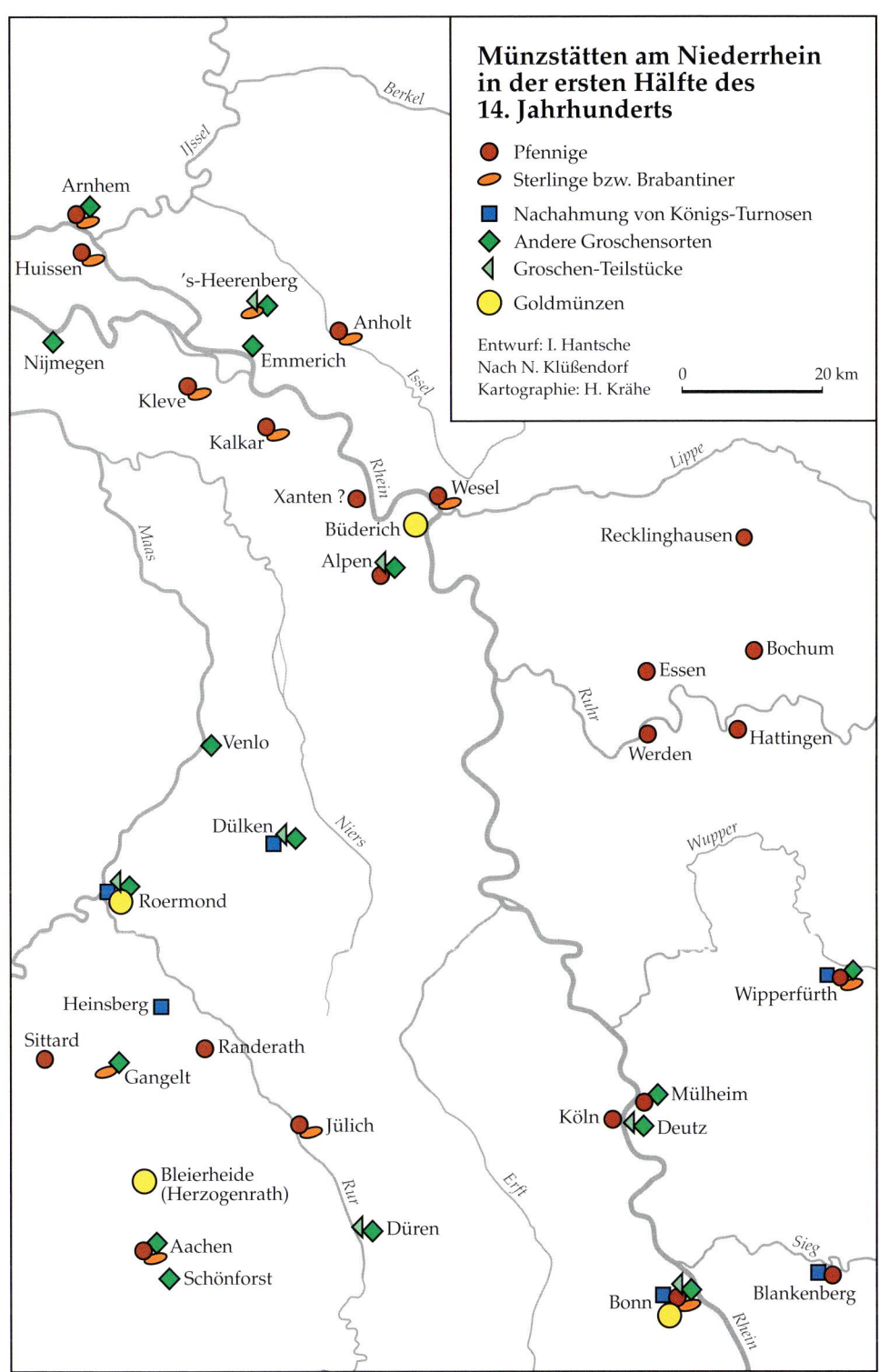

Karte 17: Münzstätten am Niederrhein in der ersten Hälfte des 14. Jahrhunderts

18. Juden am Niederrhein bis zur Mitte des 14. Jahrhunderts

Die Karte konzentriert sich auf die Zeit von der Mitte des 13. bis zur Mitte des 14. Jahrhunderts. In diesen rund hundert Jahren zeigte sich in Deutschland eine relativ große Blüte jüdischen Lebens. In vielen Orten ließen sich erstmals Juden nieder, in anderen, in denen sie bereits vorher ansässig gewesen waren, stieg ihre Zahl. Ihr Ende fand diese positive Entwicklung in den Judenverfolgungen der Pestzeit um 1349, als der Ausbruch des ‚Schwarzen Todes' – vermeintlich durch Brunnenvergiftung – den Juden angelastet wurde.

Der Schwerpunkt der jüdischen Gemeinden in Deutschland lag am Mittel- und Oberrhein, doch auch am Niederrhein gab es zahlreiche jüdische Ansiedlungen. Eines der wichtigsten Zentren jüdischen Lebens in Mitteleuropa war Köln, wo bereits in römischer Zeit eine Gemeinde existiert hatte. Innerhalb der Umwallung der mittelalterlichen Stadt bildete das jüdische Wohnviertel einen eigenen Stadtbezirk, der im 14. Jahrhundert zunehmend von den umliegenden Straßen abgetrennt wurde. Allerdings erfolgte keine absolute Abriegelung, zumal in diesem zentral gelegenen Viertel stets auch christliche Familien lebten und sich hier auch das Rathaus der Stadt befand. Neben Synagoge und rituellem Tauchbad hatte das Kölner Judenviertel u.a. ein gemeindeeigenes Backhaus, Badehaus, Tanz- und Hochzeitshaus. In den meisten niederrheinischen Städten gab es jedoch nur kleine jüdische Gemeinden oder auch nur einzelne Familien, deren Wohnstätten sich auf eine ‚Judenstraße' beschränkten oder auch in der Stadt verstreut lagen. Allerdings gibt die unzureichende Quellenlage vielfach keinen sicheren Aufschluss über die örtlichen Verhältnisse, besonders abseits der städtischen Zentren. Auffällig und sicherlich zutreffend ist aber, dass sich die meisten Siedlungen in wirtschaftlich wichtigen Regionen und bevorzugt entlang der Fernhandelswege fanden, so am Rhein oder in seiner Nähe und im Bereich der Strecke vom Rhein über Werden, Essen nach Dortmund, Unna und Hamm.

In Köln verfügten viele Juden über Hausbesitz; ihre wirtschaftliche Situation kann demnach nicht ungünstig gewesen sein. Allerdings war die jüdische Minderheit vom zünftigen Handwerk ausgeschlossen und weitgehend auf einige wenige ökonomische Nischenfunktionen beschränkt. Vor allem im Kreditwesen (Zins- und Pfandleihe), in dem sich Christen aufgrund kirchlicher Verbote im Allgemeinen nicht engagierten, bot sich sowohl in den Städten wie auf dem Land ein wirtschaftliches Betätigungsfeld für die Juden. Ihre Kunden kamen aus allen gesellschaftlichen Schichten, sowohl die hohe Geistlichkeit wie der Adel als auch Bürger und Bauern gehörten zu ihrer Klientel. Die Zinssätze, zumindest ihre Obergrenze, wurden meist von den Behörden festgelegt, so erlaubte im Jahre 1255 der Rheinische Bund $43 \frac{1}{3}$ % für wöchentliche und $33 \frac{1}{3}$ % für Jahresdarlehen.

Weder der königliche Schutz, unter dem die Juden – gegen Zahlung einer eigenen Steuer – standen, noch der obrigkeitliche Schutz in Städten und Landgemeinden, für den die Juden ebenfalls besondere Abgaben leisten mussten, bewahrte sie vor den verheerenden Verfolgungen der Pestzeit. Auch am Niederrhein begann mit der Katastrophe von 1349 der Untergang der mittelalterlichen jüdischen Siedlungsstruktur und ihrer städtischen Zentren. So konnte sich in Köln erst ab 1372 unter drastisch verschlechterten Bedingungen nochmals eine jüdische Gemeinde bilden, die jedoch nicht mehr die Bedeutung ihrer Vorgängerin erreichte und 1424 endgültig vertrieben wurde.

Literatur:
Germania Judaica, Bd. I: Von den ältesten Zeiten bis 1238, hg. von I. Elbogen, A. Freimann und H. Tykocinski, Photomechanischer Neudruck, Tübingen 1963, Bd. II: Von 1238 bis zur Mitte des 14. Jahrhunderts, hg. von Zvi Avneri, Tübingen 1968.

Karte 18: Juden am Niederrhein bis zur Mitte des 14. Jahrhunderts

19. Lombarden am Niederrhein im 14. Jahrhundert

Nicht nur Juden, sondern ebenfalls so genannte Lombarden (oft auch als Kawerschen bezeichnet) betätigten sich am Niederrhein als Geldhändler. Seit dem Ende des 13. Jahrhunderts lebten italienische Händler in Köln und betrieben Kreditgeschäfte, manchmal zusätzlich auch Warenhandel, bei dem sie allerdings vom Wein- und Edelmetallhandel ausgeschlossen blieben. Meist stammten sie aus Asti in Piemont. Doch auch Kaufleute aus anderen italienischen Herkunftsorten, z.T. sogar aus Süditalien, wurden unter dem Sammelbegriff ‚Lombarden' gefasst, wenn sie sich dem Geldverleih – gegen Pfand oder auf Risiko – widmeten. ‚Lombarde' war also eher eine Berufs- als eine genaue Herkunftsangabe für die italienischen Kaufleute, die ausschließlich oder wenigstens teilweise Geldhandel betreiben.

Wie die Juden genossen die Lombarden gegen die Zahlung einer besonderen Steuer an die städtischen Behörden oder den Erzbischof von Köln besondere Schutzrechte, und sie erhielten eine meist begrenzte Aufenthaltsgenehmigung. Dieses Schutzgeld befreite die Lombarden zugleich von öffentlichen bürgerlichen Leistungen wie Wach- und Wehrdiensten und von direkten Steuern. In Köln, wo viele lombardische Hausbesitzer belegt sind, konnte ihnen sogar für 25, 10 oder weniger Jahre das Bürgerrecht erteilt werden. Obwohl nach dem Kirchenrecht gewerbsmäßiger Geldverleih als Wucher galt und daher Christen nicht erlaubt war, konnten die Lombarden dem Kreditgeschäft nachgehen. Allerdings stellten sie sich damit außerhalb der christlichen Gemeinschaft und mussten Buße tun, um wieder in Gnade aufgenommen zu werden. Dies erfolgte meist in Form von Rückgabe unrechtmäßig erworbenen Gutes und des Versprechens, in Zukunft keinen Wucher mehr zu betreiben. Ein derartiges Versprechen, selbst wenn es erst auf dem Totenbett abgegeben wurde, ermöglichte ein christliches Begräbnis.

Nicht nur in Köln ließen sich Lombarden nieder, sondern in einer ganzen Anzahl von Orten am Rhein und in dem Gebiet zwischen Rhein und Maas. Diese Tatsache beweist nicht nur, dass auch außerhalb der Handelsmetropole Köln die wirtschaftliche Notwendigkeit für Kreditgeschäfte vorhanden war, sondern dass die Konjunktur so gut gewesen sein muss, dass Zinsen von bis zu 54 % an die Lombarden gezahlt werden konnten. Die weite Verbreitung der Lombarden zeigt aber auch, dass die Juden, die ebenfalls in diesen Orten angesiedelt waren (vgl. Karte ‚Juden am Niederrhein bis zur Mitte des 14. Jahrhunderts') den großen Geldbedarf allein nicht zu decken vermochten. Schuldner kamen auch aus höchsten Kreisen, wie z.B. der Kölner Erzbischof Heinrich von Virneburg (1306–1326), von dem belegt ist, dass er sich Geld von Lombarden lieh.

Der Geldwechsel, der bei der Vielzahl der kursierenden Währungen eine Notwendigkeit war, blieb hingegen bis zum Ende des 15. Jahrhunderts das Monopol der – ausschließlich einheimischen – Münzhausgenossen. Er wurde den Lombarden meist nicht gestattet, obwohl sie sich in den komplizierten Münzverhältnissen sehr gut zurechtfanden und z.B. unrechtmäßige Nachprägungen oder Fälschungen erkennen konnten.

Literatur:
NIKLOT KLÜSSENDORF, Studien zu Währung und Wirtschaft am Niederrhein vom Ausgang der Periode des regionalen Pfennigs bis zum Münzvertrag von 1357 (= Rheinisches Archiv 93), Bonn 1974; BRUNO KUSKE, Die Handelsbeziehungen zwischen Köln und Italien im späten Mittelalter, in: Ders., Köln, der Rhein und das Reich. Beiträge aus fünf Jahrzehnten wirtschaftsgeschichtlicher Forschung, Köln/Graz 1956, S. 1–47; ALOYS SCHULTE, Geschichte des mittelalterlichen Handels und Verkehrs zwischen Westdeutschland und Italien mit Ausschluß von Venedig, I. Band: Darstellung, Leipzig 1900.

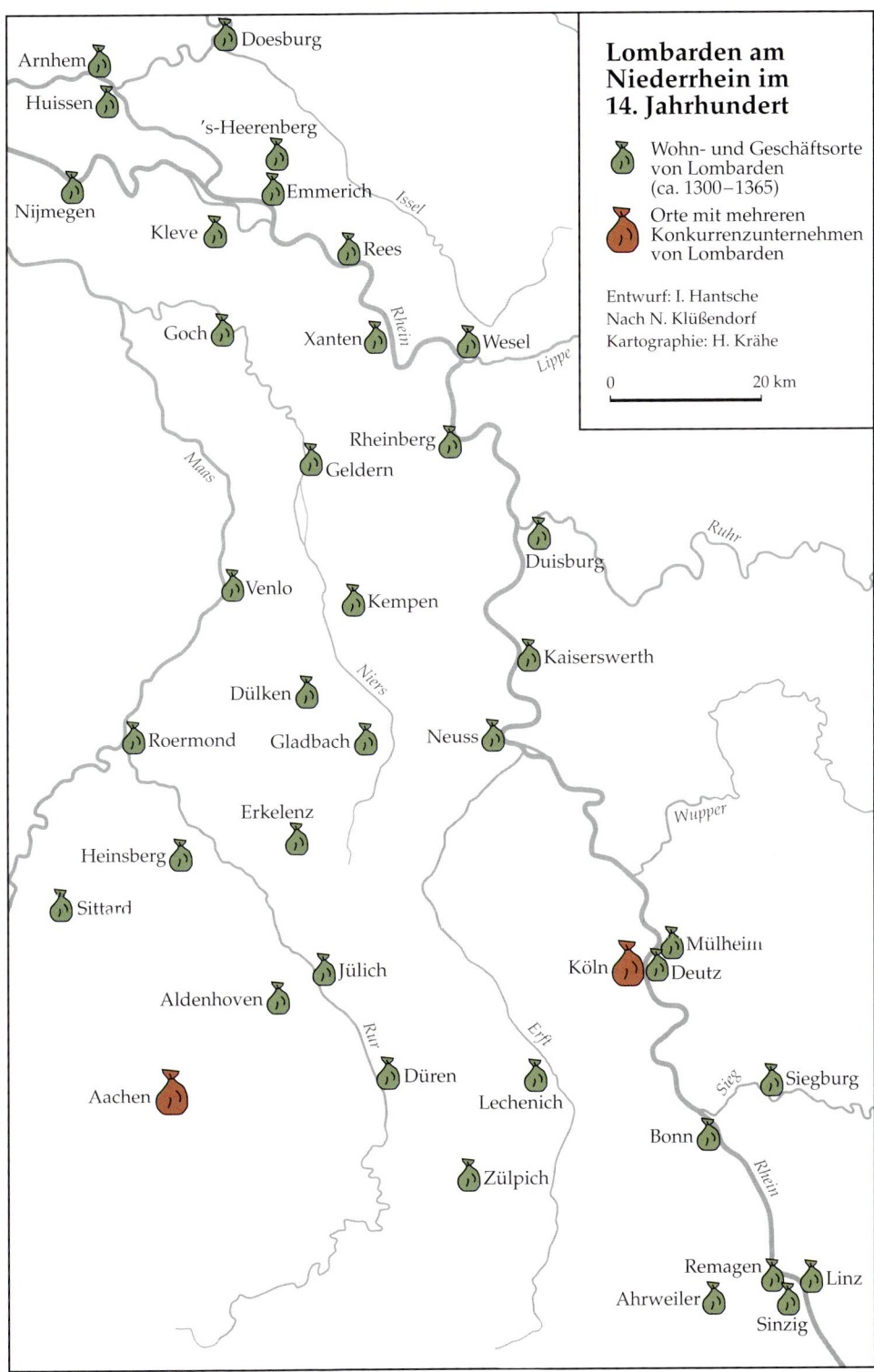

Karte 19: Lombarden am Niederrhein im 14. Jahrhundert

20. Straßennetz und Hansestädte am Niederrhein im späten Mittelalter

Nach dem Verfall des römischen Straßennetzes war während des Mittelalters und der frühen Neuzeit der Rhein mit seiner Schifffahrt die wichtigste Verkehrsader am Niederrhein. Trotz der hohen und mehrfach zu entrichtenden Zollgebühren wurde er nicht nur für den Personen-, sondern auch für den Güterverkehr genutzt. Der Grund dafür lag in dem sehr schlechten Zustand der Straßen, die aber dennoch neben den schiffbaren Flussläufen unverzichtbare Verkehrsadern für den Fernverkehr darstellten. Der Unterhalt der großen Fernstraßen oblag zunächst dem Reich, ging aber bereits im Mittelalter an die Territorialherren über. Sie zogen zwar für die Instandhaltung Zoll- und Geleitsgelder ein, benutzten diese aber meist nur für die Aufbesserung ihrer eigenen Finanzen, sodass weitgehend die anliegenden Gemeinden für die Unterhaltung aufkommen mussten. Nicht alle Straßen waren breit genug, um zwei Wagen aneinander vorbei fahren zu lassen. Selbst die meisten Fernverkehrsstraßen waren nur festgefahrene ‚Naturwege', einen Unterbau aus Stein gab es in der Regel noch nicht; Befestigungen, wenn überhaupt vorhanden, bestanden bis ins 16. Jahrhundert aus Holz. Dementsprechend schlecht war der Straßenzustand, besonders bei ungünstiger Witterung und im Frühjahr. Dazu kamen noch die Gefahren der häufigen Überfälle.

Erst im 18. Jahrhundert begann der Bau von Kunststraßen (Chausseen), zum Teil aus militärischen Gründen. Am Niederrhein weisen noch heute viele schnurgerade Straßen auf ihren napoleonischen Ursprung hin. Im Mittelalter hatten sich die Trassen hingegen fast immer den topographischen Gegebenheiten angepasst, und sie gingen häufig bis in vorgeschichtliche Zeit zurück. Flusstäler wurden nur dann genutzt, wenn sie hochwasserfrei waren, sumpfige Gelände wurden vermieden oder durch Bohlen passierbar gemacht. Viele Straßen führten über Höhen; die Steigungen waren zum Teil beträchtlich und konnten häufig nur von zweirädrigen Karren überwunden werden. Brückenbauten waren selten, meist dienten Fähren oder einfach Furten der Überquerung von Wasserläufen.

Der Niederrhein lag im Bereich mehrerer wichtiger deutscher und sogar europäischer Fernstraßen. Die Ost-West-Verbindungen führten von Flandern und Brabant nach Mitteldeutschland und zur Ostsee, der Nord-Süd-Verkehr folgte weitgehend dem Rhein und verband Mainz und Frankfurt mit den IJsselstädten Zutphen und Deventer, aber auch mit den niederländischen Küstenstädten. Die meisten Straßen besaßen daher überregionale Bedeutung. Die zentrale Drehscheibe für den Verkehr am Niederrhein war Köln, zumal es auch für die Rheinschifffahrt das Stapelrecht besaß, d.h. alle vorbeigeführten Waren mussten dort für drei Tage zum Verkauf angeboten werden. Aber auch Neuss, Duisburg und Wesel waren Knotenpunkte. Duisburg besaß besonderen Rang als Anfangspunkt des Hellwegs, der als wohl wichtigste West-Ost-Verbindung den Verlauf der heutigen Bundesstraße 1 hatte und über Soest und Paderborn zur Weser führte und Anschluss hatte an wichtige Straßen nach Lüneburg und Lübeck sowie nach Braunschweig und Magdeburg. Diese Straßen wurden auch von der Hanse (die südlichste Hansestadt war Köln) für ihre weitgespannten Verbindungen genutzt. Die Karte verzeichnet nur eine Auswahl von Hansestädten. Die Mitgliedschaft in der Hanse erfolgte zum Teil in unterschiedlicher Rechtsform. Außerdem war sie großen Schwankungen unterworfen; häufig war sie nur von kurzer Dauer oder bestand mit Unterbrechungen.

Literatur:
FRIEDRICH BRUNS und HUGO WECZERKA, Hansische Handelsstraßen (= Quellen und Darstellungen zur Hansischen Geschichte, Neue Folge, Bd. XIII, Teil 1 und 2): Atlas, bearb. von Hugo Weczerka, Köln/Graz 1962, Textband, Köln/Graz 1967; HUGO WECZERKA, Mittelalterliche Verkehrswege, in: Köln – Westfalen 1180–1980. Landesgeschichte zwischen Rhein und Weser. Band I: Beiträge, 2. Aufl., Lengerich 1981, S. 297–304; CLEMENS VON LOOZ-CORSWAREM, Handelsstraßen und Flüsse, in: Wesel und die Hanse an Rhein, IJssel und Lippe. Ausstellungskatalog, Wesel 1991, S. 94–115; JÖRG ENGELBRECHT, Landesgeschichte Nordrhein-Westfalen, Stuttgart 1994.

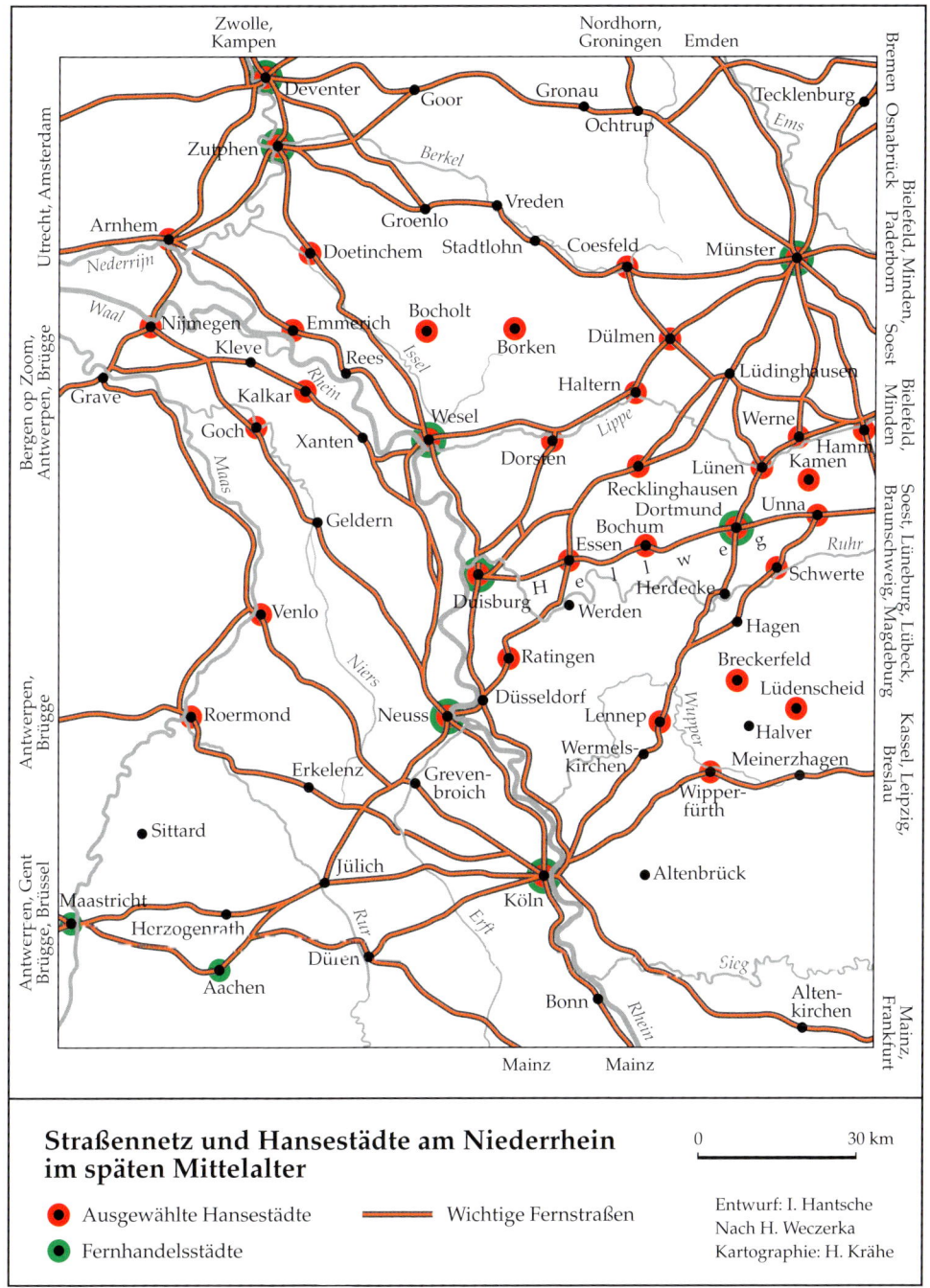

Straßennetz und Hansestädte am Niederrhein im späten Mittelalter

- ● Ausgewählte Hansestädte
- ● Fernhandelsstädte
- —— Wichtige Fernstraßen

0 — 30 km

Entwurf: I. Hantsche
Nach H. Weczerka
Kartographie: H. Krähe

Karte 20: Straßennetz und Hansestädte am Niederrhein im späten Mittelalter

21. Städte und Freiheiten am Niederrhein bis 1520

Nicht immer ist es möglich, für Städte ein genaues Gründungsdatum anzugeben, da die Stadtbildung meist ein fließender Prozess war und Urkunden über den Rechtsakt der Stadtgründung oder Stadterhebung vielfach nicht mehr erhalten sind oder nie existierten. Die uns bekannten Ersterwähnungen in Quellen erfolgten häufig erst längere Zeit nach der Stadtwerdung. Außerdem herrscht in der Forschung keine volle Übereinstimmung darüber, welche Kriterien eine Stadt ausmachen; auch die Abgrenzung gegenüber Freiheiten, also stadtähnlichen Siedlungen minderen Rechts, ist manchmal schwierig. Meist war die Stadtwerdung ein fließender Prozess, selten wurden Städte aus dem Nichts wirklich neu gegründet; die Regel war eher die Verleihung von Stadtrechten an bereits bestehende Orte, die am Niederrhein teilweise bis in die Römerzeit zurückgehen. Doch nicht alle mittelalterlichen Städte, die auf dem Boden von *castra* oder *oppida* erwuchsen, haben eine seit der Antike durchgehende Tradition. In Köln und Bonn hielt sich innerhalb der römischen Mauern eine kontinuierliche Besiedlung, die in Köln besondere Impulse durch das dort seit spätrömischer Zeit bestehende Bistum erhielt. Auch Neuss entstand auf dem Areal des römischen Lagers *Novaesium*, doch eine Kontinuität ist nicht gesichert, obwohl der Name darauf hindeutet. Xanten, das mittelalterliche Ad Sanctos, erwuchs nicht auf den Überresten eines römischen Lagers oder der Zivilstadt *Colonia Ulpia Traiana*, sondern auf der benachbarten aber ebenfalls antiken Grabstätte frühchristlicher Märtyrer. Jülich entstand topographisch gesehen auf dem Boden des römischen Kastells; die Grafen von Jülich nahmen dort ihren Sitz, doch die Stadtwerdung entsprang mittelalterlichen Triebkräften.

Die meisten Städte am Niederrhein besitzen jedoch keine vormittelalterlichen Bezüge. Sie verdanken ihre Existenz in der Regel dem Handel, zumal wenn ihre Lage an Flüssen oder Straßen günstige Voraussetzungen für einen Markt bot. Wichtig waren auch fortifikatorische Überlegungen, die zum Mauerbau führten, dem äußerlichen Kennzeichen der mittelalterlichen Stadt. Die Stadtherren erhöhten ihre Machtposition häufig noch durch die Anlage einer landesherrlichen Burg, die zugleich äußerer Ausdruck ihrer Macht war. Nicht immer hatte sie den Charakter ein Zwingburg, aber sie war zumindest Verwaltungs- und Amtssitz. Für den Stadtherren stellten die Städte zudem eine wichtige Einnahmequelle dar, wozu nicht nur finanziell nutzbare Rechte beitrugen (z.B. Zoll- und Münzrecht, Niederlassungsrecht für Lombarden und Juden, Grundzins und andere Steuern, Gerichtsbußen, Fährgelder, Fischerei-, Mühlen- und Brauereirechte). Vielmehr ließen sich die Landesherren auch den Städten gewährte Privilegien teuer bezahlen. Mit ihnen suchten die Bürger die Rechte des Stadtherren zugunsten der Selbstverwaltung zu mindern. Eine völlige Unabhängigkeit erlangten sie jedoch nur im Fall von Köln, das 1288 nach der Schlacht bei Worringen das erzbischöfliche Regiment endgültig abwehren konnte.

Städtegründer am Niederrhein waren die Könige, die Erzbischöfe von Köln und ab dem 12. Jahrhundert weltliche Landesherren, vornehmlich die Grafen/Herzöge von Kleve, Geldern, Jülich und Berg. Nicht selten erfolgten Besitzwechsel, meist durch nicht wieder eingelöste Verpfändung. So gerieten die Reichstadt Duisburg (1290), das kurkölnische Xanten (1290) und Rees (1292) sowie das geldrische Emmerich (1355) an Kleve, zeitweilig auch Kaiserswerth und Rheinberg.

Literatur:
EDITH ENNEN, Rheinisches Städtewesen bis 1250 (= Geschichtlicher Atlas der Rheinlande, Karte und Beiheft VI/1), Köln 1982; KLAUS FLINK, Die rheinischen Städte des Erzstiftes Köln und ihre Privilegien, in: Kurköln. Land unter dem Krummstab. Essays und Dokumente, Kevelaer 1985, S. 145–163; DERS., Die klevischen Herzöge und ihre Städte (1394 bis 1592), in: Land im Mittelpunkt der Mächte. Die Herzogtümer Jülich–Kleve–Berg. Ausstellungskatalog, Kleve 1984, S. 75–98; ERICH KEYSER, Rheinisches Städtebuch (= Deutsches Städtebuch Bd. III,3), Stuttgart 1956.

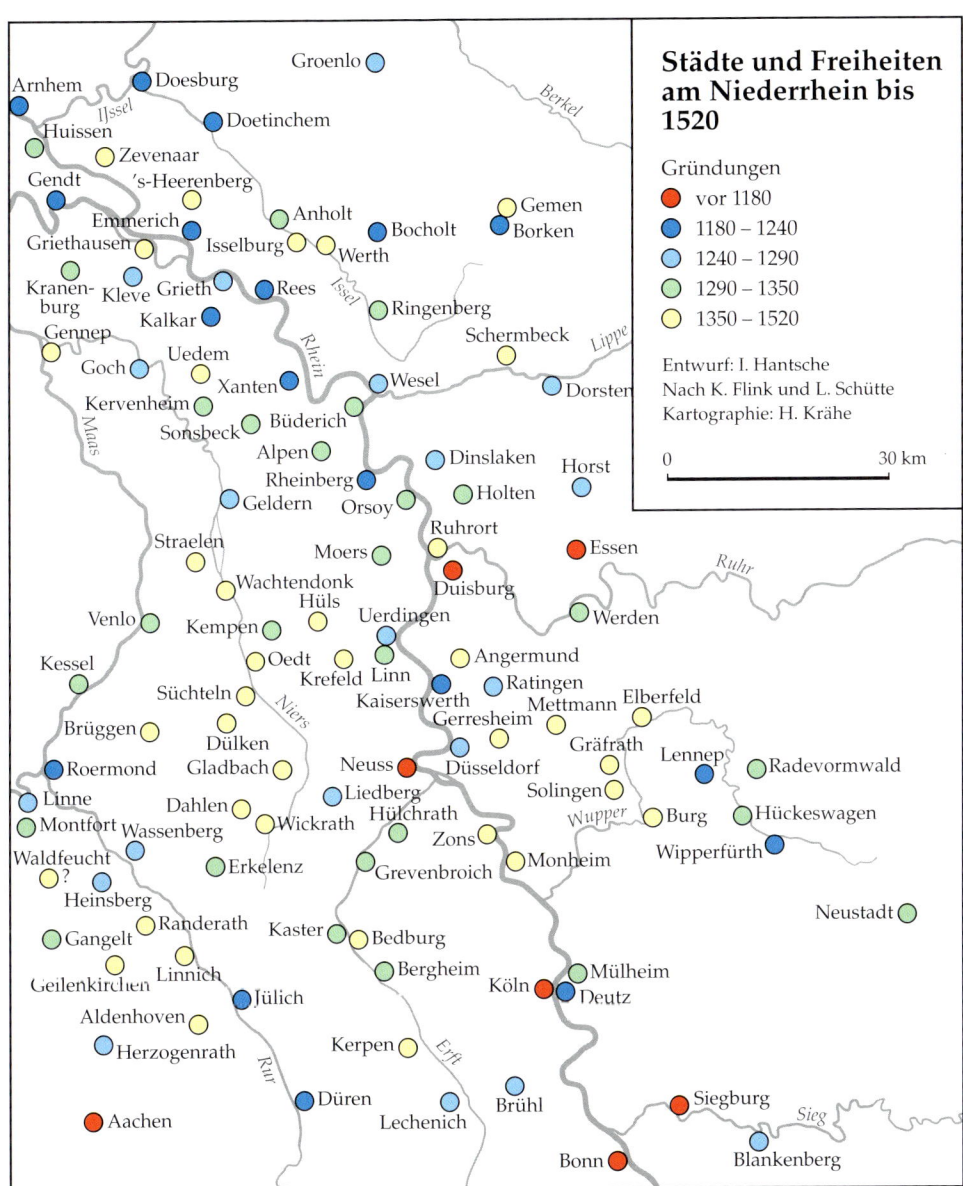

Karte 21: Städte und Freiheiten am Niederrhein bis 1520

22. Einwohnerzahlen niederrheinischer Städte um 1550

Um 1550 gab es im rheinischen Teil des heutigen Nordrhein-Westfalen ca. 100 Städte bzw. Stadtrechtsorte. Die meisten lagen im Herzogtum Jülich (27), im Kurfürstentum Köln (25), im Herzogtum Kleve (24) und im Herzogtum Berg (18). Der heute zu Deutschland gehörende Teil des Herzogtums Geldern wies 4 Städte auf, dazu kamen die Städte der Grafschaft Moers (2), sowie der Kleinstaaten Essen (2), Werden (1), Aachen (2). Die territoriale Zugehörigkeit, die aus der Karte für die Mitte des 16. Jahrhunderts ablesbar ist, darf jedoch nicht auf die Gründungsphase vieler Städte übertragen werden. So erwarb Kleve zum Teil erst Jahrhunderte nach der Stadtgründung, zunächst als Pfand, dann dauerhaft die Freie Reichsstadt Duisburg, die kurkölnischen Städte Xanten und Rees sowie das geldrische Emmerich und als Kriegsbeute das ebenfalls geldrische Goch.

Die Größe der Städte war nach heutigen Maßstäben gering, ihre Einwohnerzahlen können in der Regel nur geschätzt werden. Die meisten Angaben sind also Annäherungswerte und beruhen überwiegend auf Hochrechnungen. Vielfach kennen wir jedoch wenigstens die Zahl der Häuser, entweder durch Steuerlisten oder auch durch die oft recht genauen Stadtansichten. Der Corputius-Plan der Stadt Duisburg aus dem Jahre 1566 ist sogar so exakt gezeichnet, dass nicht nur das Anwesen Gerhard Mercators erkennbar ist, sondern auch die Baustelle eines Hauses, dessen Errichtung durch schriftliche Quellen für diese Zeit belegt ist. Für das Herzogtum Kleve gibt es für 1532 zudem eine Aufstellung der Kommunikanten, d.h. der Einwohner über 12 Jahre. Da hier nicht nur die Bewohner der Städte berücksichtigt sind, kann auch eine Relation zwischen Stadt- und Landbevölkerung hergestellt werden. Danach haben 1532 immerhin knapp über 50 % der klevischen Untertanen in Städten gewohnt. Der Hauptanteil davon lebte in den sechs klevischen Hauptstädten: Kleve, Wesel, Emmerich, Kalkar, Xanten und Rees und in dem an der südlichen Grenze Kleves gelegenen Duisburg.

Eine drangvolle Enge dürfte trotz dieser Konzentration in den meisten Städten dennoch nicht geherrscht haben, wenngleich die Häuser teilweise auch sehr dicht gebaut waren, wodurch die Brandgefahr sich erheblich erhöhte, zumal das Baumaterial weitgehend aus Holz bestand. Auf Stadtplänen ist klar erkennbar, dass die Städte zwar auf das nicht sehr große ummauerte Areal beschränkt waren, dass sich trotzdem aber innerhalb der Mauern noch genügend Platz für Gärten befand, meist als langgestreckte Streifen hinter den Häusern. Auch die notwendigen Wirtschaftsgebäude für die in vielen Städten lebenden ‚Ackerbürger' waren vorhanden, deren Felder außerhalb der Stadt lagen. Eine zur Straßenfront geschlossene Bebauung gab es zwar meist im Bereich des Marktplatzes und an den Straßen, die auf die Tore hinführten, war sonst jedoch genauso wenig die Regel wie eine kleinparzellierte Bebauung. Auch in Köln, der mit knapp 40.000 Einwohnern größten Stadt am Niederrhein und zugleich einer der größten Städte Deutschlands, gab es in dem allerdings sehr weiten Mauerring von 1180 viele unbebaute Flächen, die als Gärten genutzt wurden.

Literatur:
KLAUS FLINK, Die rheinischen Städte des Erzstiftes Köln und ihre Privilegien, in: Kurköln. Land unter dem Krummstab. Essays und Dokumente (= Veröffentlichungen der staatlichen Archive des Landes Nordrhein-Westfalen, Reihe C: Quellen und Forschungen, Bd. 22), Kevelaer 1985, S. 145–163; DERS., Die klevischen Herzöge und ihre Städte (1394 bis 1592), in: Land im Mittelpunkt der Mächte. Die Herzogtümer Jülich–Kleve–Berg. Ausstellungskatalog, Kleve 1984, S. 75–98; KLAUS FLINK und BERT THISSEN, Gelderns Städte im Mittelalter. Daten und Fakten – Aspekte und Anregungen, in: Johannes Stinner und Karl-Heinz Tekath (Hg.), Gelre–Geldern–Gelderland. Geschichte und Kultur des Herzogtums Geldern, Geldern 2001, S. 205–241; ERICH KEYSER, Rheinisches Städtebuch (= Deutsches Städtebuch Bd. III,3), Stuttgart 1956.

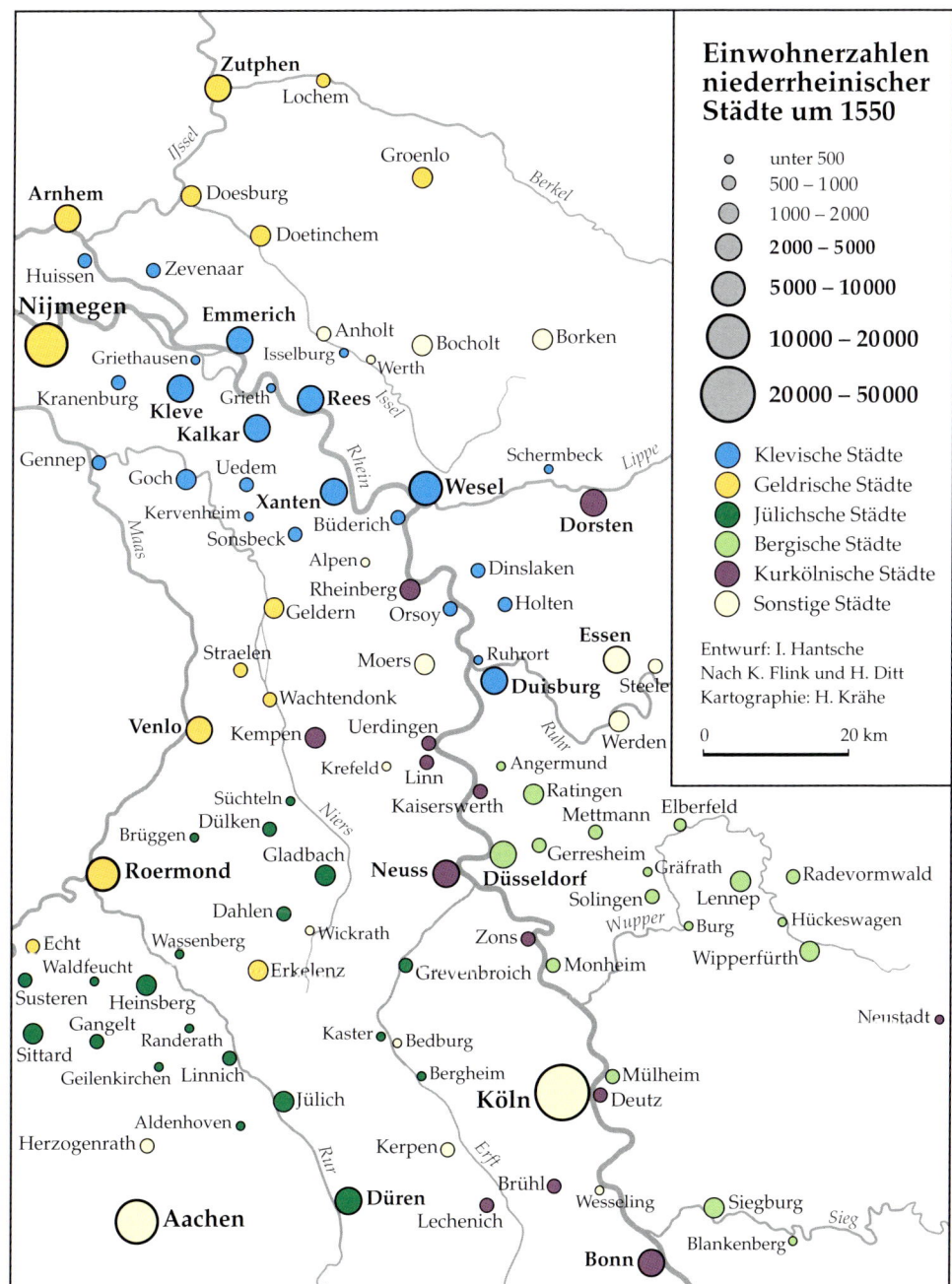

Karte 22: Einwohnerzahlen niederrheinischer Städte um 1550

23. Beginen am Niederrhein bis 1520

Beginen waren unverheiratete oder verwitwete Frauen, die in einer klosterähnlichen religiösen Laien-Gemeinschaft, den sogenannten Beginenkommunitäten, lebten, um dort ein andächtiges und gottgefälliges Leben zu führen. Im Gegensatz zu Nonnen legten sie kein ewiges Gelübde ab, konnten also jederzeit wieder aus der Gemeinschaft austreten, zum Beispiel um zu heiraten. Außerdem war ihnen persönlicher Besitz gestattet, den sie auch individuell vererben durften. Bei ihrem Tode oder Austritt verblieb jedoch ein Teil davon dem Konvent. Die Bewohnerinnen der in sich geschlossenen Beginenniederlassungen, im Allgemeinen in Städten, besaßen ein beträchtliches Maß an Eigenständigkeit und wohnten häufig in Einzelhäusern, mussten aber in der Regel auch für ihren eigenen Lebensunterhalt aufkommen. Das war durch eigenes Vermögen möglich oder durch eigene Arbeit: karitatives Engagement (Krankenpflege und Totenbegleitung), aber auch handwerkliche Tätigkeiten, etwa im Textilgewerbe (z.B. Herstellung und Weiterverarbeitung oder Veredelung von Tuch) und das Brauen von Bier. Auf diese Weise entwickelten sich die Beginenkommunitäten häufig zu Zentren des Gewerbes, die eine unliebsame Konkurrenz für die Zünfte darstellten.

Die genauen Ursprünge der Beginenbewegung sind umstritten. Vermutlich entstand sie am Ende des 12. Jahrhunderts in den Niederlanden und behielt dort auch ihren Schwerpunkt. Die großen und bedeutenden Beginenhöfe konnten mehrere hundert Bewohnerinnen umfassen, und noch heute zeugen z.B. die Beginenhöfe in Gent und Brügge von der engen Einbindung der Beginen in das städtische und damit weltliche Leben. Ausgehend von den Niederlanden fanden sich auch in vielen Städten des Niederrheins Beginengemeinschaften zusammen. Beginenhöfe wie in den Niederlanden waren hier allerdings untypisch; viele Kommunitäten waren sogar sehr klein und bestanden manchmal nur aus einem Haus. Eine Anzahl von Orten wies eine Mehrzahl derartiger Gemeinschaften auf: Xanten und Geldern je zwei, Goch drei, Wesel fünf, Essen sechs und Köln sogar ca. hundert.

Von der Kirche wurden die Beginen häufig misstrauisch betrachtet, da sie sich nur schwer in die kirchliche Struktur einordnen ließen. Um ihre Konvente abzusichern, entschlossen sich daher mehrere Gemeinschaften, sich einem Orden, häufig den Augustinerinnen oder Tertiarinnen (Dritter Orden der Franziskaner), anzuschließen und eine feste Ordensregel anzunehmen. Eine den Beginen verwandte Gemeinschaft waren die Schwestern vom Gemeinsamen Leben, die von der in den Niederlanden entstandenen religiösen Erneuerungsbewegung der *devotio moderna* beeinflusst waren. Sie bestritten ihren Lebensunterhalt durch Handarbeit und verzichteten auf persönliches Eigentum.

Die halb-klösterlichen Häuser der Beginen und der Schwestern vom Gemeinsamen Leben boten nicht verheirateten Frauen neben einem religiösen Leben zugleich wirtschaftliche Absicherung und soziale Anerkennung innerhalb der bürgerlichen Gesellschaft, indem sie ihnen die Möglichkeit boten, selbst für ihren Unterhalt zu sorgen. Mit Emanzipation oder der Frauenbewegung im heutigen Sinne hatten diese Gemeinschaften jedoch nichts zu tun.

Literatur:
JOHANNES ASEN, Die Beginen in Köln, in: ‚Zahlreich wie die Sterne des Himmels'. Beginen am Niederrhein zwischen Mythos und Wirklichkeit. Mit Beiträgen von Johannes Asen, Florence Koorn, Daniela Müller, Jutta Prieur-Pohl, Gerhard Rehm, Christine Ruhrberg und Martina Wehrli-Johns (= Bensberger Protokolle 70), Bergisch Gladbach 1992, S. 133–170; GERHARD REHM, Beginen am Niederrhein, in: ebd., S. 57–84; JUTTA PRIEUR-POHL, Schwesternhäuser in Wesel, in: ebd., S. 85–106; GERHARD REHM, Die Schwestern vom gemeinsamen Leben im nordwestlichen Deutschland. Untersuchungen zur Devotio moderna und des weiblichen Religiosentums, Berlin 1985.

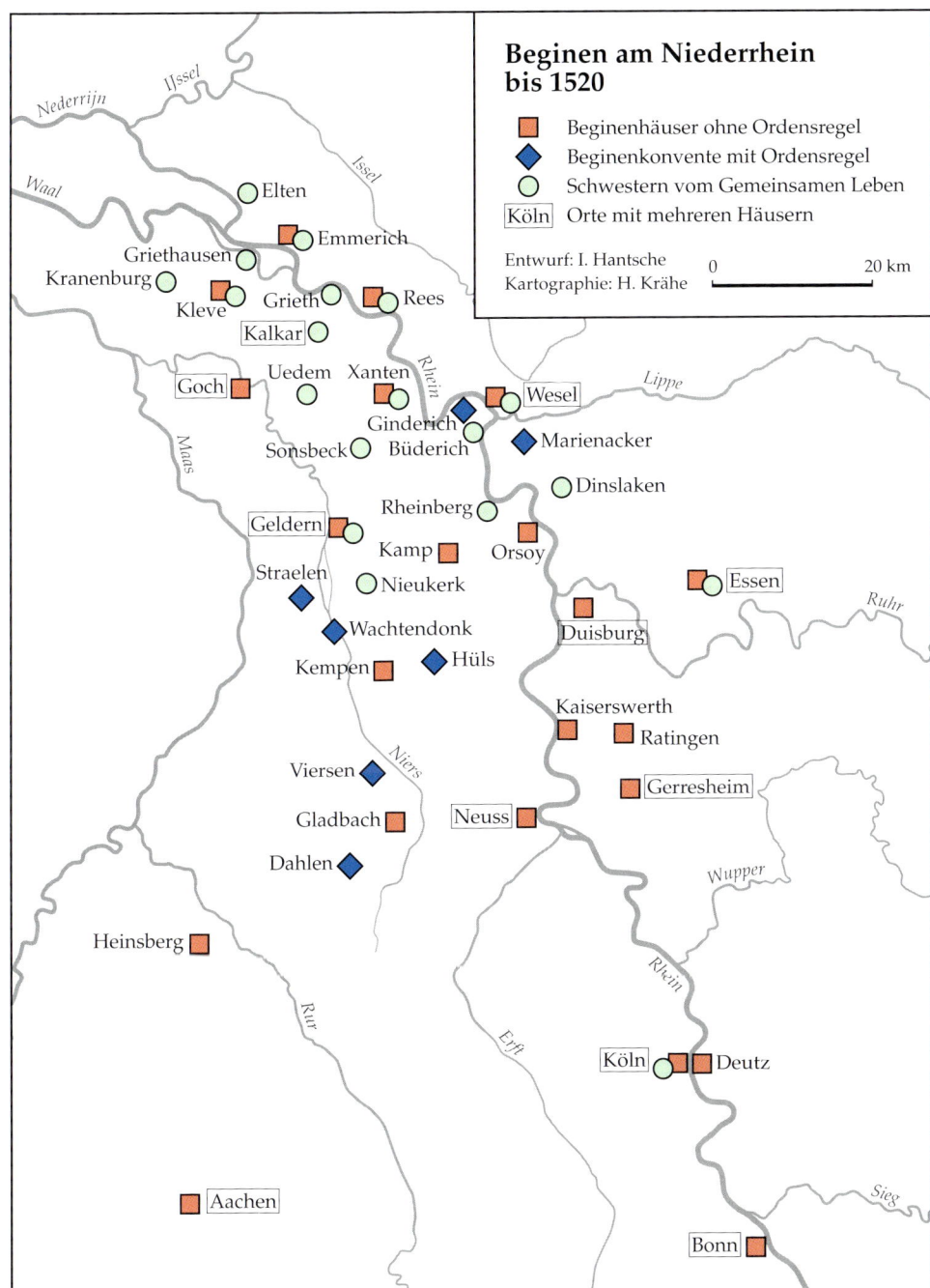

Karte 23: Beginen am Niederrhein bis 1520

24. Kirchliche Organisation am Niederrhein um 1450

Die kirchliche Einteilung am Niederrhein vor der Reformation war äußerst großräumig. Das Niederrheingebiet war im Wesentlichen Teil des Erzbistums Köln und entsprach weitgehend noch den mittelalterlichen Strukturen, wie sie schon um das Jahr 1000 bestanden. Die nördlichen und westlichen Randgebiete waren allerdings den Bistümern Utrecht, Münster und Lüttich zugeordnet, die jedoch zur Kölner Kirchenprovinz gehörten. So lagen Emmerich und Zevenaar im Bistum Utrecht (nicht aber Nimwegen, das unmittelbar zur Erzdiözese Köln gehörte), Bocholt im Bistum Münster; Brüggen, Wassenberg, Erkelenz und Aachen waren Teil des Bistums Lüttich. Alle Bistümer (Diözesen), auch das Erzbistum Köln, waren in Archidiakonate und diese wiederum in Dekanate untergliedert, deren Hauptorte in der Karte unterstrichen sind.

In Bezug auf die kirchliche Struktur waren Xanten, Köln und Bonn die wichtigsten Orte am Niederrhein. Sie waren Sitz von Archidiakonen, denen mehrere Dekanate unterstanden. So waren die Dekanate Zyfflich, Geldern, Duisburg und Süchteln dem Archidiakonat des Propstes des Xantener Victor-Stifts zugeordnet. Die Dekanate Essen, Bergheim und Jülich gehörten zum Archidiakonat des Kölner Dompropstes, das Dekanat Deutz zum Archidiakonat des Propstes von St. Cunibert in Köln, Neuss zum Archidiakonat des Kölner Domdechanten, und die Dekanate Bonn, Zülpich und Siegburg waren Teil des Archidiakonats des Propstes von Bonn.

Trotz des hierarchischen Aufbaus waren die Eingriffsmöglichkeiten des Kölner Erzbischofs begrenzt. So nahm der Propst des Xantener Stifts in seiner Eigenschaft als Archidiakon im Klever Land weitgehend die bischöflichen Funktionen wahr, die *de jure* dem Kölner Erzbischof zustanden, z.B. die Ein- und Absetzung von Pfarrern, die kirchliche Gerichtsbarkeit und auch die Visitationen der kirchlichen Institutionen. Erschwerend kam hinzu, dass die Ernennung der Pröpste von Xanten nicht dem Kölner Erzbischof oblag; sie wurden entweder vom Stiftskapitel gewählt oder direkt vom Papst ernannt. Damit war der Xantener Propst *de facto* ein ‚kleiner Bischof'. Allerdings nahmen viele Pröpste ihre Pflichten nicht sehr ernst. Besonders im Spätmittelalter hielten sie sich teilweise überhaupt nicht in ihrem Amtsbezirk auf, sondern setzten an ihrer Stelle Procuratoren ein. Diese übten gegen eine – nicht immer angemessene – Besoldung die Archidiakonatsverwaltung aus, mussten die Einkünfte des Archidiakonats jedoch an den eigentlichen Amtsinhaber abführen. Die Folge war eine Bürokratisierung und eine Verwischung der Verantwortlichkeiten, die sich vielfach nachteilig auswirkten und die Seelsorge sowie notwendige Reformen in den Hintergrund treten ließen.

In den dem Archidiakonat untergeordneten Dekanaten sowie auf der Ebene der Pfarreien wurde der Kirchenzucht und der Seelsorge besser Rechnung getragen, wenngleich es auch hier Missstände gab. Nicht immer kam der Klerus seiner Residenzpflicht nach; wegen der Kumulation von Pfründen wurden einige Gemeinden nur von schlecht bezahlten Stellvertretern betreut, die durchaus nicht selten keine geweihten Priester waren.

Literatur:
Geschichtlicher Handatlas der deutschen Länder am Rhein. Mittel- und Niederrhein, bearb. von Josef Niessen, Köln und Lörrach 1950, Karte 17; WILHELM JANSSEN, Die Kirche am Niederrhein im Spätmittelalter. Vom 14. bis gegen die Mitte des 16. Jahrhunderts, in: Heinrich Janssen und Udo Grote (Hg.), Zwei Jahrtausende Geschichte der Kirche am Niederrhein, Münster 1998, S. 103–117.

Karte 24: Kirchliche Organisation am Niederrhein um 1450

25. Sprachentwicklung im Rhein-Maas-Dreieck

Heute gilt Deutsch als Standardsprache am Niederrhein als selbstverständlich, und ebenso natürlich ist es für uns, dass westlich bzw. nördlich der deutsch-niederländischen Grenze Niederländisch die Standardsprache ist. Doch diese Übereinstimmung von Staats- und Sprachgrenze ist erst eine Folge der Nationalstaatenbildung nach 1815. Noch im frühen 19. Jahrhundert war Niederländisch in Geldern die führende Schreibsprache (vgl. Karte ‚Sprachen (Hochsprachen) am Niederrhein um 1789'). Im Mittelalter hingegen gab es eine einheitliche Schreibsprache im Rhein-Maas-Dreieck, die weder als deutsch noch als niederländisch im modernen Sinn zu bezeichnen ist. Dieses Rheinmaasländische gewann seit dem 12. Jahrhundert große Bedeutung für die mittelalterliche Literatur (z.B. Minneromane), etwas später auch für Rechtstexte und Chroniken.

Das Rhein-Maas-Dreieck wurde im Süden begrenzt von der französischen Sprachgrenze sowie der seit dem frühen Mittelalter bestehenden Benrather Linie, der wichtigsten Trennlinie zwischen niederdeutschen und hochdeutschen Mundarten (Trennlinie zwischen *maken* und *machen* und der klaren Unterscheidung von *Dativ* und *Akkusativ* beim *Personalpronomen*); südlich der Benrather Linie wurde ripuarisch (mittelfränkisch) gesprochen. Im Osten war die Grenze die in der Karolingerzeit entstandene und nach Norden sich abschwächende Rhein-Issel-Linie (östlich von ihr der Einheitsplural *wi maket, ji maket, sie maket* gegenüber *wir machen, ihr macht, sie machen*), die zugleich den Übergang vom Rheinland nach Westfalen markiert. Im Westen grenzte das Rhein-Maas-Dreieck an den brabantischen Sprachraum; Grenze war die ebenfalls in die Karolingerzeit zurückreichende Diest-Nimwegen-Linie *(houden* anstelle von hochdeutsch *halten);* sie ist von besonderer Bedeutung für die niederländische Dialektologie. Zusätzlich befinden sich im rhein-maasländischen Sprachraum weitere Sprachgrenzen, die sich teilweise wellenförmig von Köln aus nach Norden ausdehnen. Von ihnen ist nur die Uerdinger Linie in die Karte eingezeichnet, die den Bereich des nördlichen *ik* vom südlichen *ich* trennt. Die Kenntnis derartiger sprachlicher Besonderheiten erleichtert es, die Entstehung von Texten regional einzuordnen.

Köln als Kulturzentrum hatte auch sprachlich erheblichen Einfluss. So griff die hochdeutsche Schreibsprache, die 1544 endgültig in Köln eingeführt wurde, von dort aus auf das Gebiet des Niederrheins über, z.B. auf Moers, Duisburg und Wesel. Allerdings erfasste die Überlagerung der rhein-maasländischen Schriftsprache durch das Hochdeutsche nicht das gesamte Rhein-Maas-Dreieck, dessen westlicher Teil mit dem geldrischen Oberquartier (in der Karte besonders markiert) 1543 an das Haus Habsburg fiel und damit die Bindung zum niederländisch-burgundischen Raum festigte. An dieser habsburgischen Territorialgrenze brach die Ausdehnung des Hochdeutschen ab. Die Folge war die Entstehung einer neuen Schreibsprach-Grenze, denn die westlichen Gebiete, also auch das spätere Preußisch Geldern, wurden von der brabantisch/holländischen Schreibsprache überdacht, einer Vorform der heutigen niederländischen Standardsprache. Vom 18. Jahrhundert an finden sich am Niederrhein als Schreibsprachen nur noch die deutsche und die niederländische Standardsprache, die im preußischen Teil Gelderns erst im 19. Jahrhundert durch das Deutsche abgelöst wurde, sodass es zu einer Kongruenz von Staats- und Sprachgrenze kam. Nur in den Dialekten sind die ehemaligen sprachlichen Gemeinsamkeiten noch erhalten.

Literatur:
AREND MIHM, Sprache und Geschichte am unteren Niederrhein, in: Jahrbuch des Vereins für niederdeutsche Sprachforschung, Jg. 1992, S. 88–122; MICHAEL ELMENTALER, Die Schreibsprachgeschichte des Niederrheins. Ein Forschungsprojekt der Duisburger Universität, in: Dieter Heimböckel (Hg.), Sprache und Literatur am Niederrhein (= Schriftenreihe der Niederrhein-Akademie, Bd. 3), Bottrop/Essen 1998, S. 15–34.

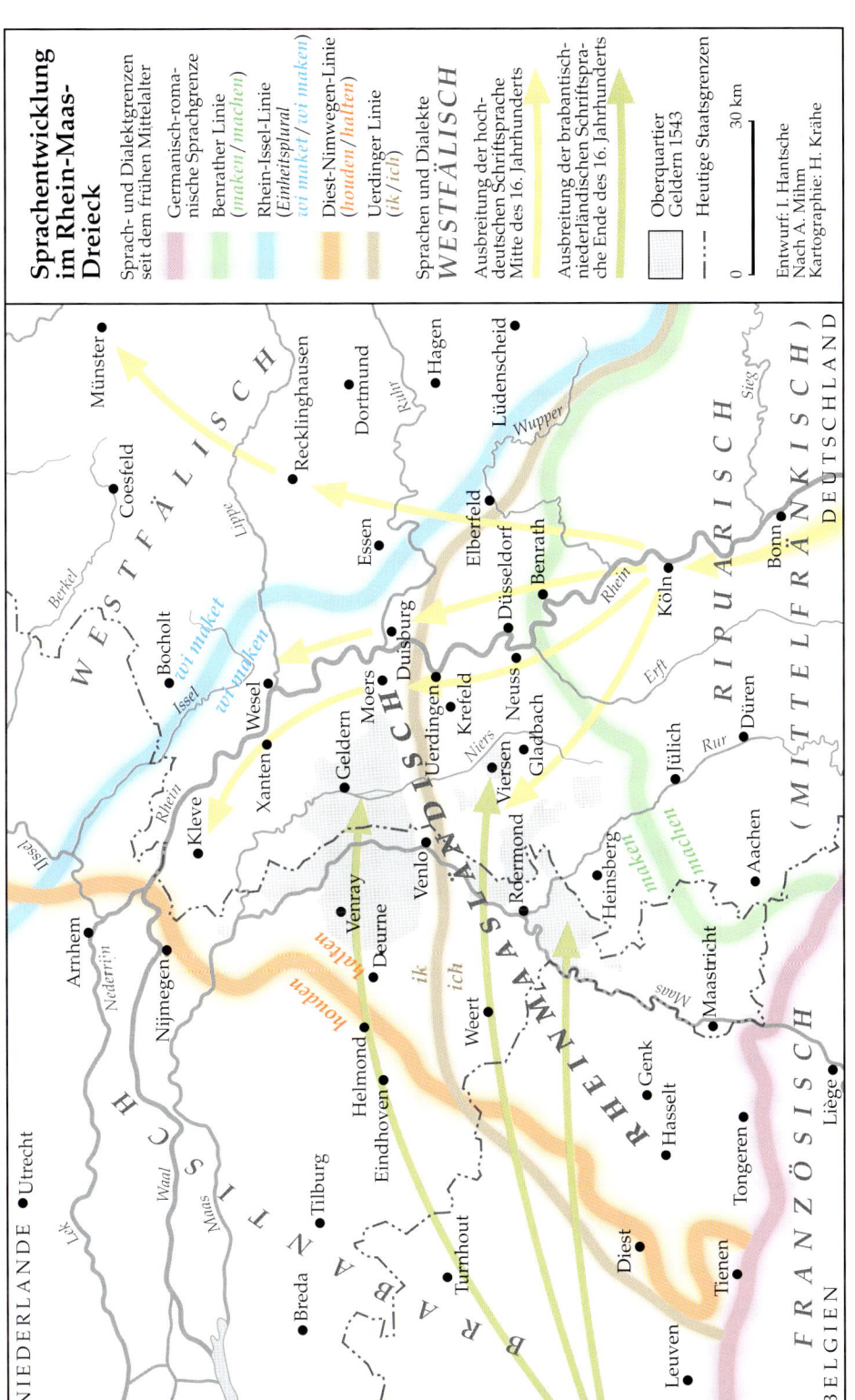

Karte 25: Sprachentwicklung im Rhein-Maas-Dreieck

26. Territorien am Niederrhein um die Mitte des 16. Jahrhunderts

Die kartographische Darstellung der territorialen Landschaft am Niederrhein um die Mitte des 16. Jahrhunderts ist auf den ersten Blick verwirrend bunt, zumal viele Gebiete häufig mit Zipfeln oder Exklaven in Nachbarterritorien hineinragen. Doch bei genauerer Betrachtung des Kartenbildes und der Legende schälen sich mehrere Hauptgruppen von zusammengehörenden oder zumindest vom Typ her verwandten Gebieten heraus.

Der territoriale Kernbereich am Niederrhein waren die Herzogtümer Jülich, Kleve und Berg als die drei rheinischen Komponenten der Vereinigten Herzogtümer. Sie bildeten im 16. Jahrhundert gemeinsam mit den westfälischen Grafschaften Mark und Ravensberg (außerhalb der Karte) und der kleinen Herrschaft Ravenstein trotz ihrer unterschiedlichen historischen Entwicklung eine staatliche Einheit unter der Herrschaft der Herzöge von Jülich-Kleve-Berg (vgl. Karte ‚Die Herzogtümer Jülich, Kleve, Berg und die Grafschaften Mark und Ravensberg sowie das Herzogtum Geldern im 16. und 17. Jahrhundert'). Sowohl Kleve wie Jülich erstreckten sich bis zur Maas, und im Norden ragte klevisches Gebiet als Zipfel bzw. Exklaven in niederländisches Gebiet hinein.

Die habsburgischen Territorien am Niederrhein setzten sich zusammen aus dem 1543 im Frieden von Venlo gewonnenen Herzogtum Geldern (dem Oberquartier mit den Exklaven Viersen und Erkelenz sowie den südlichen Randgebieten der geldrischen Niederquartiere Nimwegen, Arnheim und Zutphen) und den bereits vor der Mitte des 16. Jahrhunderts zu Habsburg gehörenden ehemals burgundischen Gebieten. Nach der Reichsteilung Karls V. fielen sie 1555 mit den gesamten Niederlanden an die spanisch-habsburgische Linie, verblieben jedoch zunächst insgesamt Bestandteil des Deutschen Reiches. Ihre Einheit zerbrach allerdings wenige Jahre später, als sich die nördlichen Provinzen der Niederlande im 80-jährigen Krieg (1568–1648) erfolgreich gegen die spanische Herrschaft erhoben.

Die geistlichen Territorien besaßen nur vom Typ her eine Gemeinsamkeit: sie unterstanden Landesherren, die eine Doppelfunktion von weltlicher und geistlicher Herrschaft ausübten, die nicht durch Erbschaft, sondern durch Wahl übertragen wurde. Das bedeutendste geistliche Territorium am Niederrhein war das bis auf wenige Ausnahmen linksrheinisch gelegene Kurfürstentum Köln, zu dem auch die Exklave Rheinberg gehörte sowie das westfälische Vest Recklinghausen und das Herzogtum Westfalen (liegt außerhalb des Kartenausschnitts). Die Fürstbistümer Münster und Lüttich können nur bedingt zum Bereich des Niederrheins gerechnet werden. Kleinere und recht unbedeutende, wenn auch reichsunmittelbare geistliche Territorien waren die Stifte Essen (mit der Exklave Huckarde bei Dortmund), Werden, Elten, Kornelimünster und Burtscheid sowie Thorn an der Maas.

Im Bereich des Niederrheins gab es nur drei Reichsstädte: Aachen, Köln und Dortmund, von denen Köln politisch und wirtschaftlich den höchsten Rang einnahm, obwohl es über kein Territorium außerhalb der Stadtmauern verfügte. Duisburg hatte bereits im Mittelalter seine Rechte als freie Reichsstadt verloren und war klevische Landstadt geworden, während Düren von Jülich erworben wurde. Von den anderen weltlichen Klein-Territorien war nur Moers mit seiner Exklave Krefeld von Bedeutung. Landesherr waren hier die Grafen von Neuenahr, die in den politischen und konfessionellen Auseinandersetzungen der Zeit eine eigene Position zu vertreten vermochten.

Literatur:
Franz Petri, Im Zeitalter der Glaubenskämpfe (1500–1648), in: Franz Petri und Georg Droege (Hg.), Rheinische Geschichte, Bd. 2: Neuzeit, Düsseldorf 1976, S. 9–217.

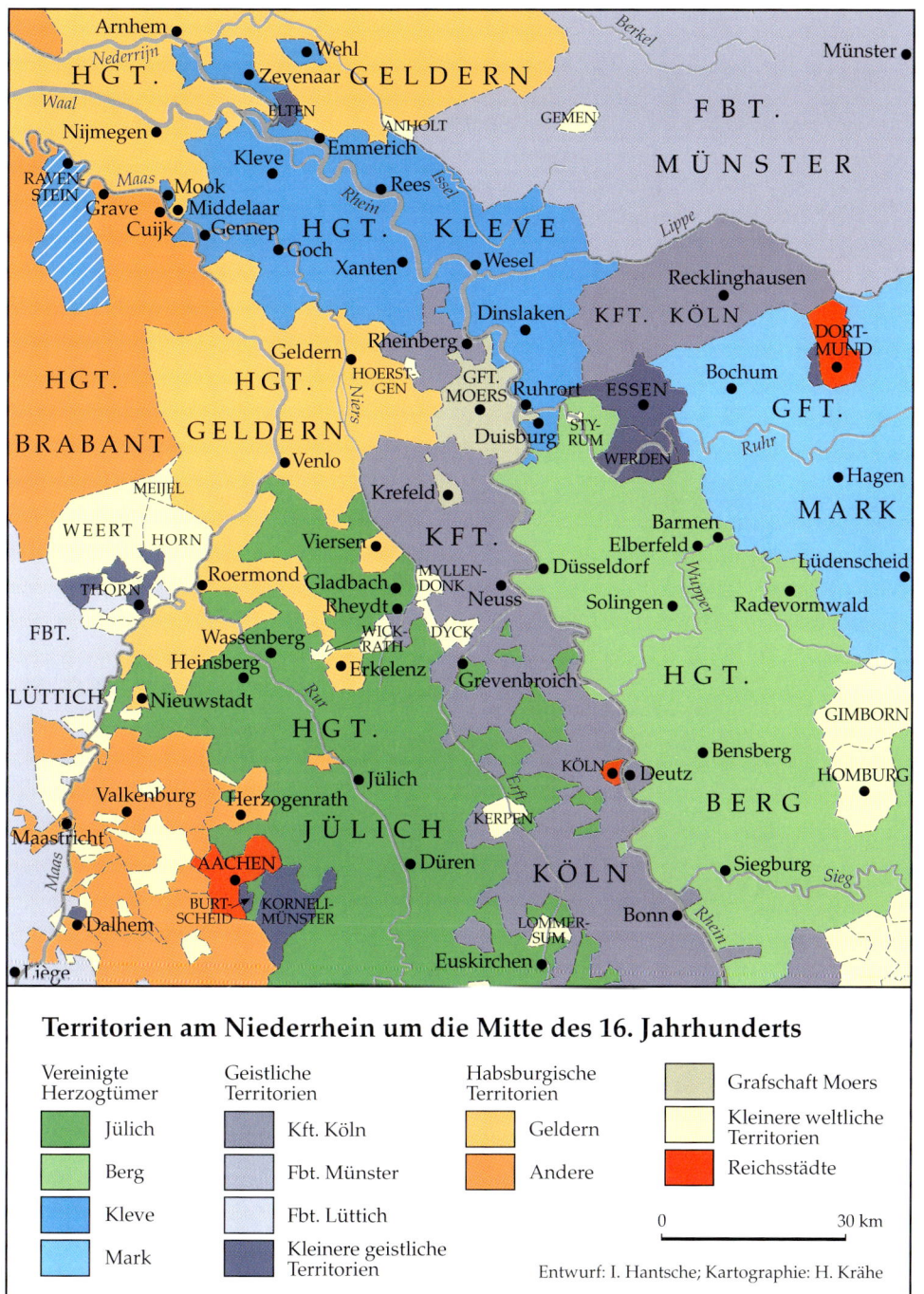

Karte 26: Territorien am Niederrhein um die Mitte des 16. Jahrhunderts

27. Das Herzogtum Geldern 1543

Geldern als historische Landschaft hat sich im Laufe der Zeit stark verändert. Das im Mittelalter so machtvolle Herzogtum verlor zu Beginn der Neuzeit seine Selbstständigkeit und wurde in der Folgezeit zudem mehrfach geteilt. Die Konsequenz dieser Entwicklung ist nicht nur die heutige Zugehörigkeit des ehemals einheitlichen Herzogtums zu unterschiedlichen Staaten (Niederlande, Deutschland und Belgien), sondern letztlich auch der Verlust einer geldrischen Identität. Die Karte dokumentiert gewissermaßen den Endpunkt der mittelalterlichen und den Beginn der neuzeitlichen Geschichte Gelderns. Sie zeigt das noch unbeschnittene Herzogtum in seiner territorialen Eingebundenheit im Nordwesten des Heiligen Römischen Reiches um die Mitte des 16. Jahrhunderts.

Nach dem Tod des letzten geldrischen Herzogs Karl von Egmont im Jahre 1538 sprachen sich die geldrischen Stände für den klevischen Erbprinzen als Nachfolger aus, der 1539 als Herzog Wilhelm V. (der Reiche) in Jülich, Kleve, Berg, Mark und Ravensberg die Herrschaft übernahm. Der Erwerb von Geldern hätte diesen Vereinigten Herzogtümern eine beherrschende Stellung im Nordwesten des Reiches ermöglicht, was vermutlich auch konfessionspolitische Auswirkungen gehabt hätte, und außerdem wäre durch Geldern eine direkte Verbindung zwischen den Territorien Kleve und Jülich hergestellt worden. Doch der Anspruch ließ sich nicht durchsetzen, da er auf den Widerstand des Hauses Habsburg stieß, das Geldern als (allerdings umstrittenen) Bestandteil des burgundischen Erbes für sich reklamierte, um seinen niederländischen Herrschaftsbereich abzurunden. Im kurzen geldrischen Erbfolgekrieg errang Kaiser Karl V. in der Schlacht bei Düren einen eindeutigen Sieg über Herzog Wilhelm V., der im Vertrag von Venlo (1543) sich völlig dem Kaiser unterwerfen und zugunsten von Habsburg auf sämtliche geldrischen Ansprüche verzichten musste.

Das Herzogtum Geldern, das in seiner Ganzheit 1543 an Habsburg fiel, bestand aus vier Teilen, den so genannten Quartieren: Nimwegen (Betuwe), Arnheim (Veluwe), Zutphen und dem südlich gelegenen und wirtschaftlich besonders wichtigen Oberquartier Roermond, in dem auch die Stadt Geldern lag. Nach der Reichsteilung Karls V. (1555/56) fiel Gesamtgeldern zusammen mit den Niederlanden an Spanien, verblieb jedoch im Heiligen Römischen Reich. Die Quartiere Nimwegen, Arnheim und Zutphen gingen jedoch faktisch bereits wenige Jahrzehnte später im Niederländischen Unabhängigkeitskrieg (80-jähriger Krieg) an die Generalstaaten verloren. 1648 wurden sie auch staatsrechtlich Bestandteil der Republik der Niederlande und schieden damit endgültig aus dem Reichsverband aus. Sie bilden heute im Großen und Ganzen die niederländische Provinz Gelderland. Dem Königreich Spanien verblieb ab 1648 nur noch das südlich gelegene geldrische Oberquartier (bis 1713; vgl. Karte ‚Die Aufteilung des Oberquartiers Geldern nach 1713'), das auch weiterhin Reichsgebiet war. Nur dieses Oberquartier mit den Hauptorten Roermond und Geldern behielt in der Folgezeit Bedeutung für die deutsche Geschichte am Niederrhein.

Literatur:
FRANZ PETRI, Geldern und der nördliche Niederrhein im Wandel der niederländischen und deutschen Geschichte, in: Ders., Zur Geschichte und Landeskunde der Rheinlande, Westfalens und ihrer westeuropäischen Nachbarländer, Aufsätze und Vorträge aus vier Jahrzehnten, hg. von E. Ennen, A. Hartlieb von Wallthor und M. van Rey, Bonn 1973, S. 821–839; KAROLA NÜSSE, Die Entwicklung der Stände im Herzogtum Geldern bis zum Jahre 1418 nach den Stadtrechnungen von Arnheim (= Veröffentlichungen des Historischen Vereins für Geldern und Umgegend, Bd. 63), Köln 1958.

Karte 27: Das Herzogtum Geldern 1543

28. Die Herzogtümer Jülich, Kleve, Berg und die Grafschaften Mark und Ravensberg sowie das Herzogtum Geldern im 16. und 17. Jahrhundert

Durch die bereits am Ende des 15. Jahrhunderts eingefädelte Heiratspolitik zwischen den Herzögen von Jülich und Kleve erfolgte zu Beginn des 16. Jahrhunderts der Zusammenschluss der rheinischen Herzogtümer Jülich, Kleve und Berg sowie der westfälischen Grafschaften Mark und Ravensberg und der kleinen Herrschaft Ravenstein an der Maas. Denn nach dem Tode des letzten jülichschen Herzogs Wilhelm IV. im Jahre 1511 trat der klevische Erbprinz Johann, der die Erbtochter Wilhelms IV. geheiratet hatte, die Nachfolge in den Herzogtümern Jülich und Berg sowie der Grafschaft Ravensberg an; 1521 wurde er dann nach dem Tode seines Vaters Johann II. auch Herzog von Kleve und Graf von Mark. Doch dieser in einer Hand konzentrierte Gesamtstaat der Vereinigten Herzogtümer zerfiel bereits nach drei Generationen wieder durch das Aussterben der jülich-klevischen Herzöge im Jahre 1609 und wurde im jülich-klevischen Erbfolgestreit zwischen Brandenburg und Pfalz-Neuburg aufgeteilt, die sich gegenüber anderen Anwärtern durchgesetzt hatten.

Bereits um die Mitte des 16. Jahrhunderts hatte sich gezeigt, dass die Vereinigten Herzogtümer nicht die Kraft hatten, um gegen den Widerstand Habsburgs die beherrschende Stellung im Nordwesten des Reiches zu erringen. Der Herzog von Jülich-Kleve-Berg, Wilhelm V., genannt der Reiche, hatte seine Großmachtpläne begraben müssen, als es ihm nicht gelang, Geldern und damit zugleich das fehlende Verbindungsstück zwischen den Territorien Kleve und Jülich zu erwerben. Zwar hatten die geldrischen Stände 1537, noch zu Lebzeiten des letzten geldrischen Herzogs, Kleve die Nachfolge in Geldern angetragen, aber diese angestrebte Ausweitung der Vereinigten Herzogtümer stellte eine Bedrohung für die habsburgische Interessenpolitik in den Niederlanden dar. In der daraus folgenden militärischen Auseinandersetzung zwischen Wilhelm V. und Kaiser Karl V., der als Erbe Burgunds zugleich auch Herrscher in den Niederlanden war, unterlag Wilhelm V. vollständig und musste 1543 im Vertrag von Venlo auf sämtliche geldrischen Ansprüche verzichten. Trotz der gegensätzlichen Interessenpolitik und des für die Vereinigten Herzogtümer negativen Ausgangs rissen die Beziehungen zwischen dem Niederrhein und den niederländischen Gebieten nicht ab.

Nach dem sich bereits lange abzeichnenden Tode Herzog Johann Wilhelms, Sohn und Nachfolger Wilhelms des Reichen, im Jahre 1609 konnten Brandenburg und Pfalz-Neuburg erfolgreich ihre Erbansprüche auf die Vereinigten Herzogtümer durchsetzen. Zunächst regierten sie – zumindest offiziell – das Gesamterbe gemeinsam, was von Anfang an mit großen Streitigkeiten verbunden war. Eine Teilung der Vereinigten Herzogtümer, die sich bereits sehr bald ankündigte, war daher unvermeidbar, obwohl sich die Stände dagegen wehrten. Praktisch wurde die Teilung bereits 1614 im Vertrag von Xanten vollzogen, staatsrechtlich besiegelt wurde sie jedoch erst nach vielen weiteren Auseinandersetzungen zwischen den konkurrierenden Parteien 1666 im Vertrag von Kleve. Dieses Endergebnis bestätigte die bereits 1614 vollzogene Aufteilung. Pfalz-Neuburg erhielt die Herzogtümer Jülich und Berg, Brandenburg das Herzogtum Kleve und die Grafschaften Mark und Ravensberg sowie die lange umstrittene kleine Herrschaft Ravenstein, die jedoch 1670 an Pfalz-Neuburg abgetreten wurde.

Literatur:
WILHELM JANSSEN, Kleve–Mark–Jülich–Berg–Ravensberg 1400–1600, in: Land im Mittelpunkt der Mächte. Die Herzogtümer Jülich, Kleve, Berg. Ausstellungskatalog, Kleve 1984, S. 17–40; IRMGARD HANTSCHE, Zwischen den Fronten. Das Herzogtum Kleve als politisches und konfessionelles Umfeld Gerhard Mercators während der 2. Hälfte des 16. Jahrhunderts, in: Gerhard Mercator, Europa und die Welt, Begleitband zur Ausstellung, Duisburg 1994, S. 37–71; IRMGARD HANTSCHE, Duisburg und Flandern im Rahmen der Beziehungen zwischen dem Niederrhein und den Niederlanden, in: Von Flandern zum Niederrhein. Begleitband zur Ausstellung, Duisburg 2000, S. 9–25.

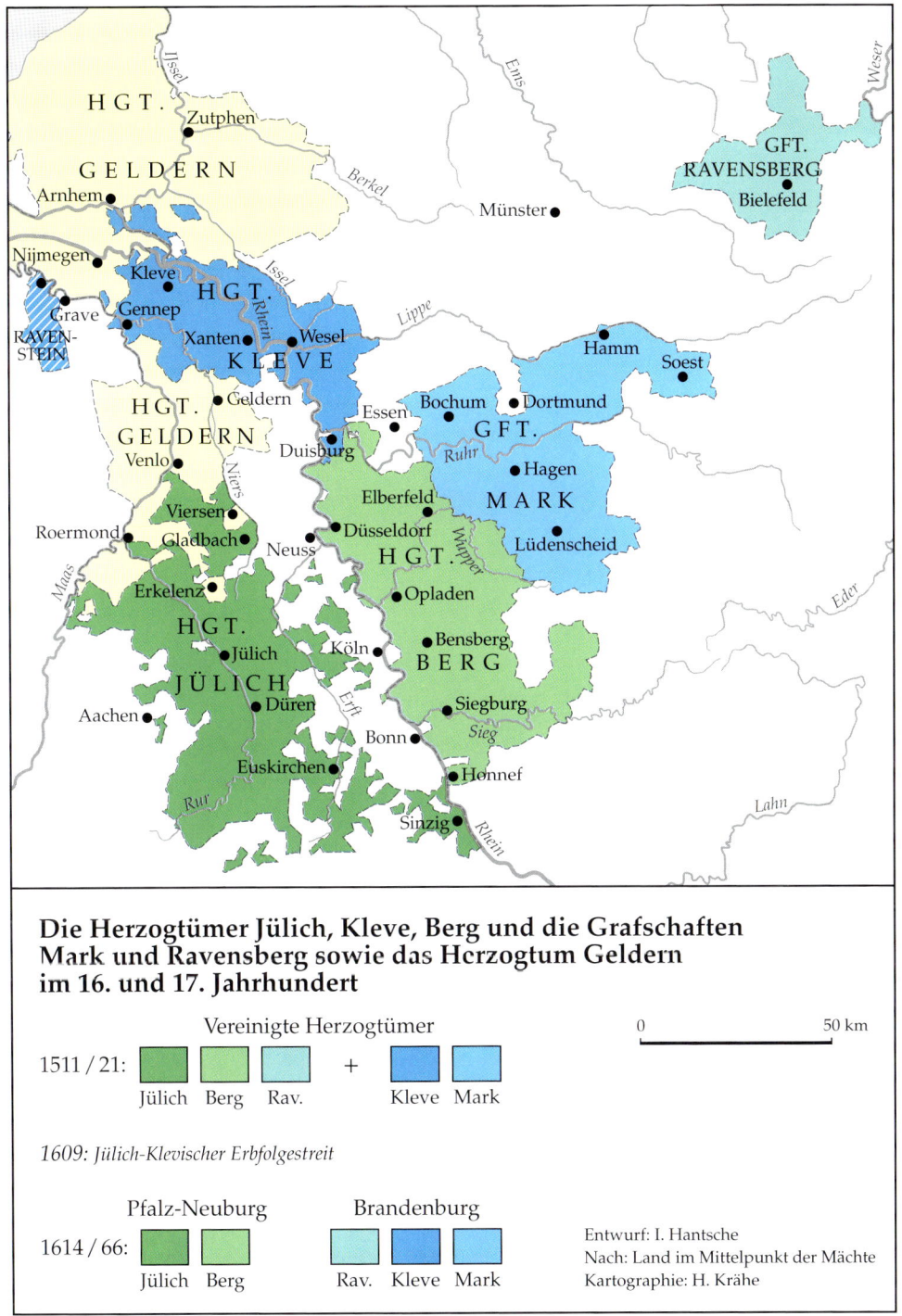

Karte 28: Die Herzogtümer Jülich, Kleve, Berg und die Grafschaften Mark und Ravensberg sowie das Herzogtum Geldern im 16. und 17. Jahrhundert

29. Spanisch und staatisch-niederländisch besetzte und umkämpfte Plätze (1585–1672)

Im letzten Drittel des 16. Jahrhunderts wurde der Niederrhein von den spanisch-niederländischen Auseinandersetzungen betroffen, die durch die unerbittliche und von großer Grausamkeit geprägte Bekämpfung des niederländischen Protestantismus durch Spanien, aber auch durch die Forderungen der Niederländer nach mehr Autonomie ausgelöst wurden. Diese Auseinandersetzungen eskalierten zum 80-jährigen Krieg (1568–1648), der schließlich zur Unabhängigkeit der sieben nördlichen Provinzen, der staatischen Niederlande, führte. Obwohl der 80-jährige Krieg die niederrheinischen Territorien eigentlich nicht tangierte, wurden sie dennoch von den Kampfhandlungen erfasst und zum Teil sehr stark in Mitleidenschaft gezogen. Denn sowohl die Spanier wie die Niederländer benutzten die Niederrheinregion als militärisches Operationsgebiet und hielten – häufig abwechselnd – eine Anzahl niederrheinischer Plätze besetzt.

In den 80er-Jahren verquickten sich die Kämpfe zwischen Spanien und den Niederlanden mit der Konfessionspolitik des kölnischen Erzbischofs und Kurfürsten Gebhard Truchsess von Waldburg. Sein Ziel, die kurkölnischen Territorien der Reformation zuzuführen, sie zu säkularisieren und in ein erbliches Fürstentum umzuwandeln, hätte nicht nur die konfessionelle Situation am Niederrhein grundlegend verändert, sondern wegen der großen Bedeutung der Kurwürde auch Auswirkungen auf künftige Kaiserwahlen gehabt. Die katholische ‚Partei' im Reich ging daher in die Gegenoffensive, und die strategische Bedeutung der kurkölnischen Lande für die spanisch-niederländischen Auseinandersetzungen führte auch zum Eingreifen spanischer und niederländischer Truppen. In diesem Truchsessischen Krieg (1583–1588) konnte sich Ernst von Wittelsbach, der bereits 1583 vom Kölner Domkapitel zum neuen Erzbischof gewählt worden war, mit bayerischer und spanischer Hilfe auf ganzer Linie gegen Gebhard durchsetzen.

Da weder die Spanier noch die Niederländer die offizielle Neutralität der Vereinigten Herzogtümer respektierten, wurden diese in die Auseinandersetzungen hineingezogen. Bereits 1586 hatten die Niederländer die auf klevischem Gebiet liegende strategisch äußerst wichtige Insel in der Trennung von Rhein und Waal okkupiert und dort die Festung Schenkenschanz erbaut, die stärkste holländische Befestigung gegen die spanischen Truppen. Mit den Festungen Groenlo, Bredevoort, Wesel, Büderich, Rheinberg, Orsoy, Moers und zeitweise auch Wachtendonk errichteten sie am Niederrhein eine weit vorgeschobene Verteidigungslinie, den niederländischen *tuin* (Zaun). Auch die Stadt Ruhrort war von niederländischen Truppen besetzt worden und wurde deswegen 1587 durch spanische Truppen vom gegenüberliegenden moersischen Homberg-Essenberg aus gestürmt, das die Spanier ihrerseits erobert und mit Schanzen befestigt hatten. In anderen Fällen vermochte der jülich-klevische Herzog Wilhelm der Reiche ebenfalls nicht, seine Territorien gegen die Übergriffe von Spaniern und Niederländern zu schützen. Auch nach dem Aussterben des jülich-klevischen Herzoghauses 1609 blieben Spanien und die Niederlande weiterhin militärisch präsent in den Herzogtümern Kleve und Jülich; weder der Brandenburger noch der Pfalz-Neuburger ‚Possedierende', die das jülich-klevische Erbe angetreten hatten, besaßen die militärische Kraft, um erfolgreich dagegen vorzugehen. Sie mussten mit ansehen, wie spanische und niederländische Truppen ihr Land durchzogen, sich dort bekämpften und – häufig abwechselnd – feste Plätze besetzten, die zum Teil erst Jahre nach dem Friedensschluss von 1648 geräumt wurden.

Literatur:
Franz Petri, Im Zeitalter der Glaubenskämpfe (1500–1648), in: Franz Petri und Georg Droege (Hg.), Rheinische Geschichte, Bd. 2, Düsseldorf 1976, S. 9 ff.; Irmgard Hantsche, Zwischen den Fronten. Das Herzogtum Kleve als politisches und konfessionelles Umfeld Gerhard Mercators während der 2. Hälfte des 16. Jahrhunderts, in: Gerhard Mercator, Europa und die Welt. Begleitband zur Ausstellung, Duisburg 1995, S. 37–71.

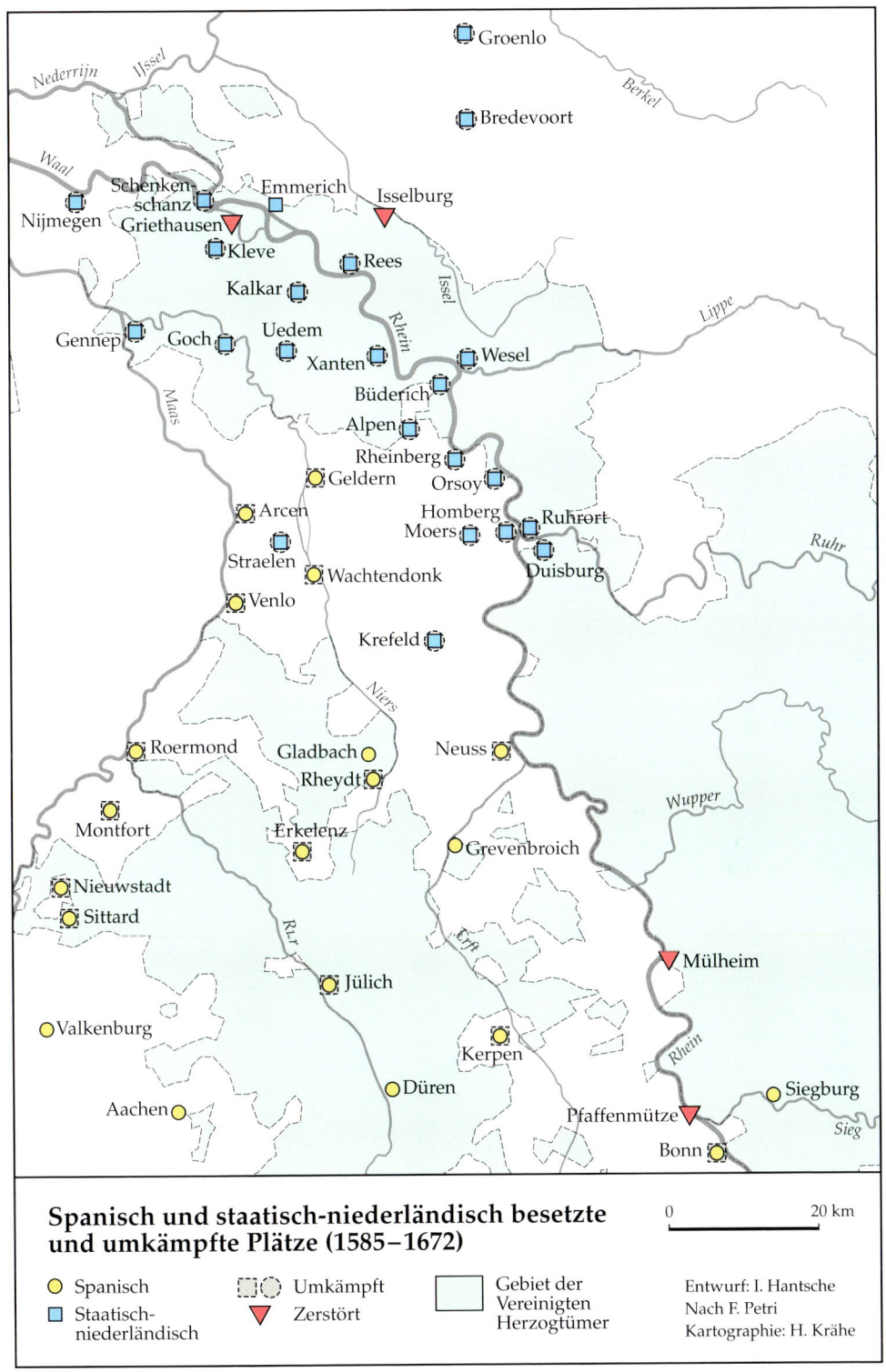

Karte 29: Spanisch und staatisch-niederländisch besetzte und umkämpfte Plätze (1585–1672)

30. Niederländische Exulanten am Niederrhein im 16. Jahrhundert

Viele Niederländer suchten am Niederrhein Schutz vor Glaubensverfolgungen durch die habsburgischen Behörden in ihrer Heimat. Sie fanden ihn nicht nur in protestantischen Territorien wie der Grafschaft Moers mit ihrer Exklave Krefeld, sondern als Folge der *via-media*-Politik Wilhelms des V. (des Reichen) weitgehend auch in den Vereinigten Herzogtümern, die zudem wegen ihrer Nähe zu den Niederlanden zu einem bevorzugten Ziel wallonischer und flämischer Exulanten wurden. Es war besonders das klevische Wesel, das Flüchtlinge anzog. In der Hochphase der spanischen Glaubensverfolgungen in den Niederlanden in den 1570er-Jahren bestand die Bevölkerung der Stadt zu 40 % aus Niederländern, die Wirtschaft und Gesellschaft nachhaltig prägten. Einige von ihnen erwarben das Weseler Bürgerrecht und verblieben auf Dauer; die meisten jedoch gingen noch während des 80-jährigen Krieges nach dem Abflauen der Verfolgungen in ihre Heimat zurück.

Die Ursachen für den großen Zuzug in Wesel lagen nicht nur in der geographischen Lage der Stadt und in den seit langem bestehenden engen wirtschaftlichen Beziehungen zu den Niederlanden; ganz wesentlich war die Aufnahmebereitschaft des Magistrats und weiter Kreise der Bevölkerung gegenüber den zum Teil recht wohlhabenden Neuankömmlingen. Dieses Entgegenkommen, das der Stadt den Ehrennamen *Vesalia hospitalis* einbrachte, war weniger religiös als ökonomisch motiviert. Denn Wesel profitierte vom *know how*, das die meist fortschrittlichen Niederländer besonders auf dem Gebiet des Textilgewerbes mitbrachten und das zu einem Modernisierungsschub und damit zu einem wirtschaftlichen Aufschwung führte.

Am Beispiel Wesels zeigt sich aber auch sehr deutlich, dass die Exulanten ebenfalls großen Einfluss auf die konfessionelle Situation am Niederrhein hatten. Sie stärkten nicht nur den Protestantismus gegenüber dem Katholizismus, sondern ihre festgefügten und überregional organisierten reformierten (d.h. calvinistischen) Gemeinden erlangten in vielen Gaststädten die Überhand über die bereits bestehenden lutherischen Gemeinden. So ist die Ausbreitung des Calvinismus am Niederrhein weitgehend dem Einfluss niederländischer Exulanten zuzuschreiben. Bis zur Preußischen Union (1817), die zu einer Verschmelzung der lutherischen und reformierten Gemeinden führte, war die Überzahl der evangelischen Gemeinden am Niederrhein reformiert und nicht lutherisch (vgl. Karte ‚Lutherische und reformierte Gemeinden am Niederrhein vor der Preußischen Union 1817').

Verallgemeinernd kann man sagen, dass nicht vorrangig religiöse Toleranz oder konfessionelles Mitgefühl der Grund für die Aufnahme niederländischer Exulanten am Niederrhein waren, sondern eher ökonomische Gesichtspunkte. Fügten sich die Glaubensflüchtlinge harmonisch in das Wirtschaftsleben ein, förderten sie es sogar so wie in Wesel, waren sie willkommen. Entwickelten sie sich hingegen zu einer Konkurrenz für die etablierten Wirtschaftskreise, wie es in Köln der Fall war, wurden sie trotz anfänglicher Akzeptanz bald abgelehnt und wieder hinausgedrängt.

Literatur:
HEINZ SCHILLING, Niederländische Exulanten im 16. Jahrhundert. Ihre Stellung im Sozialgefüge und im religiösen Leben deutscher und englischer Städte, Gütersloh 1972; DERS., Die niederländischen Exulanten des 16. Jahrhunderts. Ein Beitrag zur frühneuzeitlichen Konfessionsmigration, in: Geschichte in Wissenschaft und Unterricht 43, 1992, S. 67–78; ACHIM DÜNNWALD, Konfessionsstreit und Verfassungskonflikt. Die Aufnahme der niederländischen Flüchtlinge im Herzogtum Kleve 1566–1585, Kalkar 1998; WILHELM SARMENHAUS, Die Festsetzung der niederländischen Religionsflüchtlinge im 16. Jahrhundert in Wesel und ihre Bedeutung für die wirtschaftliche Entwicklung dieser Stadt, Kiel 1913; IRMGARD HANTSCHE, Flüchtlinge und Asylanten am Niederrhein vom 16. bis 18. Jahrhundert, in: Dieter Geuenich (Hg), Der Kulturraum Niederrhein, Bd. 1: Von der Antike bis zum 18. Jahrhundert, 2. Aufl., Bottrop/Essen 1998, S. 115–138.

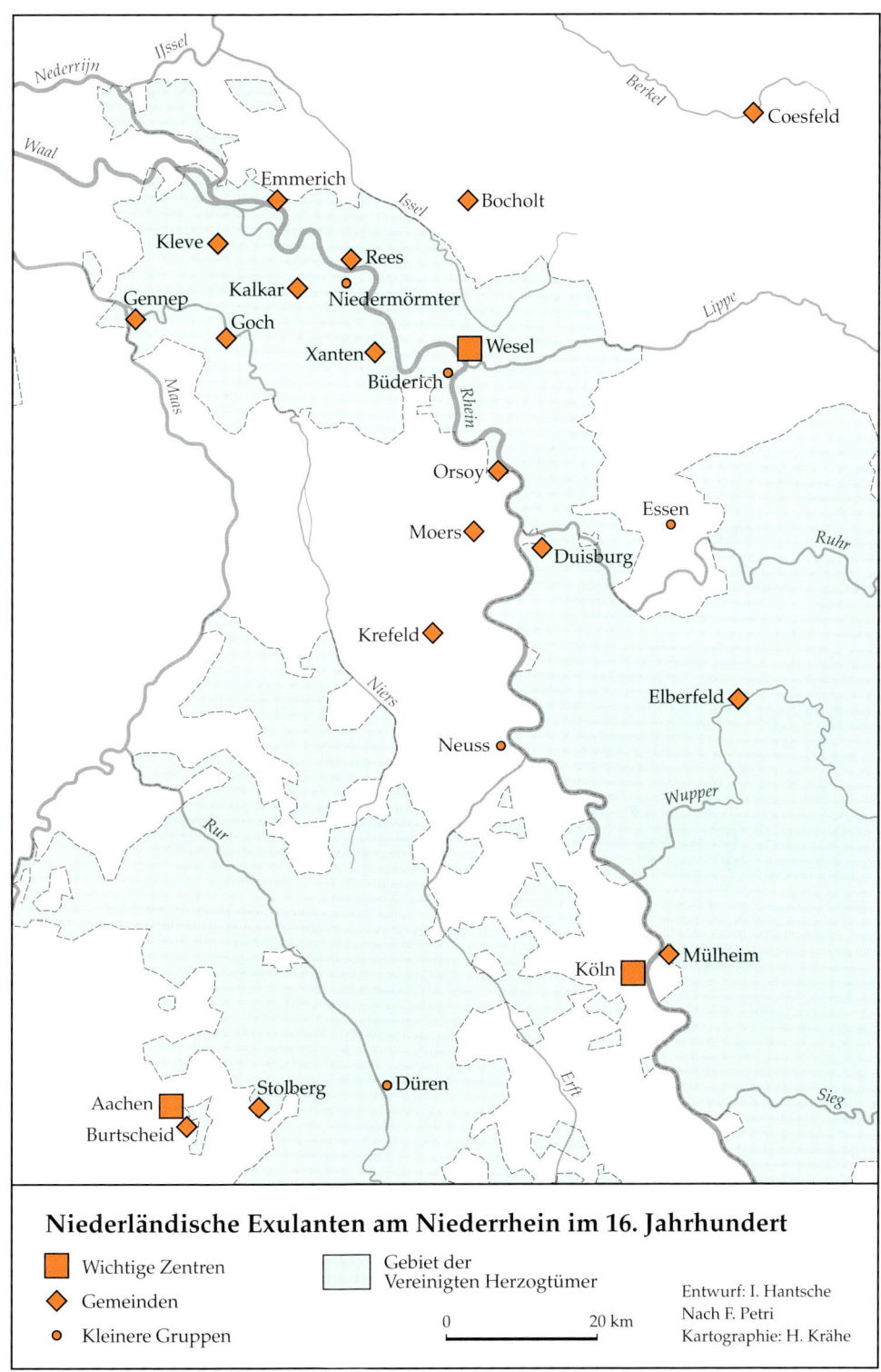

Karte 30: Niederländische Exulanten am Niederrhein im 16. Jahrhundert

31. Konfessionen am Niederrhein um 1610

Schon frühzeitig hatte die Reformation in einigen Orten am Niederrhein Fuß gefasst. Für die ersten Jahrzehnte ist jedoch eine klare Zuordnung häufig nicht möglich, da die konfessionelle Entwicklung sich noch nicht verfestigt hatte und die Übergänge zwischen den Glaubensrichtungen noch fließend waren. Die Reformbemühungen der jülich-klevischen Herzöge Johann III. (1511/1521–1539) und Wilhelm V. (1539–1592) bedeuteten noch keinen Bruch mit der katholischen Kirche. Besonders die *via-media*-Politik Wilhelms V., des Reichen, bemühte sich um einen Ausgleich zwischen den Fronten und führte zu einer verhältnismäßig toleranten Religionspolitik. Davon profitierte sowohl das Luthertum als zunehmend auch der reichsrechtlich noch nicht anerkannte Calvinismus, der von den Niederlanden Einzug hielt und durch niederländische Glaubensflüchtlinge noch verstärkt wurde und zum Teil – wie im Fall von Wesel – sogar lutherische Gemeinden in reformierte (= calvinistische) umwandelte.

Einen Einschnitt bedeutete der Vertrag von Venlo (1543), in dem Wilhelm der Reiche sich Karl V. gegenüber verpflichten musste, seine Lande beim alten Glauben zu belassen; allerdings war dieser ‚alte' Glaube bis zum Konzil von Trient (1545–1563) noch nicht eindeutig definiert. Im Vergleich zu anderen Territorien bot die herzogliche Religionspolitik auch nach 1543 noch einen beträchtlichen Freiraum für Andersdenkende. Die Ausdehnung des Protestantismus wurde daher zwar behindert, aber nicht aufgehalten. Insgesamt war die Religionspolitik in den Vereinigten Herzogtümern also fortschrittlich und wies bereits erste Wege zu einer religiösen Toleranz auf. Im Zeitalter von Reformation und Gegenreformation war das eine sehr große Ausnahme.

Allerdings war die konfessionelle Situation im ausgehenden 16. und beginnenden 17. Jahrhundert wechselhaft, da militärische Auseinandersetzungen, vor allem der spanisch-niederländische Krieg, die politisch-konfessionelle Situation in den Vereinigten Herzogtümern mitbestimmten. Besonders während des Regiments Herzog Albas war Wilhelm V. mehrfach gezwungen, aus politischer Rücksicht protestantische Geistliche auszuweisen. Viele evangelische Gemeinden konnten daher nur heimlich weiter bestehen. Noch einschneidender war die Besetzung niederrheinischer Orte durch fremde Truppen. Spanische Soldaten vertrieben sofort die protestantischen Prediger und unterdrückten jede Ausübung des evangelischen Glaubens. Die Niederländer hingegen übergaben katholische Kirchen evangelischen Gemeinden. Bei einem Wechsel des Kriegsglücks wurden diese Maßnahmen meist sofort wieder rückgängig gemacht, oft nur für die kurze Zeit bis zu einem erneuten militärischen oder politischen Umschwung. Konfessionelle Kontinuität bildete also die Ausnahme. Für viele Orte ist daher eine eindeutige Aussage kaum möglich, und die Karte spiegelt manchmal nur einen kurzzeitigen Zustand. Dennoch, in den Vereinigten Herzogtümern wurde das 1555 im Augsburger Religionsfrieden festgesetzte Prinzip des *cuius regio, eius religio*, nach dem der Landesherr die eigene Konfession für alle Untertanen verbindlich machen konnte, nicht streng durchgeführt. Selbst in überwiegend katholischen Gebieten wiesen viele Städte lutherische oder reformierte Gemeinden auf, in Einzelfällen sogar beide, wie es auch katholische Gemeinden in mehrheitlich evangelischen Gebieten gab.

Literatur:
Wilhelm Fabricius, Erläuterungen zum geschichtlichen Atlas der Rheinprovinz, 5. Band: Die beiden Karten der kirchlichen Organisation, 1450 und 1610, Erste Hälfte: die Kölnische Kirchenprovinz, Bonn 1909; Albert Rosenkranz, Das Evangelische Rheinland. Ein rheinisches Gemeinde- und Pfarrerbuch, Bd. 1: Die Gemeinden, Düsseldorf 1956; Bd. 2: Die Pfarrer, Düsseldorf 1958; Eckehart Stöve, Die Religionspolitik am Niederrhein im 16. Jahrhundert und ihre geschichtlichen Folgen, in: Dieter Geuenich (Hg.), Der Kulturraum Niederrhein, Bd. 1: Von der Antike bis zum 18. Jahrhundert, 2. Aufl. 1998, S. 67–92.

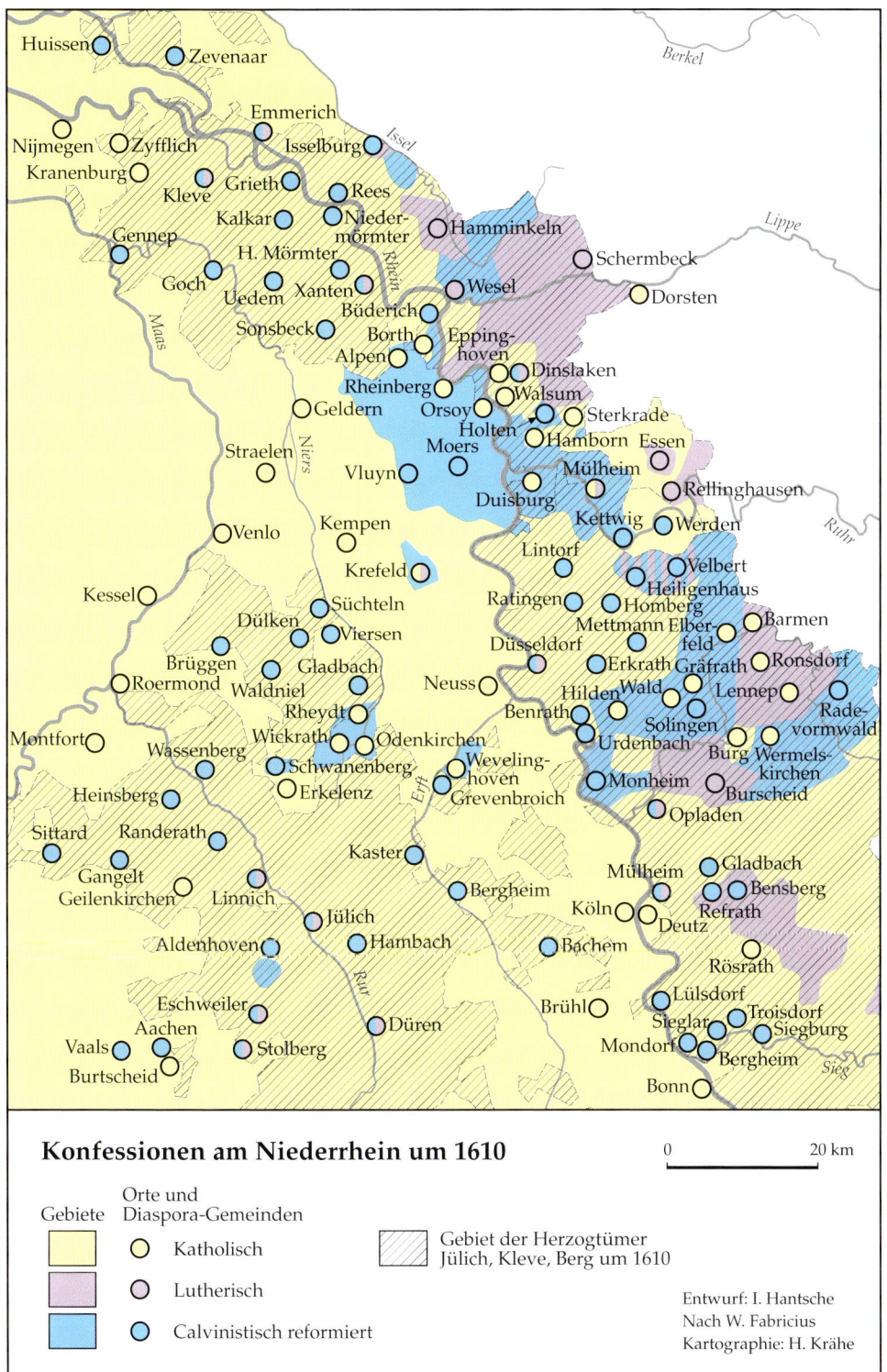

Karte 31: Konfessionen am Niederrhein um 1610

32. Katholische Diözesen am Niederrhein 1610

Auch am Niederrhein zeigten sich frühzeitig Einflüsse der Reformation, und in vielen Orten bildeten sich evangelische Gemeinden. In der zweiten Hälfte des 16. Jahrhunderts versuchte die Katholische Kirche, durch vielfältige Gegenmaßnahmen und auch durch eigene Reformbestrebungen verlorenen Boden zurückzugewinnen. Von besonderer Bedeutung für den Niederrheinraum war dabei die Entwicklung in den Niederlanden. Sie waren seit der Mitte des 16. Jahrhunderts vollständig in habsburgischem Besitz, nachdem infolge der Niederlage Herzog Wilhelms des Reichen bei Düren 1543 im Vertrag von Venlo auch das Herzogtum Geldern an Kaiser Karl V. gefallen war. Alle Bemühungen des Kaisers, die starke Ausbreitung des Protestantismus in den Niederlanden einzudämmen, blieben letztlich erfolglos. Nach seiner Abdankung als Kaiser und der Teilung seines Reiches fielen die gesamten Niederlande inklusive des Herzogtums Geldern an die spanische Linie des Hauses Habsburg, und König Philipp II. versuchte mit verstärkter Kraft, den Protestantismus in den Niederlanden auszurotten. Dafür wandte er nicht nur politische und militärische Machtmittel an, die besonders mit der Gestalt Herzog Albas verbunden sind, sondern versuchte auch, durch eine Änderung der Kirchenorganisation den Katholizismus in den niederländischen Gebieten zu stützen.

Ein wesentliches Element bei diesen Bemühungen war die Änderung der Bistumsstruktur. Während die Niederlande vor 1559 insgesamt nur sechs zum Teil recht große Bistümer aufwiesen (Utrecht, Lüttich, Cambrai, Tournai, Arras und Thérouanne), erhöhte Philipp II. durch eine Strukturreform die Zahl der Bistümer auf 19, indem er die alten Bistümer teilte. Außerdem wurden Utrecht, Mechelen und Cambrai zu Erzbistümern erhoben. Das Ziel war, die Organisation der Katholischen Kirche zu straffen, um auf diese Weise sowohl Reformen zu beschleunigen als auch mit Hilfe übersichtlicherer Strukturen die Ausbreitung des Protestantismus rückgängig zu machen.

Diese Maßnahmen hatten auch Auswirkungen auf die niederrheinischen Gebiete. Die neue Festlegung der Bistumsgrenzen in den Niederlanden bewirkte auch Änderungen bei deutschen Bistümern. So musste das Bistum Münster Einbußen zugunsten des neuen Bistums Deventer hinnehmen. Das Erzbistum Köln verlor geldrische Gebiete bei Nimwegen und das Oberquartier Geldern einschließlich des nun auch kirchlich zur Exklave werdenden Viersen an das neugeschaffene niederländische Bistum Roermond, dem jetzt auch die zuvor zu Lüttich gehörende geldrische Exklave Erkelenz zugeschlagen wurde. Indem das seit 1543 habsburgische Gebiet des Oberquartiers nun einem niederländischen Bistum angehörte, wurde die Kirchenstruktur auf die neuen politischen Gegebenheiten abgestimmt. Das geschah jedoch ohne eine eigentliche politische Zielsetzung; eine allgemeine Bestrebung, der kirchlichen Neuordnung politisch-nationale Überlegungen zugrunde zu legen, ist nicht erkennbar. Dagegen spricht zudem eindeutig, dass das Bistum Lüttich, das ebenfalls überwiegend habsburgisches Gebiet umfasste, nicht einem niederländischen Erzbistum unterstellt wurde, sondern bei der Erzdiözese Köln verblieb. Staatlich-nationale Gesichtspunkte spielten erst im 19. Jahrhundert eine Rolle bei der Bistumsstruktur.

Literatur:
Atlas zur Kirchengeschichte. Die christlichen Kirchen in Geschichte und Gegenwart, hg. von Hubert Jedin, Kenneth Scott Latourette und Jochen Martin, bearb. von Jochen Martin, Freiburg 1970, S. 80 und 58*; Geschichtlicher Handatlas der deutschen Länder am Rhein. Mittel- und Niederrhein, bearb. von Josef Niessen, Köln und Lörrach 1950, Karte 20.

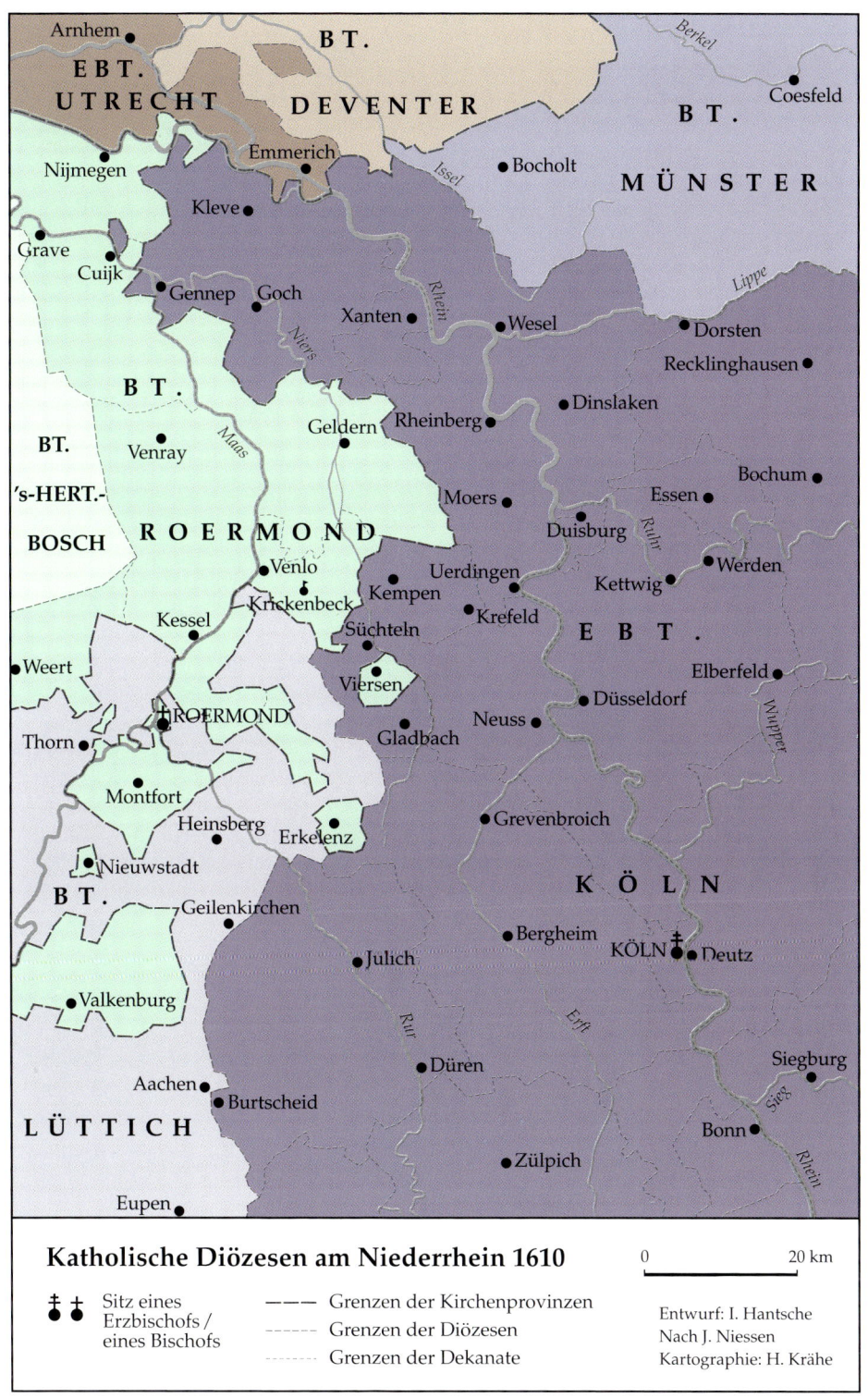

Karte 32: Katholische Diözesen am Niederrhein 1610

33. Wallfahrtsorte am Niederrhein

Wallfahrten, bei denen Menschen eine als heilig geltende Stätte außerhalb ihres eigenen Wohnortes aufsuchen, sind eine bedeutende Form der Volksfrömmigkeit. Die Tradition der christlichen Wallfahrten geht bis in die Antike zurück; schon im Mittelalter waren sie weit verbreitet und fanden auch bereits einen literarischen Niederschlag, etwa in den *Canterbury Tales* von Geoffrey Chaucer. In der vorreformatorischen Zeit nahm ihr Ausmaß zum Teil bedenkliche Züge an, aber auch der Klerus konnte die Begeisterung der Massen, teilweise gesteigert bis zur Ekstase, nicht eindämmen. In der Gegenreformation wurden Wallfahrten dann von der katholischen Kirche gefördert und bewusst eingesetzt, um die Ausbreitung des Protestantismus abzuwehren. Während der laizistisch geprägten französischen Besetzung des linken Niederrheins von 1794–1813 wurden Wallfahrten zunächst verboten, dann jedoch wieder unter Einschränkungen zugelassen. Auch die Preußen standen am Beginn ihrer Herrschaft am Rhein nach 1815 den Wallfahrten kritisch gegenüber. Sie regelten das Wallfahrtswesen durch behördliche Anordnungen und bewirkten 1826 für einige Jahre sogar ein Verbot von mehrtägigen Wallfahrten durch den Erzbischof von Köln und den Bischof von Münster. In einer Zeit, in der es noch keine Eisenbahnen gab, wurde damit für viele Menschen vorübergehend die Teilnahme an einer Wallfahrt stark eingeschränkt. Die Bedeutung der Eisenbahn für das Wallfahrtswesen wird sehr deutlich am Beispiel von Kevelaer, wo die Zahl der Wallfahrer nach der Eröffnung der Bahnlinie von Krefeld über Kevelaer nach Kleve im Jahre 1863, die auch den Anschluss an das überregionale Bahnnetz ermöglichte, sprunghaft anstieg.

Drei Typen von Wallfahrtsorten sind zu unterscheiden, die nicht nur eine wesensmäßige, sondern auch eine chronologische Rangfolge darstellen. Zunächst richtete sich die Verehrung auf Orte, an denen Christus und seine Apostel gelebt hatten, vornehmlich Jerusalem. Der zweite Typ gründete sich auf Märtyrergräber (z.B. im Viktorsdom zu Xanten, die den Anlass zur überregional bedeutenden Viktorstracht boten) und Reliquienstätten, an denen vornehmlich Teile des Körpers von Heiligen, z.B. Knochenpartikel, aufbewahrt werden. Der dritte Typ entwickelte sich erst in der frühen Neuzeit und ist durch die Verehrung von Bildern und Statuen gekennzeichnet. Hierzu gehören besonders die Marienwallfahrtsstätten. Kevelaer ist dafür das herausragende Beispiel und stellt die bedeutendste Wallfahrtsstätte am Niederrhein dar. Die Marienverehrung rankt sich hier um einen kleinen, knapp postkartengroßen Kupferstich der Maria von Luxemburg und geht auf das Jahr 1642 zurück. Sie erreichte bald eine überregionale Bedeutung. Da Kevelaer zum geldrischen Bistum Roermond gehörte, kamen viele Pilger aus Gebieten, die heute zu den Niederlanden und zu Belgien gehören, eine Tradition, die immer noch fortbesteht.

Nicht alle Wallfahrtsstätten hatten dauerhaften Bestand. So erlosch z.B. die bereits für 1190 belegte Wallfahrt von Ginderich unter der brandenburgischen Herrschaft im 17. Jahrhundert. Einige Wallfahrtsorte erreichten nur eine begrenzte lokale Bedeutung. Die Karte verzichtet allerdings auf eine chronologische Festlegung und eine Gewichtung.

Literatur:
BERNHARD KÖTTING, Christliche Wallfahrt, in: Wallfahrten im Rheinland, hg. vom Amt für rheinische Landeskunde, Köln 1981, S. 11–24; LUDWIG BERGMANN, Kevelaer-Wallfahrt, in: ebd., S. 67–78; BERTHOLD HEIZMANN, Wallfahrtsorte im Rheinland, in: ebd., S. 113–163; Wallfahrten am Niederrhein, Katalog des Stadtmuseums Düsseldorf, Düsseldorf 1982; LUDWIG BERGMANN, Wallfahrtsorte und Wallfahrtsbrauchtum am unteren Niederrhein. Ungedruckte Diss., Kevelaer 1949; DIETER P.J. WYNANDS, Geschichte der Wallfahrten im Bistum Aachen, Aachen 1986; Handbuch des Bistums Münster, bearbeitet von Heinrich Börsting, Bd. 1 und 2, 2. Aufl., Münster 1946; Handbuch des Erzbistums Köln, 25. Ausgabe, Köln 1958; PETER DOHMS, Die Geschichte der Wallfahrt nach Kevelaer, in: 350 Jahre Kevelaer-Wallfahrt 1642–1992, hg. von Richard Schulte Staade, Bd. I, Kevelaer 1992, S. 226–274; DERS., in Verbindung mit Wiltrud Dohms und Volker Schroeder, Die Wallfahrt nach Kevelaer zum Gnadenbild der ‚Trösterin der Betrübten', Kevelaer 1992; WILLY ANDREAS, Deutschland vor der Reformation. Eine Zeitenwende, 7. Aufl., Berlin 1972.

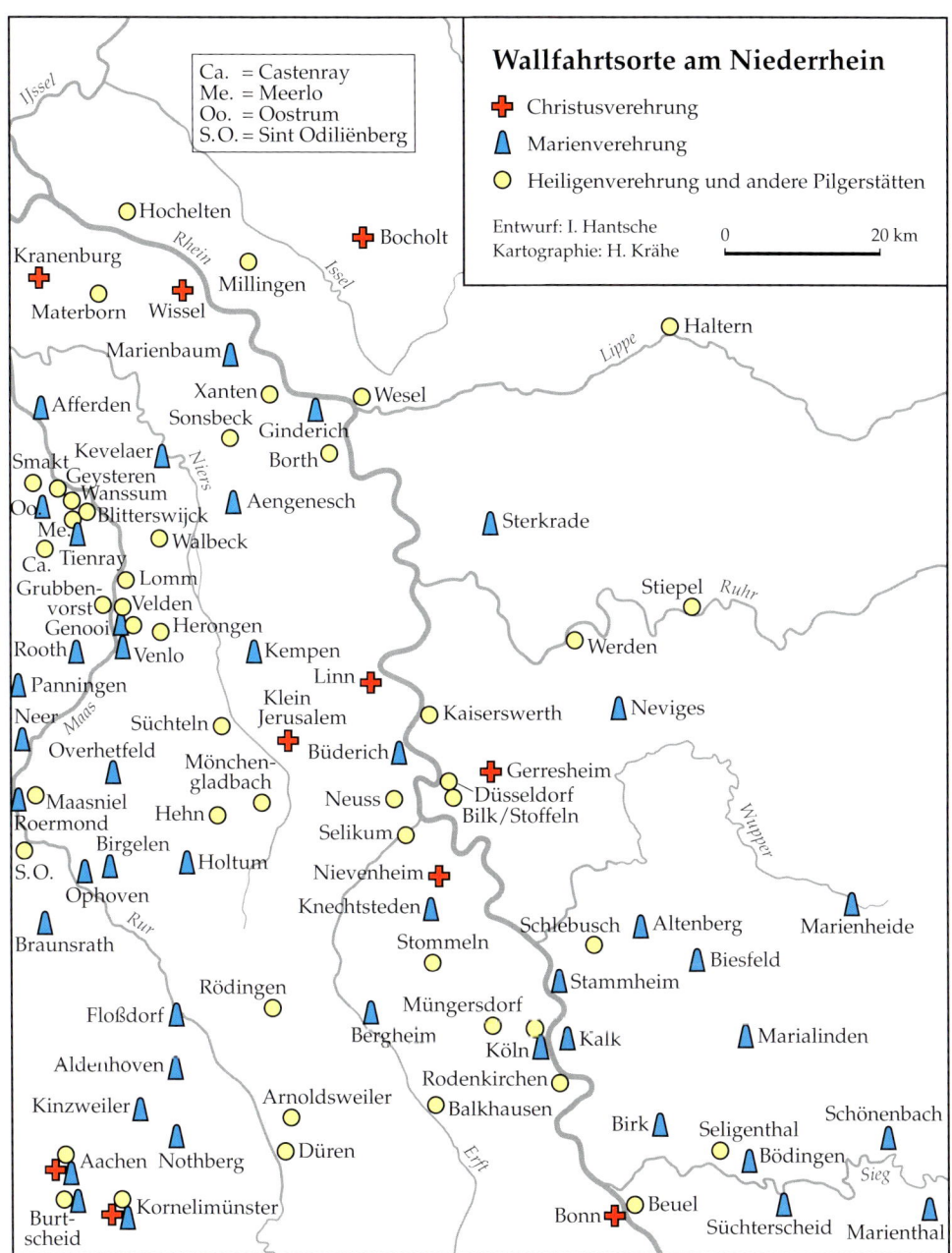

Karte 33: Wallfahrtsorte am Niederrhein

34. Hexenverfolgungen am Niederrhein

Der Hexenglauben steigerte sich in der frühen Neuzeit zu einer religiösen Vorstellung, die eine ungeheuer große Zahl von Opfern, meist Frauen, forderte. Gerade am Niederrhein stieg nach dem Erscheinen des 1487 von zwei päpstlichen Inquisitoren verfassten *Hexenhammers*, in dem die Hexenlehre anwendungsgerecht formuliert und systematisiert wurde, die Zahl der Verfolgungen sprunghaft an. Aufgrund von Beschuldigungen, häufig nach Denunziationen, wurde den Opfern der Prozess gemacht, und äußerst grausame Folterungen führten meist zu Geständnissen. Freisprüche waren selten; die Strafe war anfangs meist die Verbrennung auf dem Scheiterhaufen bei lebendigem Leibe, später wurde vor der Verbrennung häufig die Gnade des Schwertes oder des Galgens gewährt. Einen Rechtsbeistand erhielten die Opfer im Allgemeinen nicht, und die Verurteilten mussten für die gesamten Prozesskosten selbst aufkommen, was häufig den wirtschaftlichen Ruin der ganzen Familie nach sich zog. Alle Gesellschaftsschichten und Menschen jeden Alters, selbst Kinder, waren von den Verfolgungen betroffen. Die Hauptvorwürfe waren Verwünschungen von Menschen und Vieh sowie Buhlschaft mit dem Teufel; als Beweise galten die durch Folter erzwungenen Geständnisse, körperliche Merkmale, wie z.B. Muttermale, oder auch die Wasserprobe. Häufig kam es vor, dass unter der Folter Namen von angeblichen Mitwissern oder Mittätern erpresst wurden; die Folge waren dann nicht selten so genannte Kettenprozesse.

Eine vollständige Auflistung der Hexenprozesse ist nicht möglich. Viele Quellen sind verloren oder von der Forschung noch nicht erschlossen. Sicher scheint aber, dass mehr Orte betroffen waren als bekannt ist und die Zahl der Prozesse die belegten Fälle überstieg. Bereits das vorliegende Material aus der Zeit zwischen 1480 und dem Dreißigjährigen Krieg ist erdrückend und zeigt die ungeheure Grausamkeit und das große Ausmaß an Unrecht und Leid. Erkennbar wird auch, dass es mehrere Verfolgungswellen mit unterschiedlichen Schwerpunkten gab. Dabei ist zu berücksichtigen, dass die Prozessorte nicht unbedingt identisch waren mit den Herkunftsorten der ‚Hexen', die vielfach aus dem ländlichen Raum stammten. So zog besonders die Reichsstadt Köln eine sehr große Zahl von Prozessen an sich. Doch nicht in der Stadt Köln, sondern in Kurköln hatten die Verfolgungen den stärksten Umfang, vor allem von 1590 bis 1650 im südlich von Köln gelegenen Oberstift. Zu dieser Zeit waren in den Vereinigten Herzogtümern die Prozesse bereits selten geworden, eine Folge der von Wilhelm dem Reichen initiierten liberaleren Politik in Religionsfragen, aber auch des Einflusses von Wilhelms Leibarzt Johann Weyer, der mutig die Hexenverfahren anprangerte. Vor Wilhelms Herrschaft war noch das Herzogtum Jülich, besonders der Raum zwischen Erft und Rur mit den Amtssitzen Bergheim, Düren, Grevenbroich und Heinsberg das Zentrum der Verfolgungen gewesen, die mehr von der Bevölkerung als vom Landesherrn gefordert wurden. Erst gegen Ende des Dreißigjährigen Krieges ließen die Hexenverfolgungen nach. Einen wesentlichen publizistischen Beitrag für ihre Überwindung leistete der Dichter und Jesuit Friedrich von Spee mit seiner *Cautio criminalis* (1631). Doch im Herzogtum Berg fanden noch im 18. Jahrhundert Hexenverbrennungen statt, 1727 in Odenthal, 1737/38 in Gerresheim.

Literatur:
EMIL PAULS, Zauberwesen und Hexenwahn am Niederrhein, in: Beiträge zur Geschichte des Niederrheins 13, 1898, S. 134–242; GERHARD SCHORMANN, Der Krieg gegen die Hexen. Das Ausrottungsprogramm des Kurfürsten von Köln, Göttingen 1991; Hexenverfolgung im Rheinland. Ergebnisse neuerer Lokal- und Regionalstudien. Mit Beiträgen von Thomas P. Becker, Georg Mölich, Gerhard Schormann, Gerd Schwerhoff, Rainer Walz (= Bensberger Protokolle 85), Bergisch Gladbach 1996; THOMAS P. BECKER, Hexenverfolgung im Herzogtum Jülich, in: Neue Beiträge zur Jülicher Geschichte, hg. von Günter Bers, Bd. VIII, 1997, S. 54–75; RUDOLF VAN NAHL, Zauberglaube und Hexenwahn im Gebiet von Rhein und Maas. Spätmittelalterlicher Volksglaube im Werk Johan Weyers (1515–1588), Bonn 1983.

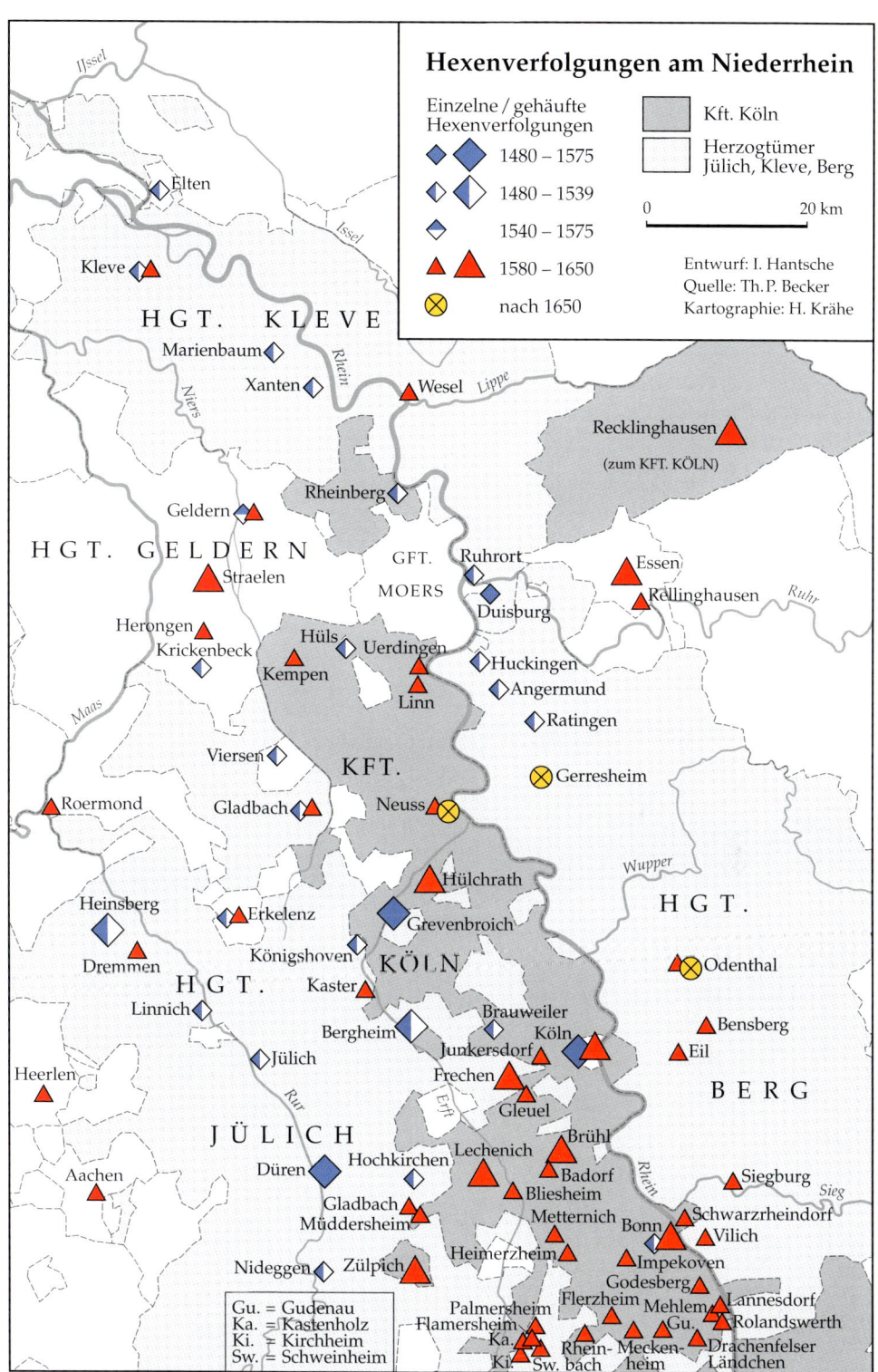

Karte 34: Hexenverfolgungen am Niederrhein

35. Buchdruck am Niederrhein bis zum 17. Jahrhundert

Der Buchdruck ist ein Indiz für den kulturellen Stand und die geistige Aufgeschlossenheit einer Stadt. Neben den Interessen der Autoren waren es besonders die Verkaufsmöglichkeiten und der damit verbundene Verdienst, die zur Gründung von Druckereien führten. Da Drucker im Allgemeinen selbst für den Absatz sorgen mussten, boten sich ihnen als Standort vor allem Städte mit einem regen Handelsverkehr an, besonders Messestädte. Auch Gerhard Mercator wählte als Druckort für seine Werke in der Regel nicht seinen Wohn- und Arbeitsort Duisburg, sondern überwiegend Köln, das sich wegen seiner berühmten Drucktradition auch für anspruchsvolle Aufträge anbot. Wenngleich sich die Druckereien auch vornehmlich in wirtschaftlichen und geistigen Zentren befanden, so wurden sie gelegentlich, zumindest kurzfristig, auch in eher unbedeutenden Orten betrieben, wie von einem niederländischen Exulanten 1553–1555 in Büderich.

Reformation und Gegenreformation sowie besonders im Umfeld der Universitäten der Humanismus beförderten stark den Buchdruck. Auch deswegen war Köln das Druckzentrum schlechthin am Niederrhein. Seine Vorrangstellung war geradezu überwältigend, sowohl in Bezug auf die Zahl der Drucker – vom 15.–17. Jahrhundert waren es ca. 200 bis 250 – als auch auf die Anzahl der Drucke, die die Zahl von 6.000 überstieg. Damit übertraf Köln die Summe aller anderen Drucker und Druckerzeugnisse am Niederrhein. Außerdem begann in Köln die Drucktradition bereits im 15. Jahrhundert, und die Zahl der aus dieser Zeit überlieferten Wiegendrucke (Inkunabeln) ist mit 150–200 Stück beträchtlich. Münster hingegen wies vor 1500 nur ganz wenige Drucke auf; die Tradition der anderen Druckorte am Niederrhein begann erst im 16. Jahrhundert und war im Gegensatz zu Köln teilweise auch nicht kontinuierlich. Wie stark die Universitäten das Druckwesen förderten, wird an Duisburg deutlich. Hier stieg die Druckerei erst nach der Universitätsgründung 1655 zu beträchtlichen Zahlen auf. Die Universität hatte übrigens einen eigenen Drucker, der u.a. die zahlreichen Disputationen und Dissertationen druckte, meist nur schmale und dünne Bändchen oder Broschüren.

Die Ausübung des Druckgewerbes wurde nicht selten durch Zensur von Seiten der Obrigkeit oder der kirchlichen Behörden behindert. Im Zeitalter von Reformation und Gegenreformation war das eher die Regel als die Ausnahme, zumindest bei Texten, die der am Druckort offiziellen Meinung widersprachen. Daher fehlen bei vielen Drucken die Namen der Autoren oder Drucker und oft sogar des Druckorts, oder sie sind bewusst falsch, um die Zensur irrezuführen. Dennoch sind die Namen der meisten Drucker überliefert, und auch die angegebenen Druckorte dürften meist stimmen. Eine große Anzahl der Drucke ist allerdings nicht erhalten. Es ist daher für die Frühzeit der Druckkunst schwierig, genaue Aussagen zu machen. In der Karte ist trotzdem eine Gewichtung versucht worden, die bei aller Problematik gewisse Größenordnungen erkennen lässt. Bei der dabei angewandten Berechnungsgrundlage wurde die Zahl der Buchdrucker bzw. Druckereien mit dem Faktor 5 multipliziert und dann zu der (zum Teil geschätzten) Anzahl der Drucke addiert.

Literatur:
JOSEF BENZING, Die Buchdrucker des 16. und 17. Jahrhunderts im deutschen Sprachgebiet, 2. Aufl., Wiesbaden 1982; WOLFGANG REUTER, Zur Wirtschafts- und Sozialgeschichte des Buchdruckergewerbes im Rheinland bis 1800, in: Börsenblatt für den Deutschen Buchhandel, Frankfurter Ausgabe 14a (1958), S. 129–223; HEINZ FINGER, Drucker und Druckerzeugnisse, in: Land im Mittelpunkt der Mächte. Die Herzogtümer Jülich–Kleve–Berg, 2. Aufl., Kleve 1984, S. 245–254; PETER JÜRGEN MENNENÖH, Duisburg in der Geschichte des niederrheinischen Buchdrucks und Buchhandels bis zum Ende der alten Duisburger Universität (1818) (= Duisburger Forschungen, Beiheft 13), Duisburg 1970; MANFRED KOMOROWSKI, Die alten Duisburger Universitätsschriften: Erfassung, Erschließung, wissenschaftliche Auswertung, in: Irmgard Hantsche (Hg.), Zur Geschichte der Universität. Das ‚Gelehrte Duisburg' im Rahmen der allgemeinen Universitätsentwicklung (= Duisburger Mercator-Studien, Bd. 5), Bochum 1997, S. 107–126.

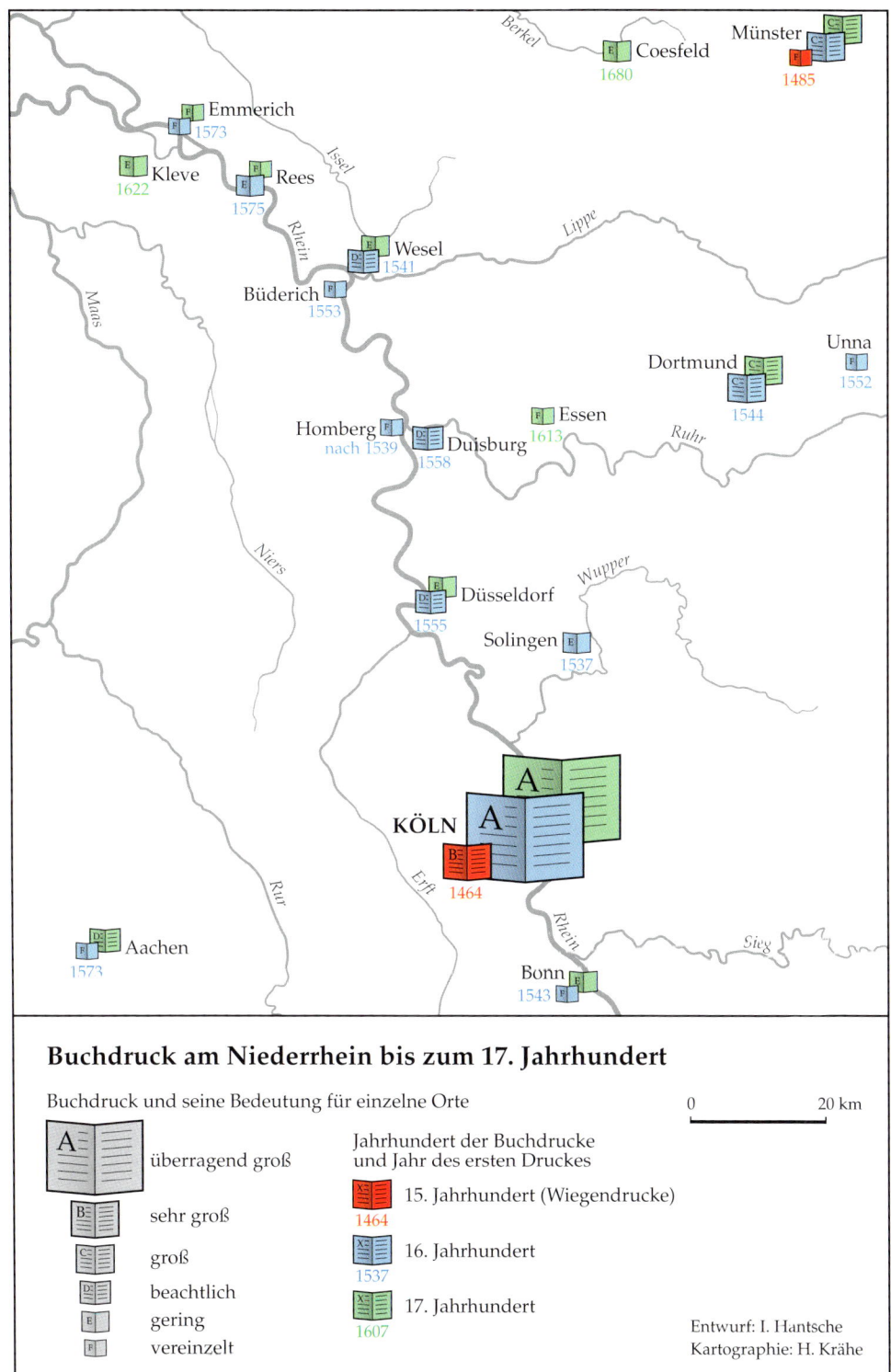

Karte 35: Buchdruck am Niederrhein bis zum 17. Jahrhundert

36. Akademische Bildungsstätten im Einzugsbereich des Niederrheins im 17. und frühen 18. Jahrhundert

Im Mittelalter war Köln das Hauptzentrum für die gelehrte Bildung am Niederrhein. Mit ihrer 1388 gegründeten Universität war die Stadt eine Hochburg der Scholastik und blieb es auch noch in der beginnenden Neuzeit, als der Humanismus bereits modernere Wissenschafts- und Lehrmethoden eingeführt hatte. Doch nicht nur ein überholter Wissenschaftsbegriff ließ die Attraktivität Kölns für viele Studenten sinken; die Einführung der Reformation und die damit einhergehende Konfessionalisierung der Ausbildungsstätten führte allgemein zu einer Diversifizierung des Bildungswesens, und zwar nicht nur auf der Ebene der Universitäten, sondern auch in Bezug auf die Gymnasien. Einen zusätzlichen Impuls gaben die zunehmende Territorialisierung und der Ausbau des frühmodernen Staates, für dessen neu entstehende Verwaltungen gut ausgebildete Beamte benötigt wurden. So ist seit der zweiten Hälfte des 16. Jahrhunderts auch im Einzugsbereich des Niederrheins eine größere Vielfalt von gelehrten Schulen und Universitäten und eine Verdichtung der Bildungslandschaft zu beobachten.

Eine Universitätsgründung in Duisburg durch den Herzog von Jülich, Kleve und Berg, Wilhelm den Reichen, war allerdings in den 60er-Jahren des 16. Jahrhunderts aus religionspolitischen Gründen gescheitert. In Ermangelung einer eigenen Ausbildungsstätte zogen die evangelischen Studenten aus den herzoglichen Landen meist auf niederländische Universitäten, die über einen sehr guten Ruf verfügten. Erst nachdem Brandenburg nach dem jülich-klevischen Erbfolgestreit die Herrschaft im Herzogtum Kleve angetreten hatte, erfolgte 1654 durch den Großen Kurfürsten die Gründung der calvinistisch ausgerichteten Universität Duisburg, die 1655 eröffnet wurde. Streng genommen war sie zwar nur eine brandenburgische Landesuniversität, doch indem sie sich auch katholischen und sogar jüdischen Studenten öffnete, erlangte sie eine gewisse Bedeutung für das gesamte Gebiet des Niederrheins.

Das höhere Schulwesen wurde bereits in der Reformationszeit modernisiert, sowohl auf protestantischer (lutherischer und calvinistischer) wie auf katholischer Seite, wo besonders die Jesuiten hervortraten. Dabei wurden mehrfach bestehende Lateinschulen durch die Ausweitung des Lehrplans auf wissenschaftliche Vorlesungen in Philosophie, aber auch in Theologie und z.T. sogar Jurisprudenz und Medizin (z.B. Hamm, Steinfurt) zu so genannten akademischen Gymnasien aufgewertet. Die Lehre auf diesen ‚illustren Schulen' entsprach vielfach der universitären Ausbildung. Das bedeutendste Beispiel dafür ist die 1584 von Graf Adolf VI. von Nassau gegründete calvinistische Akademie von Herborn, die über vier Fakultäten verfügte (Philosophie, Theologie, Jurisprudenz und Medizin). Sie besaß zwar keinen offiziellen Universitätsstatus, da ihr dafür die Privilegien fehlten, und konnte daher keine Promotionen vornehmen, doch ihr Ausbildungsrang war so hoch, dass ihre Studenten nicht nur in Nassau Universitätsabsolventen gleichgesetzt wurden, sondern ohne weiteres an Universitäten zur Promotion zugelassen wurden. Für den hohen und modernen Standard ihrer Ausbildung spricht auch, dass einer ihrer Lehrer und späterer Gründungsrektor der Universität Duisburg, Johannes Clauberg, dem Cartesianismus in Deutschland zum Durchbruch verhalf und damit internationale Bedeutung erlangte.

Literatur:
WILLEM FRIJHOFF, Grundlagen, in: Walter Rüegg (Hg.), Geschichte der Universität in Europa, Bd. II: Von der Reformation zur Französischen Revolution (1500–1800), München 1996, S. 53–102; KARLHEINZ GOLDMANN, Verzeichnis der Hochschulen, Neustadt/Aisch 1967; IRMGARD HANTSCHE (Hg.), Zur Geschichte der Universität. Das ‚Gelehrte Duisburg' im Rahmen der allgemeinen Universitätsentwicklung (= Duisburger Mercator-Studien, Bd. 5), Bochum 1997; HANS-GEORG KRAUME, Novum gymnasium linguarum et philosophiae. Das Duisburger Akademische Gymnasium 1559–1563, in: Von Flandern zum Niederrhein. Begleitband zur Ausstellung, Duisburg 2000, S. 101–112.

Karte 36: Akademische Bildungsstätten im Einzugsbereich des Niederrheins im 17. und frühen 18. Jahrhundert

37. Territorien am Niederrhein um die Mitte des 17. Jahrhunderts

Die politische und dynastische Entwicklung des 17. Jahrhunderts veränderten die territoriale Situation am Niederrhein grundlegend. Im Vergleich zum 16. Jahrhundert (vgl. Karte ‚Territorien um die Mitte des 16. Jahrhunderts') sind besonders zwei Merkmale hervorzuheben: Das Gebiet geriet zunehmend in eine Grenzlage und wurde weitgehend von Dynastien fremdbestimmt, deren Herkunft und Schwerpunkte nicht am Niederrhein, sondern im Süden und Osten des Reiches lagen.

Die Grenzlage war eine Folge des 80-jährigen Krieges zwischen den aufständischen Niederlanden und Spanien, in dem sich die sieben nördlichen Provinzen ihre Unabhängigkeit von Habsburg erkämpften, die dann 1648 durch den Friedensschluss in Münster auch staatsrechtlich anerkannt wurde. Die neuentstandene Republik der Niederlande trat damit zugleich aus dem Verband des Heiligen Römischen Reiches deutscher Nation aus. Dadurch verlief die Reichsgrenze nun unmittelbar im Gebiet von Rhein und Maas, und die niederrheinischen Territorien gerieten in eine politische Randlage, die sich jedoch schon länger abgezeichnet hatte, da die Niederlande faktisch bereits lange vor 1648 eine politische Eigenständigkeit besaßen und die Bande zum Reich stark gelockert hatten. Die südlichen Teile der spanischen Niederlande blieben im Gegensatz zu den nördlichen Provinzen weiterhin habsburgisch und damit auch Bestandteil des Reiches. Das Herzogtum Geldern erfuhr auf diese Weise seine erste Teilung. Seine drei Niederquartiere (Nimwegen, Arnheim und Zutphen) waren ab 1648 Teil der unabhängigen staatischen Niederlande, das weiterhin zum Reich gehörende Oberquartier hingegen mit seinem Verwaltungssitz Roermond sowie den Orten Venlo, Geldern, Viersen und Erkelenz verblieb noch bis zum Aussterben der spanischen Habsburger Bestandteil des iberischen Königreichs und wurde 1713 nach dem Spanischen Erbfolgekrieg aufgeteilt.

Das Kurfürstentum Köln gelangte 1585 nach der Absetzung des zum Protestantismus übergetretenen Kurfürsten und Erzbischofs Gebhard Truchsess von Waldburg und dem sich daraus entwickelnden Truchsessischen Krieg für fast 180 Jahre in die Hand der bayerischen Wittelsbacher. Denn obwohl das Wahlrecht dem Domkapitel zustand, gelang es der wittelsbachischen Politik, sich das Kurfürstentum Köln bis zum Tode von Kurfürst Clemens August 1761 ununterbrochen als bayerische Sekundogenitur zu erhalten, häufig in Personalunion mit dem Fürstbistum Münster. Zwar residierten die Kölner Kurfürsten weiterhin in Bonn, aber die politischen und militärischen Akzente wurden vom Münchener Machtzentrum aus gesetzt, und eine eigenständige politische Kraft war das Kurfürstentum Köln nicht mehr.

Die Vereinigten Herzogtümer verloren mit dem Aussterben der jülich-klevischen Herzöge ihre Selbstständigkeit, wurden geteilt und gelangten aufgrund von Erbansprüchen an Brandenburg und Pfalz-Neuburg. Deren Konkurrenz bewirkte, dass die Stände zunächst weitgehend ihre Rechte wahren konnten, doch bereits unter dem Großen Kurfürsten (1640–1688) begann eine Konzentration zugunsten der Berliner Zentralgewalt. Für Brandenburg-Preußen war Kleve – wie auch die anderen westlichen Provinzen – nur ein Nebenland, das die Direktiven der Politik aus Berlin erhielt. Ähnlich war es mit den Pfalz-Neuburgischen Besitzungen Jülich und Berg. Zunächst blieb Düsseldorf zwar Regierungssitz und auch Machtzentrum, da die niederrheinischen Neuerwerbungen von größerer Bedeutung waren als das Stammland an der Donau. Doch nachdem 1685 auch die Kurpfalz an Pfalz-Neuburg gefallen war, verschob sich das Schwergewicht in den Süden, und nach dem Tode Jan Wellems (1716) wurden die Herzogtümer Jülich und Berg von Mannheim aus regiert.

Literatur:
FRANZ PETRI, Im Zeitalter der Glaubenskämpfe (1500–1648), in: Franz Petri und Georg Droege (Hg.), Rheinische Geschichte, Bd. 2, Düsseldorf 1976, S. 9 ff.

Karte 37: Territorien am Niederrhein um die Mitte des 17. Jahrhunderts

38. Geplante Kanalverbindung zwischen Rhein und Maas: Fossa Eugeniana (1626) und Nordkanal (1808)

Der Rhein war von alters her die wichtigste Verkehrs- und Handelsverbindung am Niederrhein, wie nicht zuletzt die große Anzahl der Zollstätten beweist. Auch militärisch gesehen war er für den Nachschub von größter Bedeutung, so z.B. für die Spanier im 80-jährigen Krieg mit den aufständischen Niederlanden (1568–1648). Die militärischen Erfolge der staatischen Truppen führten dazu, dass die beiden Mündungsarme des Rheins den Spaniern verschlossen waren. Daher planten sie mit der *Fossa Eugeniana* eine Kanalverbindung vom Rhein zur Maas, benannt nach der Regentin der Niederlande und Tochter Philipps II., Isabella Clara Eugenia. Die Trasse begann beim kurkölnischen Rheinberg und führte über das Kloster Kamp in das Territorium des damals spanischen Herzogtums Geldern. Der Kanal sollte die Festung Geldern durchqueren, Arcen umgehen und bei Venlo, einer weiteren spanischen Festung, in die Maas münden. Die Spanier verfolgten das Ziel, nicht nur ihren Nachschub in die südlichen Niederlande (das heutige Belgien) zu sichern, sondern auch den Handelsverkehr vom Rhein zur Maas – einer weiter gehenden Planung nach sogar bis zur Schelde – umzuleiten und auf diese Weise die Generalstaaten weitgehend vom lukrativen Handel abzuschneiden.

Trotz der großen technischen Schwierigkeiten gedieh der im Herbst 1626 begonnene Kanal in kurzer Bauzeit erstaunlich weit, wie die heute noch erhaltenen Überreste deutlich zeigen. Doch die Arbeiten wurden immer wieder von staatischen Truppen gestört, die alles daran setzten, den für sie lebenswichtigen Anteil am Rheinhandel nicht zu verlieren und den Spaniern nicht neue Nachschubwege zu eröffnen. Der Weiterbau geriet so ins Stocken und wurde schließlich völlig eingestellt, nachdem die Generalstaaten 1632/33 Venlo und Rheinberg, und damit die Endpunkte der Trasse, erobert hatten.

Napoleon griff dann fast 200 Jahre später den Plan einer Kanalverbindung zwischen Rhein, Maas und Schelde wieder auf. Da das linke Rheinufer sich seit 1794 in französischer Hand befand, plante er, durch einen künstlichen Wasserweg den Schiffsverkehr zur Nordsee unter Umgehung Hollands direkt zur Schelde bei dem damals ebenfalls französischen Seehafen Antwerpen zu führen. Aus wasserbautechnischen Gründen wurde für die Verbindung vom Rhein zur Maas eine Trasse gewählt, die weiter südlich verlief als die *Fossa Eugeniana* und nicht Rheinberg, sondern Neuss als Ausgangspunkt hatte. Dieser Nordkanal *(Grand Canal du Nord)* ist dann ab 1808 teilweise auch gebaut und in Betrieb genommen worden. Eine erneute Änderung der politischen Landkarte, die Eingliederung ganz Hollands in das Französische Kaiserreich, machte ihn 1810 jedoch überflüssig, und der Weiterbau wurde daraufhin eingestellt. Die bis dahin fertiggestellten Abschnitte dienten jedoch auch in der preußischen Zeit nach 1815 zunächst noch einem bescheidenen Personen- und Güterverkehr, bis die Eisenbahn den Kanal völlig unwirtschaftlich werden ließ und 1850 die Schifffahrt daher endgültig eingestellt wurde. Der Rhein blieb damit auch in seinem Unterlauf ein nicht zu ersetzender Wasserweg. Ihm erwuchs jedoch eine zunehmende Konkurrenz durch die Eisenbahn, deren 1843 fertiggestellte Linie von Köln über Aachen und Lüttich nach Antwerpen sogar der ‚eiserne Rhein' genannt wurde.

Literatur:
Rolf-Günter Pistor und Henri Smeets, Die Fossa Eugeniana. Eine unvollendete Kanalverbindung zwischen Rhein und Maas 1626 (= Landeskonservator Rheinland, Arbeitsheft 32), Köln 1979; Henri Smeets, Fossa Eugeniana in: Fossa Eugeniana. Weltgeschichte in der Region (= Führer des Niederrheinischen Museums für Volkskunde und Kulturgeschichte Kevelaer 36), Kevelaer 1997, S. 16–33; Hans Scheller, Der Nordkanal zwischen Neuss und Venlo (= Schriften des Stadtarchivs Neuss, Bd. 7), Neuss 1980; Karl-Heinz Lotzmann, Der napoleonische Nordkanal in Neuss, in: Licht und Schatten. Die Franzosenzeit in Neuss 1794 bis 1814, Ausstellungskatalog, Neuss 1994, S. 45–53.

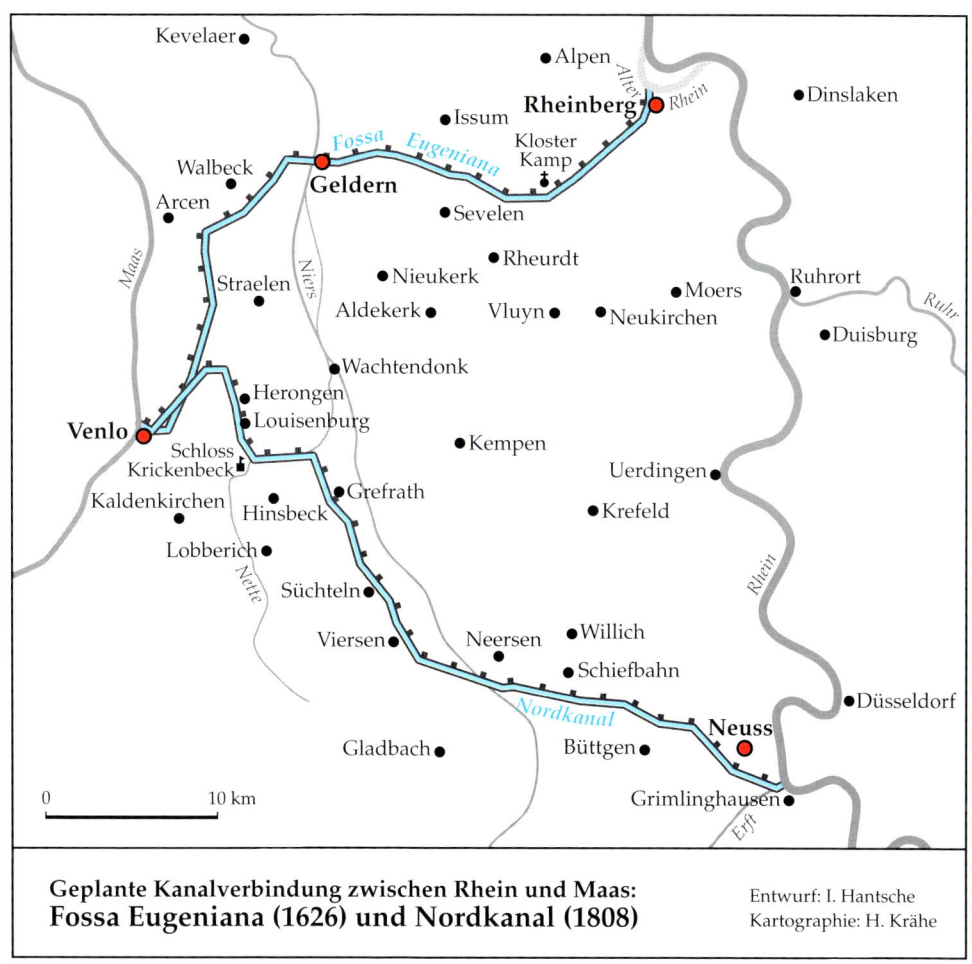

Karte 38: Geplante Kanalverbindung zwischen Rhein und Maas: Fossa Eugeniana (1626) und Nordkanal (1808)

39. Die Aufteilung des Oberquartiers Geldern nach 1713

Bereits im 80-jährigen Krieg war das seit dem Frieden von Venlo (1543) habsburgische Herzogtum Geldern (ab 1555/56 unter der Herrschaft Philipps II.) in zwei Teile zerfallen, die nach 1648 auch staatsrechtlich getrennt wurden. Die drei nördlichen Niederquartiere Nimwegen (Betuwe), Arnheim (Veluwe) und Zutphen waren fortan fester Bestandteil der Vereinigten Niederlande und bilden heute weitgehend die Provinz Gelderland. Der beim Reich verbliebene und auch nach 1648 in spanischem Besitz befindliche kleinere Teil rechts und links der Maas, das geldrische Oberquartier, wurde nach dem Ende des Spanischen Erbfolgekrieges weiter zerstückelt und auf vier Territorien aufgeteilt.

Die Vereinigten Niederlande erhielten im Frieden von Utrecht (1713) und im Barrierevertrag mit Preußen (1715) das vorher zum Amt Krickenbeck gehörende Venlo, Beesel, das Amt Montfort, die Festung Stevensweert und Nieuwstadt. Diese Gebiete schieden damit – wie zuvor schon die drei Niederquartiere – aus dem Deutschen Reich aus. Sie erhielten zunächst den Status von Generalitätslanden und boten den Niederlanden die Möglichkeit, ihre Stellung an der Maas zu festigen, die dann 1815 noch weiter ausgebaut wurde.

Österreich als Haupterbe der Spanischen Niederlande erhielt nur einen geringen Teil vom geldrischen Oberquartier: den Hauptort Roermond sowie das Gebiet von Elmpt, Niederkrüchten und Wegberg, das wie ein Sporn in jülichsches Gebiet hineinragte. Zum österreichischen Teil Gelderns wurden ferner mehrere Herrschaften gerechnet, die historisch gesehen zwar nicht zum eigentlichen Herzogtum gehörten, sich aber dennoch in einer gewissen Abhängigkeit von Geldern befanden. Sie sind auf der Karte zur besseren Kennzeichnung in Farbabstufung eingezeichnet.

Die von Jülicher Gebiet umgebene kleine geldrische Exklave Erkelenz fiel an das Herzogtum Jülich.

Der größte Teil des Oberquartiers, in dem jedoch nur drei Städte (Geldern, Straelen und Wachtendonk) lagen, kam durch den Frieden von Utrecht an Preußen. Es waren die östlich der Maas gelegenen Ämter Geldern, Straelen, Wachtendonk und Krickenbeck (mit der Exklave Viersen) sowie das ausgedehnte Amt Kessel westlich der Maas und außerdem mehrere östlich wie westlich des Flusses gelegene Herrschaften wie auch die nördliche Exklave Middelaar. Bereits während des Spanischen Erbfolgekrieges hatte Preußen 1703 die Festung Geldern und große Teile des ihm 1713 dann auch staatsrechtlich zugesprochenen Gebiets erobert. Da Roermond als bisherige Hauptstadt des Oberquartiers nun zu Österreich gehörte, wurde die Stadt Geldern Verwaltungssitz des neu geschaffenen ‚Herzogtums Geldern preußischen Anteils' und zugleich Garnisonstadt. Mit dem Herzogtum Geldern besaß Preußen erstmals ein fast ausschließlich katholisches Gebiet. Um den konfessionellen Status zu bewahren, musste der preußische König im Utrechter Frieden die Sonderrechte anerkennen, die bereits Karl V. 1543 den geldrischen Ständen zugesichert hatte. Dazu gehörte auch die Garantie des katholischen Bekenntnisses. Trotzdem war die Integration schwierig. Sprachlich gehörte dieses neu erworbene preußische Gebiet noch bis in die ersten Jahrzehnte des 19. Jahrhunderts überwiegend dem niederländischen Sprachraum an (vgl. Karte ‚Sprachen (Hochsprachen) am Niederrhein um 1789').

Literatur:
GERARD VENNER, Die territoriale Entwicklung des geldrischen Oberquartiers, in: Stefan Frankewitz und Gerard Venner, Die Siegel der Städte und Dörfer im geldrischen Oberquartier. 1250–1798, Venlo 1987, S. 29–34; A.M.J.A. BERKVENS, Die zweite Epoche der territorialen Ausdehnung des geldrischen Oberquartiers, in: ebd., S. 41–44; JOSEF SMETS, *De la coutume à la loi. Le pays de Gueldres de 1713 à 1848. Thèse d'État*, Montpellier 1994; Das Herzogthum Geldern Königl. Preußischen Antheils, Berlin 1782/84 (Faksimile-Nachdruck, hg. von Gregor Hövelmann, Geldern 1980); IRMGARD HANTSCHE, Geldern-Atlas. Karten und Texte zur Geschichte eines Territoriums, Geldern 2003.

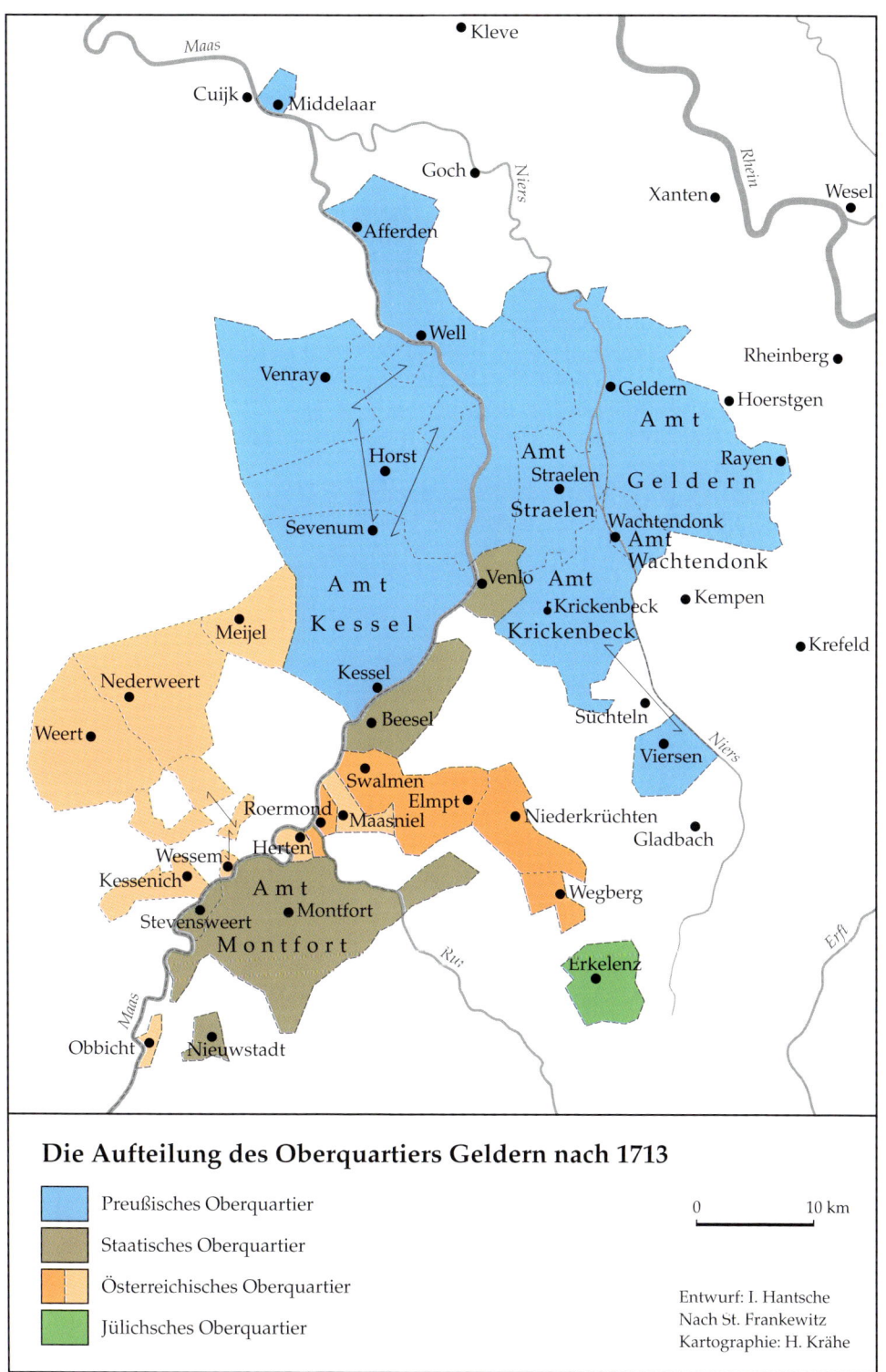

Karte 39: Die Aufteilung des Oberquartiers Geldern nach 1713

40. Die Ausdehnung Brandenburg-Preußens am Niederrhein 1609–1815

Mit dem Aussterben des jülich-klevischen Herrscherhauses im Jahre 1609 erhob das Kurfürstentum Brandenburg Erbansprüche auf die Vereinigten Herzogtümer und besetzte sogleich Teile des Territoriums. In gleicher Weise verhielt sich das wittelsbachische Haus Pfalz-Neuburg. Beide Prätendenten forderten vergeblich das Gesamterbe und einigten sich schließlich durch einen Vergleich. Die Teilung wurde faktisch bereits 1614 im Xantener Vertrag vollzogen, rechtsgültig allerdings erst durch den Klever Vertrag 1666. Pfalz-Neuburg erhielt dadurch die Herzogtümer Jülich und Berg, Brandenburg das Herzogtum Kleve und die westfälischen Grafschaften Mark und Ravensberg. Damit hatte Brandenburg erstmals am Rhein Fuß gefasst, und es konnte seine Position im frühen 18. Jahrhundert ausbauen, als das Kurfürstentum Brandenburg bereits im preußischen Königreich aufgegangen war, das 1701 durch Friedrich III./I. in Königsberg begründet worden war.

Wiederum auf dem Erbwege, als Folge der Ehe des Großen Kurfürsten mit Henriette Luise von Oranien, gewann das Haus Brandenburg-Preußen 1702 die an Kleve angrenzende Grafschaft Moers mit der Exklave Krefeld. Sie war seit dem Ende des 16. Jahrhunderts oranisch gewesen und fiel 1702 nach dem Tode des Oraniers Wilhelm III., seit 1689 zugleich englischer König, an Preußen. Bereits wenige Jahre später (1707) wurde die Grafschaft Moers zum Fürstentum erhoben.

1701 legte das Aussterben der spanischen Habsburger die Grundlage für einen weiteren Gebietsgewinn Preußens. Aus dem umfangreichen spanisch-habsburgischen Länderkomplex erhielt Preußen nach dem Spanischen Erbfolgekrieg im Frieden von Utrecht (1713) den Hauptteil des Oberquartiers Geldern (vgl. Karte 39) und baute damit seine Position am Niederrhein dominant aus – bis französische Revolutionstruppen 1794 das linke Rheinufer besetzten.

Durch den Vertrag von Lunéville (1801) wurde der Rhein zur Ostgrenze Frankreichs. Preußen verlor damit neben Moers und Geldern auch den linksrheinischen Teil des Herzogtums Kleve. Allerdings wurde es dafür rechtsrheinisch reich entschädigt. Im Bereich des Niederrheins erhielt es durch den Reichsdeputationshauptschluss (1803) das Stift Elten und die ebenfalls geistlichen Territorien Essen und Werden, die es schon 1802 besetzt hatte. Sie bildeten die lange erstrebte Landbrücke zwischen der Grafschaft Mark und dem noch verbliebenen Rest des Herzogtums Kleve. Zudem erhielt Preußen Teile des Fürstbistums Münster, allerdings nicht die dem Niederrhein benachbarten Gebiete. Das restliche Kleve musste Preußen 1806 an das Großherzogtum Berg abtreten, das auch Elten, Essen und Werden beanspruchte. Daher hatte Preußen bereits alle seine niederrheinischen Territorien abgetreten, bevor es im Frieden von Tilsit (1807) sein gesamtes Staatsgebiet westlich der Elbe aufgeben musste (vgl. Karten 46, 50, 51 und 52).

Nach dem Ende der napoleonischen Ära erhielt Preußen nicht nur seine an Frankreich und das Großherzogtum Berg verlorenen niederrheinischen Gebiete zurück, sondern bekam durch den Wiener Kongress das gesamte Rheinland zugesprochen (vgl. Karte 55) und war damit alleiniger Besitzer des Niederrheins. Allerdings hatte es mit der Errichtung des Deutschen Bundes (1815) und der Festlegung der Westgrenze einen Kanonenschuss östlich der Maas den Hauptteil Gelderns an das neu gegründete Königreich der Niederlande abtreten müssen, wie auch kleinere Gebiete im nordwestlichen Randbereich des Herzogtums Kleve (vgl. Karten 56 und 57).

Literatur:
Manfred Schlenke (Hg.), Preußen-Ploetz. Eine historische Bilanz in Daten und Deutungen, Würzburg 1983; Veit Veltzke, Brandenburg, Preußen und der Niederrhein 1609–1918, in: Dieter Geuenich (Hg.), Xantener Vorträge zur Geschichte des Niederrheins 1994–1995, S. 165–193; Irmgard Hantsche, Preußen am Rhein. Kleiner kommentierter Atlas zur Territorialgeschichte Brandenburg–Preußens am Rhein, Bottrop/Essen 2002.

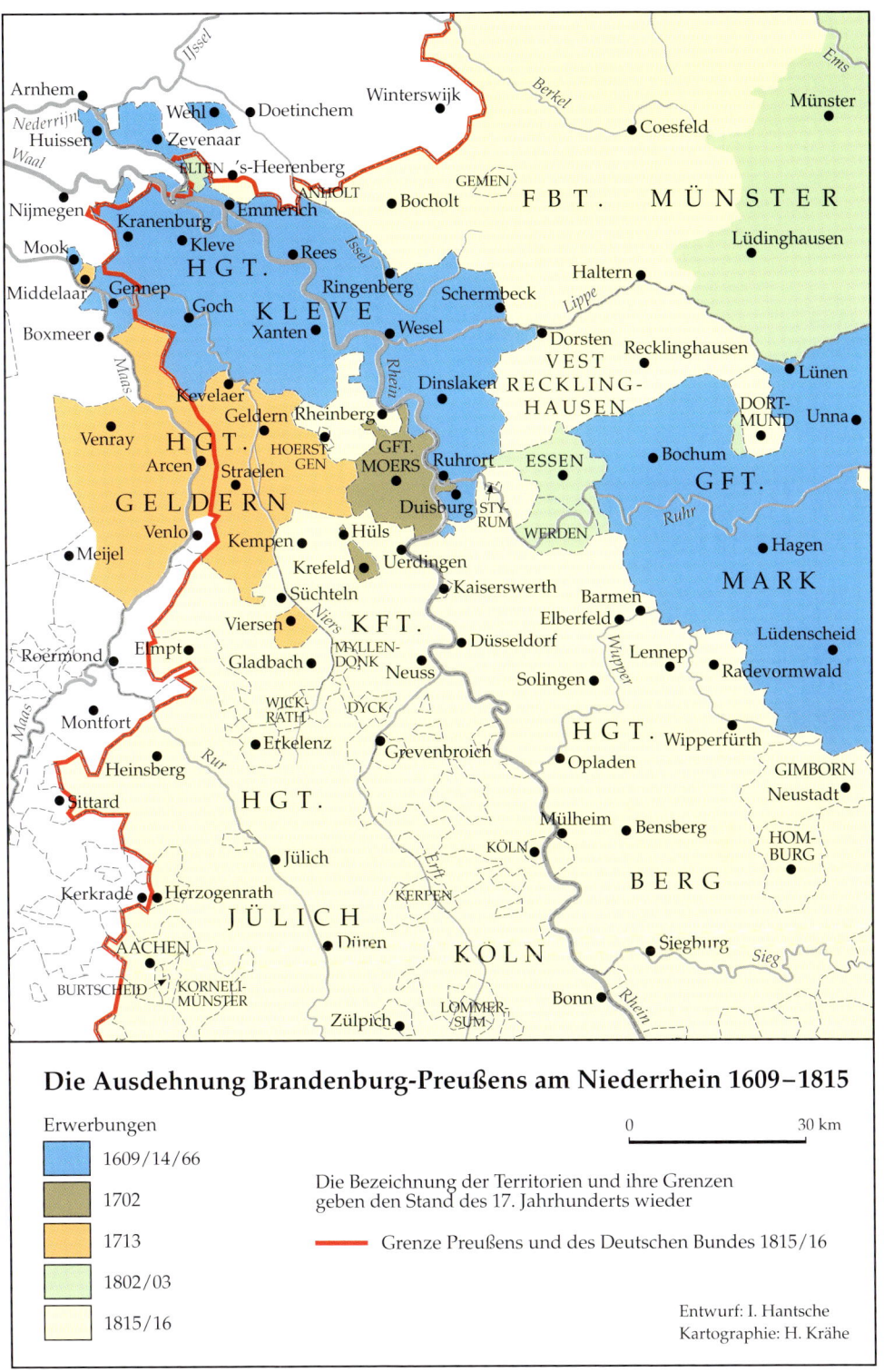

Karte 40: Die Ausdehnung Brandenburg-Preußens am Niederrhein 1609–1815

41. Sprachen (Hochsprachen) am Niederrhein um 1789

Zur Zeit der Französischen Revolution war die Sprachlandschaft am Niederrhein noch vielfältig. Als Alltagssprache wurden meist örtliche Mundarten gebraucht; als Schriftsprache, die zum Teil mündlich auch in der Kirche und bei Gericht benutzt wurde, konkurrierten Deutsch und Niederländisch. Erst im Laufe des 19. Jahrhunderts, parallel zur Ausbildung des nationalstaatlichen Denkens, entwickelte sich eine deutliche sprachliche Trennung; die Staatsgrenze am Niederrhein wurde damit zur Sprachgrenze. Ausschlaggebend für deren Verlauf und für den Verlust der Zweisprachigkeit war letztlich die Entscheidung des Wiener Kongresses, die Grenze zwischen den Niederlanden und Deutschland einen Kanonenschuss östlich der Maas festzulegen. Doch im geldrischen Bereich dauerte es nach 1815 noch mehrere Jahrzehnte, bis sich die deutsche Sprache als Regelsprache voll durchgesetzt hatte.

Im Herzogtum Kleve war die Bevölkerung linksrheinisch insgesamt und rechtsrheinisch im Bereich nördlich der rein deutschsprachigen Stadt Wesel noch weitgehend zweisprachig, obwohl das Gebiet bereits seit 180 Jahren von Berlin aus regiert wurde und Deutsch auch auf örtlicher Ebene die Amtssprache war. Westlich des Rheins wurde Niederländisch stärker gebraucht als Deutsch – mit Ausnahme der Verwaltungs- und Beamtenstadt Kleve und der seit der Mitte des 18. Jahrhunderts bestehenden Kolonistensiedlung Pfalzdorf. Rechtsrheinisch hingegen dominierte Deutsch, aber selbst in einigen rechtsrheinischen Orten nördlich der Lippe wurde noch der Zweisprachigkeit der Bevölkerung dadurch Rechnung getragen, dass der Schulunterricht zwar generell in Deutsch, teilweise aber auch in Niederländisch erteilt wurde. Im südlichen rechtsrheinischen Teil des Herzogtums Kleve hingegen hatte sich Deutsch vollkommen durchgesetzt und war die alleinige Schriftsprache, ebenfalls im preußischen Fürstentum Moers. In der kurkölnischen Exklave Rheinberg wurde jedoch teilweise auch Niederländisch gebraucht.

Im Herzogtum Geldern, das zu diesem Zeitpunkt immerhin schon fast 80 Jahre lang preußisch war, wurde Niederländisch am Ende des 18. Jahrhunderts überwiegend (und zwar auch in der südlich gelegenen Exklave Viersen) oder sogar ausschließlich (westlich der Maas) verwandt. Der Eindeutschungsprozess setzte allerdings bereits im 18. Jahrhundert ein, besonders aber während der Zeit der französischen Besatzung, als Geldern Bestandteil des weitgehend deutschsprachigen Roer-Departements mit Aachen als Hauptstadt war. Während dieser Zeit wurden in Geldern auch Schulbücher in deutscher Sprache eingeführt. Nach 1815 wurde dann in dem preußisch verbliebenen geldrischen Gebiet der Gebrauch des Deutschen forciert, das nicht nur als alleinige Amtssprache verwandt wurde, sondern sich auch generell durchsetzen sollte und daher auch von den Pfarrern während des Gottesdienstes benutzt werden musste. Zunehmend beschränkte sich der Gebrauch des Deutschen nunmehr nicht nur auf die Beamten und die gebildeten Schichten, sondern fand allgemeine Verbreitung, wenngleich sich die Mundart in weiten Kreisen noch lange als gesprochene Sprache hielt und in wenigen Fällen noch heute benutzt wird. Dennoch bewirkte die preußische Sprachpolitik in Geldern im Ganzen gesehen den Verlust der Zweisprachigkeit am Niederrhein.

Literatur:
GEORG CORNELISSEN, Das Niederländische im preußischen Gelderland und seine Ablösung durch das Deutsche. Untersuchungen zur niederrheinischen Sprachgeschichte der Jahre 1770 bis 1870, Geldern 1986; DERS., Zur Sprache des Niederrheins im 19. und 20. Jahrhundert, in: Dieter Geuenich (Hg.), Der Kulturraum Niederrhein, Bd. 2: Im 19. und 20. Jahrhundert, Bottrop/Essen 1997, S. 87–102; DERS., ‚Beide taalen kennende'. Klevische Zweisprachigkeit in den letzten Jahrzehnten des *Ancien Régime*, in: Helga Bister-Broosen (Hg.), Niederländisch am Niederrhein, Frankfurt/M. 1998, S. 83–100; HELMUT TERVOOREN, Die sprachliche Situation am Niederrhein im 16. bis 18. Jahrhundert, in: Dieter Geuenich (Hg.), Der Kulturraum Niederrhein, Bd. 1: Von der Antike bis zum 18. Jahrhundert, 2. Aufl., Bottrop/Essen 1998, S. 27–42.

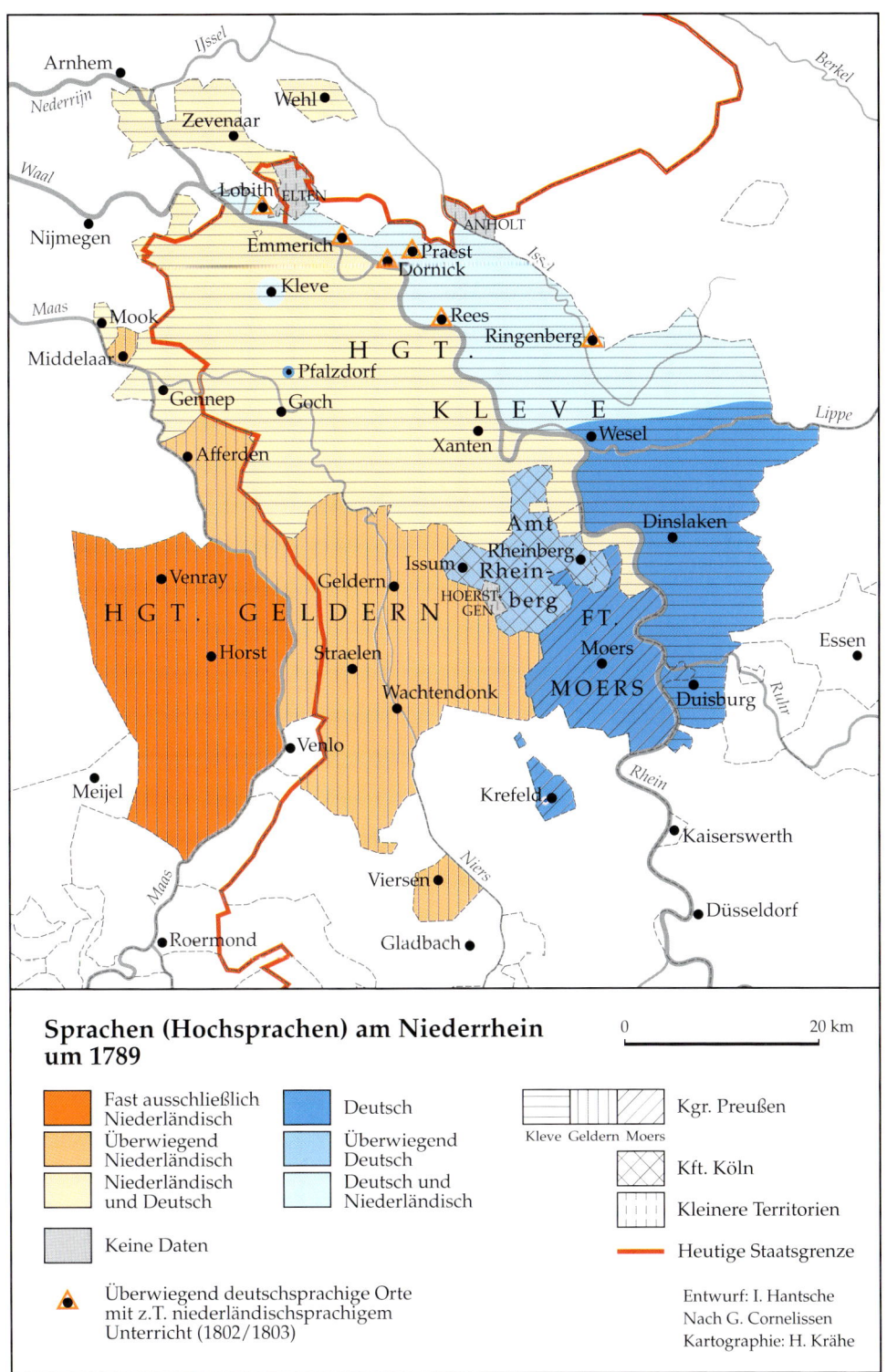

Karte 41: Sprachen (Hochsprachen) am Niederrhein um 1789

42. Staatsgebiete am Niederrhein 1789

Die politische Landkarte Deutschlands war am Ende des 18. Jahrhunderts von einer äußerst großen Zersplitterung geprägt, da das Deutsche Reich sich aus ca. 350 reichsunmittelbaren Herrschaften zusammensetzte. Von diesen lagen ca. 150 auf dem Gebiet der späteren preußischen Rheinprovinz. Wie die Karte zeigt, wirkte sich diese Zersplitterung ebenfalls auf den Niederrhein aus, wenngleich auch einige wenige Staaten dominierten und sich durch Erbfolge bereits eine territoriale Konzentration zugunsten Preußens und Pfalz-Bayerns abzeichnete. Bis zum Tode Clemens Augusts 1761 hatte sich zudem das Kurfürstentum Köln seit fast 180 Jahren als bayerische Sekundogenitur in wittelsbachischer Hand befunden, meist in Personalunion mit dem Fürstbistum Münster.

Neben dem Herzogtum Kleve und der Grafschaft Mark, die 1609 aus dem jülich-klevischen Erbe an Brandenburg gekommen waren, hatte Preußen am Niederrhein im frühen 18. Jahrhundert noch die Grafschaft Moers erwerben können, die im Mittelalter in einer gewissen Lehnsabhängigkeit von Kleve gestanden hatte und nach dem Tode Wilhelms von Oranien 1702 auf dem Erbweg an Preußen fiel. Indem Preußen nach dem Spanischen Erbfolgekrieg im Utrechter Frieden 1713 zudem den Hauptteil des geldrischen Oberquartiers erhielt, besaß es bereits vor der Bildung der Rheinprovinz eine gewisse Vorherrschaft am Niederrhein.

Die niederrheinischen Herzogtümer Jülich und Berg, wie Kleve und Mark ehemals Bestandteil der Vereinigten Herzogtümer, fielen durch die jülich-klevische Erbfolge 1609 an das wittelsbachische Haus Pfalz-Neuburg, das 1685 auch die Kurpfalz erbte. Das Aussterben der bayerischen Wittelsbacher 1777 führte dann kurz vor der Französischen Revolution noch zu der Vereinigung der kurpfälzischen mit den kurbayerischen Landen. Sowohl die preußischen wie die pfälzisch-bayerischen Gebiete am Niederrhein waren damit Anhängsel größerer deutscher Staaten und wurden von Machtzentren aus regiert, die weit vom Niederrhein entfernt lagen. Ähnlich war es mit den staatisch-niederländischen, besonders aber mit den österreichisch-niederländischen Gebieten im Bereich des Niederrheins.

Den dritten Länderkomplex bildeten die geistlichen Territorien. Hier dominierte Kurköln, zu dem auch das westfälische Vest Recklinghausen und das Herzogtum Westfalen (außerhalb der Karte) gehörten. Es wurde seit 1784 in Personalunion mit dem Fürstbistum Münster durch den jüngsten Bruder Kaiser Josephs II. regiert. Gegenüber diesem Länderkomplex spielten die kleinen, z.T. sogar winzigen geistlichen Territorien, die Stifte Essen (mit der Exklave Huckarde bei Dortmund), Werden, Elten, Kornelimünster und Burtscheid politisch keine Rolle. Dasselbe trifft auf die kleinen, meist unbedeutenden weltlichen Territorien zu.

Zusammenfassend kann man sagen, dass sich trotz der territorialen Vielfalt am Niederrhein bereits vor der Französischen Revolution eine gewisse Konsolidierung auf der politischen Landkarte abzeichnete. Im Unterschied zu den Entwicklungen in der französischen Zeit waren die territorialen Veränderungen während des *Ancien régime* jedoch dadurch gekennzeichnet, dass sie traditionell durch Erbschaft oder Personalunion erfolgten – glücklicherweise nicht durch Eroberungen –, dass sie aber keine grundsätzlich neuen Strukturen einführten. Einen eigenständigen machtpolitischen Schwerpunkt besaß der Niederrheinraum am Ende des 18. Jahrhunderts jedoch nicht mehr.

Literatur:
IRMGARD HANTSCHE, Vom Flickenteppich zur Rheinprovinz. Die Veränderung der politischen Landkarte am Niederrhein um 1800, in: Dieter Geuenich (Hg.), Der Kulturraum Niederrhein, Bd. 2: Im 19. und 20. Jahrhundert, Bottrop/Essen 1997, S. 9–48.

Karte 42: Staatsgebiete am Niederrhein 1789

43. Staatsgebiete am Niederrhein 1789 (Ausschnitt)

Die Karte zeigt an einem verhältnismäßig eng begrenzten Ausschnitt die territoriale Vielfalt am Niederrhein vor der Französischen Revolution. Durch die Farbgebung sind staatliche Zusammengehörigkeiten gekennzeichnet. Die blau gefärbten Gebiete sind Bestandteil des Königreichs Preußen: das Herzogtum Kleve, das im jülich-klevischen Erbfolgestreit 1609/1614/1666 an Brandenburg gefallen war, die Grafschaft (ab 1707 Fürstentum) Moers mit seiner Exklave Krefeld, und das Herzogtum Geldern ‚preußischen Anteils', das den Hauptteil des ehemaligen geldrischen Oberquartiers umfaßte, zu dem auch Viersen gehörte. Besonders am Beispiel von Moers wird deutlich, wie bis zur Französischen Revolution historisch gewachsene territoriale Zustände konserviert wurden. Das Kasslerfeld nordwestlich von Duisburg, das infolge einer mittelalterlichen Rheinverlagerung rechtsrheinisch lag, blieb auch dann moersisches Gebiet, als die Grafschaft 1702 preußisch wurde und eine Integration dieses unbedeutenden und fast unbewohnten kleinen Zipfels in das umgebende Herzogtum Kleve sinnvoll gewesen wäre. Die Eingliederung erfolgte erst, als das gesamte linke Rheinufer an Frankreich fiel.

Grün eingezeichnet sind die kurpfälzisch-bayerischen Gebiete, das rechtsrheinische Herzogtum Berg und das linksrheinische Herzogtum Jülich, zu dem kurz vor der Französischen Revolution nach wechselvoller Geschichte auch das lange Zeit kurkölnische Kaiserswerth gehörte. Die beiden Herzogtümer sind ein Beispiel dafür, wie niederrheinische Gebiete zum Spielball größerer Dynastien werden konnten. Sowohl Jülich wie Berg stammten wie das Herzogtum Kleve aus dem jülich-klevischen Erbe und waren 1609/1614/1666 an das Haus Pfalz-Neuburg, eine wittelsbachische Nebenlinie, gekommen. Sie wurden 1685 mit der Kurpfalz vereinigt, nachdem die Pfalz-Neuburger auch dort nach dem Aussterben der protestantischen pfälzischen Wittelsbacher das Erbe angetreten hatten. Bis zum Tode des volkstümlichen Kurfürsten Johann Wilhelm (Jan Wellem) war zwar die gemeinsame Regierung in Düsseldorf, doch 1716 verlegte sie sein Bruder und Nachfolger nach Mannheim; Jülich und Berg sanken daraufhin zu ziemlich unbeachteten Nebenländern ab. Das änderte sich auch nicht, als die Linie Pfalz-Sulzbach 1742 die Pfalz-Neuburger beerbte, ja die Bedeutungslosigkeit der niederrheinischen Territorien des Hauses Wittelsbach verstärkte sich sogar noch, als Pfalz-Sulzbach nach dem Aussterben der bayerischen Wittelsbacher 1777 sämtliche wittelsbachischen Gebiete auf sich vereinigen konnte. Ein äußeres Zeichen dafür war die Tatsache, daß die berühmte Düsseldorfer Gemäldesammlung nach München geschafft wurde, wo sie noch heute ein wesentlicher Bestandteil der Alten Pinakothek ist. Einen Sonderfall stellt die Herrschaft Broich dar. Sie war eine bergische Unterherrschaft, die faktisch im Besitz der Landgrafen von Hessen-Darmstadt war. Ihre Selbständigkeit war so groß, daß die dort wohnenden Untertanen kurz vor der Französischen Revolution nicht dem pfälzischen Kurfürsten, sondern der Landgräfin von Hessen huldigten.

Sowohl rechts- wie linksrheinisch lagen geistliche Staaten. Im Bereich des Kartenausschnitts ist es besonders der nördliche Teil des Kölner Niederstifts mit seiner Exklave Rheinberg. Auch das westfälische Vest Recklinghausen gehörte bereits seit dem Mittelalter zu Köln. Von geringer Bedeutung waren die reichsunmittelbaren Stifte Essen und Werden, die zusammen mit den anachronistischen weltlichen Kleinstterritorien, z.B. den reichsunmittelbaren Herrschaften Styrum, Hoerstgen, Myllendonk und Anholt, die territoriale Vielfalt am Niederrhein vor der Französischen Revolution vergrößerten.

Literatur:
MAX BRAUBACH, Vom Westfälischen Frieden bis zum Wiener Kongreß (1648–1815), in: Franz Petri und Georg Droege (Hg.), Rheinische Geschichte, Bd. 2. Neuzeit, Düsseldorf 1976, S. 219–365.

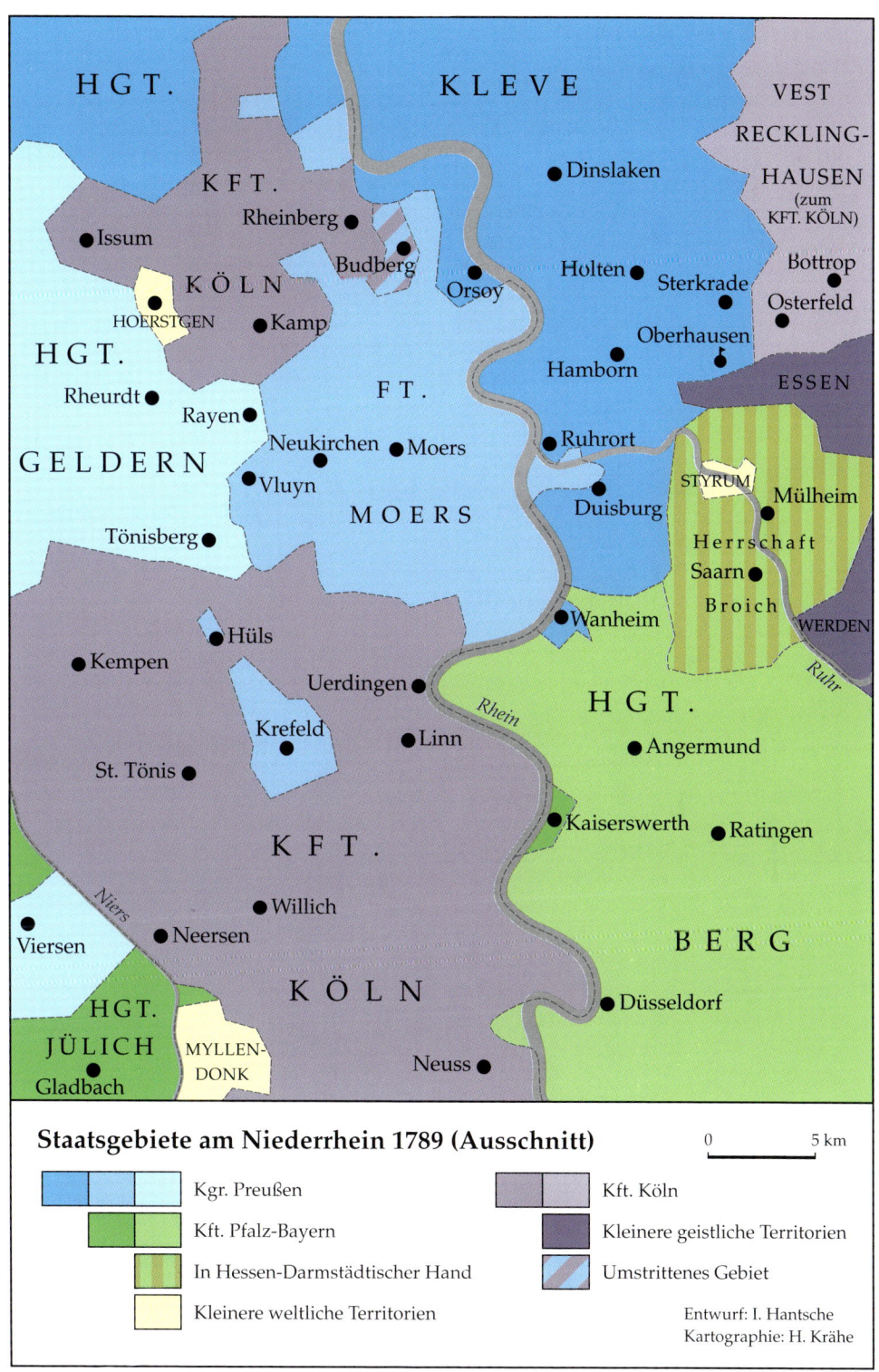

Karte 43: Staatsgebiete am Niederrhein 1789 (Ausschnitt)

44. Territoriale Zersplitterung des heutigen Kreises Viersen 1789

Am Beispiel des heutigen Kreises Viersen und seiner angrenzenden Nachbargebiete verdeutlicht die Karte die territoriale Zersplitterung am Niederrhein bis zur Französischen Revolution, und sie zeigt auch, dass eine Übereinstimmung der heutigen Kreisgrenze mit den ehemaligen Territorialgrenzen nur in Ausnahmen gegeben ist. Abgesehen von einem kleinen Streifen, der zur Republik der Niederlande gehörte, teilten sich vier Territorialherren das Gebiet des heutigen Kreises Viersen: Preußen, Österreich, Kurköln und Pfalz-Bayern. Die 1789 bestehenden Herrschaftsgebiete reichten im Fall des Kurfürstentums Köln und des Herzogtums Jülich bis ins Mittelalter zurück (vgl. Karten ‚Die territoriale Entwicklung des Kurfürstentums Köln' und ‚Die territoriale Entwicklung des Herzogtums Jülich'). Die preußischen und österreichischen Teile hingegen hatten zum alten Herzogtum Geldern gehört, das 1543 im Frieden von Venlo an das Haus Habsburg fiel und dessen Oberquartier nach dem Spanischen Erbfolgekrieg im Frieden von Utrecht 1713 aufgeteilt wurde (vgl. Karte ‚Die Aufteilung des Oberquartiers Geldern nach 1713').

Das preußische Gebiet innerhalb der heutigen Kreisgrenze bestand aus dem südlichen Teil des geldrischen Amtes Krickenbeck und der Herrlichkeit Viersen, einer geldrischen Exklave, die ebenfalls zum Amt Krickenbeck gehörte. Der österreichische Teil des heutigen Kreisgebiets war Bestandteil der ehemals geldrischen Herrschaft Elmpt, das kurkölnische Gebiet umfasste die Ämter Kempen, Oedt und Neersen. Das jülichsche Amt Brüggen schließlich bildete den zum wittelsbachischen Kurfürstentum Pfalz-Bayern gehörenden Teil des jetzigen Kreises Viersen.

Bezieht man die angrenzenden Nachbargebiete des heutigen Kreises mit ein, erhöht sich sogar noch der Eindruck der territorialen Vielfalt. Besonders die Kleinterritorien wie die reichsunmittelbaren Herrschaften Dyck, Myllendonk und Wickrath trugen zur politischen Zersplitterung bei. Zu nennen sind aber auch Exklaven größerer Territorien wie das zum Fürstentum Moers gehörende Krefeld und das als Teil der Republik der Niederlande seit 1715 außerhalb der Reichsgrenze liegende Venlo, das ursprünglich zum Herzogtum Geldern gehört hatte. Kaiserswerth hatte im Laufe der Jahrhunderte durch Verpfändung mehrfach die territoriale Zugehörigkeit gewechselt; zur Zeit der Französischen Revolution war es eine zum Herzogtum Jülich gehörende Exklave. Dieser Zustand erscheint um so mehr als Anachronismus, als Kaiserswerth von bergischem Gebiet umgeben war und sowohl das Herzogtum Jülich wie das Herzogtum Berg unter der einheitlichen Herrschaft von Pfalz-Bayern standen. Noch unübersichtlicher und komplizierter war die territoriale Situation im Fall von Gebieten mit unterschiedlicher staatlicher Hoheit. In dem kurkölnisch-jülichschen Kondominium Grimlinghausen z.B. besaß Kurköln die Kriminaljurisdiktion, Jülich hingegen die Zivilgerichtsbarkeit.

Nach modernen verwaltungspolitischen Gesichtspunkten war es nur folgerichtig und begrüßenswert, dass die Franzosen nach 1794 diesen Zustand änderten und für eine Vereinheitlichung der Verwaltungsstruktur sorgten, ohne Rücksicht auf die historisch gewachsenen Gegebenheiten. Preußen kehrte nach 1815 nicht zu den alten Grenzen zurück, behielt jedoch auch die französische Regelung nicht bei, sondern nahm eine Einteilung in Kreise vor (vgl. Karte ‚Kreise und kreisfreie Städte am Niederrhein 1825'), von der der heutige Kreis Viersen jedoch stark abweicht.

Literatur:
WILHELM FABRICIUS, Erläuterungen zum Geschichtlichen Atlas der Rheinprovinz, 2. Band: Die Karte von 1789. Einteilung und Entwicklung der Territorien von 1600 bis 1794, Bonn 1898, (Photomechanischer Nachdruck, Bonn 1965); HANS KAISER, Die historische Entwicklung des Kreisgebietes im Mittelalter, in: Der Kreis Viersen am Niederrhein, hg. von Rudolf H. Müller, Stuttgart und Aalen 1978, S. 73–96.

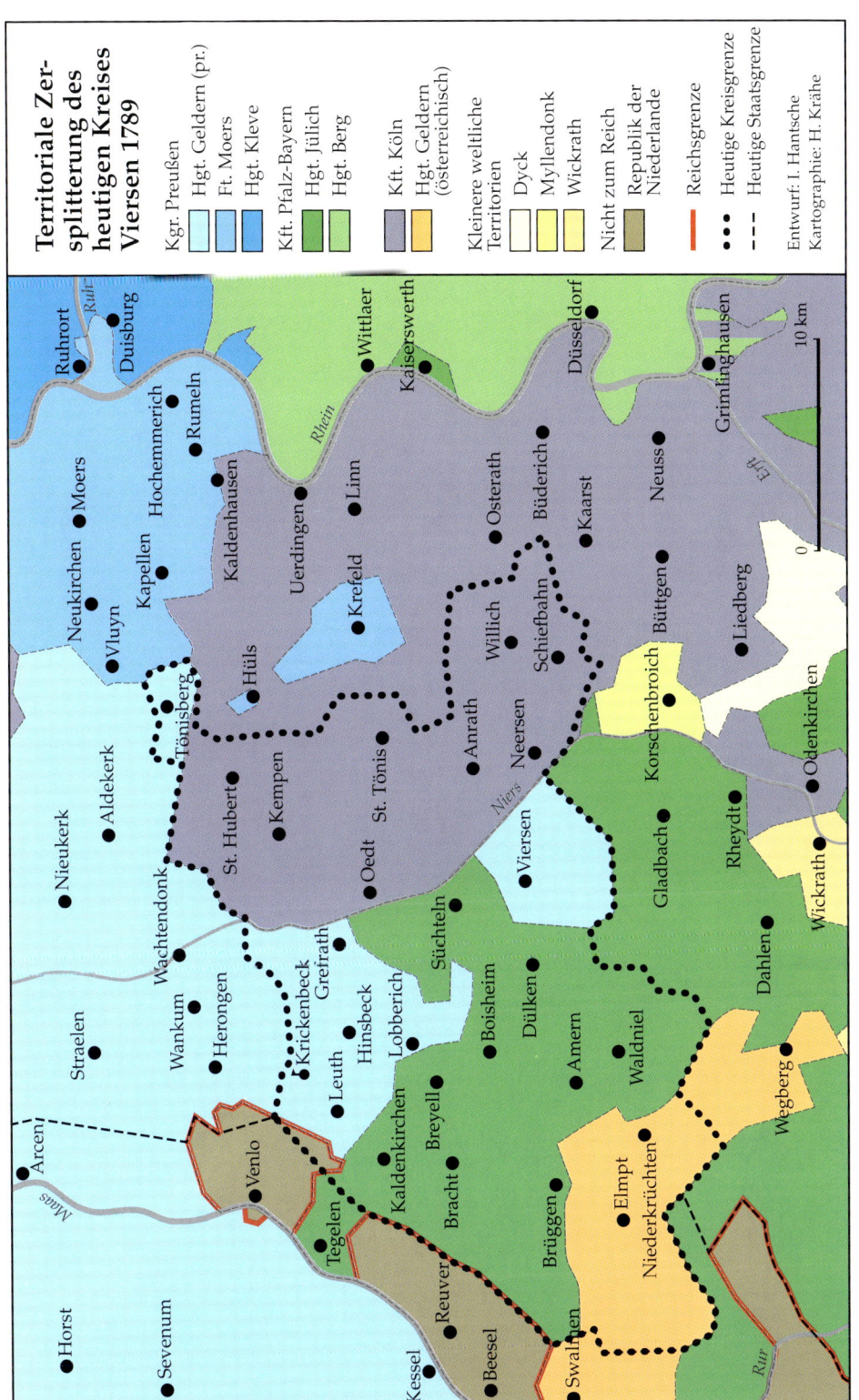

Karte 44: Territoriale Zersplitterung des heutigen Kreises Viersen 1789

45. Geldern unter französischer Herrschaft

Von der durch die Franzosen durchgeführten territorialen Neuordnung des eroberten bzw. abgetretenen deutschen Gebiets blieb auch Geldern nicht verschont und wurde wie die anderen unter französischer Herrschaft stehenden Territorien der Verwaltungsstruktur von Departements, Arrondissements und Kantonen unterworfen. Dabei wurde von einer Gebietszuordnung ausgegangen, die den Grenzen von 1713 entsprach, indem die nach dem Spanischen Erbfolgekrieg an Österreich und die Republik der Niederlande gefallenen Teile des ehemaligen Oberquartiers zum Departement de la Meuse geschlagen wurden, Preußisch Geldern sowie Erkelenz hingegen dem Roer-Departement zufielen. Während die Teilung von 1713 also nicht aufgehoben, sondern beibehalten wurde, hielt sich die Binnengliederung des Roer-Departements in Arrondissements und Kantone jedoch nicht an die alte Grenzziehung.

Das Gebiet des ehemaligen Preußisch Geldern wurde überwiegend auf drei Kantone verteilt, die zum Arrondissement Kleve gehörten: Das gesamte Gebiet westlich der Maas bildete den Kanton Horst, östlich des Flusses lagen die Kantone Wankum und Geldern. Der Kanton Wankum bestand weitgehend aus den ehemaligen Ämtern Straelen, Wachtendonk und Krickenbeck, von dem die Exklave Viersen jedoch abgetrennt worden war und einen eigenen Kanton bildete, der zum Arrondissement Krefeld gehörte. Noch größere Abweichungen von der preußischen Verwaltungsstruktur zeigten sich bei dem neu geschaffenen Kanton Geldern, der gebietsmäßig große Unterschiede zum alten preußischen Amt Geldern aufwies. Der südöstliche Teil des preußischen Amtes Geldern mit den Orten Aldekerk, Rheurdt, Rayen, Schaephuysen und Tönisberg wurde wie Viersen zum Arrondissement Krefeld geschlagen, gehörte also nicht zum Kanton Geldern. Dafür gewann dieser das ehemals kurkölnische Issum; außerdem hatte er sich im Vergleich zum Amt Geldern etwas weiter nach Westen ausgedehnt, sodass er nun auch Walbeck und Twisteden umfasste. Der nördliche Zipfel des ehemaligen Amtes Geldern mit den Orten Well und Afferden bildete mit mehreren vormals klevischen Ämtern den Kanton Goch. Die geldrische Exklave Middelaar wurde dem Kanton Kranenburg zugeschlagen.

Diese vielfältigen Veränderungen machen deutlich, dass die französische Regierung sich bei ihrer Neugliederung des annektierten Gebiets über die gewachsenen Strukturen weitgehend hinwegsetzte. So wurden nicht nur die für eine straffe Verwaltung hinderlichen Exklaven beseitigt, sondern aus administrativen Gründen auch Gebiete geschaffen, die in ihrer Größe und Einwohnerzahl wenigstens annähernd vergleichbar waren. Damit verfolgte die französische Herrschaft ein modernes Verwaltungsprinzip. Das historische Territorium Geldern aber wurde auf diese Weise vollends aufgelöst – genau wie andere traditionsreiche Territorien auch. An das alte Herzogtum Geldern erinnerte noch nicht einmal ein Arrondissement, sondern nur ein Kanton, der rechts und links der Niers lag und die Stadt Geldern zum Verwaltungssitz hatte.

Literatur:
JOSEF SMETS, *Le Pays Rhénans* (1794–1814). *Le comportement des Rhénans face à l'occupation française*, Bern/Berlin/Frankfurt 1997; F. MEYERS, Die Franzosenzeit im Gelderland von 1792 bis 1814 (= Veröffentlichung des Historischen Vereins für Geldern und Umgegend 49), Geldern 1930; IRMGARD HANTSCHE, Vom Flickenteppich zur Rheinprovinz. Die Veränderung der politischen Landkarte am Niederrhein um 1800, in: Dieter Geuenich (Hg.), Der Kulturraum Niederrhein, Bd. 2: Im 19. und 20. Jahrhundert, Bottrop/Essen 1997, S. 9–48; IRENE FELDMANN, Der Niederrhein in der ‚Franzosenzeit'. Die französische Verwaltung im Departement Roer 1798–1814, ebd. S. 49–68.

Karte 45: Geldern unter französischer Herrschaft

46. Staatsgebiete am Niederrhein 1800

Französische Revolutionstruppen hatten Ende 1792 für dreieinhalb Monate Aachen besetzt und waren für wenige Tage nach Geldern, Goch und Moers vorgedrungen, hatten sich dann aber wieder zurückgezogen. Ende April 1793 schien die Gefahr des französischen Vormarsches zum Rhein jedoch zunächst gebannt zu sein, und der Kurfürst von Köln, der sich vorsichtshalber aus der Bonner Residenz in seine westfälischen Lande begeben hatte, kehrte Ende Oktober zurück. Doch die Wiederherstellung der alten Verhältnisse währte nur kurz. Nach dem Sieg Jourdans bei Fleurus im Juni 1794 stießen die französischen Truppen in den linksrheinischen Gebieten auf wenig Widerstand. Am 23. September besetzten sie erneut Aachen, im Oktober Jülich, die Reichsstadt Köln sowie Bonn, die Hauptstadt des Kurfürstentums Köln. Aus ihr war Kurfürst/Erzbischof Max Franz, der jüngste Sohn Maria Theresias, wenige Tage zuvor erneut geflohen. Auch die linksrheinischen preußischen Gebiete waren betroffen. Daher war die preußische Verwaltung aus dem gefährdeten Kleve auf die rechte Rheinseite verlegt worden, zunächst in die Festungsstadt Wesel und dann, als auch Wesel nicht mehr sicher schien, ins westfälische Hamm und Minden.

Bereits im November 1794 fassten die Franzosen die von ihnen eroberten Gebiete zwischen Maas und Rhein zusammen und richteten für sie eine Zentralverwaltung in Aachen ein. Damit hatte sich die französische Herrschaft auf dem linken Rheinufer etabliert, und in den folgenden Jahren wurde sie weiter ausgebaut und den französischen Verhältnissen angepasst. Verschiedene Einteilungen und Verwaltungsstrukturen lösten sich ab. Noch war die Frage nicht entschieden, ob die rheinischen Lande Frankreich eingegliedert werden oder ein eigenes Territorium französisch-revolutionärer Prägung bilden sollten, wie es besonders Pläne für die Errichtung einer cisrhenanischen Republik im Jahre 1797 vorsahen. Die Entwicklung dieser Jahre wurde nicht nur durch die französische Waffenmacht und die revolutionäre Begeisterung weiter Kreise der deutschen Bevölkerung, besonders der Intellektuellen, bestimmt, sondern auch durch das mangelnde Engagement deutscher Staaten für die linksrheinischen Gebiete.

Insbesondere Preußens Interesse galt mehr einer Ausdehnung im Osten und damit der endgültigen Aufteilung Polens als der Verteidigung seiner rheinischen Territorien. Durch den Sonderfrieden von Basel 1795 scherte Preußen daher aus dem Krieg gegen Frankreich aus und hoffte damit, wenigstens seine rechtsrheinischen Gebiete vor einem weiteren Vorstoß französischer Truppen sichern zu können. Aufgrund des Ausgleichs mit Frankreich konnte auch die Verwaltung der westlichen Provinzen zunächst nach Kleve zurück verlegt werden. Außerdem gab Frankreich Preußen die Zusicherung einer umfangreichen rechtsrheinischen Entschädigung auf Kosten geistlicher Staaten, u.a. der Abteien Essen, Werden und Elten, die eine lang erwünschte Abrundung von Preußens westlichen Territorien darstellten. Als auch Österreich im Oktober 1797 in einem Geheimartikel des Friedens von Campo Formio zusicherte, dass es für eine Abtretung des linken Rheinufers von Basel bis Andernach an Frankreich eintreten werde, rückte die Erfüllung des alten französischen Traums vom Rhein als östlicher Staatsgrenze in greifbare Nähe. Indem das linke Rheinufer sich ganz in französischer Hand befand, hatte sich bereits um die Jahrhundertwende die politische Landkarte am Niederrhein im Vergleich zu 1789 faktisch völlig verändert.

Literatur:
IRMGARD HANTSCHE, Vom Flickenteppich zur Rheinprovinz. Die Veränderung der politischen Landkarte am Niederrhein um 1800, in: Dieter Geuenich (Hg.), Der Kulturraum Niederrhein, Bd. 2: Im 19. und 20. Jahrhundert, Bottrop/Essen 1997, S. 9–48; MAX BRAUBACH, Der junge Görres als ‚Cisrhenane', in: Diplomatie und geistiges Leben im 17. und 18. Jahrhundert. Gesammelte Abhandlungen, Bonn 1969, S. 807–833.

Karte 46: Staatsgebiete am Niederrhein 1800

47. Departement-Einteilung der linksrheinischen Gebiete 1798–1814

Nachdem die Franzosen 1794 die linksrheinischen Territorien erobert hatten, wurde Ende 1797 deren Einteilung in vier Departements vorbereitet und 1798 durchgeführt. Dabei wurden folgende Departements gebildet: Département du Mont Tonnerre (Donnersberg-Departement) mit dem Hauptort Mainz, Département de la Sarre (Saar-Departement) mit dem Hauptort Trier, Département de Rhin et Moselle (Rhein-Mosel-Departement) mit dem Hauptort Koblenz und Département de la Roer (Rur-Departement) mit dem Hauptort Aachen. Jedes Departement unterstand einem französischen Präfekten und war in Arrondissements unter der Verwaltung eines meist deutschen Unterpräfekten eingeteilt. Diese Einteilung nahm keine Rücksicht auf die historisch gewachsenen territorialen Verhältnisse der vorrevolutionären Zeit, sondern schuf nach dem Muster der in Frankreich eingeführten verwaltungsmäßigen Neugliederung auch in den eroberten Gebieten annähernd gleiche Verwaltungsbezirke. Oberstes Prinzip war dabei eine hierarchische Gliederung mit eindeutig zentralistischen Strukturen. Der Frieden von Lunéville (Februar 1801) legalisierte, was praktisch bereits vollzogen war: die Eingliederung der vier rheinischen Departements in die Republik Frankreich. Der Rhein bildete nun die Ostgrenze Frankreichs, und die rheinischen Departements wurden den übrigen französischen Departements gleichgestellt und die bisher in Mainz bestehende Zwischeninstanz konsequenterweise abgeschafft.

Zwei Merkmale sind bei der Neuaufteilung links des Rheins besonders bemerkenswert:
• Die Franzosen annektierten nicht nur Gebiete und fügten einzelne Territorien ohne Rücksicht auf ehemalige Hoheitsrechte aneinander, sondern schufen dabei einen ganz neuen Grenztyp. Statt der historisch definierten Territorialgrenzen, die meist auch eine unterschiedliche Rechts- oder Verfassungsstruktur markierten, führten sie reine Verwaltungsgrenzen ein, die das Staatsgebiet nach modernen verfassungspolitischen Kriterien gliederten. Die staatliche Verwaltung verselbstständigte sich gewissermaßen und befreite sich von ihren geschichtlichen Wurzeln, die sich in zunehmendem Maße als Fesseln erwiesen hatten.
• Diese französischen Maßnahmen führten linksrheinisch zur Überwindung der Vielstaaterei, die ein Charakteristikum der deutschen Geschichte war und sich zunehmend als hemmend für den Ausbau des modernen Staates erwiesen hatte. Was einige deutsche Fürsten seit langem angestrebt hatten, die Schaffung großräumiger und nach einheitlichen Grundsätzen verwalteter Staatswesen, wurde so verwirklicht.

Das französische System wurde nicht mit einem Schlag, sondern in mehreren Schritten eingeführt. Für die unteren Verwaltungsbehörden griffen die Franzosen weitgehend auf die ehemaligen deutschen Beamten zurück, die nun aber dem französischen Zentralismus unterworfen wurden. Da nur auf der Ebene der Departements die Beamten besoldet wurden, war der größte Teil der Beamtenschaft ehrenamtlich tätig. Das bedeutete, dass wirtschaftliche Unabhängigkeit in der Regel die Vorbedingung für die Übernahme eines öffentlichen Amtes war. Die Beamtenschaft rekrutierte sich daher weitgehend aus dem Adel sowie dem Wirtschafts- und Bildungsbürgertum.

Literatur:
Jörg Engelbrecht, Grundzüge der französischen Verwaltungspolitik auf dem linken Rheinufer (1794–1814), in: Christof Dipper, Wolfgang Schieder und Reiner Schulze (Hg.), Napoleonische Herrschaft in Deutschland und Italien – Verwaltung und Justiz (= Schriften zur Europäischen Rechts- und Verfassungsgeschichte, Bd. 16), Berlin 1995, S. 79–91; Sabine Graumann, Französische Verwaltung am Niederrhein. Das Roerdepartement 1798–1814, Essen 1990; Karl-Georg Faber, Verwaltungs- und Justizbeamte auf dem linken Rheinufer während der französischen Herrschaft, in: Aus Geschichte und Landeskunde. Festschrift für Franz Steinbach, Bonn 1960, S. 350–388.

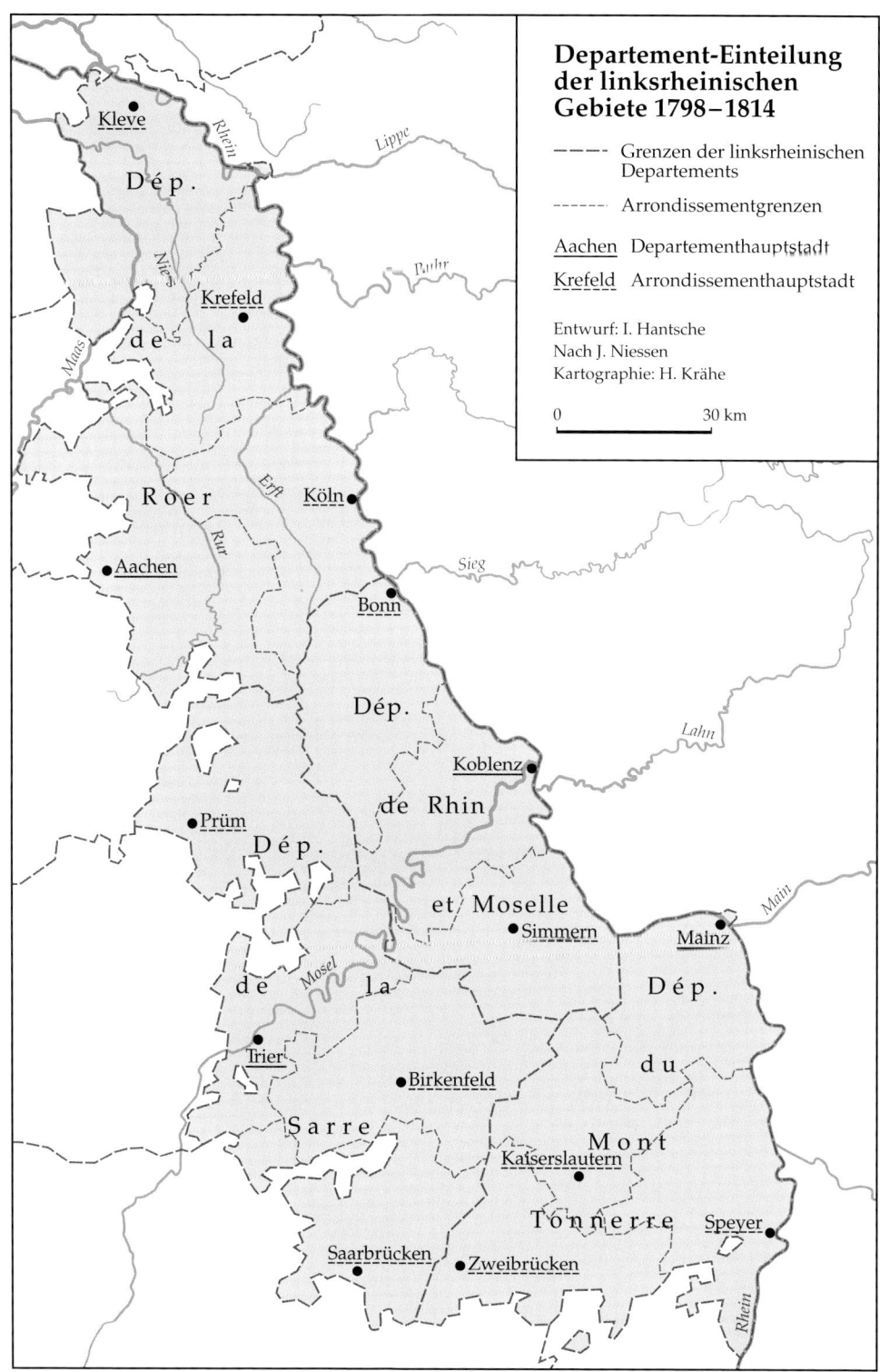

Karte 47: Departement-Einteilung der linksrheinischen Gebiete 1798–1814

48. Das Roer-Departement 1808

Von dem Unterpräfekten des Arrondissements Kleve, dem ehemaligen katholischen Theologen und Mainzer Philosophieprofessor Anton Josef Dorsch (1758–1819), der zunächst den Jakobinern nahe gestanden hatte, erschien 1804 in französischer Sprache eine umfangreiche Beschreibung des Roer-Departements. Dieser *Statistique du Département de la Roer (Cologne, An XII)* war auch eine Karte beigegeben, die allerdings in einigen Einzelheiten korrigiert werden muss. Dorschs Aufstellungen und Beschreibungen ermöglichen aber, die Organisation und Verwaltungsstruktur des Roer-Departements nachzuvollziehen.

Das 1798 eingerichtete Roer-Departement war das nördlichste und größte der vier rheinischen Departements. Es bestand hauptsächlich aus ehemals preußischen, kurkölnischen und jülichschen Territorien, umfasste aber auch die Reichsstädte Köln und Aachen sowie weitere Klein-Territorien wie die Herrschaften Dyck, Myllendonk, Wickrath, Hoerstgen und die Abteien Burtscheid und Kornelimünster, insgesamt 30 ehemalige deutsche Herrschaftsbereiche. Seine Ausdehnung betrug mehr als 300 Quadratmeilen (= über 5.000 Quadratkilometer), seine Bevölkerung über eine halbe Million Einwohner. Im Norden grenzte es an die 1795 errichtete Batavische Republik (ab 1806 Königreich Holland), im Süden an die rheinischen Departements ‚Rhein und Mosel' und ‚Saar', im Westen an inzwischen ebenfalls französisches Gebiet, die Departements ‚Ourthe' und ‚Meuse-inférieure' (Niedermaas); seine Ostgrenze war der Rhein, bis 1808 auch der Brückenkopf Wesel Teil des Roer-Departements wurde.

Wie jedes Departement war auch das Roer-Departement in Arrondissements eingeteilt, die nach ihren Verwaltungssitzen benannt waren: Aachen, Köln, Krefeld und Kleve; Aachen war zugleich Departement-Hauptstadt. Mit Ausnahme des Arrondissements Aachen, das direkt dem Präfekten unterstand, wurden die Arrondissements von einem Unterpräfekten geleitet. Jedes Arrondissement war in Kantone gegliedert, die in der Regel mehrere Gemeinden *(mairies)* umfassten. Im Falle von Aachen, Köln, Krefeld und Viersen waren wegen der Größe dieser Städte allerdings Kantonshauptstadt und Gesamtkanton identisch. Bei den Kantonen erfolgte vielfach eine Anlehnung an die alte Ämter-Einteilung.

Diese völlig durchorganisierte staatliche Administration entsprach mit ihrer konsequenten Stufengliederung dem in Frankreich nach der Revolution eingeführten System. Im Vergleich zu der vorherigen deutschen Verwaltungsstruktur war die französische Administration effektiver, ließ aber weniger Raum für die Selbstverwaltung. Dennoch ermöglichte sie eine größere Rechtsgleichheit. Dazu trug bei, dass jeder Kanton einen Friedensrichter und jedes Arrondissement ein Zivil- und ein Strafgericht hatte. Außerdem bestanden als höhere Instanz Appellationsgerichtshöfe, für Strafsachen in Aachen, für Zivilsachen in Lüttich. Das Recht wurde kodifiziert, die Gleichheit aller Bürger vor dem Gesetz garantiert, wie auch der Anspruch auf einen mündlichen Prozess, der allerdings in französischer Sprache stattfinden musste.

Literatur:
WOLFGANG SCHIEDER (Hg.), Säkularisation und Mediatisierung in den vier rheinischen Departements 1803–1813, Teil I: Einführung und Register (= Forschungen zur deutschen Sozialgeschichte, Bd. 5), Boppard 1991; Anton Josef Dorsch, *Statistique du Département de la Roer*, Köln 1804; SABINE GRAUMANN, Französische Verwaltung am Niederrhein. Das Roerdepartement 1798–1814, Essen 1990; IRENE FELDMANN, Der Niederrhein in der ‚Franzosenzeit'. Die französische Verwaltung im Departement Roer 1798–1814, in: Dieter Geuenich (Hg.), Der Kulturraum Niederrhein, Bd. 2: Im 19. und 20. Jahrhundert, Bottrop/Essen 1997, S. 49–68.

Karte 48: Das Roer-Departement 1808

49. Das Arrondissement Kleve als Teil des Kaiserreichs Frankreich 1808

Das Arrondissement Kleve fasste die linksrheinischen Gebiete des Herzogtums Kleve und fast das ganze Herzogtum Geldern preußischen Anteils (vgl. Karte ‚Geldern unter französischer Herrschaft') zusammen und war damit in seiner Abgrenzung weitgehend an den alten Territorialgrenzen westlich des Rheins ausgerichtet. Mit Issum waren allerdings auch geringfügige Teile der kurkölnischen Exklave Rheinberg integriert. Der Hauptteil von Rheinberg gehörte mit anderen kurkölnischen und jülichschen Gebieten und dem preußischen Fürstentum Moers zum Arrondissement Krefeld, das sich südöstlich an das Arrondissement Kleve anschloss. Die West- und Nordgrenze des Arrondissements Kleve respektierte das Territorium der Republik der Niederlande, die nun seit 1795 als Batavische Republik, ab 1806 als Königreich Holland ein französischer Satellitenstaat war, der 1810 völlig in das französische Kaiserreich integriert wurde. Die Ostgrenze des Arrondissements Kleve bildeten im Süden die Grenze des Arrondissements Krefeld, im Norden der Rhein unterhalb von Büderich. Als im Januar 1808 Wesel zum französischen Brückenkopf erklärt wurde, überschritt die Grenze des Arrondissements Kleve an dieser Stelle den Rhein. Zugleich hatte Frankreich damit erstmals am Niederrhein auf rechtsrheinisches Gebiet übergegriffen.

Nach der Schlacht bei Austerlitz und dem Vertrag von Schönbrunn (Dezember 1805) war Wesel zunächst mit dem rechtsrheinischen Teil des Herzogtums Kleve Bestandteil des Herzogtums Berg geworden, das inzwischen ein französischer Satellitenstaat war unter der Regierung von Joachim Murat, dem Schwager Napoleons. Noch 1806 wurde das Herzogtum Berg zum Großherzogtum erhoben. Bereits im Juli 1806 wurde auch der erste Schritt zu einer erneuten Grenzkorrektur gemacht. Die für Frankreich strategisch wichtige Festungsstadt Wesel wurde zunächst dem Kommando der Militärdivision von Lüttich unterstellt, um dann im Januar 1808 zusammen mit den Brückenköpfen Kehl, Mainz-Kastel und Vlissingen in das Kaiserreich Frankreich eingegliedert zu werden. Für Wesel bedeutete das, dass es der 41. Kanton des Roer-Departements und zugleich Teil des Arrondissements Kleve wurde.

Die Binnengliederung des Arrondissements Kleve bestand von 1802 bis zur Eingliederung Wesels im Jahr 1808 aus acht Kantonen (Gerichtsbezirken) mit insgesamt 53 Bürgermeistereien *(mairies)*, den Verwaltungseinheiten auf niederer Ebene. 1804 gibt Dorsch folgende Einwohnerzahlen der Kantone an: Kleve 9.499, Kranenburg 8.947, Goch 12.986, Horst 15.670, Kalkar 10.362, Xanten 11.283, Geldern 12.048, Wankum 14.269. Die Gesamtbevölkerung berechnet sich danach auf 95.062 Einwohner; Dorsch gibt für 1802 als Summe 89.818 an. Damit war das Arrondissement Kleve erheblich kleiner als die anderen drei Arrondissements des Roer-Departements, die nach Dorsch folgende Größenordnung hatten: Aachen: 11 Kantone, 126 *mairies* mit 185.618 Einwohnern; Köln: 10 Kantone, 70 *mairies* mit 150.568 Einwohnern; Krefeld: 11 Kantone, 89 *mairies* mit 148.647 Einwohnern.

Literatur:
Anton Josef Dorsch, *Statistique du Département de la Roer*, Köln 1804; Sabine Graumann, Französische Verwaltung am Niederrhein. Das Roerdepartement 1798–1814, Essen 1990; Wolfgang Schieder (Hg.), Säkularisation und Mediatisierung in den vier rheinischen Departements 1803–1813, Teil I: Einführung und Register (= Forschungen zur deutschen Sozialgeschichte, Bd. 5), Boppard 1991; Friedrich Gorissen, Kleve (= Niederrheinischer Städteatlas, hg. von Gerhard Kallen, I. Reihe: Klevische Städte, Heft l: Kleve), Kleve 1952; Karl Emsbach, Politische Geschichte der Stadt Wesel 1666–1815, in: Jutta Prieur (Hg.), Geschichte der Stadt Wesel, Bd. 1, Düsseldorf 1991, S. 287–307.

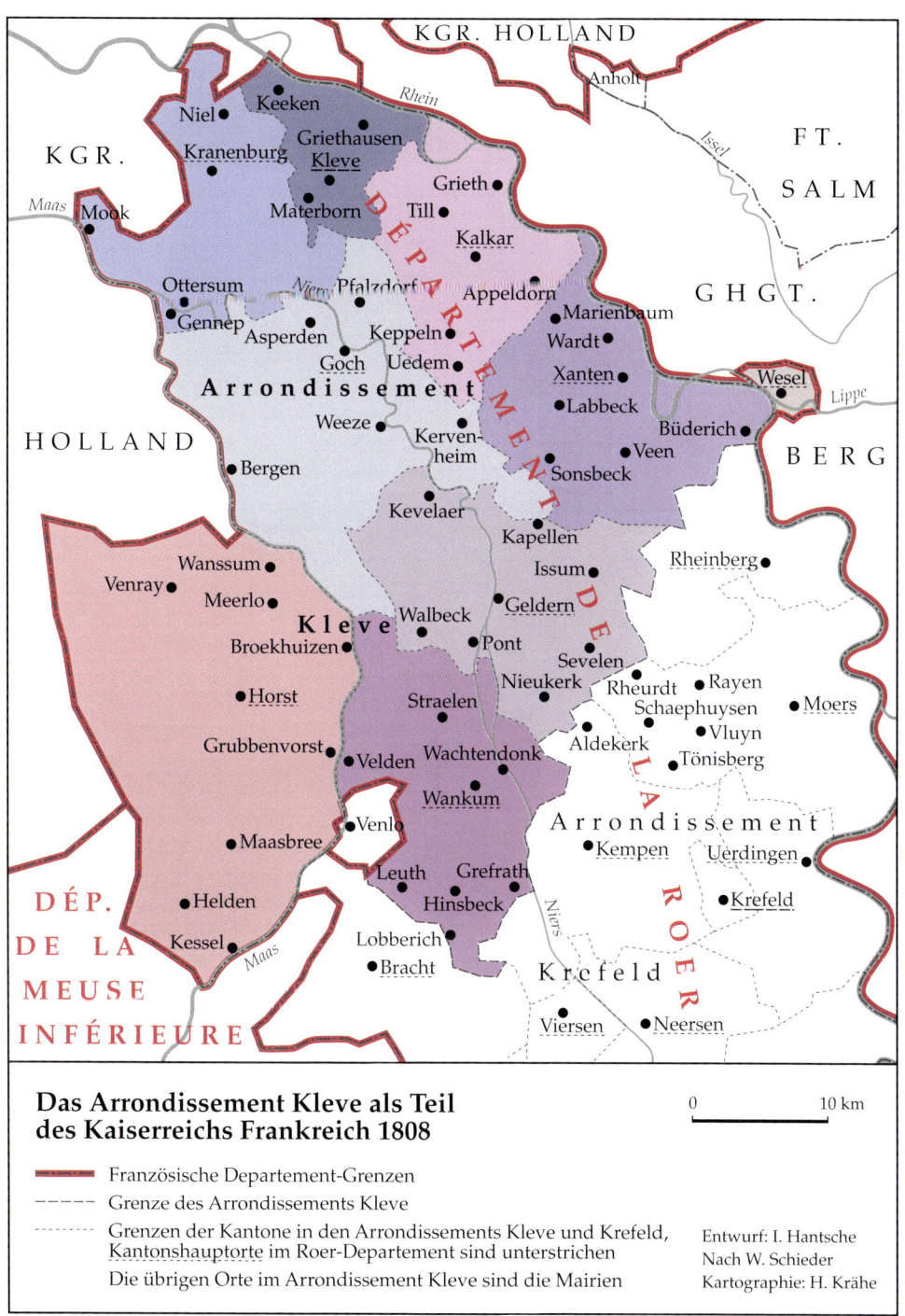

Karte 49: Das Arrondissement Kleve als Teil des Kaiserreichs Frankreich 1808

50. Staatsgebiete am Niederrhein 1804

Abgesehen von einzelnen Militäraktionen fassten die Franzosen erst nach 1806 auf der rechten Rheinseite Fuß; trotzdem waren gravierende Auswirkungen ihrer Expansion auch dort bereits vorher zu beobachten. In den Friedensschlüssen von Basel 1795 (mit Preußen), Campo Formio 1797 (mit Österreich) und Lunéville 1801 (mit Kaiser und Reich) waren Frankreich die linksrheinischen deutschen Gebiete zugestanden worden. Gleichzeitig war vereinbart worden, den auf dem linken Rheinufer depossedierten weltlichen Fürsten rechtsrheinisch eine reichlich bemessene territoriale Entschädigung zukommen zu lassen. Preußen hat auf diese Weise fünfmal so viel Land und fast ebenso viel mehr Einwohner gewonnen, als es durch die Abtretung seiner linksrheinischen Gebiete verloren hatte.

Eine derartige Entschädigung war nur auf Kosten der geistlichen Territorien möglich, und dieser Weg wurde dann auch nach 1801 beschritten. Auch am Niederrhein boten sich zahlreiche Gebiete an. Reichsrechtlich wurde die Neuverteilung zwar erst im Reichsdeputationshauptschluss von 1803 vollzogen, faktisch war sie zum Teil schon vorher erfolgt. So hatte sich Preußen von Frankreich im Vertrag vom 23. Mai 1802 nochmals bestimmte geistliche Gebiete zusagen lassen mit dem Recht, davon schon vor der Beschlussfassung der Reichsdeputation Besitz zu ergreifen. Folgerichtig hatte es daraufhin bereits im Sommer (Juni bzw. August) 1802 die Stifte Essen und Werden annektiert und damit endlich das Ziel erreicht, das es bereits das 18. Jahrhundert hindurch verfolgt hatte. Sowohl Essen wie Werden waren für sich genommen zwar nur unbedeutende ‚Winzigstaaten' von zusammen noch nicht einmal vier Quadratmeilen mit ca. 20.000 Einwohnern, aber sie waren für Preußen von großer Bedeutung, da sie die bisher fehlende Landbrücke zwischen dem Herzogtum Kleve und der Grafschaft Mark herstellten. Im Einzugsbereich des Niederrheins säkularisiert wurden ferner das reichsunmittelbare Stift Elten, die kurkölnischen Zipfel Deutz und Vilich gegenüber von Köln und Bonn sowie das ebenfalls kölnische Vest Recklinghausen und das Fürstbistum Münster.

Während auf der linken Rheinseite durch die verwaltungsmäßigen Änderungen der Franzosen die geistlichen und weltlichen Herrschaftsbereiche in gleicher Weise behandelt wurden, also z.B. kein Unterschied zwischen dem Kurfürstentum Köln und dem Herzogtum Geldern gemacht wurde, waren auf der rechten Rheinseite bei der territorialen Neustrukturierung zunächst nur die geistlichen Staaten betroffen. Sie unterlagen der Herrschaftssäkularisation, wurden also zu weltlichen Territorien, blieben zum Teil aber in ihren Grenzen bestehen. So wurden die Stifte Essen und Werden einfach in Fürstentümer unter preußischer Herrschaft umgewandelt. Das Gebiet des Bistums Münster wurde hingegen aufgeteilt. Sein Beispiel zeigt sehr deutlich, dass der Vorgang der Herrschaftssäkularisation nicht unbedingt zur Schaffung großräumiger Territorien und damit zur Überwindung der Kleinstaaterei führen musste, sondern zunächst sogar das Gegenteil bewirken konnte. Denn auf dem ursprünglich einheitlichen Staatsgebiet dieses Fürstbistums entstanden – abgesehen von dem an Preußen gefallenen Teil – zumindest kurzfristig fünf neue Kleinstaaten als Entschädigung für linksrheinisch depossedierte Fürsten: das Fürstentum Salm, das Herzogtum Arenberg, dem auch das ehemals kurkölnische Vest Recklinghausen zugesprochen wurde, die Grafschaft Horstmar, das Fürstentum Rheina-Wolbeck und die Grafschaft Dülmen.

Literatur:
IRMGARD HANTSCHE, Vom Flickenteppich zur Rheinprovinz. Die Veränderung der politischen Landkarte am Niederrhein um 1800, in: Dieter Geuenich (Hg.), Der Kulturraum Niederrhein, Bd. 2: Im 19. und 20. Jahrhundert, Bottrop/Essen 1997, S. 9–48; HARM KLUETING, Die Säkularisation von 1802/03 im Rheinland und in Westfalen – Versuch eines Überblicks, in: Monatshefte für evangelische Kirchengeschichte, 30. Jg, 1981, S. 265–289.

Karte 50: Staatsgebiete am Niederrhein 1804

51. Staatsgebiete am Niederrhein 1806

1802/03 hatten die Franzosen nur indirekt auf die rechte Rheinseite eingewirkt, indem ihre Maßnahmen links des Rheins zum Auslöser für die Säkularisation auch der rechtsrheinischen geistlichen Staaten und die Neuverteilung von deren Territorium an linksrheinisch depossedierte deutsche Fürsten wurden. 1805 bewirkte Frankreich dann unmittelbar eine Veränderung der politischen Landkarte am rechten Niederrhein. Nach der Schlacht bei Austerlitz und dem Vertrag von Schönbrunn im Dezember 1805 übernahm Preußen auf französischen Druck hin das mit Großbritannien in Personalunion verbundene Kurfürstentum Hannover und trat im Gegenzug die ihm noch verbliebenen rechtsrheinischen Gebiete des Herzogtums Kleve an Frankreich ab. Napoleon vereinigte sie im März 1806 mit dem von Bayern ebenfalls abgetretenen Herzogtum Berg und übertrug dieses als französischen Satellitenstaat seinem Schwager Joachim Murat.

Nach der Bildung des Rheinbundes im Juli 1806 und der Auflösung des Heiligen Römischen Reiches deutscher Nation erfolgten weitere Gebietsveränderungen. Kleinere weltliche Territorien wie die Herrschaften Styrum und Gemen wurden mediatisiert, d.h. sie verloren ihre Reichsunmittelbarkeit und wurden anderen Territorien zugeschlagen; die erst 1803 gebildete Grafschaft Dülmen wurde dem Herzogtum Arenberg einverleibt. Das Herzogtum Berg, nun zum Großherzogtum aufgewertet, wurde weiter vergrößert, indem es neben der kleinen Herrschaft Styrum auch die ehemals kurkölnischen Ämter Deutz, Vilich und Königswinter erhielt, die durch die Säkularisation 1803 zunächst Nassau-Usingen zugefallen waren. Damit hatte das Großherzogtum Berg überall die Rheingrenze erreicht, und es wurde deutlich, dass Frankreich auch rechts des Rheins eine Großstaatenbildung vorsah.

Für Essen und Werden erhob sich die Frage, ob das Gebiet der beiden nun preußischen Fürstentümer Bestandteil Kleves war und somit ebenfalls an Murat abgetreten werden musste. Schon bald jedoch erwiesen sich die juristischen Überlegungen und die nach langem Hin und Her gefundenen Kompromisse zwischen Frankreich und Preußen als hinfällig. Denn Preußen musste nach dem militärischen Debakel von Jena und Auerstedt (Oktober 1806) im Frieden von Tilsit (Juli 1807) ohnehin auf sämtliche Territorien westlich der Elbe verzichten und verlor somit zweifelsfrei Essen und Werden wie natürlich auch Elten und ebenfalls die westfälischen Landesteile. Damit stand einer weiteren Vergrößerung des Großherzogtums Berg im Bereich des Niederrheins nichts mehr im Wege. Sie erfolgte bereits im Januar 1808.

Eine weitere Veränderung im Gebiet des Niederrheins war schon 1806 vollzogen worden, indem der französische Satellitenstaat der Batavischen Republik, d.h. das Gebiet der ehemaligen Republik der Niederlande, in ein Königreich umgewandelt und Napoleons Bruder Louis Bonaparte zu seinem König erhoben worden war. Damit waren am gesamten Niederrhein die durch die Französische Revolution initiierten republikanischen Strukturen wieder beseitigt und an ihre Stelle das Französische Kaiserreich (ab 1804) bzw. von ihm abhängige monarchische Staatsgebilde getreten.

Literatur:
HEINZ-K. JUNK, Das Großherzogtum Berg. Zur Territorialgeschichte des Rheinlandes und Westfalens in napoleonischer Zeit, in: Westfälische Forschungen, Bd. 33, 1983, S. 29–83; DERS., Grundzüge der Territorialentwicklung des Großherzogtums Berg (1806–1813), in: Burkhard Dietz (Hg.), Das Großherzogtum Berg als napoleonischer Modellstaat. Eine regionalgeschichtliche Zwischenbilanz, Köln 1995, S. 40–53; IRMGARD HANTSCHE, Das Gebiet des späteren Großherzogtums Berg zwischen 1789 und 1806 in territorialer, verfassungsrechtlicher, wirtschafts- und sozialgeschichtlicher Hinsicht, in: Burkhard Dietz (Hg.), Das Großherzogtum Berg als napoleonischer Modellstaat. Eine regionalgeschichtliche Zwischenbilanz, Köln 1995, S. 19–39.

Karte 51: Staatsgebiete am Niederrhein 1806

52. Staatsgebiete am Niederrhein 1809

Im Jahre 1809 war auch rechtsrheinisch die bis zur Französischen Revolution bestehende territoriale Vielfalt verschwunden. Kein Staatswesen, das 1789 dort bestanden hatte, war mehr vorhanden. Das gesamte linksrheinische Gebiet war Teil des Französischen Kaiserreichs, die einst am Niederrhein mächtigen deutschen Landesherren Preußen und Pfalz-Bayern waren auch rechts des Rheins von der Landkarte verschwunden, ebenso die vielen kleinen Herrschaften. Den Typ der geistlichen Staaten gab es überhaupt nicht mehr, und die einstige Republik der Niederlande war zu einem Königreich von Frankreichs Gnaden geworden. Die einzigen Farbtupfer auf der politischen Landkarte des Niederrheins setzten noch zwei 1803 neu gegründete Staaten, die von linksrheinisch dessedierten deutschen Reichsfürsten regiert wurden: das Fürstentum Salm und das Herzogtum Arenberg. Ihre Gebiete wirken fast wie ein Fremdkörper innerhalb der von Frankreich bzw. von französischen Satellitenstaaten bestimmten politischen Landschaft am Niederrhein, und das Kartenbild suggeriert geradezu die Frage, wann auch sie verschwunden sein werden.

Im Januar 1808 waren aus dem näheren Einzugsbereich des Niederrheins die Grafschaft Mark, das Erbfürstentum Münster und die ehemalige Reichsstadt Dortmund, seit 1803 als Grafschaft Dortmund in nassau-oranischem Besitz, an das Großherzogtum Berg gefallen. Dafür trat Murat auf Napoleons Wunsch die Festung Wesel an Frankreich ab, das diesen wichtigen Brückenkopf in das Arrondissement Kleve des Roer-Departements eingliederte. Außerdem wurden die alten klevischen Exklaven Zevenaar, Huissen und Malburgen an das von Napoleons Bruder Louis Bonaparte regierte Königreich Holland abgetreten, eine Vorwegnahme der nach dem Wiener Kongress endgültig erfolgten Grenzkorrektur (vgl. Karte ‚Grenzveränderungen bei Elten und Zyfflich 1816 und 1949–1963'). Doch diese Gebietsverluste änderten nichts daran, dass das Großherzogtum Berg – besonders wegen seiner westfälischen Zugewinne – eine ungeheure Vergrößerung erfuhr. Im Vergleich zu 1806 hatten sich im Jahre 1808 der Gebietsstand sowie die Einwohnerzahl ungefähr verdreifacht, und das ehemalige niederrheinische Herzogtum Berg hatte seine größte Ausdehnung erreicht. Damit war aber auch ein regionaler Schwerpunktwechsel verbunden. Aus dem ehemaligen rheinischen Herzogtum war ein Großstaat geworden, dessen größte Ausdehnung in Westfalen lag; er wurde allerdings immer noch von Düsseldorf aus regiert.

Im Juli 1808 erfolgte im Großherzogtum Berg ein Herrscherwechsel. Murat legte seinen bergischen Titel nieder, als Napoleon ihn zum ‚König Beider Sizilien' erhob. Zunächst nannte sich Napoleon selbst Großherzog von Berg, ohne jedoch den Satellitenstaat mit Frankreich zu vereinigen. Im März 1809 übertrug er den Titel auf den ältesten Sohn des Königs von Holland, seinen erst vierjährigen Neffen Louis, über den er die Vormundschaft übernahm und der selbst nie an die Regierung kam. Bis zum Zusammenbruch der napoleonischen Herrschaft im November 1813 übten Napoleon bzw. seine Beamten weiterhin das Regiment aus. 1815 wurden dann die rheinischen und westfälischen Gebiete des ehemaligen Großherzogtums Berg wieder getrennt, und zwar entlang einer Linie, die schon vor 1789 die Grenze zwischen dem Rheinland und Westfalen markiert hatte. Die rheinischen Teile wurden Bestandteil der preußischen Rheinprovinz, die westfälischen Teile kamen bis auf wenige Randbereiche an die preußische Provinz Westfalen.

Literatur:
Heinz-K. Junk, Das Großherzogtum Berg. Zur Territorialgeschichte des Rheinlandes und Westfalens in napoleonischer Zeit, in: Westfälische Forschungen, Bd. 33, 1983, S. 29–83; Ders., Grundzüge der Territorialentwicklung des Großherzogtums Berg (1806–1813), in: Burkhard Dietz (Hg.), Das Großherzogtum Berg als napoleonischer Modellstaat. Eine regionalgeschichtliche Zwischenbilanz, Köln 1995.

Karte 52: Staatsgebiete am Niederrhein 1809

53. Staatsgebiete am Niederrhein 1811

Die letzte territoriale Veränderung vor dem Ende der französischen Herrschaft erfuhr das rechtsrheinische Gebiet in den Jahren 1810 und 1811. Napoleon annektierte neben dem Königreich Holland auch den nordwestlichen Teil Deutschlands und machte diese Gebiete zum Bestandteil des Kaiserreichs Frankreich. In diesem Zusammenhang wurde auch der nordwestliche Zipfel des Großherzogtums Berg entlang der Lippe abgeschnitten und Frankreich eingegliedert. Als Ersatz erhielt das Großherzogtum Berg u.a. den südlichen Rest des Herzogtums Arenberg, der identisch war mit dem ehemaligen Vest Recklinghausen. Damit waren die napoleonischen Neuschöpfungen des Herzogtums Arenberg und des Fürstentums Salm wieder von der politischen Landkarte verschwunden. Der gesamte Bereich des Niederrheins verteilte sich nur noch auf zwei Territorien: das Kaiserreich Frankreich, das nördlich der Lippe den Rhein überschritten hatte, und das Großherzogtum Berg, den französischen Satellitenstaat, der seit 1806 dem Rheinbund angehörte. Wie die französischen Staatsgebiete war auch das Großherzogtum Berg in Departements, Arrondissements, Kantone und Mairien eingeteilt.

Trotz der personalen Verknüpfung unter der Herrschaft Napoleons und trotz der angeglichenen Verwaltungs- und Rechtsstruktur bestand jedoch nach wie vor zwischen dem Großherzogtum Berg und dem Kaiserreich Frankreich nicht nur eine Staats-, sondern auch eine strikte Zollgrenze, die die Bevölkerung allerdings durch Schmuggel zu umgehen versuchte. Wie lukrativ der Schleichhandel war, zeigen z.B. die Tabakpreise, die rechtsrheinisch beträchtlich geringer als linksrheinisch waren. Ein wirkliches Problem stellte die Zollgrenze besonders für die alteingesessene bergische Wirtschaft dar, die von den linksrheinischen Märkten abgeschnitten wurde. Zeitgenössische Quellen bringen das häufig zum Ausdruck, so auch der französische Kommissar Jaques-Claude Beugnot, der die administrative Leitung des Großherzogtums hatte. Er berichtete 1810 anlässlich einer Inspektionsreise von wirtschaftlichen Schwierigkeiten des Remscheider Metallgewerbes. Außerdem bestätigte er, dass zum Beispiel aus Barmen viele Fabrikanten in das linksrheinische französische Gebiet abgewandert seien, um ihren Absatz zu sichern. Aus unternehmerischen Überlegungen kam es sogar zu Bittgesuchen an Napoleon, das Großherzogtum Berg in das französische Staatsgebiet einzugliedern.

Der Zusammenbruch der napoleonischen Herrschaft Ende 1813 brachte das Ende der politischen und wirtschaftlichen Teilung des Niederrheingebiets. Mit der Errichtung von provisorischen Generalgouvernements und mit dem Einzug der preußischen Verwaltung wurden die Hemmnisse im Frühjahr 1814 beseitigt, indem die trennende Rheingrenze wegfiel. Von einer Barriere entwickelte sich der Fluss jetzt zur verbindenden Verkehrsader, und der gesamte Bereich des Niederrheins wurde nun nicht nur politisch geeint, sondern konnte sich auch zu einem einheitlichen Wirtschaftsgebiet entwickeln. Nur dadurch wurde der große ökonomische Aufschwung dieser Region im 19. Jahrhundert ermöglicht.

Literatur:
HEINZ-K. JUNK, Das Großherzogtum Berg. Zur Territorialgeschichte des Rheinlandes und Westfalens in napoleonischer Zeit, in: Westfälische Forschungen, Bd. 33, 1983, S. 29–83; DERS., Grundzüge der Territorialentwicklung des Großherzogtums Berg (1806–1813), in: Burkhard Dietz (Hg.), Das Großherzogtum Berg als napoleonischer Modellstaat. Eine regionalgeschichtliche Zwischenbilanz, Köln 1995; GERHARD HUCK und JÜRGEN REULECKE (Hg.), ... und reges Leben ist überall sichtbar. Reisen im Bergischen Land. Neustadt/Aisch 1978.

Karte 53: Staatsgebiete am Niederrhein 1811

54. Das Rhein-Departement 1813

Grundsätzlich richtete sich die Verwaltungseinteilung auch im rechtsrheinischen Bereich nach französischem Muster. Durch die territorialen Veränderungen, denen das Großherzogtum Berg seit 1806 unterworfen war, erfolgte sie jedoch in unterschiedlichen Stufen. Die Karte gibt den Stand von 1813 wieder und berücksichtigt daher nicht die 1810 an das Königreich Holland abgetretenen und dann ins Kaiserreich Frankreich integrierten Gebiete nördlich der Lippe.

Bereits 1806, kurz nach der Angliederung der rechtsrheinischen Teile des Herzogtums Kleve an das Herzogtum Berg, wurde eine neue vorläufige Verwaltungseinteilung in sechs Distrikte vorgenommen, im klevischen Gebiet in die Bezirke Wesel und Duisburg, im bergischen in die Bezirke Düsseldorf, Elberfeld, Mülheim/Rhein und Siegburg. Essen und Werden wurden zum Distrikt Duisburg, die kleine Herrschaft Styrum zum Distrikt Düsseldorf und Elten zum Distrikt Wesel gerechnet. Nach der Abtretung von Stadt und Festung Wesel an Frankreich im Jahre 1808 wurde der Distrikt Wesel in ‚Distrikt Emmerich' umbenannt. Erst in den Jahren 1808/09 wurde diese Verwaltungs-Regelung jedoch überall praktisch durchgesetzt. 1809 bestanden im niederrheinischen Bereich des Großherzogtums Berg dann folgende Arrondissements unter der Leitung eines Unterpräfekten: Essen (mit den Kantonen Essen, Emmerich, Rees, Ringenberg, Dinslaken, Duisburg und Werden); Düsseldorf, das zugleich Hauptstadt des Großherzogtums Berg war (mit den Kantonen Düsseldorf, Ratingen, Velbert, Mettmann, Richrath und Opladen); Elberfeld (mit den Kantonen Elberfeld, Barmen, Ronsdorf, Lennep, Solingen, Wermelskirchen und Wipperfürth); Mülheim/Rhein (mit den Kantonen Mülheim/Rhein, Bensberg, Siegburg, Hennef und Königswinter). Jeder Kanton – mit Ausnahme von Düsseldorf – bestand aus mehreren Munizipalitäten (Mairien).

Nach der Annektion des Gebiets nördlich der Lippe durch Frankreich im Jahre 1810 wurde das Großherzogtum Berg neu gegliedert. Der Niederrhein gehörte fortan zum Rhein-Departement, an das sich östlich das Ruhr- und das Sieg-Departement anschlossen. Die Gliederung des Rhein-Departements in Arrondissements ist in der Karte mit dem Stand des Jahres 1813 dargestellt, also kurz vor dem Ende der napoleonischen Herrschaft am Niederrhein. Es fällt auf, dass mit dem Gebiet des ehemaligen Vests Recklinghausen nun auch westfälisches Territorium in das Rhein-Departement eingegliedert worden war. Die Arrondissements waren weiterhin Düsseldorf, Essen, Elberfeld und Mülheim/Rhein, die Zahl und Einteilung der Kantone, deren Hauptorte auf der Karte verzeichnet sind, hatten sich aber verändert. Zu Essen gehörten die Kantone Essen, Werden, Dinslaken, Dorsten, Recklinghausen und Duisburg; zur Departement-Hauptstadt Düsseldorf die Kantone Düsseldorf, Ratingen, Velbert, Mettmann, Richrath und Opladen; zu Elberfeld die Kantone Elberfeld, Barmen, Ronsdorf, Lennep, Solingen, Wermelskirchen und Wipperfürth; zu Mülheim/Rhein die Kantone Mülheim/Rhein, Bensberg, Lindlar, Siegburg, Hennef und Königswinter.

Auch das Gebiet nördlich der Lippe war nach diesem Schema eingeteilt. Zum Niederrhein gehörte, als Teil des französischen Lippe-Departements, das Arrondissement Rees.

Literatur:
HEINZ-K. JUNK, Das Großherzogtum Berg. Zur Territorialgeschichte des Rheinlandes und Westfalens in napoleonischer Zeit, in: Westfälische Forschungen, Bd. 33, 1983, S. 29–83; DERS., Grundzüge der Territorialentwicklung des Großherzogtums Berg (1806–1813), in: Burkhard Dietz (Hg.), Das Großherzogtum Berg als napoleonischer Modellstaat. Eine regionalgeschichtliche Zwischenbilanz, Köln 1995; HANS-GEORG KRAUME, ‚Frei leben oder sterben' – in Duisburg?, in: Frei leben oder sterben. Die Französische Revolution und ihre Widerspiegelung am Niederrhein. Begleitschrift zur Ausstellung, Duisburg 1989, S. 37–69.

Karte 54: Das Rhein-Departement 1813

55. Die Rheinlande nach 1815

Nach dem Zusammenbruch der französischen Herrschaft Ende 1813 ging die Initiative des politischen Handelns am gesamten Niederrhein an Preußen über, das durch den Wiener Kongress territorial gesehen das gesamte Rheinland (wie auch Westfalen) zugesprochen bekam. Das heißt, Preußen gewann nicht nur die bereits 1794 in seinem Besitz befindlichen Territorien (Herzogtum Kleve, Fürstentum Moers und Herzogtum Geldern) sowie die in der napoleonischen Ära gewonnenen Gebiete (Essen, Werden, Elten, Teile des Fürstbistums Münster) zurück. Vielmehr trat es das Erbe aller anderen rheinischen Territorialherren an, indem es auch die ehemals kurkölnischen und bergisch-jülichschen Besitzungen sowie die ehemaligen Kleinherrschaften am Niederrhein übernahm. Es ist bekannt, dass der preußische König diese ‚Wacht am Rhein' weder angestrebt noch ohne Bedenken angenommen hat, doch Preußen war die einzige Macht, die ein ausreichendes Gegengewicht gegen mögliche neue französische Ansprüche garantieren konnte.

Bereits im März 1814 wurde als provisorische Verwaltungseinheit das ‚Generalgouvernement Niederrhein' eingerichtet, das vom ‚Generalgouvernement Nieder- und Mittelrhein' abgelöst wurde. 1815 wurden dann aus den rheinischen Gebieten zunächst zwei Provinzen geschaffen. Die nördliche Provinz ‚Jülich–Kleve–Berg' knüpfte in ihrer Namensgebung noch an die alten und vorrevolutionären Territorien an. Sie hatte ihren Sitz (Oberpräsidium) in Köln und bestand aus den Regierungsbezirken Düsseldorf, Kleve und Köln. Der Regierungsbezirk Kleve wurde allerdings aus Ersparnisgründen bereits 1821 wieder aufgelöst und dem Regierungsbezirk Düsseldorf zugeschlagen. Die erheblich größere südliche Provinz, die ‚Provinz Niederrhein', hatte ihren Sitz in Koblenz und umfasste die Regierungsbezirke Koblenz, Aachen und Trier. Nach unserem heutigen Verständnis des Begriffes *Niederrhein* ist es äußerst befremdlich, dass gerade die südliche Provinz ‚Provinz Niederrhein' hieß, und die Tatsache, dass sie bis nach Saarbrücken reichte, lässt ihre Bezeichnung unangemessen erscheinen. Doch diese Einteilung und Namensgebung hatte ohnehin keinen Bestand. Denn 1822 wurden beide Oberpräsidialbezirke zu einer gemeinsamen Provinz vereinigt, für die sich ab 1830 der Name ‚Rheinprovinz' einbürgerte. Verwaltungszentrum der neuen Provinz und damit Sitz des Oberpräsidenten wurde Koblenz. Die Rheinprovinz wurde erst nach dem Zweiten Weltkrieg endgültig aufgelöst und ging in den Bundesländern Nordrhein-Westfalen und Rheinland-Pfalz auf.

Neben den umfangreichen Gebietsgewinnen musste Preußen 1815 allerdings auch eine territoriale Einbuße am Niederrhein hinnehmen. Laut Beschluss des Wiener Kongresses fielen die westlich der Maas gelegenen Teile des ehemaligen ‚Herzogtums Geldern preußischen Anteils' sowie ein schmaler Streifen östlich der Maas (im Abstand der ‚Kanonenschusslinie') an das neugegründete Königreich der Niederlande (vgl. Karte ‚Geldern nach 1815'). Außerdem verlor Preußen die ehemaligen klevischen Exklaven sowie kleinere Grenzgebiete nördlich und westlich von Elten an die Niederlande (vgl. Karte ‚Grenzveränderungen bei Elten und Zyfflich 1816 und 1949–1963').

Literatur:
Heinz-K. Junk, Das Großherzogtum Berg. Zur Territorialgeschichte des Rheinlandes und Westfalens in napoleonischer Zeit, in: Westfälische Forschungen, Bd. 33, 1983, S. 29–83; Gregor Hövelmann, Die Preußische Verwaltungsorganisation am linken Niederrhein bis zum Ende des Regierungsbezirks Kleve, in: Meinhard Pohl (Hg.), Raumordnung am Niederrhein. Kreisreformen seit 1816, Wesel 1975, S. 15–22; Meinhard Pohl, Heimatbewußtsein und politische Raumordnung am unteren Niederrhein 1753–1975, in: Dieter Geuenich (Hg.), Der Kulturraum Niederrhein, Bd. 2: Im 19. und 20. Jahrhundert, Bottrop und Essen 1997, S. 69–86.

Karte 55: Die Rheinlande nach 1815

56. Grenzveränderungen bei Elten und Zyfflich 1816 und 1949–1963

Die heutige deutsch-niederländische Grenze wurde durch den Wiener Kongress festgelegt. Dabei erfolgten die wichtigsten Änderungen entlang der Maas. Doch auch das Gebiet bei Elten, das in der französischen Zeit bereits verwaltungsmäßig umstrukturiert worden war, wurde 1816 neu abgesteckt. Dabei wurden die klevischen Exklaven sowie zwei Randgebiete westlich von Elten dem neuentstandenen Königreich der Niederlande zuerkannt und in die niederländische Provinz Gelderland eingegliedert: die Ämter Huissen (mit Malburgen unweit von Arnheim), Lymers (mit Zevenaar) und Lobith sowie die Unterherrschaft Wehl, die winzige nördlich der Waal gelegene Herrschaft Hulhuizen und der Bereich von Kekerdom und Leuth südlich der Waal im Amt Düffel. Sie hatten über Jahrhunderte den Grenzbereich zwischen den Herzogtümern Kleve und Geldern zersplittert und unübersichtlich gemacht. Gleichzeitig ging niederländisches Territorium an Preußen über: die Exklave Schenkenschanz, die durch die Rheinverlagerung seit 1719 ihre strategische Bedeutung verloren hatte, sowie die Bauernschaften Borghees, Speelberg, Leegmeer und Klein-Netterden nördlich von Emmerich. Südwestlich des ehemaligen Reichsstifts Elten, das 1802 durch die Säkularisation an Preußen gefallen war, folgte die Grenze ab 1816 über 8 km dem Rheinlauf. Dadurch entstand zwischen deutschem Gebiet die ‚Lobither Einbuchtung', und gleichzeitig wurde der Bereich von Elten zu einem Sporn, der in niederländisches Gebiet hineinragt.

Dieser seit 1816 bestehende ‚Eltener Zipfel' wurde nach dem Zweiten Weltkrieg zum Streitobjekt. Die Niederlande verlangten als Reparationsleistung sogenannte Grenzkorrekturen, d.h. den Übergang von deutschen Grenzgebieten in holländischen Besitz. Die Konferenz von Paris, an der Deutschland nicht beteiligt war, erfüllte zwar nicht die Maximalforderungen der Niederlande von insgesamt 1840 qkm mit 160.000 Einwohnern, gestand ihnen jedoch im März 1949 insgesamt 70 qkm mit ca. 10.000 Einwohnern zu, im Wesentlichen die Gebiete von Elten und von Tuddern im Selfkant (westlich von Heinsberg/Geilenkirchen) sowie kleine Areale ohne Ortschaften bei Zyfflich und Wyler sowie bei Suderwick. Am 23. April 1949 ging das Gebiet von Elten bis zum Flüsschen Wild unter deutschem Protest und gegen den Willen der ansässigen Bevölkerung in die Hand der Niederlande über. Dadurch verkürzte sich die Grenze in diesem Bereich von 20 auf 3 km. Staatsrechtlich wurde Elten jedoch nicht niederländisches Territorium, sondern stand nur unter vorläufiger Auftragsverwaltung. Die deutschen Bewohner wurden daher keine niederländischen Staatsbürger, erhielten jedoch niederländische Pässe mit dem Vermerk ihres Sonderstatus. Dieser bedingte z.B., dass sie kein Wahlrecht besaßen, weder in Holland noch – trotz ihrer deutschen Nationalität – in Deutschland.

Die Bevölkerung arrangierte sich bald mit den Gegebenheiten, zumal die niederländischen Behörden meist behutsam vorgingen. Wirtschaftlich profitierten die Eltener sogar, besonders durch die Verbesserung der Infrastruktur, aber auch durch den holländischen Fremdenverkehr, für den der Eltenberg eine Attraktion darstellte, und durch den deutschen Einkaufstourismus. Der Vertrag vom 8.4.1960 zwischen der Bundesrepublik und den Niederlanden ermöglichte die Rückgabe der von den Niederlanden besetzten Gebiete an Deutschland, die bis auf geringfügige Ausnahmen (Wylerberg und das Vorfeld des Querdamms bei Zyfflich sowie zwei kleine Waldstücke östlich von Elten) am 1. August 1963 erfolgte.

Literatur:
EMILE SMIT, *De oude Kleefse enclaves en hun overgang naar Gelderland 1795–1817*, Zutphen 1975; WALTER AXMACHER, Elten. Die letzten 100 Jahre. 1897–1997 (= Emmericher Forschungen, Bd. 15), 2. Aufl., Emmerich 1998; GERD LAMERS, Die Geschichte Kranenburgs und seines Umlandes, in: Kranenburg. Ein Heimatbuch, Kranenburg 1984, S. 9–76.

Karte 56: Grenzveränderungen bei Elten und Zyfflich 1816 und 1949–1963

57. Geldern nach 1815

Nach den Teilungen des 16./17. und frühen 18. Jahrhunderts und der politischen Neugliederung zur Zeit der französischen Herrschaft erfolgte auf dem Wiener Kongress die endgültige Auflösung des ehemaligen Herzogtums Geldern. Preußisch Geldern in den Grenzen von 1713 wurde nicht wieder errichtet. Vielmehr musste Preußen sämtliche Gebiete westlich der Maas und einen schmalen Streifen östlich des Flusses an das Königreich der Vereinigten Niederlande abtreten. Die Grenzziehung des östlich der Maas gelegenen Streifens erfolgte im Abstand der Reichweite eines Kanonenschusses; er umfasste mit Gennep und Mook auch klevisches Gebiet sowie die geldrische Exklave Middelaar. Diese von Preußen 1815 abgetretenen Gebiete gehören seitdem zur Provinz Limburg, wurden also nicht der niederländischen Provinz Gelderland zugeschlagen, die weitgehend aus den drei ehemaligen geldrischen Niederquartieren Nimwegen, Arnheim und Zutphen besteht.

Die durch den Wiener Kongress festgelegte ‚Kanonenschusslinie' bildet noch heute die Grenze zwischen der Bundesrepublik Deutschland und den Niederlanden. Sie zerschnitt ein historisch gewachsenes und zusammengehörendes Gebiet und trennte Menschen, die nach Volkstum, Kultur und Sprache gleich waren. Die Auseinanderentwicklung der ehemals einheitlichen geldrischen Bevölkerung und der Verlust des alten Zusammengehörigkeitsgefühls erfolgte zunehmend durch die nationalstaatliche Orientierung auf beiden Seiten der Grenze im Verlauf des 19. Jahrhunderts. Es ist auch eine Folge dieser Teilung, dass der Begriff ‚Geldern' nicht mehr die Bezeichnung für das Gebiet ist, das dem Gesamtterritorium im Mittelalter den Namen gab, der Bereich um die Stadt Geldern. Das Gebiet des ehemaligen geldrischen Oberquartiers (im Gegensatz zu den weiter nördlich liegenden drei Niederquartieren Nimwegen, Arnheim und Zutphen) wird heute weder auf deutscher noch auf niederländischer Seite als ‚Geldern' bezeichnet. Der deutsche Teil wird jetzt dem Niederrhein zugerechnet, obwohl er geographisch eher zur Maasregion gehört. Selbst verwaltungsmäßig bildet er keine eigene Einheit mehr, seitdem Ende 1974 im Zuge der allgemeinen Kreisneugliederung der Kreis Geldern aufgelöst und in den neuen Kreis Kleve einbezogen wurde. Der niederländische Teil des Oberquartiers trägt ebenfalls nicht mehr den Namen ‚Geldern', sondern gehört zur Provinz Limburg. ‚Geldern' als verwaltungsmäßige und politische Einheit beschränkt sich inzwischen ausschließlich auf die drei ehemaligen Niederquartiere, die heutige niederländische Provinz Gelderland.

Als Preußen nach 1815 die Herrschaft über die gesamten Rheinlande antrat, fasste es die ehemalige territoriale Vielfalt in der Rheinprovinz zusammen. So wie Frankreich die Departements in Arrondissements, Kantone und Municipalitäten unterteilt hatte, nahm auch Preußen eine neue Verwaltungsgliederung vor. Die in ganz Preußen eingeführte Einteilung in Regierungsbezirke, Kreise und Bürgermeistereien berücksichtigte im Rheinland teilweise die während der französischen Herrschaft erfolgten Neuerungen, war jedoch mehreren Änderungen unterworfen. 1816 wurde zunächst der Kreis Geldern geschaffen, der nicht identisch war mit dem Preußen verbliebenen Rest von Geldern. Die geldrischen Bürgermeistereien Schaephuysen und Rheurdt mit Rayen kamen zum Kreis Rheinberg, Tönisberg sowie Lobberich und Grefrath zum Kreis Kempen, Viersen zum Kreis Gladbach. Dafür wurde der Kreis Geldern durch die zuvor klevischen Bürgermeistereien Weeze und Kervenheim sowie das ehemals kurkölnische Issum vergrößert. In dieser Form bestand der Kreis Geldern bis 1823; von 1823 bis 1857 bildete er durch Zusammenlegung mit dem ebenfalls 1816 geschaffenen Kreis Rheinberg den Großkreis Geldern.

Literatur:
GREGOR HÖVELMANN, Geschichte des Kreises Geldern. Eine Skizze, Erster Teil: 1816–1866, Geldern 1974.

Karte 57: Geldern nach 1815

58. Kreise und kreisfreie Städte am Niederrhein 1825

Bereits während der fast 20-jährigen französischen Herrschaft war die Verwaltung am Niederrhein nach modernen Gesichtspunkten geordnet worden. Nach dem Ende der napoleonischen Zeit und mit dem Übergang des gesamten Rheinlandes an Preußen erfolgte eine weitere verwaltungsmäßige Neugliederung. Dabei orientierten sich die preußischen Behörden nicht an der vorrevolutionären Zeit, sondern zogen die Verwaltungsgrenzen weitgehend ohne Rücksicht auf die alten historisch gewachsenen und teilweise bis ins Mittelalter zurückgehenden Territorialgrenzen. Die auf diese Weise geschaffenen neuen Verwaltungseinheiten differierten zwar immer noch in Bezug auf ihre Größe, Bevölkerungszahl und Wirtschaftskraft, aber im Vergleich zum alten Territorialprinzip war das Bemühen erkennbar, ein annähernd ausgeglichenes Verhältnis zu schaffen.

In ganz Preußen wurde dasselbe Prinzip zugrunde gelegt. Die Einteilung, deren Prinzip großenteils bis auf den heutigen Tag fortbesteht, erfolgte in Provinzen, Regierungsbezirke, Kreise und Kommunen. In Einzelheiten war diese Neugliederung in der Folgezeit jedoch einem steten Wandel unterworfen. Bedeutsam war für den Niederrhein besonders, dass der 1816 geschaffene Regierungsbezirk Kleve aus Kostengründen bereits 1821 wieder aufgelöst wurde; seine sechs Kreise (Dinslaken, Geldern, Kempen, Kleve, Rees, Rheinberg) fielen an den Regierungsbezirk Düsseldorf, der zuvor aus neun Kreisen (Düsseldorf, Elberfeld, Essen, Gladbach, Grevenbroich, Krefeld, Lennep, Neuss, Solingen) bestanden hatte. Durch die Auflösung des Regierungsbezirks Kleve verlor der untere Niederrhein endgültig sein eigenes verwaltungsmäßiges Gewicht, das er jahrhundertelang durch die Herzogtümer Kleve und Geldern besessen hatte.

Auch auf Kreisebene erfolgten Änderungen. Die Kreise Geldern und Rheinberg wurden 1823 zum Großkreis Geldern zusammengelegt, 1857 aber wieder getrennt. Dabei wurde das Gebiet des ehemaligen Kreises Rheinberg durch die Bürgermeisterei Friemersheim ergänzt und zum Kreis Moers mit Sitz in Moers umgewandelt. Auf der rechten Rheinseite erfolgten Änderungen ebenfalls schon kurz nach der Einführung des neuen Gliederungsschemas. Der 1816 geschaffene Keis Dinslaken wurde bereits 1823 wieder aufgelöst; seine nördlich der Lippe gelegene Bürgermeisterei Schermbeck kam zum Kreis Rees, der Rest des Kreises, der südlich der Lippe lag, wurde in den neu gebildeten Kreis Duisburg eingebracht. Da 1823 auch noch der 1816 gebildete Kreis Essen zum Kreis Duisburg geschlagen wurde, umfasste der Kreis Duisburg vorübergehend den gesamten rechtsrheinischen Niederrhein zwischen Ruhr und Lippe. Diese große Ausdehnung war bei der besonders durch den Bergbau hervorgerufenen industriellen Entwicklung nicht praktikabel, sodass sie bereits wenige Jahrzehnte später wieder durch eine größere Feingliederung abgelöst wurde. 1859 wurde der Kreis Essen neu gegründet, aus dem 1873 allerdings die Stadt Essen ausgekreist wurde. 1874 wurde auch die Stadt Duisburg kreisfrei, und aus dem restlichen Kreisgebiet entstand der Kreis Mülheim an der Ruhr. Auch außerhalb des Kohlereviers begann die Verwaltungsgliederung den neuen Schwerpunkten Rechnung zu tragen, die durch die Industrialisierung entstanden waren: 1861 wurden Elberfeld und Barmen, 1872 Düsseldorf und Krefeld kreisfrei.

Literatur:
GÜNTER LÖFFLER, Verwaltungsgliederung 1820–1980. Landkreise und kreisfreie Städte (= Geschichtlicher Atlas der Rheinlande, Karte und Beiheft V/2), Köln 1982; Verwaltungsgrenzen in der Bundesrepublik Deutschland seit Beginn des 19. Jahrhunderts (= Veröffentlichungen der Akademie für Raumforschung und Landesplanung, Forschungs- und Sitzungsberichte 110), Hannover 1977; RÜDIGER SCHÜTZ, Rheinland (= Grundriß zur deutschen Verwaltungsgeschichte 1815–1945, Reihe A: Preußen, hg. von Walther Hubatsch, Bd. 7), Marburg 1978; MEINHARD POHL (Hg.), Raumordnung am Niederrhein. Kreisreformen seit 1816, Wesel 1985.

Karte 58: Kreise und kreisfreie Städte am Niederrhein 1825

59. Lutherische und reformierte Gemeinden am Niederrhein vor der Preußischen Union 1817

Seit der Mitte des 16. Jahrhunderts war das Niederrheingebiet konfessionell gespalten. Neben der Trennung in Katholizismus und Protestantismus gab es auch im Protestantismus noch unterschiedliche Richtungen. Durch niederländische Einflüsse hatte am Niederrhein frühzeitig der Calvinismus Fuß gefasst und sich in den folgenden Jahrzehnten ständig ausgebreitet, begünstigt durch die verhältnismäßig tolerante religionspolitische Haltung Wilhelms des Reichen (1539–1592). Er bot niederländischen Glaubensflüchtlingen in den Vereinigten Herzogtümern Schutz vor den religiösen Verfolgungen in ihrer von Spanien regierten Heimat (vgl. Karte ‚Niederländische Exulanten am Niederrhein im 16. Jahrhundert'). In einigen niederrheinischen Orten, besonders in Wesel, führte der Einfluss dieser Niederländer dazu, dass lutherische Gemeinden zur reformierten (d.h. calvinistischen) Glaubensform übergingen. So war zu Beginn des 17. Jahrhunderts – bei immer noch vorherrschender Dominanz des Katholizismus – der Calvinismus am Niederrhein stärker verbreitet als das Luthertum (vgl. Karte ‚Konfessionen am Niederrhein um 1610').

Diese Entwicklung war um so bemerkenswerter, als die reformierte Konfession – im Gegensatz zum Luthertum – durch den Augsburger Religionsfrieden von 1555 noch nicht anerkannt worden war. Reichsrechtlich durften die Territorialherren trotz des Prinzips des *cuius regio, eius religio* den Calvinismus nicht einführen, bevor er 1648 im Westfälischen Frieden anerkannt wurde. Allerdings war dennoch der reformierte Glauben im Herzogtum Kleve bereits seit dem Übertritt des brandenburgischen Kurfürsten vom Luthertum zum Calvinismus (1613) stark begünstigt worden. Um die Mitte des 17. Jahrhunderts hatte der Calvinismus dann das Luthertum am Niederrhein so stark verdrängt, dass die Universität Duisburg 1654/55 vom Großen Kurfürsten als reformierte Landesuniversität errichtet wurde.

Bis zum Beginn des 19. Jahrhunderts bestand in Deutschland allgemein die Aufspaltung der evangelischen Kirche in eine lutherische und eine reformierte Form fort. Die Aufteilung war meist territorial bedingt; innerhalb eines Gebiets herrschte vielfach Einheitlichkeit. Dass am Niederrhein seit der Reformationszeit beide Formen nebeneinander bestanden (wenngleich auch die reformierten Gemeinden deutlich in der Überzahl waren), war eher eine Ausnahme. Erst durch die Überwindung der Kleinstaaterei in Deutschland nach der Französischen Revolution ergab sich das Problem, dass in vielen Territorien des Deutschen Bundes eine Diskrepanz zwischen staatlicher Einheit und kirchlicher Vielfalt auch im Bereich des evangelischen Glaubens bestand. Daher setzten verstärkt Einigungsbemühungen ein, die in der Aufklärung ihren Ursprung hatten.

Weitgehend auf Betreiben des preußischen Königs Friedrich Wilhelm III. und anlässlich des 300-jährigen Jahrestages der Reformation führten Bestrebungen zur Vereinigung der beiden großen evangelischen Glaubensrichtungen 1817 zur Gründung der sog. Preußischen Union, durch die im preußischen Staatsgebiet ein theologischer Ausgleich zwischen den Glaubensformen des Luthertums und des Calvinismus erreicht wurde. Wenngleich der Kompromiss sich auch erst allmählich durchsetzte, so bewirkte er auch am Niederrhein eine Überwindung der dort besonders ausgeprägten und historisch gewachsenen Vielfalt innerhalb der evangelischen Kirche. Nur im Bergischen Land haben sich bis heute Reste der alten Strukturen erhalten.

Literatur:
Karte der Evangelischen Kirche im Rheinland, hg. vom Landeskirchenarchiv Düsseldorf, Düsseldorf 1955; J.F. GERHARD GOETERS und RUDOLF MAU (Hg.), Die Geschichte der Evangelischen Kirche der Union, Bd. 1: Die Anfänge der Union unter landesherrlichem Kirchenregiment (1817–1850), Leipzig 1992.

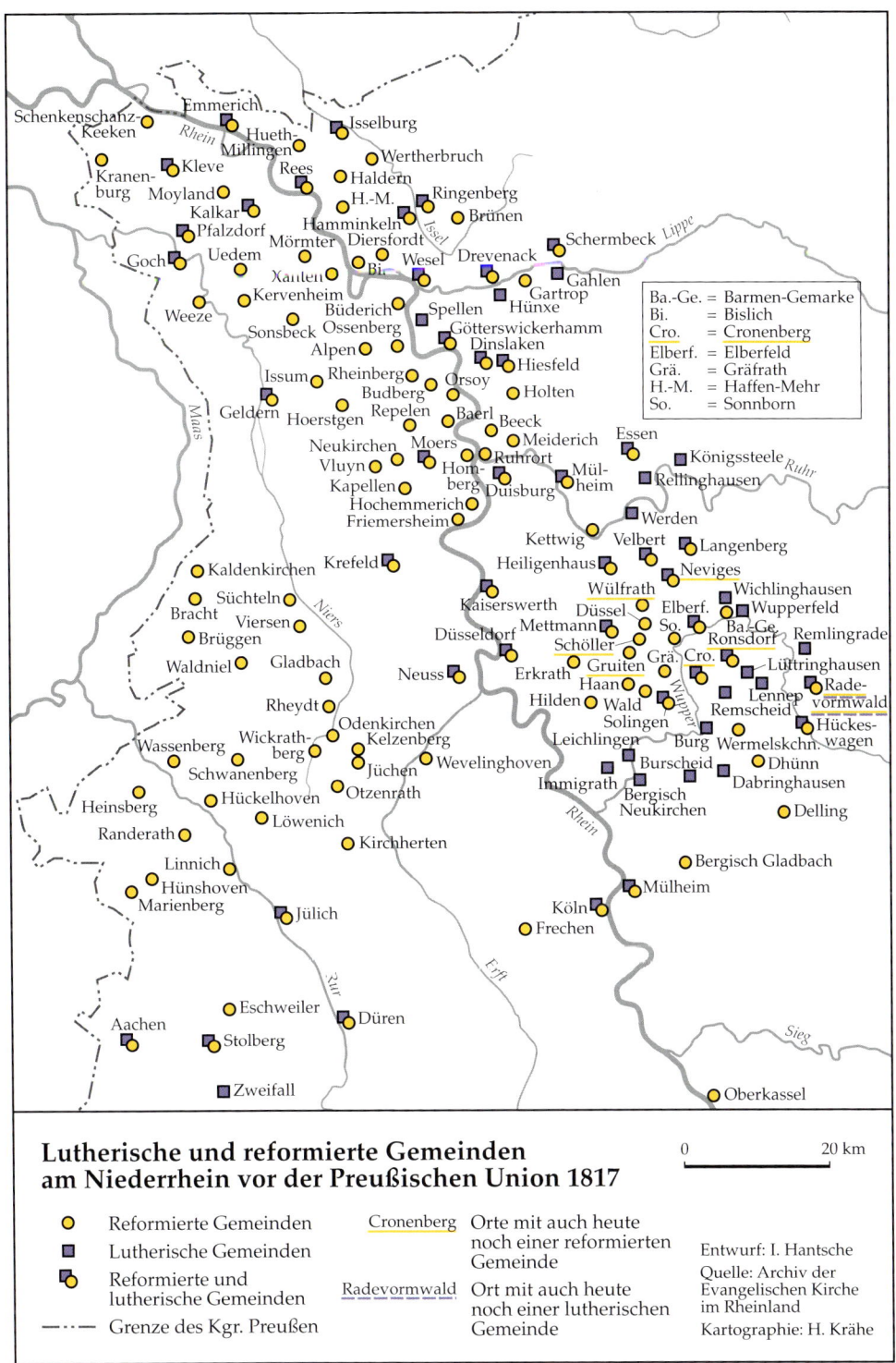

Karte 59: Lutherische und reformierte Gemeinden am Niederrhein vor der Preußischen Union 1817

60. Katholische Diözesen am Niederrhein 1821

Die Französische Revolution brachte nicht nur durch die Herrschafts- und Besitzsäkularisation schwerwiegende Einschnitte für die Katholische Kirche am Niederrhein, sondern bewirkte auch grundlegende Änderungen in ihrer Organisationsstruktur. Die in Frankreich erfolgende Neuordnung der Bistümer erstreckte sich auch auf die linksrheinischen Gebiete, die seit 1801 Teil des französischen Staates waren. So verlor das Erzbistum Köln auf Druck des napoleonischen Regimes 1802 sämtliche nun zu Frankreich gehörenden Gebiete westlich des Rheins. Es wurde hier gemäß dem zwischen Frankreich und dem Papst 1801 geschlossenen Konkordat, das dem Staat eine weitgehende Verfügungsgewalt über die Kirche zubilligte, durch das neu geschaffene Bistum Aachen ersetzt. Dieses umfasste alle ehemals deutschen linksrheinischen Territorien von der Nahe bis zur niederländischen Grenze und wurde dem Metropolitanverband von Mechelen zugeordnet.

Nach dem Ende der napoleonischen Herrschaft regelte der Wiener Kongress nur die politische Neuordnung, die zukünftige kirchliche Organisation hingegen überließ er den Einzelstaaten. So blieb es der Regierung des vorwiegend protestantischen Königreichs Preußen überlassen, für das mehrheitlich katholische Rheinland, das 1815 in seiner Gesamtheit an Preußen gefallen war, die neue kirchliche Einteilung mit dem Vatikan auszuhandeln. Durch eine Übereinkunft zwischen dem Heiligen Stuhl und dem preußischen Staat wurden 1821 die französischen Änderungen rückgängig gemacht, die vorangegangenen Verhältnisse jedoch nicht wiederhergestellt.

Eine Neugliederung der Bistumsstruktur bewirkte, dass das von den Franzosen geschaffene Bistum Aachen wieder aufgelöst und sein Gebiet im Bereich des Niederrheins auf das Erzbistum Köln und das Bistum Münster aufgeteilt wurde. Der Vatikan entsprach mit dieser Lösung einem Wunsch Preußens, den 1816 eingerichteten Regierungsbezirk Kleve – übrigens weitgehend gegen den Wunsch der Bevölkerung – nicht dem wiederhergestellten Erzbistum Köln, sondern dem Bistum Münster einzufügen. Damit griff das Bistum Münster erstmals über den Rhein hinaus und grenzte nun nicht mehr an das Erzbistum Utrecht, sondern mit seinem linksrheinischen Bereich auch an das Bistum Roermond und im Bereich von Nimwegen auch an das Bistum 's-Hertogenbosch. Diese Neuordnung der Diözesanstruktur wurde auch nach der Wiederauflösung des Regierungsbezirks Kleve im Jahr 1821 beibehalten.

Eine wesentliche Neuregelung war, dass die Westgrenze der beiden Diözesen Münster und Köln identisch mit der 1815 im Wiener Kongress festgesetzten Staatsgrenze Preußens war und also wie diese einen Kanonenschuss östlich der Maas verlief. Das bedeutet, dass die niederländischen und deutschen Gebiete am Niederrhein nicht nur in politischer Hinsicht, sondern im Gegensatz zu den vorangegangenen Jahrhunderten (vgl. Karten ‚Kirchliche Organisation am Niederrhein um 1450' und ‚Katholische Diözesen am Niederrhein 1610') auch kirchlich voneinander getrennt wurden. Auch das Bistum Lüttich kehrte nicht mehr zur Kölner Kirchenprovinz zurück, sondern verblieb beim Erzbistum Mechelen, dem es – wie Aachen – bereits 1801/02 von den Franzosen unterstellt worden war. Die Karte betont diese Neugliederung aufgrund von politisch-nationalen Gesichtspunkten nach dem Wiener Kongress, indem in ihr ausschließlich die deutschen Bistümer farblich hervorgehoben sind.

Literatur:
Atlas zur Kirchengeschichte, hg. von Hubert Jedin, Kenneth Scott Latourette und Jochen Martin, bearb. von Jochen Martin, Freiburg 1970, S. 97 und 68*; REIMUND HAAS, Die Kirche am Niederrhein im 19. Jahrhundert. 1795–1848, in: Heinrich Janssen und Udo Grote (Hg.), Zwei Jahrtausende Geschichte der Kirche am Niederrhein, Münster 1998, S. 414–425.

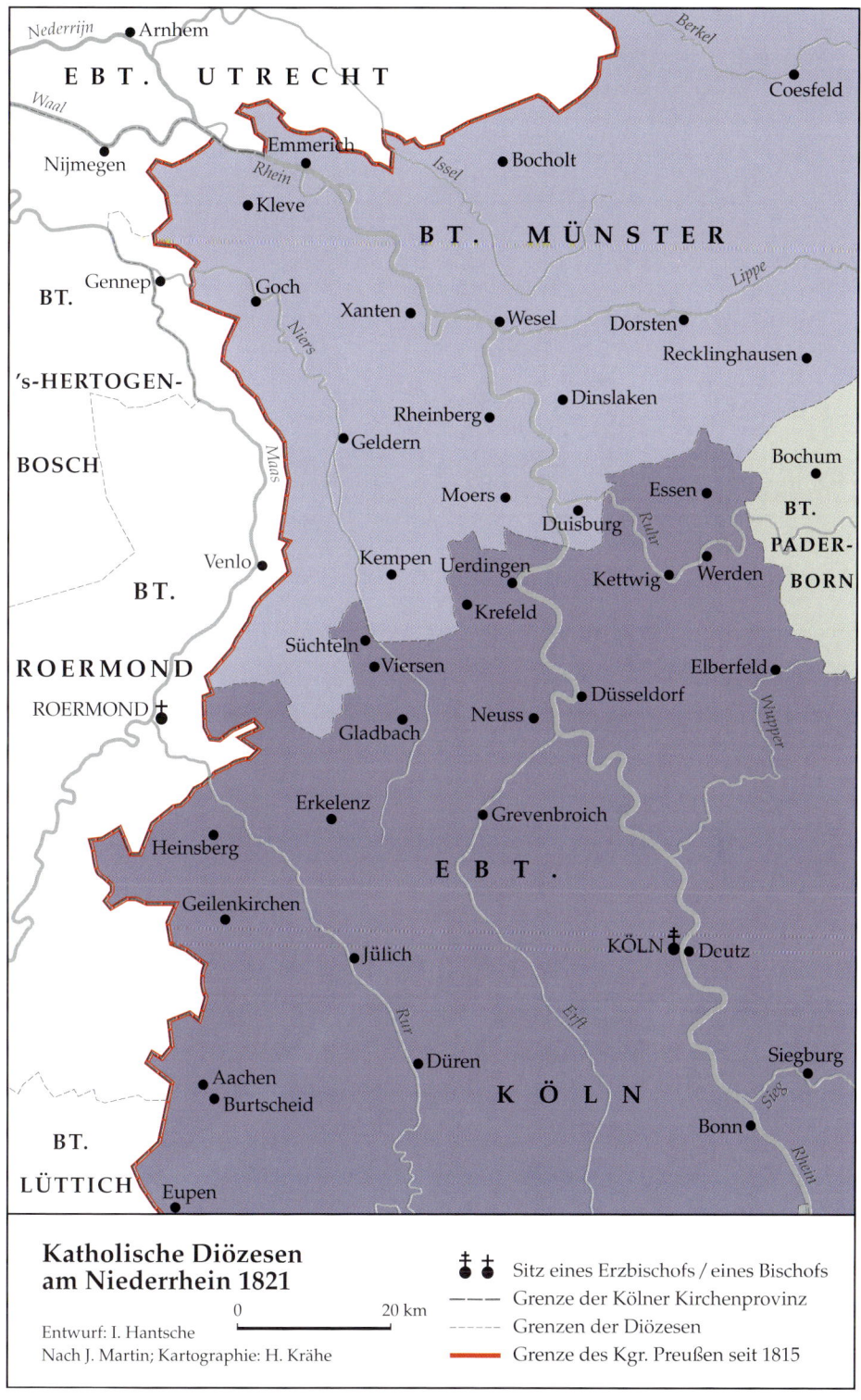

Karte 60: Katholische Diözesen am Niederrhein 1821

61. Konfessionsverteilung im Großkreis Geldern 1843

Der 1823 geschaffene Großkreis Geldern bestand nur 34 Jahre. Er setzte sich zusammen aus den 1816 gebildeten Kreisen Geldern und Rheinberg, die bereits 1857 wieder getrennt wurden, wobei der Kreis Rheinberg nicht wieder hergestellt, sondern sein ehemaliges Gebiet, ergänzt durch Friemersheim, zum Kreis Moers (mit Sitz in Moers) wurde. In konfessioneller Hinsicht ist jedoch gerade der Großkreis Geldern von besonderem Interesse. In ihm waren Gebiete zusammengefasst, die bis zur territorialen Neugliederung des linken Niederrheins durch die Franzosen (nach 1794) unterschiedlichen Territorien angehört und zum Teil sogar eigenständige territoriale Einheiten gebildet hatten: Neben dem Herzogtum Geldern preußischen Anteils (seit 1713) waren es vor allem das seit dem Mittelalter kurkölnische Amt Rheinberg und das seit 1702 preußische Fürstentum Moers (allerdings ohne seine Exklave Krefeld), aber auch die südlichen linksrheinischen Teile des ehemaligen Herzogtums Kleve. Doch nicht nur territorial gesehen, sondern auch in konfessioneller Hinsicht waren diese Gebiete seit dem 16. Jahrhundert unterschiedlich strukturiert.

Geldern war nicht von der Reformation erfasst worden und war infolge der ständischen Privilegien und der eindeutigen konfessionellen Ausrichtung seiner Bevölkerung auch unter preußischer Herrschaft fast ausschließlich katholisch geblieben. In Moers hingegen hatte sich unter den Grafen von Neuenahr im 16. Jahrhundert, dann unter oranischer Landeshoheit im 17. Jahrhundert die Reformation (meist reformierter Prägung) voll durchgesetzt. Kleve war zwar in seinen nördlichen linksrheinischen Gebieten überwiegend katholisch geblieben, im Rheinbogen von Orsoy jedoch hatte als Folge der verhältnismäßig liberalen Religionspolitik in den Vereinigten Herzogtümern schon im 16. Jahrhundert der Protestantismus an Boden gewonnen. Rheinberg, obwohl dem geistlichen Territorium des Kurfürstentums Köln zugehörig, war bereits seit dem 16. Jahrhundert konfessionell gemischt. Diese konfessionellen Unterschiede als Ergebnis der Religionspolitik der verschiedenen Landesherren bzw. als Ausfluss der regionalen Kräfteverhältnisse hielten sich fast unverändert bis in die Mitte des 19. Jahrhunderts. Selbst im 20. Jahrhundert sind sie vielfach noch zu erkennen, obwohl besonders in den von der Industrialisierung erfassten Gebieten größere Verschiebungen stattgefunden haben, vor allem als Folge des starken Bevölkerungswachstums, das weitgehend nicht durch Geburtenüberschuss, sondern durch Migration erfolgte (vgl. Karte ‚Konfessionsverteilung in den Kreisen am Niederrhein 1905' und ‚Konfessionsverteilung im Regierungsbezirk Düsseldorf 1970').

Die sehr unterschiedliche Verteilung von Katholiken und Protestanten, die aus der Karte eindeutig abzulesen ist, lässt noch die ehemalige territoriale Struktur durchschimmern. Dabei sticht das Gebiet des von 1816 bis 1823 und dann wieder ab 1857 bestehenden Kreises Geldern deutlich heraus, da seine Bevölkerung 1843 noch fast ausschließlich katholisch war. Dass die Bürgermeisterei Issum, deren Bewohner in der Mehrzahl Protestanten waren, das eindeutige Bild zu durchbrechen scheint, liegt daran, dass Issum zwar Bestandteil des Kreises Geldern war, historisch gesehen aber nicht zu Geldern gehörte, sondern zu Kurköln. Mit ihren ehemaligen territorialen Grenzen klar zu erkennen sind durch ihre eindeutige evangelische Dominanz auch das vormalige Fürstentum Moers und die kleine ehemals selbstständige Herrschaft Hoerstgen, die wie Moers bereits seit der Reformationszeit protestantisch war. Die Karte zeigt damit, dass das Prinzip des *cuius regio, eius religio* noch Auswirkungen zeigte, als es schon längst keine Gültigkeit mehr besaß.

Literatur:
Statistische Uebersichten der Verwaltung des Kreises Geldern im Jahre 1843, Wesel o.J. [1844]; GREGOR HÖVELMANN, Geschichte des Kreises Geldern, Erster Teil: 1816–1866, Geldern 1974.

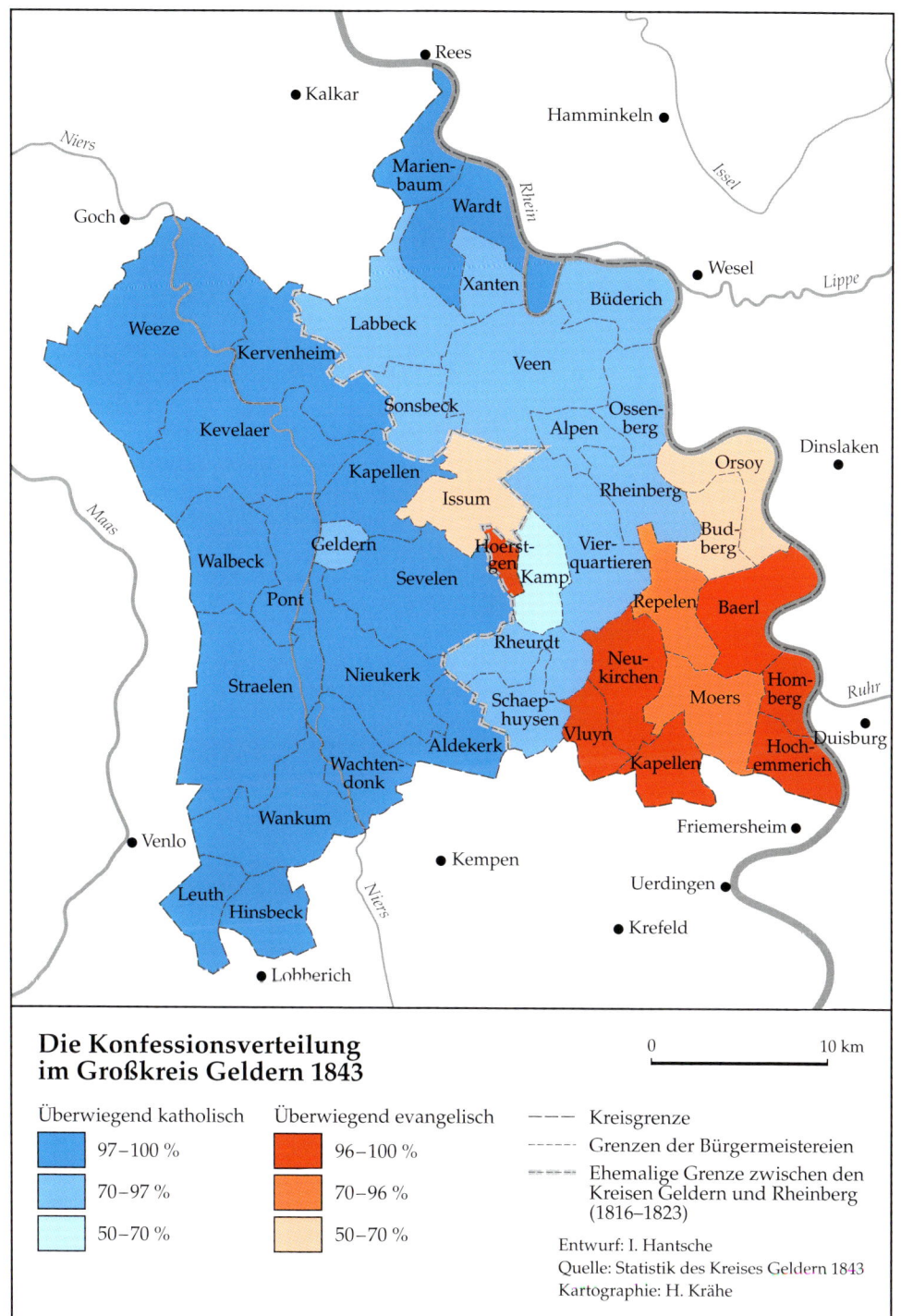

Karte 61: Konfessionsverteilung im Großkreis Geldern 1843

62. Eisenbahnen am Niederrhein bis zum Ersten Weltkrieg

Wie in Preußen allgemein wurde auch am Niederrhein das Eisenbahnnetz zunächst durch private Aktiengesellschaften auf- und ausgebaut. Der dadurch entstehende Wettbewerb um die besten, weil wirtschaftlich lukrativsten Streckenführungen bewirkte zum Teil Parallelstrecken, da die meisten Gesellschaften ihren Rivalen eine Nutzung ihrer eigenen Trasse nicht gestatteten. Die Verknüpfung der Strecken war anfangs selbst dann nicht immer gegeben, wenn die Linien ein und dieselbe Stadt berührten. So bezog sich die Konkurrenz auch auf die notwendigen Gebäude, die Folge waren nicht selten mehrere, nicht miteinander verbundene Bahnhöfe in einem Ort.

Folgende Bahngesellschaften waren von besonderer Bedeutung für den Niederrhein und bauten hier auch die ersten Strecken: die Düsseldorf-Elberfelder Eisenbahn, später Bergisch-Märkische Eisenbahn (Düsseldorf–Elberfeld 1838–1841); die Rheinische Eisenbahn (Köln–Aachen 1839–1841); die Köln-Mindener Eisenbahn (Köln–Düsseldorf 1845). Diese Linien waren Teil größerer Fernstrecken, deren Ausbau seit den 1850er-Jahren konsequent erfolgte. Die einzelnen Gesellschaften versuchten, durch Erweiterung ihres Netzes oder Aufkauf anderer Gesellschaften bestehende Lücken zu schließen und die Rentabilität zu steigern. Diese Expansion hatte nicht selten finanzielle Schwierigkeiten zur Folge. Die vom Preußischen Staat gewährten Hilfen führten zunächst zu staatlicher Verwaltung, so bereits 1850 bei der Bergisch-Märkischen Eisenbahn, letztlich zu einer völligen Verstaatlichung der Streckennetze (1879 Köln-Mindener Eisenbahn, 1880 Rheinische Eisenbahn, 1882 Bergisch-Märkische Eisenbahn) und damit auch zu einer Beendigung des Konkurrenzkampfes. Nicht verstaatlicht wurde die 1878 eröffnete Nordbrabant-Deutsche Eisenbahn (Boxteler Bahn), die vor allem dem Verkehr von England nach Deutschland, Österreich, Skandinavien und Russland diente und damit bis zum Ersten Weltkrieg internationale Bedeutung besaß. 1922 musste sie Konkurs anmelden, ihr Streckennetz sank auf den Rang einer Lokalbahn ab. Mit der Sprengung der 1875 in Betrieb genommenen Rheinbrücke bei Wesel durch deutsche Truppen im Jahre 1945 verlor sie endgültig ihre Bedeutung und wurde – wie auch andere Strecken am Niederrhein – in den Nachkriegsjahren stillgelegt.

Die Rheinüberquerung bildete ein besonderes Hindernis für den Fernverkehr. Sie wurde zunächst mit Hilfe von Trajekten bewältigt, bei denen die Waggons über schiefe Ebenen auf Fährschiffe fuhren. Im Bereich des Niederrheins gab es insgesamt vier Trajekte: Ruhrort–Homberg (Bergisch-Märkische Eisenbahn) 1852; (Elten-)Welle–Spyck (Rheinische Eisenbahn) 1865, das neben der Verbindung zwischen dem linken und dem rechten Niederrhein auch den Anschluss an das niederländische Eisenbahnnetz ermöglichte; (Duisburg-)Hochfeld–Rheinhausen (Rheinische Eisenbahn) 1867, das 1873 durch eine Brücke abgelöst wurde; Bonn–Oberkassel (Rheinische Eisenbahn) 1870. Beim Trajekt Ruhrort–Homberg wurden die Wagen ab 1856 nicht mehr über schiefe Ebenen, sondern senkrecht mit Hilfe von hydraulisch betriebenen Hebetürmen auf die Schiffe befördert. Der Homberger Hebeturm ist bis heute als Industriedenkmal erhalten. Die erste Eisenbahnbrücke war bereits 1859 in Köln eröffnet worden (Köln-Mindener Eisenbahn); sie war zugleich die erste feste Brücke über den Rhein nördlich von Basel seit der Römerzeit.

Literatur:
Christian Hübschen und Helga Kreft-Kettermann, Entwicklung des Eisenbahnnetzes bis 1935/39 (= Geschichtlicher Atlas der Rheinlande, Karte und Beiheft VII/5), Köln 1996; Friedhelm Stöters, Rheinische Eisenbahn. Vom Niederrhein ins Ruhrgebiet, Bühl 1988; Hans-Paul Höpfner, Eisenbahnen. Ihre Geschichte am Niederrhein, Duisburg 1986; Ernst Werner, Die Ruhrort-Homberger Rhein-Trajektanstalt, in: Duisburger Forschungen, Bd. 14, 1970, S. 58–71; Dieter Roos, Die Trajektlinie Zevenaar–Elten–Welle–Spyck–Griethausen–Kleve, Emmerich 1983.

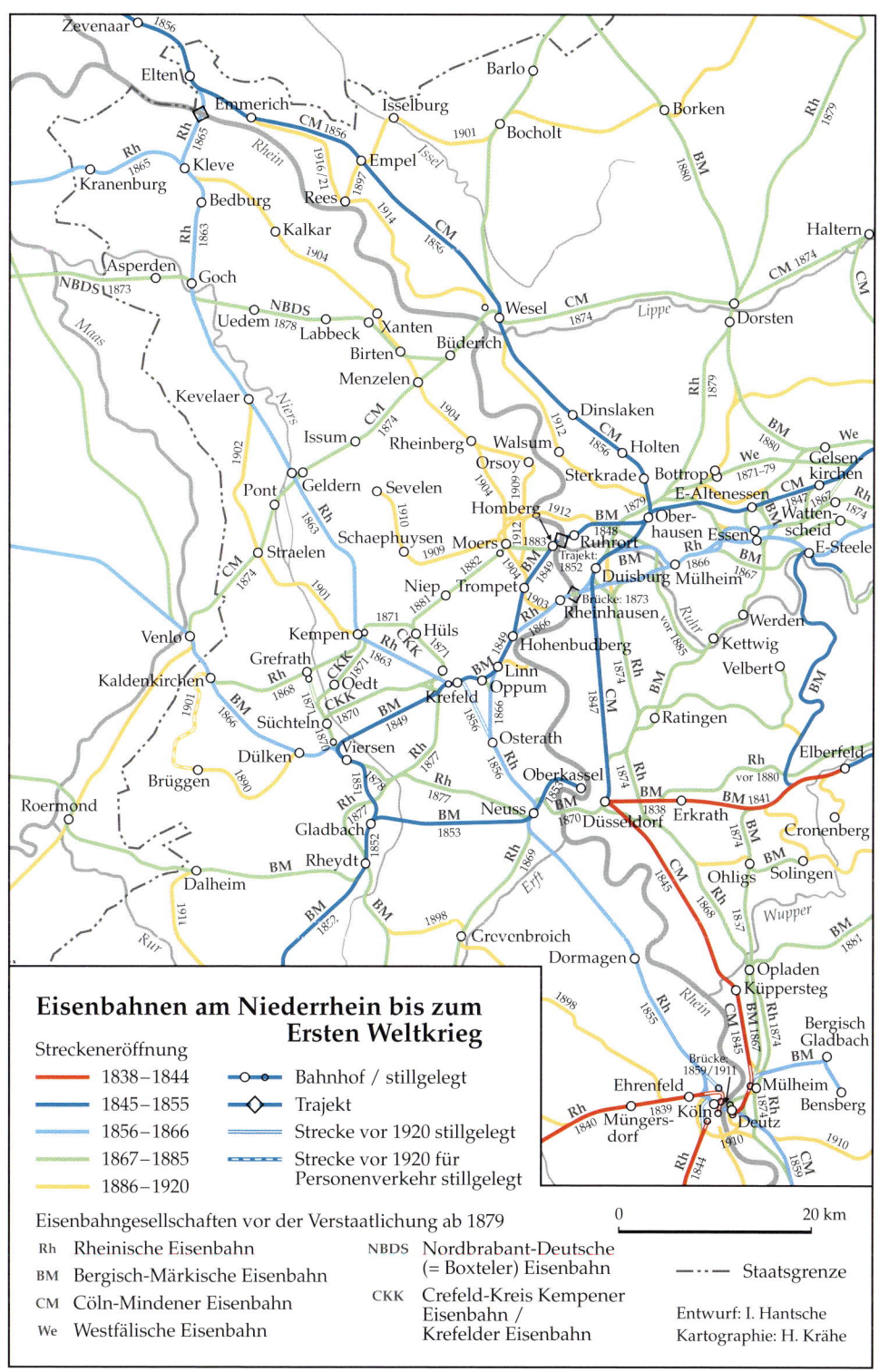

Karte 62: Eisenbahnen am Niederrhein bis zum Ersten Weltkrieg

63. Kreis- und Kleinbahnen am linken Niederrhein bis zum Ersten Weltkrieg

Der Niederrhein wurde zwar bereits verhältnismäßig frühzeitig durch Eisenbahnstrecken erschlossen, doch die zwischen 1850 und 1880 gebauten Linien Oberhausen–Arnheim, Köln–Kleve, Venlo–Wesel und Boxtel–Wesel dienten in erster Linie dem Fernverkehr. Wegen des geringen Verkehrsaufkommens in dem noch vorwiegend landwirtschaftlich geprägten Niederrheingebiet lohnte sich einerseits der Ausbau und Betrieb eines regionalen Netzes nicht, andererseits blieb durch das Fehlen eines engmaschigen Schienennetzes der wirtschaftliche Schub aus, der vielfach erst durch die Eisenbahn ausgelöst wurde. Daher suchten besonders regionale Interessengruppen nach finanziell tragbaren ‚kleinen Lösungen', die dem Transport von Menschen und Waren in häufig engen Verkehrsräumen entgegenkamen und die nach Möglichkeit zugleich den Anschluss abgelegener Gebiete an das Fernnetz der Eisenbahnen eröffneten.

Hier bot sich der Bau und der Betrieb von Kleinbahnen an, die besser als die Linien der großen Eisenbahngesellschaften speziellen Bedürfnissen bezüglich der Streckenführung und Streckenlänge angepasst werden konnten. Außerdem hatten sie den Vorteil, erheblich geringere Baukosten zu verursachen, da ihr Streckenbau für geringere Geschwindigkeiten ausgelegt wurde und ihre Spurbreite häufig nicht dem Normalmaß entsprach, wodurch neben der Einsparung von Grund und Boden sowie von Material auch eine engere Kurvenführung möglich wurde. Auch am Niederrhein wurden daher mehrere Kreis- und Kleinbahnen gebaut, die von privaten Gesellschaften und Landkreisen betrieben wurden, zum Teil unterstützt von Kommunen, und die meist auch später nicht in den Besitz der preußischen Staatsbahnen übergingen.

Die Karte beschränkt sich auf die Bahnen im Gebiet zwischen Viersen und Kevelaer:

• die Krefelder Eisenbahn (1870/82), die besonders den Interessen der Textilindustrie im Krefeld-Viersener Raum nachkam und neben der Erleichterung des Warentransports die Möglichkeit bot, Arbeitskräfte als Pendler aus dem agrarischen Umland für die Fabriken zu gewinnen. Ihr nördlicher Abzweig schloss 1882 Moers erstmals an die Eisenbahn an;

• die Geldernsche Kreisbahn (1901/02), eine Geldern selbst nicht berührende, sehr langsam fahrende Schmalspurbahn. Auch sie erleichterte das Einpendeln von Arbeitskräften in den Krefelder Raum, diente dem Absatz des Straelener Gemüseanbaus und förderte den Pilgerverkehr nach Kevelaer;

• die Moerser Kreisbahn (1909/10), die in zwei Zweigen nach Sevelen/Hoerstgen und nach Rheinberg führte und damit auch die expandierenden Bergbaugebiete erschloss sowie die Verbindung zum Rhein bei Orsoy herstellte. Sie wies die Normalspur auf, im Gegensatz zu der bereits 1883 eröffneten und als Straßenbahn geführten Kleinbahn von Moers nach Homberg.

Die ebenfalls für die wirtschaftliche Entwicklung der Region bedeutsamen und zum Teil sehr umfangreichen Streckennetze der Zechen- und Industriebahnen sind nicht in die Karte aufgenommen, da sie für den öffentlichen Verkehr nicht zur Verfügung standen.

Literatur:
CHRISTIAN HÜBSCHEN und HELGA KREFT-KETTERMANN, Entwicklung des Eisenbahnnetzes bis 1935/39 (= Geschichtlicher Atlas der Rheinlande, Karte und Beiheft VII/5), Köln 1996; HANS-PAUL HÖPFNER, Eisenbahnen. Ihre Geschichte am Niederrhein, Duisburg 1986; DERS., Kleinbahnen in den ehemaligen Kreisen Moers und Rees, in: Heimatkalender des Kreises Wesel 1989, Kleve 1988, S. 39–42; BERNHARD KEUCK, Straelener Eisenbahngeschichte, in: 650 Jahre Stadt Straelen. 1342–1992, Straelen 1992, S. 245–265; LOTHAR RIEDEL, Die Geldernsche Kreisbahn. Die Verkehrsgeschichte der schmalspurigen Kleinbahn Kempen–Straelen–Kevelaer (= Veröffentlichung des Historischen Vereins für Geldern und Umgegend 90), Geldern 1989.

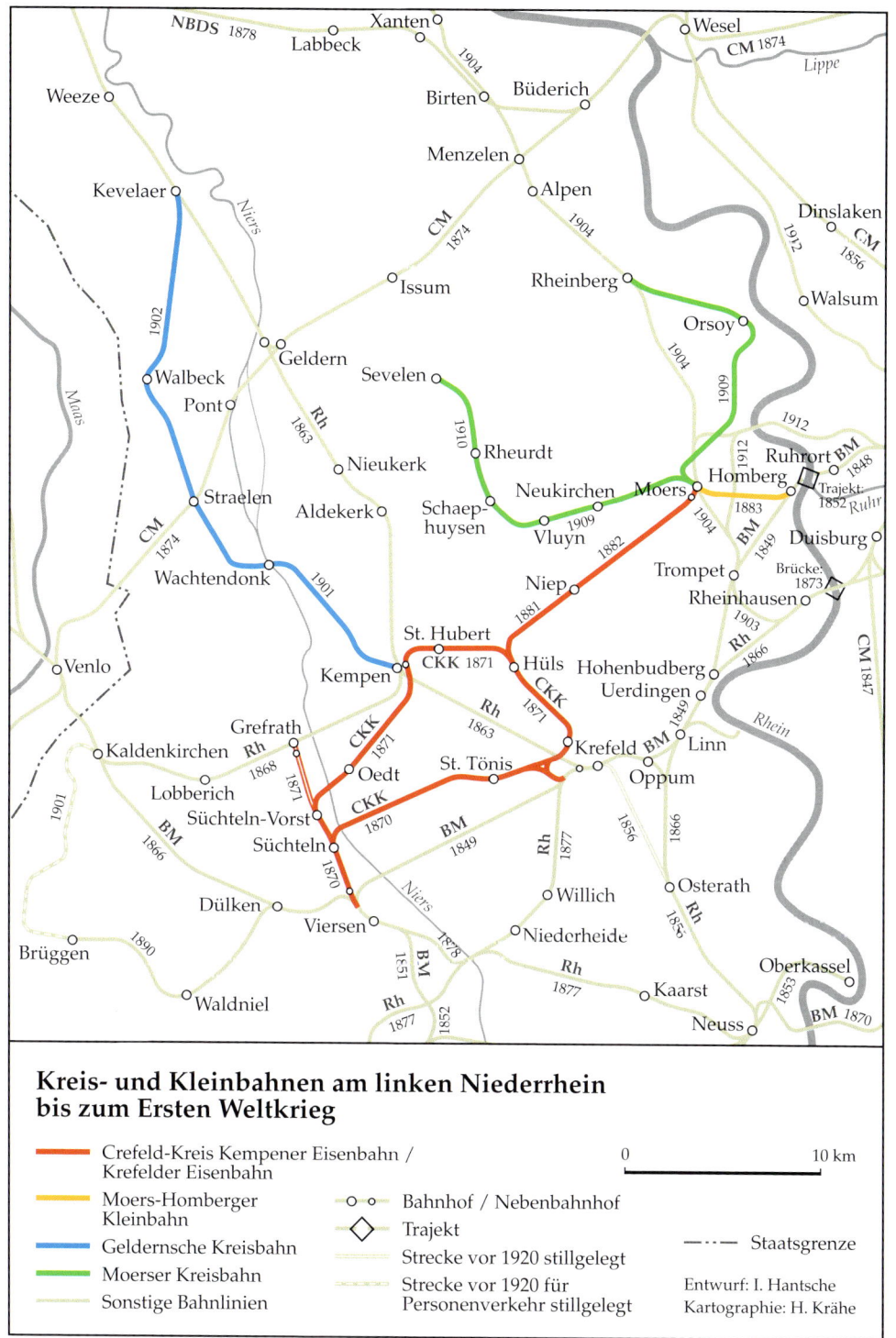

Karte 63: Kreis- und Kleinbahnen am linken Niederrhein bis zum Ersten Weltkrieg

64. Bergbau am Niederrhein

Am Niederrhein reicht der Steinkohlenbergbau nur bis in die zweite Hälfte des 19. Jahrhunderts zurück, während er im Ruhrgebiet schon im Mittelalter mit dem Abbau von Flözen begann, die im Bereich der Ruhr an die Oberfläche treten. Der Stollenbau wurde im 16. Jahrhundert eingeführt, konnte jedoch bis zum Einsatz von Dampfmaschinen (erstmals 1799 in Bochum-Langendreer) das Grundwasserproblem nicht lösen. In den 1830er-Jahren entdeckte der Ruhrorter Kaufmann Franz Haniel Kohle auch unter den Mergelschichten des Deckgebirges. Tiefbohrungen erforderten jedoch einen sehr großen Kapitaleinsatz und lohnten sich nur bei großen Grubenfeldern. Die Folge war ein Konzentrationsprozess und die Errichtung von Großzechen mit mehreren Schächten, wie die von Fritz Thyssen in Hamborn gegründete Bergwerksgesellschaft ‚Deutscher Kaiser' (erste erfolgreiche Bohrung 1856, Förderbeginn 1876).

Kapitalkräftige Gesellschaften und technischer Fortschritt ermöglichten, auch linksrheinisch nach Kohle zu suchen. 1854 bewies Haniel, dass der Rhein keine geologische Grenze darstellt: 1851 aufgenommene Probebohrungen stießen 1854 bei Homberg in 175 m Tiefe auf Steinkohle. Nach der Verleihung des Feldes ‚Rheinpreußen' begann 1857 die Abteufung des ersten Schachtes; sie war so schwierig, dass die Förderung erst 1884 aufgenommen werden konnte, acht Jahre nach dem Förderbeginn im benachbarten Schacht 2 (Teufbeginn 1866). Es folgten 1891 die Abteufung von Schacht 3 (Förderbeginn 1898), 1900 von Schacht 4 in Moers-Hochstraß (Förderbeginn 1904) und von Schacht 5 in Moers-Utfort (Förderbeginn 1905). Die kürzer werdenden Abstände zwischen Abteufungs- und Förderbeginn gelten auch für andere Bergwerke und zeigen den Fortschritt der Technik. Dennoch waren auch später noch Abteufungen erfolglos. Nördlich von Rheinberg wurden bei Bohrungen riesige Steinsalzlager entdeckt, die bis heute abgebaut werden. Dass der Rhein keine Bergbaugrenze darstellt, zeigte u.a. die Zeche Diergardt mit ihren sowohl links- wie rechtsrheinisch gelegenen und unterirdisch verbundenen Schächten.

Trotz Rückschlägen in wirtschaftlichen Krisenzeiten brachte der Bergbau einen ungeheuren Aufschwung. Er zog Folgeindustrien an, besonders Kokereien und Hüttenwerke (Duisburg, Hamborn, Rheinhausen) und führte zu einem gewaltigen Bevölkerungsanstieg. Die vom Bergbau und anderen Industrien gegründeten Siedlungen auf dem Gebiet des heutigen Duisburg, in Kamp-Lintfort, Neukirchen-Vluyn und Moers zeugen teilweise noch heute von den demographischen Veränderungen. Um so gravierender sind die Probleme, die der Rückgang der Kohleproduktion nach dem Zweiten Weltkrieg hervorrief. Besonders rechtsrheinisch wurden die Zechen ein Opfer der billigeren amerikanischen Kohle und des Vordringens von Erdöl und Erdgas. Vor allem linksrheinisch stellen die Zechen aber immer noch einen wesentlichen Wirtschaftsfaktor am Niederrhein dar. Auch sie wurden in die 1969 gegründete Ruhrkohle AG eingebracht. Die Schächte der heute noch am Niederrhein bestehenden vier Zechen dienen zum Teil nicht der eigentlichen Kohleförderung, sondern der Bewetterung (Zuführung von Frischluft) oder Seilfahrt (Einfahrt von Bergleuten und Material).

Literatur:
JOACHIM HUSKE, Die Steinkohlenzechen im Ruhrrevier. Daten und Fakten von den Anfängen bis 1997, 2. Aufl., Bochum 1998; HANS-WERNER WEHLING, Stein- und Braunkohlenbergbau, in: Institut für Länderkunde Leipzig (Hg.), Atlas Bundesrepublik Deutschland: Pilotband, Leipzig 1997, S. 66–69; DERS., Werks- und Genossenschaftssiedlungen im Ruhrgebiet 1844–1839, Bd. 1: Kreis Wesel, Bd. 2: Duisburg-Rheinhausen, Duisburg-Homberg/Ruhrort, Essen 1990 und 1994; GERT DUCKWITZ, Kulturlandschaftswandel im Ruhrgebiet 1850 bis 1990, Entwicklung von Bergbau, Industrie und Energie (= Geschichtlicher Atlas der Rheinlande, Karte und Beiheft IV/8.1), Köln 1996; Bergbau AG Niederrhein (Hg.), 125 Jahre Steinkohlenbergbau am linken Niederrhein, Duisburg 1982; WOLFGANG BURKHARD, 10 000 Jahre Niederrhein, Kleve 1994, S. 177–180.

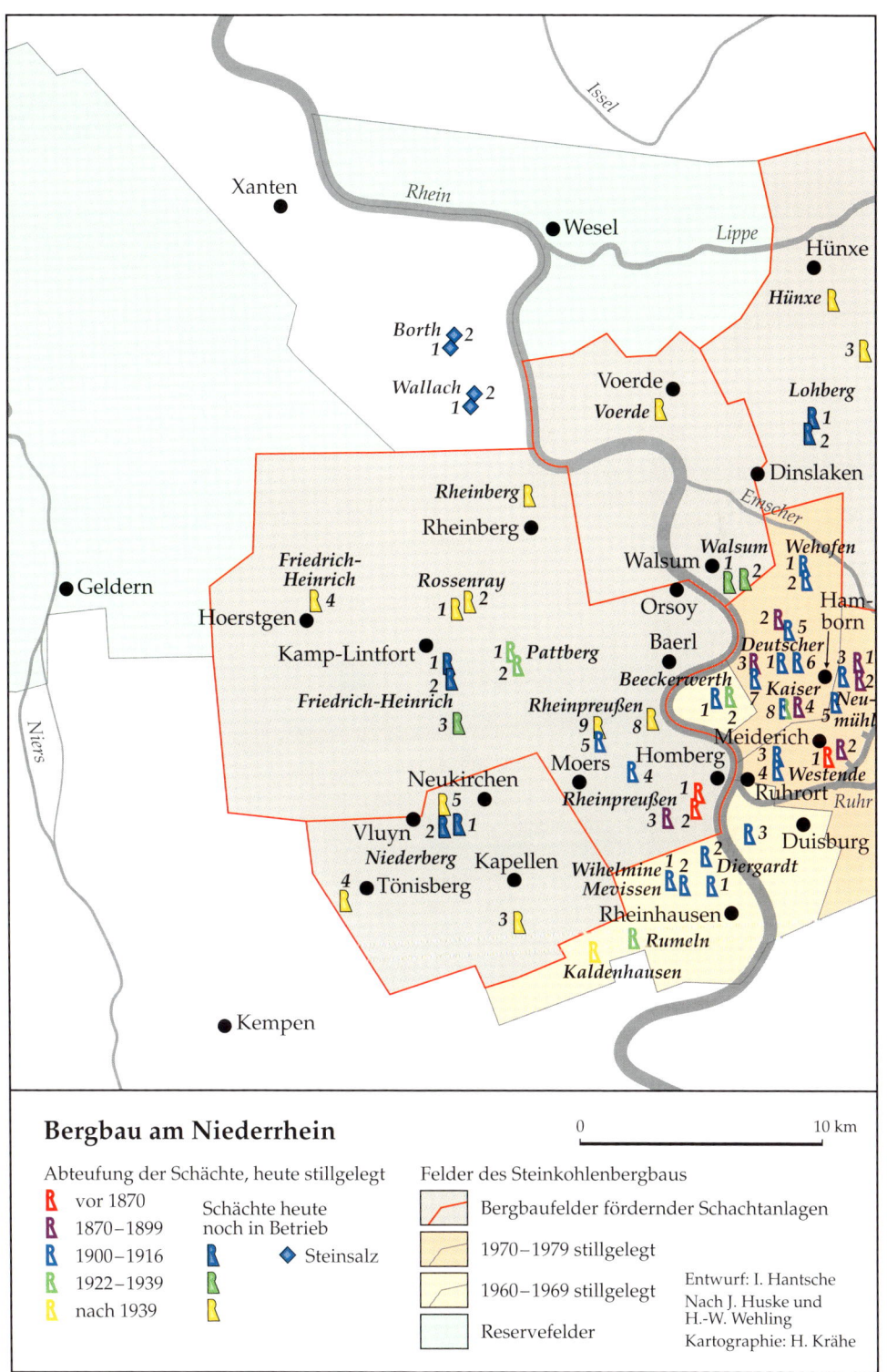

Karte 64: Bergbau am Niederrhein

65. Kreise und kreisfreie Städte am Niederrhein 1887

Die zunehmende Industrialisierung in der zweiten Hälfte des 19. Jahrhunderts bewirkte sowohl im rheinischen wie im westfälischen Teil des Ruhrgebiets eine stärkere Differenzierung in der gebietsmäßigen Größe der Verwaltungseinheiten, als dies am Anfang der preußischen Herrschaft am Niederrhein der Fall gewesen war. So wurden z.B. 1885 vom Landkreis Bochum zwei neue Landkreise abgeteilt: Gelsenkirchen und Hattingen. Bereits ab 1859 war im Regierungsbezirk Düsseldorf eine weitere Aufsplitterung der Verwaltungseinheiten und eine Zunahme der Auskreisungen erfolgt (vgl. Kartentext ‚Kreise und kreisfreie Städte am Niederrhein 1825'). Diese Entwicklung setzte sich 1887 fort, als der erst 1874 entstandene Kreis Mülheim an der Ruhr geteilt und die von ihm abgetretenen Städte Ruhrort, Dinslaken sowie mehrere Bürgermeistereien wie Hiesfeld und Sterkrade zum neuen Landkreis Ruhrort zusammengefasst wurden. Auch dieser hatte jedoch keinen Bestand. 1905 wurden die Städte Meiderich (seit 1895) und Ruhrort in die Stadt Duisburg eingemeindet und fielen somit an den Stadtkreis Duisburg. Dennoch blieb der Kreis Ruhrort bis 1909 bestehen, und sein Sitz war sogar zunächst weiterhin die Stadt Ruhrort, obwohl sie nicht mehr zum Kreis gehörte. Erst 1909 wurde der Kreissitz nach Dinslaken verlegt und der Kreis Ruhrort in ‚Kreis Dinslaken' umbenannt. Die industrielle Entwicklung führte zu einer weiteren Beschneidung des Kreises. 1911 schied Hamborn aus dem Kreis Dinslaken aus, da es, mit 103.000 Einwohnern die größte Landgemeinde Preußens, in diesem Jahr endlich Stadtrechte erhalten hatte und zugleich kreisfreie Stadt geworden war. 1917 wurde auch Sterkrade kreisfrei, und der Kreis Dinslaken verlor an diesen neuen Stadtkreis außerdem den südlichen Teil der Gemeinde Hiesfeld. Wie stark der Einfluss der Industrie auf die Festlegung der Verwaltungsstruktur war, zeigt sich an diesem Beispiel besonders deutlich: Hiesfeld wurde so geteilt, dass die neue Kreisgrenze den Abbaufeldern des Bergbaus entsprach.

Die Zunahme der Auskreisungen erfolgte besonders in den industriellen Ballungsgebieten. 1816 hatte es im Bereich des Kartenausschnitts nur drei kreisfreie Städte gegeben: Köln, Aachen und Düsseldorf, das allerdings bereits 1820 in den Landkreis Düsseldorf integriert wurde und erst 1872 seine Kreisfreiheit wiedergewann. 1861 wurden Barmen und Elberfeld kreisfrei, 1873 Essen und Duisburg, 1876 Bochum, 1887 Bonn. Die westfälische und die rheinische Provinzialordnung von 1886 und 1887 legten fest, dass alle Städte mit mehr als 30.000 bzw. 40.000 Einwohnern aus dem Landkreis ausscheiden und kreisfrei werden konnten. Die Folge war ein großer Schub von Auskreisungen: Mülheim am Rhein (1901), Mönchen-Gladbach (1888), Remscheid (1888), Solingen (1896), Gelsenkirchen (1896), Witten (1899), Oberhausen (1901), Recklinghausen (1901), Mülheim an der Ruhr (1904), Herne (1906), Rheydt (1907), Hamborn (1911), Hoerde (1911), Buer (1913), Neuss (1913), Sterkrade (1917).

Der Kreis Montjoie wurde 1920 in Monschau umbenannt. Der Kreis Eupen gehörte nur bis 1920 zum Deutschen Reich, da er infolge des Versailler Vertrags an Belgien abgetreten werden musste.

Literatur:
GÜNTER LÖFFLER, Verwaltungsgliederung 1820–1980. Landkreise und kreisfreie Städte (= Geschichtlicher Atlas der Rheinlande, Karte und Beiheft V/2), Köln 1982; RÜDIGER SCHÜTZ, Rheinland (= Grundriß zur deutschen Verwaltungsgeschichte 1815–1945, Reihe A: Preußen, hg. von Walther Hubatsch, Bd. 7), Marburg 1978; HELMUTH CROON, Die verwaltungsmäßige Gliederung des mittleren Ruhrgebietes im 19. und 20. Jahrhundert, in: Bochum und das mittlere Ruhrgebiet, hg. von der Gesellschaft für Geographie und Geologie Bochum (= Festschrift zum 35. Deutschen Geographentag), Paderborn 1965, S. 59–64; WILLI DITTGEN, Der Kreis Dinslaken. Im Wechselbad der Geschichte, in: Meinhard Pohl (Hg.), Raumordnung am Niederrhein. Kreisreformen seit 1816, Wesel 1985, S. 23–51.

Karte 65: Kreise und kreisfreie Städte am Niederrhein 1887

66. Die Synoden der Evangelischen Kirche am Niederrhein 1879

Durch die Reichsgründung von 1871 wurde Deutschland zwar politisch geeint, doch die bis in die Reformationszeit zurückgehende territorial bedingte Vielfalt der Evangelischen Kirche bestand fort. So gab es in Deutschland auch nach 1871 keine evangelische Reichskirche, sondern weiterhin 39 evangelische Territorialkirchen. Die größte von ihnen war die Evangelische Kirche der Altpreußischen Union, die in sich gegliedert war in die Provinzialkirchen der acht (ab 1878 neun) preußischen Provinzen. (Daneben gab es in Preußen noch eine Anzahl evangelischer Freikirchen.)

Politisch-administrativ umfasste der Bereich des Niederrheins weitgehend den nördlichen Teil der Rheinprovinz, kirchlich gesehen gehörte er damit fast ausschließlich zur Evangelischen Kirche im Rheinland. Nur seine nordöstlichen Randgebiete ragten in die Provinz Westfalen hinein und waren daher Teil der Evangelischen Kirche Westfalens. Sowohl die Evangelische Kirche im Rheinland wie auch die Evangelische Kirche Westfalens waren in Synoden (Kirchenkreise) eingeteilt. Wie die Karte zeigt, war diese Untergliederung am Niederrhein zwar an den Regierungsbezirks-, nicht jedoch an den Kreisgrenzen ausgerichtet. Besonders in den überwiegend katholischen Gebieten umfasste eine Synode mehrere politisch-administrative Kreise. Zwar waren auch in den stärker protestantischen Gebieten, die besonders auf der rechten Rheinseite lagen, Kreisgrenzen und Synodalgrenzen nicht deckungsgleich, aber die kirchliche Unterteilung war hier wegen der viel größeren Zahl der Kirchenmitglieder erheblich enger als in den überwiegend katholischen Regionen. Die Industrialisierung und in ihrer Folge der starke Anstieg auch des evangelischen Bevölkerungsteils führte zu einer weiteren Aufgliederung. Bereits 1870 hatte sich die Synode ‚An der Ruhr' von der Synode ‚Düsseldorf' gelöst, 1878 die Synode ‚Niederberg' von der Synode ‚Elberfeld–Barmen'. 1896 wurden dann Elberfeld und Barmen zwei selbstständige Synoden, 1894 teilte sich die Synode ‚Mülheim' in die Synoden ‚Köln' und ‚Bonn', und 1900 wurde die Synode ‚Essen' von der Synode ‚An der Ruhr' abgeteilt.

Alle preußischen Provinzialkirchen erhielten zwischen 1873 und 1876 eine einheitliche presbyterial-synodale Kirchenverfassung, die den Einzelgemeinden eine gewisse Selbstverwaltung ermöglichte. Im Rheinland ging die kirchliche Selbstverwaltung bis in die Reformationszeit zurück, sowohl bei den Lutheranern wie bei den Calvinisten, und sie war auch ab 1817 erfolgreich gegen drohende obrigkeitliche Eingriffe verteidigt worden. Ein Staatskirchentum hatte sich hier nie durchsetzen können. Organe der Selbstverwaltung waren im Rheinland und in Westfalen die Presbyterien der Einzelgemeinden. Diese örtlichen Einzelgemeinden waren in einer Kreissynode zusammengeschlossen, die unter der Leitung eines gewählten und nicht von oben ernannten Superintendenten stand. In ihrer Gesamtheit bildeten die Kreissynoden den Kreissynodalverband einer Provinz, unter der Leitung eines Präses. Das oberste Entscheidungsgremium der Provinzialkirchen waren die Provinzialsynoden; sie fanden zunächst in mehrjährigem Abstand statt.

Literatur:
WILHELM H. NEUSER, Die Entstehung der Rheinisch-Westfälischen Kirchenordnung, in: Die Geschichte der Evangelischen Kirche der Union, Bd. 1: Die Anfänge der Union unter landesherrlichem Kirchenregiment (1817–1850), hg. von J.F. Gerhard Goeters und Rudolf Mau, Leipzig 1992, S. 241–256; ALBERT ROSENKRANZ, Abriß einer Geschichte der Evangelischen Kirche im Rheinland, Düsseldorf 1960; GÜNTER BRAKELMANN, Kirche, soziale Frage und Sozialismus, Bd. 1: Kirchenleitungen und Synoden über soziale Frage und Sozialismus 1871–1914, Gütersloh 1977; REINHOLD BRÄMIK, Die Verfassung der lutherischen Kirche in Jülich-Berg, Cleve-Mark-Ravensberg in ihrer geschichtlichen Entwicklung, Düsseldorf 1964.

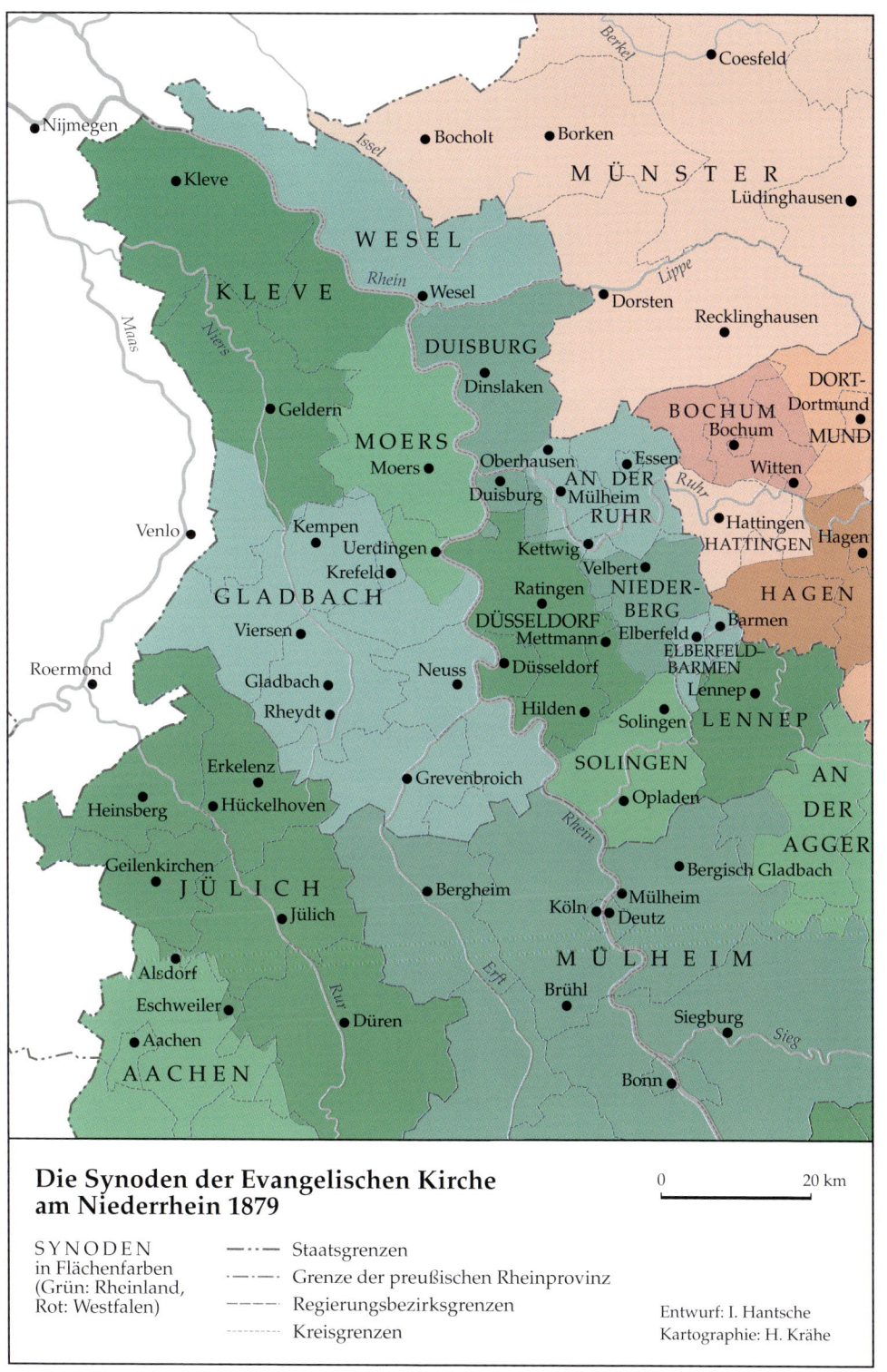

Karte 66: Die Synoden der Evangelischen Kirche am Niederrhein 1879

67. Wirkungsstätten von Kaiserswerther Diakonissen und Duisburger Diakonen am Niederrhein 1879

Als Institutionen der Inneren Mission gründete der evangelische Gemeindepfarrer Theodor Fliedner 1834 in Kaiserswerth in Zusammenarbeit mit seiner Frau Friederike den Diakonissenverein und das Diakonissenmutterhaus, in dem junge Frauen als Krankenpflegerinnen, Kindergärtnerinnen und Gemeindeschwestern ausgebildet wurden. Indem die Ausbildung professionell erfolgte, bot Fliedner unverheirateten Frauen erstmals die Möglichkeit einer anerkannten Berufsausbildung. Bereits ab 1838 wurden die meisten Diakonissen nach ihrer Ausbildung und einer Probezeit in Kaiserswerth in Außenstationen gesandt, wo sie entweder in Institutionen eingesetzt wurden, die unmittelbar dem Kaiserswerther Diakoniewerk unterstanden, oder auch in anderen kirchlich-sozialen Einrichtungen, etwa Kleinkinderschulen (Kindergärten), Krankenhäusern und in örtlichen Kirchengemeinden, in denen sie z.B. häusliche Krankenpflege übernahmen. Überall waren die Diakonissen bereits an ihrem Äußeren zu erkennen. Sie trugen eine einheitliche Tracht: dunkelblaue Kleider und dazu eine weiße Rüschenhaube, wie sie auch verheiratete rheinische Bürgersfrauen der damaligen Zeit trugen. Diese Tracht, die zugleich als Statussymbol diente, hat sich bis heute in leichten Abänderungen (z.B. bei der Form der Haube) erhalten.

Insgesamt trugen die Diakonissen maßgeblich dazu bei, die kirchliche Sozialarbeit zu fördern und dabei vielfach auch die soziale Notlage der ärmeren Schichten zu lindern. Die Qualität ihrer Tätigkeit verschaffte ihnen breite Anerkennung innerhalb und außerhalb Deutschlands. Florence Nightingale z.B. kam 1850 erstmals nach Kaiserswerth, um sich eingehend über die Ausbildung und Arbeit der Diakonissen zu informieren, und bereits frühzeitig wurden auch im Ausland Diakonissenhäuser nach Kaiserswerther Vorbild gegründet, wie 1849 in Pittsburgh und 1851 in Jerusalem. In Kaiserswerth selbst wurde die zunächst bescheidene Gründung sehr bald erweitert, maßgeblich auch mit finanzieller Hilfe durch das preußische Königshaus. Schon nach wenigen Jahrzehnten bestand das Mutterhaus aus einem ganzen Gebäudekomplex mit Kirche, Krankenhaus, Wirtschaftsgebäuden und einem ‚Feierabendhaus' für nicht mehr dienstfähige Diakonissen und einem Seminar für Lehrerinnen an Volks- und Handarbeitsschulen.

Nach dem Vorbild des Kaiserswerther Diakonissenhauses und des durch Johann Hinrich Wichern in Hamburg geschaffenen Rauhen Hauses gründete Theodor Fliedner 1844 in Duisburg die Diakonenanstalt. Als Pastoralgehilfenanstalt diente sie der Ausbildung von jungen Männern zu verschiedenen Diensten in der Kirche, vor allem in der Krankenpflege und Armenfürsorge, aber auch für Bildungsaufgaben. Noch im Gründungsjahr wurde ihr eine Anstalt zur Erziehung von armen und ‚verwahrlosten' Jungen angegliedert. Wie die Kaiserswerther Diakonissen unterhielten auch die Duisburger Diakone Institutionen in anderen Orten, z.B. ab 1851 in Lintorf ein Asyl für entlassene Strafgefangene, das bald auch als Trinkerheilstätte diente. Neben den sozialen Aufgaben stand die Innere Mission im Mittelpunkt der Arbeit. Ihr dienten Gemeindearbeit und Bibelstunden.

Kaiserswerther Diakonissen und Duisburger Diakone gibt es noch heute. Ihre Bedeutung für die Gesellschaft ist jedoch erheblich geringer als im 19. Jahrhundert, da es inzwischen eine große Anzahl von nicht kirchlichen Trägern der Sozialfürsorge gibt und die Zahl der Diakonissen und Diakone als Folge der besonderen Lebensform ihrer Gemeinschaft stark zurückgegangen ist.

Literatur:
RUTH FELGENTREFF, Das Diakoniewerk Kaiserswerth 1836–1998 (= Kaiserswerther Beiträge zur Geschichte und Kultur am Niederrhein, Bd. 2), Düsseldorf 1998; KLAUS D. HILDEMANN, UWE KAMINSKY und FERDINAND MAGEN, Pastoralgehilfenanstalt – Diakonenanstalt – Theodor Fliedner Werk. 150 Jahre Diakoniegeschichte, Köln 1994.

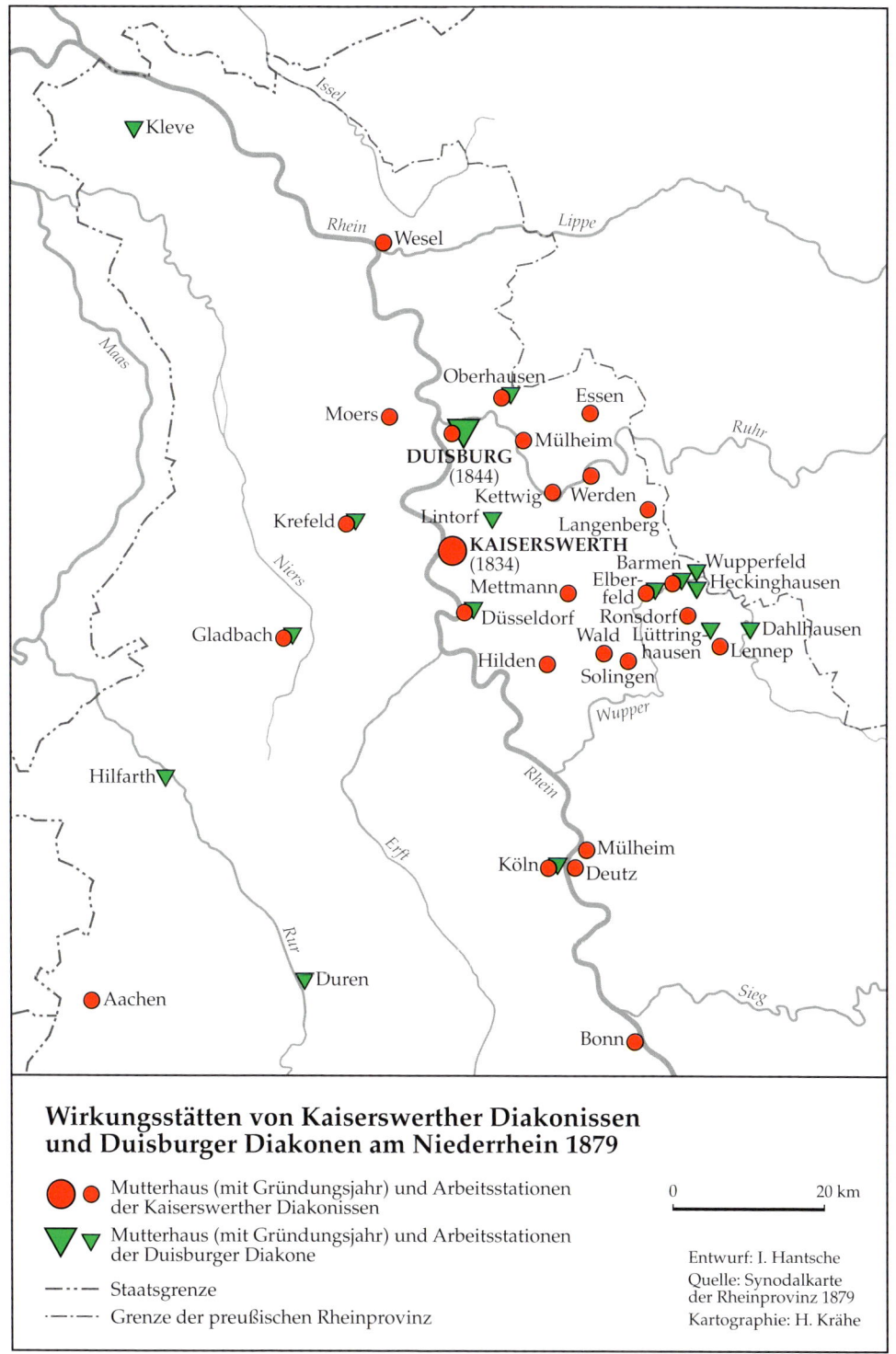

Karte 67: Wirkungsstätten von Kaiserswerther Diakonissen und Duisburger Diakonen am Niederrhein 1879

68. Einrichtungen und Vereine der evangelischen Sozialfürsorge am Niederrhein 1879

Die Einführung der Maschinen und besonders die Errichtung großer Industriewerke veränderte die Arbeits- und Lebensbedingungen sehr vieler Menschen grundlegend und führte zu einer Fülle von sozialen Problemen, die sich vor allem in den industriellen Ballungszentren zeigten. Erschwerend kam hinzu, dass die Fabriken und Zechen eine große Anzahl von Arbeitern benötigten, die das zur Verfügung stehende Arbeitskräftepotenzial der Industriestandorte bei weitem überstieg. Die Folge war der Zuzug einer sehr großen Menge von Arbeitskräften nicht nur aus der näheren Umgebung, sondern häufig aus sehr weit entfernten Gebieten. Diese Binnenwanderung ließ in den industriellen Zentren innerhalb weniger Jahrzehnte die Einwohnerzahl drastisch hochschnellen. Nicht selten verdoppelte sie sich innerhalb weniger Jahre. Der Ortswechsel und die meist völlig veränderten Lebensbedingungen führten bei vielen Menschen zu einer sozialen Entwurzelung, die begleitet war von übermäßig harten Arbeitsbedingungen mit ungemein langen Arbeitszeiten unter oft völlig ungesunden Umständen und durch eine äußerst beengte Wohnungssituation, die noch verschlimmert wurde durch unzureichende hygienische Verhältnisse. Nur selten gaben die Firmen ihren Arbeitern eine Hilfestellung bei der Bewältigung der Probleme, und eine staatliche Sozialfürsorge gab es überhaupt nicht vor der Bismarckschen Sozialgesetzgebung (Krankenversicherung 1883; Unfallversicherung 1884; Alters- und Invalidenversicherung 1889).

Die evangelische Amtskirche hatte ein ambivalentes Verhältnis zur sozialen Notlage der Arbeiterschaft. Sie appellierte zwar an die Verantwortung der besitzenden Schichten, aber sie distanzierte sich in jeder Hinsicht von sozialistischen Bestrebungen. Sie blieb obrigkeitlich verhaftet und betonte dabei die Bedeutung der Kirche für die Aufrechterhaltung der staatlichen Ordnung. So ging das religiös motivierte Engagement für die Armen und Bedrängten nicht von der Kirchenleitung aus, sondern von einzelnen Mitgliedern und Amtsträgern der Kirche. Wegweisend wurde dabei der evangelische Theologe und Sonntagsschul-Lehrer Johann Hinrich Wichern (1808–1881) und die von ihm ins Leben gerufene Innere Mission, die es sich zur Aufgabe machte, die von der Kirche entfremdeten Bevölkerungskreise zum Christentum zurückzuführen und dabei tätige Nächstenliebe zu üben.

1833 gründet Wichern, unterstützt von einem Freundeskreis, in Hamburg das Rauhe Haus als Heimstatt für ‚verwahrloste' Kinder, das bald Nachahmung in anderen Städten fand. Es folgten Initiativen auf weiteren sozialen Gebieten, z.B. Gefängnisseelsorge, Fürsorge für wandernde Handwerksgesellen und andere Migranten (Herbergen zur Heimat). Die sich aus der Inneren Mission entwickelnde evangelische Sozialfürsorge gründete außerdem Erziehungsvereine, Asyle für Trinker, Wohnheime für Arbeiterinnen, Heil- und Pflegeanstalten für Geisteskranke. Diese Initiativen wirkten sich auch am Niederrhein äußerst segensreich aus. Durch die auf der Karte klar hervortretende Konzentration der Einrichtungen in den Industriezentren an Rhein, Ruhr und Wupper, aber auch in den Textilindustriestädten am linken Niederrhein wird deutlich, wie stark wirtschaftlicher Aufschwung mit sozialen Problemen einherging.

Literatur:
Synodal-Karte der evangelischen Gemeinden der Rheinprovinz. Christliche Anstalten und Vereine in der evangelischen Kirche der Rheinprovinz, Langenberg 1879; GÜNTER BRAKELMANN, Die soziale Frage des 19. Jahrhunderts, Bielefeld 1975; JOACHIM MEHLHAUSEN, Die christlich-soziale Bewegung, der Zentralverein für Sozialreform und die Innere Mission, in: Die Geschichte der Evangelischen Kirche der Union, Bd. 2: Die Verselbständigung der Kirche unter dem königlichen Summepiskopat (1850–1918), hg. von Joachim Rogge und Gerhard Ruhbach, Leipzig 1994, S. 258–284; WOLFGANG EICHNER, Evangelische Sozialarbeit im Aufbruch. Aus der Geschichte der Kirchengemeinde Bonn (= Schriftenreihe des Vereins für Rheinische Kirchengeschichte, Bd. 88), Köln 1986.

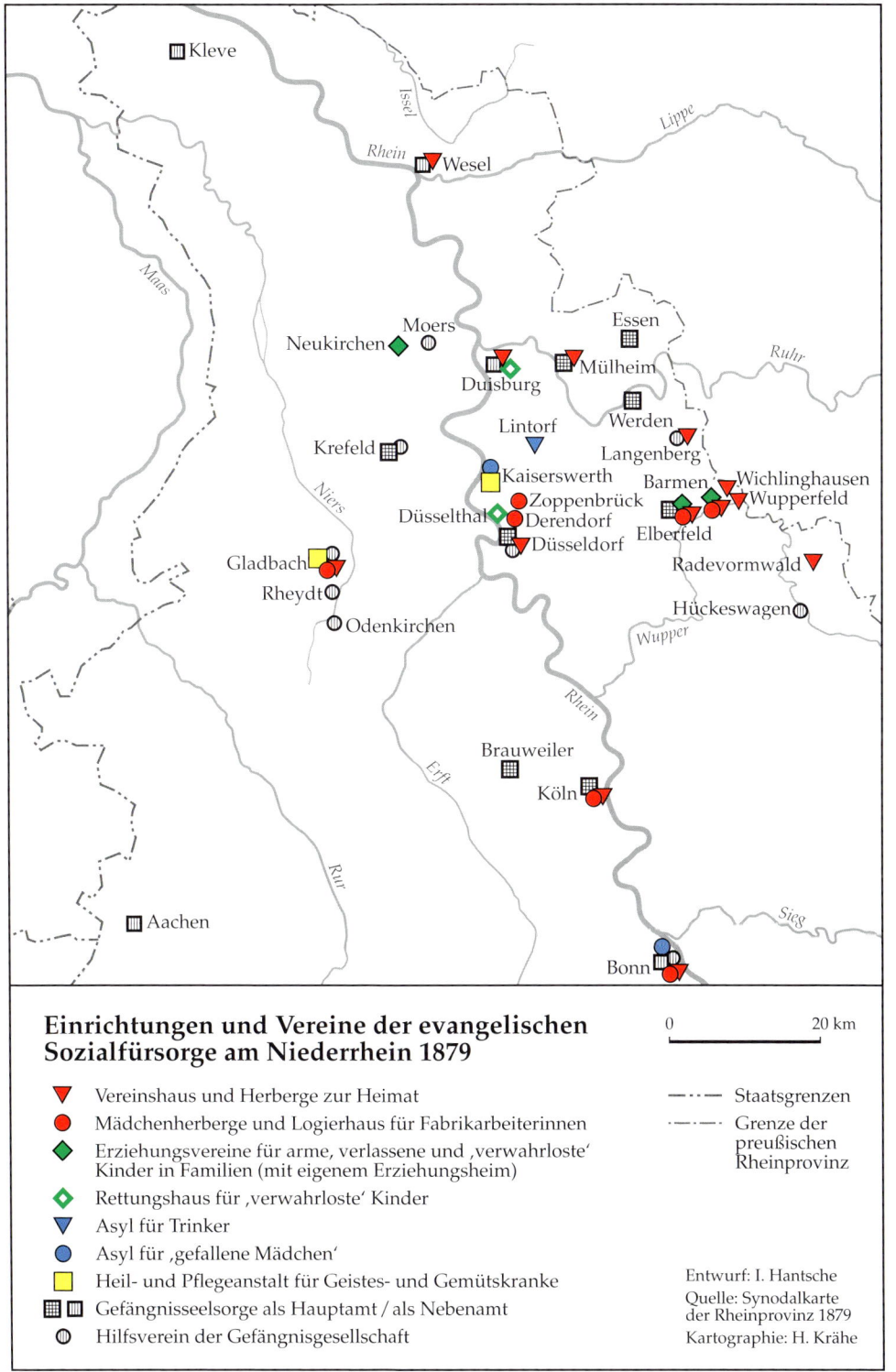

Karte 68: Einrichtungen und Vereine der evangelischen Sozialfürsorge am Niederrhein 1879

69. Kolpingvereine am Niederrhein 1879

Der Priester und ehemalige Schuhmachergeselle Adolf Kolping (1813–1865) wurde 1847 Präses eines – nach dem Muster bereits bestehender evangelischer Jünglingsvereine – 1846 von einem Lehrer in Elberfeld gegründeten Jünglings- und Junggesellenvereins. Bereits 1849 gründete Kolping dann in Köln einen Gesellenverein, der ab 1851 zur Keimzelle der bis heute bestehenden katholischen Gesellenvereinsbewegung (Kolpingfamilie) wurde, die bald ganz Deutschland überzog und sich auch schnell ins deutschsprachige Ausland ausdehnte. Der Verein sollte vor allem den – zur damaligen Zeit noch auf Wanderschaft gehenden – Handwerksgesellen eine Heimstatt in der Fremde geben. Am Niederrhein kam es bereits in den 50er- und 60er-Jahren des 19. Jahrhunderts zu vielen Vereinsgründungen; so lagen von den ersten 16 Vereinen des damaligen Bistums Münster neun am Niederrhein. Eine große Anzahl der Vereine verfügte bereits in den Anfangsjahren über eigene Häuser (so z.B. Düsseldorf, Emmerich, Geldern, Kempen, Kleve, Lobberich, Viersen), andere hatten nur angemietete Räume oder nutzten Gastwirtschaften als Vereinslokal.

Kolping hatte während seiner Gesellenzeit selbst die Probleme der jungen und häufig bindungslosen Handwerker kennen gelernt. Es war daher sein Ziel, den Handwerksburschen moralischen Halt zu geben und ihre soziale wie auch materielle Situation zu verbessern, sie von unstetem Leben und Trunksucht abzuhalten und ihnen die fehlende Geborgenheit in der Familie zu ersetzen durch die Gemeinschaft und Geselligkeit mit ihresgleichen. Außerdem wollten die Vereine die geistige Bildung ihrer Mitglieder fördern, besonders aber deren Religiosität stärken. Die enge Bindung an die katholische Kirche spielte daher eine zentrale Rolle, und Kolping regte bereits 1849 an, die Leitung der Vereine in die Hände eines Geistlichen als Präses zu legen. Neben seinen kirchlichen Aufgaben übernahm der Präses mit seiner Arbeit im Verein auch eine soziale Funktion, der besonders während des Kulturkampfes von 1871 bis 1886 auch eine politische Bedeutung zukam.

Die Inhalte der Bildungsarbeit und die gemeinschaftlichen Aktivitäten in den Vereinen sollten sich durchaus nicht nur auf religiöse Themen und Anlässe beschränken, sondern auch auf das bürgerliche Leben ausgerichtet sein und gleichzeitig die jungen Handwerker auf ihre zukünftigen Aufgaben als Familienväter vorbereiten. Kolping hoffte, durch diese Erziehungsarbeit das gesellschaftliche Leben insgesamt positiv zu beeinflussen, und das hieß nach Auffassung der katholischen Kirche jener Zeit auch, den aufkommenden Sozialismus und den Liberalismus abzuwehren. Familie und Eigentum, gepaart mit Religiosität, sollten die Grundlage einer nach korporativen Grundsätzen strukturierten und fest gefügten Gesellschaft sein. Neben den erzieherischen Aufgaben sollten ebenfalls Unterhaltung und Heiterkeit einen wesentlichen Bestandteil der Vereinsaktivitäten bilden. Dennoch war die Ausrichtung an kirchlich-religiösen Maßstäben unübersehbar. Die Mitgliedschaft in den Vereinen war auf ‚Junggesellen' ab dem 18. Lebensjahr beschränkt; verheiratete Gesellen waren ebenso ausgeschlossen wie Lehrlinge.

Literatur:
Wanderbüchlein für das Mitglied des katholischen Gesellen-Vereins ..., 14. Aufl. für 1870; Wanderbüchlein für das Mitglied des katholischen Gesellen-Vereins ..., Münster 1879; KARL-HEINZ TEKATH, Die Kirche am Niederrhein im 19. Jahrhundert. 1848–1933, in: Heinrich Janssen und Udo Grote (Hg.), Zwei Jahrtausende Geschichte der Kirche am Niederrhein, Münster 1998, S. 426–444; HEINZ HÜRTEN, Kurze Geschichte des deutschen Katholizismus 1800–1960, Mainz 1986; ERNST SCHNABEL, Deutsche Geschichte im 19. Jahrhundert. Die katholische Kirche in Deutschland, Freiburg 1965; GÜNTER BRAKELMANN, Die soziale Frage des 19. Jahrhunderts, Bielefeld 1975.

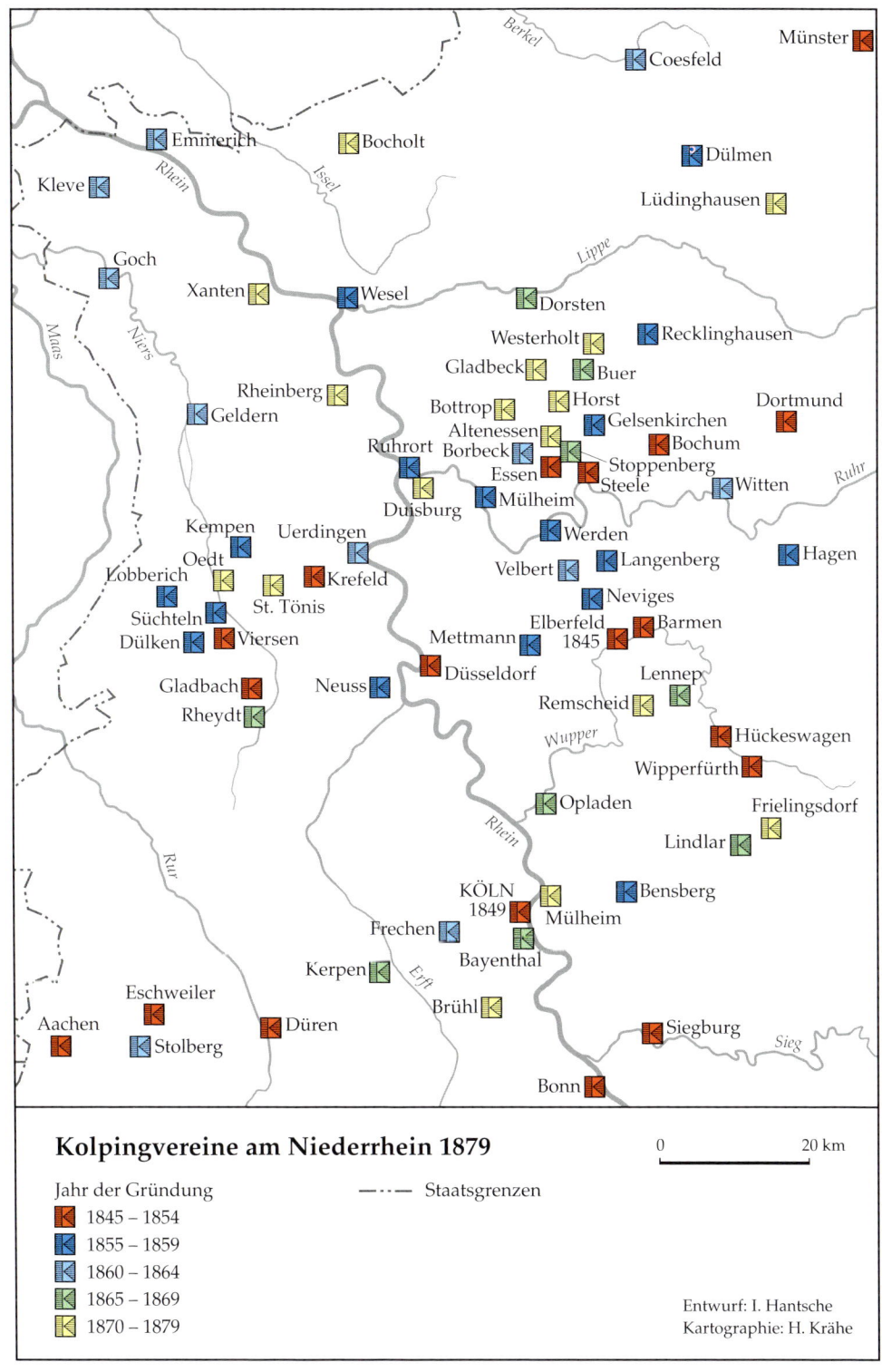

Karte 69: Kolpingvereine am Niederrhein 1879

70. Katholische Arbeitervereine am Niederrhein 1877

Das katholische Vereinswesen entwickelte sich in der zweiten Hälfte des 19. Jahrhunderts in bewusster Abwehrhaltung gegen die Sozialdemokratie, die als Gefahr für die christliche Gesellschaft betrachtet wurde. Ziel der katholisch-sozialen Vereine war nicht in erster Linie eine Umgestaltung der negativen sozialen Verhältnisse, sondern der Schutz der Arbeiter vor den religionsfeindlichen Wirkungen der Sozialdemokratie. Mit dem Beginn des Kulturkampfes in Preußen 1871 kam noch ein weiteres Moment dazu: die Verteidigung katholischer Interessen gegenüber dem laizistisch ausgerichteten Staat. Hier zeigt sich eine Parallele zum Zentrum. Doch während das Zentrum die Belange der katholischen Bevölkerung auf dem politischen Sektor vertrat, wirkten die Vereine besonders im gesellschaftlichen Bereich. Durch die Beschränkungen, die dem Katholizismus während des Kulturkampfes auferlegt wurden, stagnierte die Entwicklung des katholischen Vereinswesens vorübergehend, wie die geringe Zahl der neu gegründeten Arbeiter- und Knappenvereine zeigt. Das Verbot der Orden wirkte sich zudem nachteilig auf viele Bereiche der Sozialarbeit aus, auch auf die Einrichtung oder Fortführung von Arbeiterinnen- und Mädchen-Hospizen, die meist unter der Leitung von Schwestern-Kongregationen gestanden hatten.

Einen ersten Höhepunkt hatten die katholischen Vereine in der Zeit der Revolution von 1848 erlebt, und zwar als weltliche Vereine nach staatlichem Recht. Hierbei waren breite Volksschichten aktiviert worden. Seit den 70er-Jahren ging das katholische Vereinswesen zunehmend eine enge Verbindung mit der Amtskirche ein. Diese ‚Verkirchlichung' zeigte sich z.B. daran, dass weitgehend katholische Ortsgeistliche Leitungsfunktionen in den Vereinen übernahmen. Als publizistisches Zentralorgan fungierten in den ersten Jahren die 1868 von Joseph Schings gegründeten ‚Christlich-socialen Blätter', die in Aachen verlegt wurden und einen großen Einfluss auf die Gründungstätigkeit von Vereinen hatten. Die Karte verzeichnet die katholischen Arbeiter- und Knappenvereine sowie die wenigen sozialen Einrichtungen für weibliche Arbeitskräfte und die Baugesellschaften für weniger Bemittelte und Arbeiter. Die Eintragungen entsprechen den Angaben, die der Herausgeber der ‚Christlich-socialen Blätter', Arnold Bongartz, 1877 aufgrund seiner statistischen Erhebungen gemacht hat. Fast alle von Bongartz aufgeführten Arbeiter- und Knappenvereine sind zu diesem Zeitpunkt in der Rheinprovinz, und zwar in ihrem nördlichen Teil. Selbst hier aber beschränken sie sich auf wenige geographische Schwerpunkte.

Ab 1880 begann dann eine neue Phase des katholischen Vereinswesens, indem Industrielle und andere hochgestellte Persönlichkeiten für die Gründung von Arbeitervereinen eintraten mit dem Ziel, die soziale Lage der Arbeiterschaft zu verbessern. Insbesondere ist hier Franz Anton Brandts aus Mönchengladbach zu nennen; er initiierte 1880 den Verein ‚Arbeiterwohl' und wurde später der Vorsitzende des 1890 in Köln gegründeten ‚Volksvereins für das katholische Deutschland', der seinen Sitz ebenfalls in Mönchengladbach hatte. Neben diesem sozialen Engagement blieben der Kampf gegen die Sozialdemokratie und der Einsatz für eine soziale Versöhnung herausragende Ziele des katholischen Vereinswesens vor dem Ersten Weltkrieg.

Literatur:
ARNOLD BONGARTZ, Beiträge zur Statistik des christlich-socialen Vereinswesens, in: Christlich-sociale Blätter. Katholisch-sociales Central-Organ, Jg. 1877, S. 41 ff.; EMIL RITTER, Die katholisch-soziale Bewegung Deutschlands im Neunzehnten Jahrhundert und der Volksverein, Köln 1954; HEINZ HÜRTEN, Kurze Geschichte des deutschen Katholizismus 1800–1960, Mainz 1986; GOTTHARD KLEIN, Der Volksverein für das Katholische Deutschland 1890–1933, Paderborn 1996.

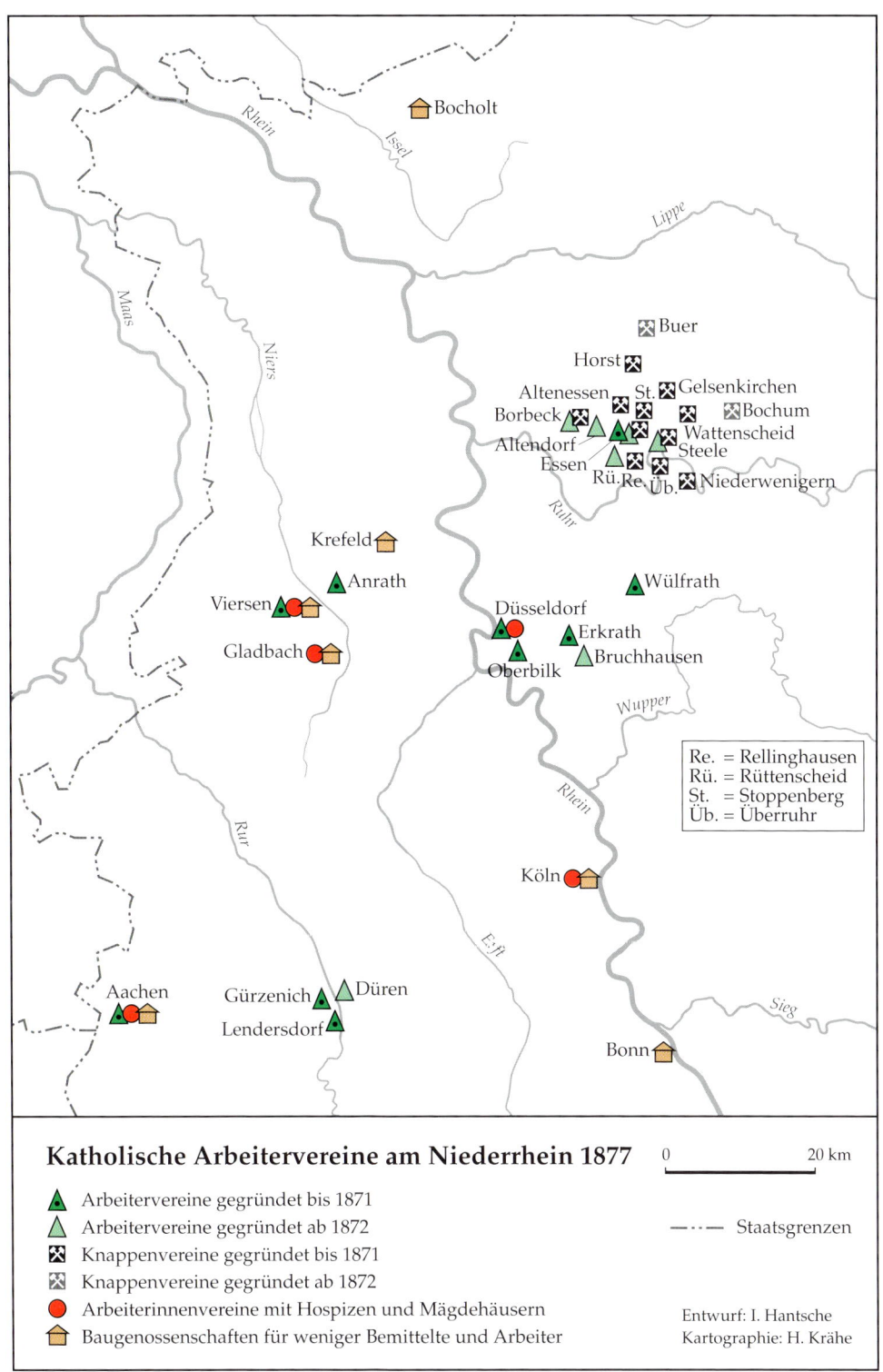

Karte 70: Katholische Arbeitervereine am Niederrhein 1877

71. Konfessionelle Verschiebungen durch die Industrialisierung am Beispiel von Duisburg und Meiderich

Durch die Industrialisierung in der zweiten Hälfte des 19. Jahrhunderts und den damit einhergehenden Bedarf einer sehr großen Zahl von Arbeitskräften stieg die Bevölkerungszahl vieler Orte am Niederrhein stetig an; teilweise vervielfachte sie sich innerhalb weniger Jahrzehnte. Zugleich änderte sich damit die soziale Zusammensetzung der Bevölkerung und die Berufsstruktur. Die seit dem Mittelalter bestehende Stadt Duisburg war vor der Industrialisierung vorwiegend durch Handel und Handwerk geprägt worden, das Dorf Meiderich hingegen durch die Landwirtschaft. Ab der Mitte des 19. Jahrhunderts änderte sich dieses Bild. In Duisburg entwickelten sich besonders die Eisenverhüttung, die Metallverarbeitung und die chemische Industrie, in Meiderich vor allem der Steinkohlenbergbau (vgl. Karte ‚Bergbau am Niederrhein'). Trotz der Industrialisierung und des damit verbundenen Bevölkerungsanstiegs blieb Meiderich jedoch rechtlich zunächst ein Dorf. Erst 1894, als das Fabrikdorf mit immer noch ländlichem Aussehen inzwischen 20.000 Einwohner besaß und damit das größte Dorf Preußens war, wurde es zur Stadt erhoben.

Durch den wirtschaftlichen Wandel veränderte sich nicht nur die soziale, sondern auch die konfessionelle Struktur der beiden Orte. Sowohl Duisburg wie Meiderich waren seit der Reformationszeit evangelisch gewesen. In Duisburg gab es allerdings eine kleine katholische Gemeinde; die wenigen katholischen Bewohner Meiderichs mussten hingegen in die Abteikirche des Nachbarorts Hamborn zum Gottesdienst gehen. Diese dominant evangelische Ausrichtung der Duisburger und Meidericher Bevölkerung änderte sich erheblich durch die Industrialisierung, denn der Zuzug von Arbeitskräften erfolgte zu einem großen Teil aus überwiegend katholischen Gebieten. In Duisburg waren dies vornehmlich die benachbarten westlichen Bereiche. Ausgangspunkt für die Binnenwanderung nach Meiderich waren hingegen in stärkerem Maße sowohl evangelische wie katholische Gebiete im Osten des Deutschen Reiches. Unter den Zuwanderern aus den östlichen Provinzen Preußens befand sich auch ein beträchtlicher Anteil von Polnisch sprechenden Arbeitskräften, die in der überwiegenden Mehrzahl katholisch waren und für die daher in den Kirchengemeinden zum Teil polnischsprachige Gottesdienste gehalten wurden. Parallel zum Anstieg der Bevölkerung vergrößerte sich aufgrund der konfessionellen Zugehörigkeit der Zuwanderer insgesamt der prozentuale Anteil der Katholiken, die in Meiderich zwar noch in der Minderheit blieben, in Duisburg aber bereits ab 1871 das Übergewicht bildeten.

Die Tabelle ist nur bis zum Jahr 1904 geführt, da Meiderich 1905 zusammen mit Ruhrort nach Duisburg eingemeindet wurde und ein Vergleich der Zahlen der Einzelgemeinden vor 1905 und der Gesamtstadt ab 1905 nicht möglich ist.

Literatur:
Verwaltungsberichte der Stadt Duisburg; Günter von Roden, Geschichte der Stadt Duisburg, Bd. I: Das alte Duisburg von den Anfängen bis 1905, 3. Aufl., Duisburg 1975, Bd. II: Die Ortsteile von den Anfängen, die Gesamtstadt seit 1905, Duisburg 1974; Ludger Heid, Die Industrialisierung (ca. 1830–1914), in: Ludger Heid, Hans-Georg Kraume, Karl W. Lerch u.a., Kleine Geschichte der Stadt Duisburg, Duisburg 1983; Joseph Milz (Bearb.), Duisburg. Rheinischer Städteatlas, IV.21, 2. Aufl., Bonn 1985; Heinz-Günter Steinberg, Bevölkerungsentwicklung des Ruhrgebietes im 19. und 20. Jahrhundert (= Düsseldorfer Geographische Schriften, Heft 11), Düsseldorf 1978.

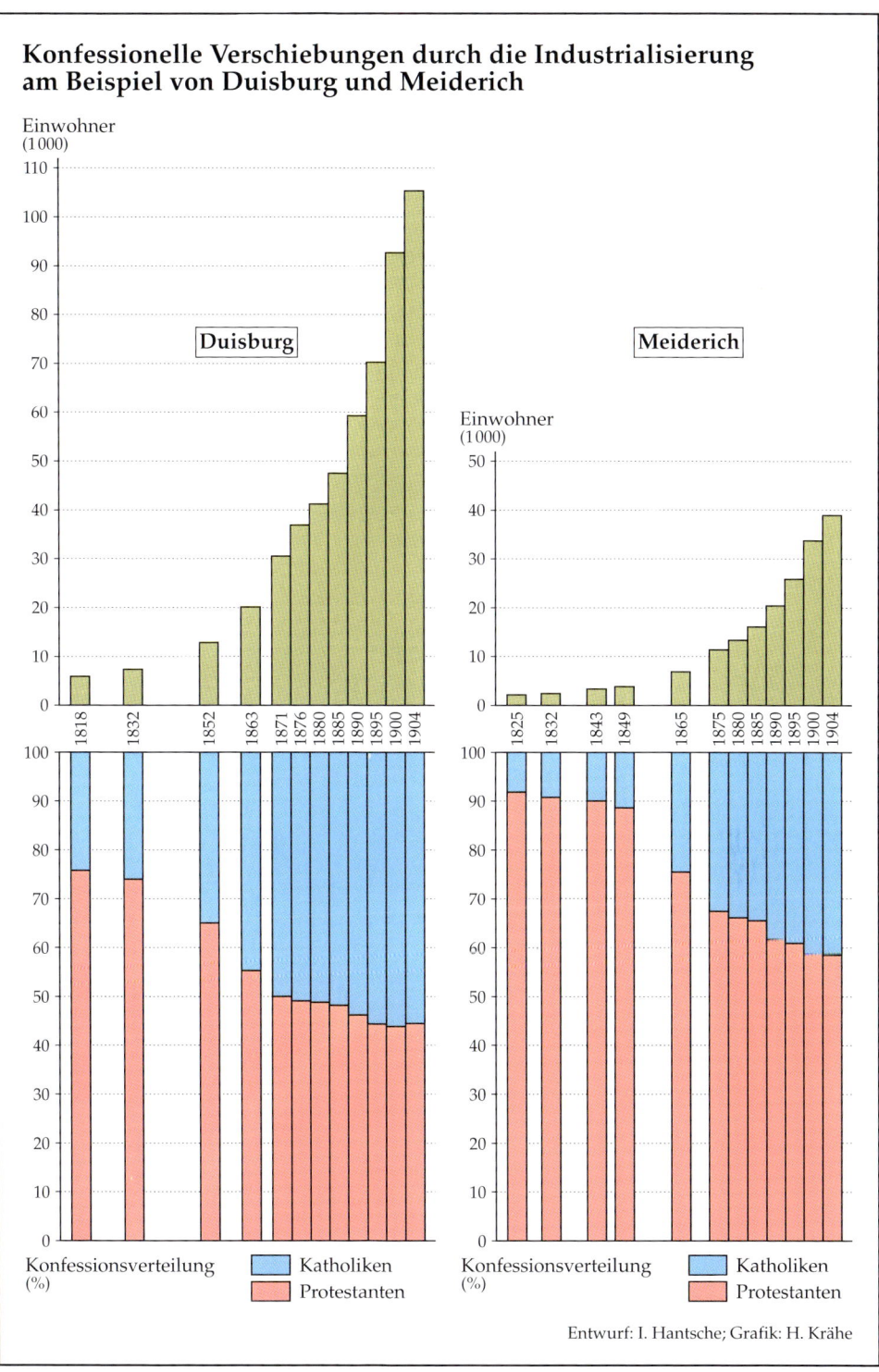

Karte 71: Konfessionelle Verschiebungen durch die Industrialisierung am Beispiel von Duisburg und Meiderich

72. Konfessionsverteilung am Niederrhein 1905

Bis in die letzten Jahrzehnte des 19. Jahrhunderts hatte sich die konfessionelle Gliederung am Niederrhein seit den großen Verschiebungen in der Zeit von Reformation und Gegenreformation (vgl. Karte ‚Konfessionen am Niederrhein um 1610') kaum verändert. Erst der starke Bevölkerungszuwachs infolge der Industrialisierung brachte nennenswerte Änderungen. Da ein großer Anteil der zuwandernden Arbeitskräfte vom unteren Niederrhein, aus Westfalen oder aus den preußischen Ostprovinzen mit ihrem z.T. starken polnischen Bevölkerungsanteil stammte, ergab sich durch die Binnenwanderung in den wirtschaftlichen Zentren insgesamt eine Verschiebung zugunsten des Katholizismus. Aber auch in vorher vorwiegend, wenn nicht sogar ausschließlich katholischen Gebieten erfolgten Änderungen, und vielfach erwuchs durch die Zuwanderung von Arbeitskräften erstmals die Notwendigkeit, eine evangelische Kirche zu errichten. Die konfessionellen Verschiebungen schlugen sich daher – heute noch deutlich erkennbar – auch architektonisch nieder.

Trotz der zum Teil tiefgreifenden Änderungen infolge der Wirtschaftsentwicklung im Bereich des Bergbaus und der Schwerindustrie sind auf der Karte die im 16. und 17. Jahrhundert entstandenen und bis gegen Ende des 19. und den Beginn des 20. Jahrhunderts weitgehend unverändert gebliebenen konfessionellen Strukturen vielfach noch erkennbar. Die Konfessionsverteilung zu Beginn des 20. Jahrhunderts spiegelt also trotz der demographischen Veränderungen, die durch die Industrialisierung erfolgten, immer noch stark das konfessionelle Grundmuster, das im Zeitalter der Reformation nach dem Prinzip des *cuius regio, eius religio* gelegt wurde. Besonders deutlich wird das bei dem ehemaligen Preußisch Geldern sowie dem Fürstentum Moers, deren territoriale Abgrenzung zu Beginn des 20. Jahrhunderts sich immer noch in der Konfessionskarte spiegelt.

Grundlage für die Angaben der Karte sind die Ergebnisse der Volkszählung von 1905. Da die Zahlen Durchschnittswerte auf Kreisebene darstellen, sind örtliche oder regionale Abweichungen, die zum Teil recht erheblich, vielfach aber auch sehr kleinräumig waren, nicht erkennbar. Nur im Fall von Rheydt sind sie berücksichtigt, das hier bereits eigens ausgewiesen ist, obwohl der Stadtkreis Rheydt erst 1907 eingerichtet wurde (er gehörte zuvor zum Landkreis Gladbach). Nicht zu ersehen ist hingegen infolge der Durchschnittswerte auf Kreisebene, dass Moers und seine unmittelbare Umgebung überwiegend protestantisch waren; durch den Einschluss ehemaliger klevischer und kurkölnischer Gebiete erhielt der Kreis Moers insgesamt ein schwaches katholisches Übergewicht. Auffällig ist, dass die Gebiete mit einem Anteil der Protestanten von über 50 % sämtlich rechtsrheinisch liegen. Besondere Schwerpunkte sind hier das nördliche Bergische Land und das Gebiet der ehemaligen Grafschaft Mark, und dies ist wiederum historisch begründet. Einerseits reichte die überwiegend evangelische Ausrichtung der Bevölkerung in diesen Gebieten bis in das 17. Jahrhundert zurück, andererseits war hier der gewerbliche Aufschwung bereits im 18. Jahrhundert erfolgt, sodass die Hochphase der Industrialisierung mit ihrem enormen und ziemlich plötzlich einsetzenden Arbeitskräftebedarf, der nur durch Zuwanderung gedeckt werden konnte, z.B. für das Wuppertal nicht so bedeutsam war wie für das Ruhrgebiet.

Literatur:
Die endgültigen Ergebnisse der Volkszählung vom 1. Dezember 1905, in: Preußische Statistik, Heft 206, Berlin 1908; WERNER FRANZEN, Evangelischer Kirchenbau und Industrialisierung im westlichen Ruhrgebiet 1870–1914, in: Geschichte des protestantischen Kirchenbaues, hg. von Klaus Raschzok und Reiner Sörries, Erlangen 1994, S. 101–113.

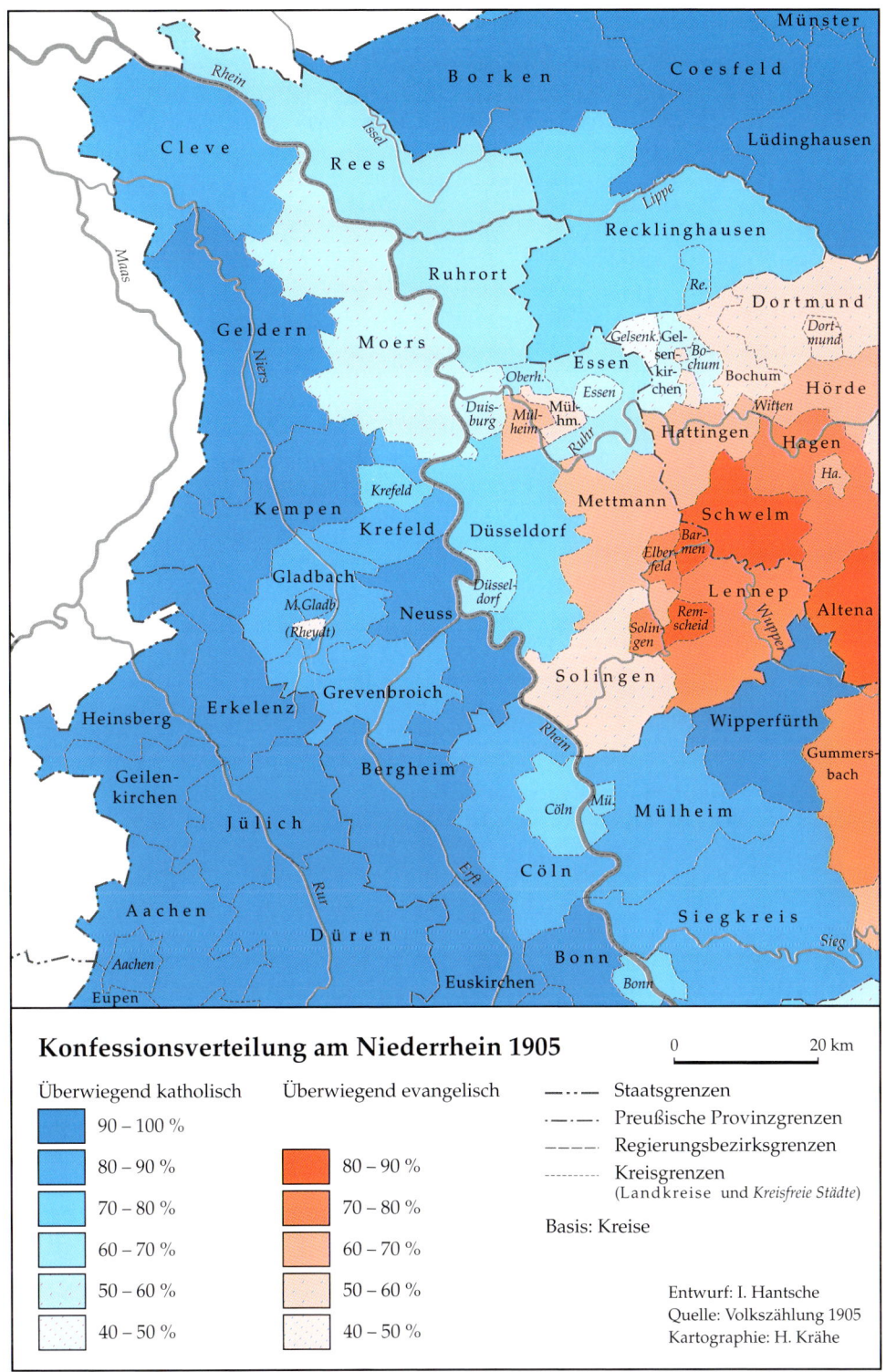

Karte 72: Konfessionsverteilung am Niederrhein 1905

73. Rheinlandbesetzung und Ruhrkampf

Nach dem Ersten Weltkrieg musste das Deutsche Reich neben Elsass-Lothringen auch Eupen und Malmedy abtreten. Das übrige linksrheinische Gebiet wurde von Truppen der Entente (Frankreich, Großbritannien, USA und Belgien) besetzt und in drei Zonen aufgeteilt, die erst nach 5, 10 oder 15 Jahren geräumt werden sollten, tatsächlich jedoch ab 1930 wieder frei waren. Diese Zonen reichten mit je einem 30 km tiefen Brückenkopf bei Köln, Koblenz und Mainz auch in rechtsrheinisches Gebiet hinein. Der Niederrhein gehörte weitgehend zur Kölner (d.h. ersten) Zone, die bereits 1926 frei wurde, nur der Aachen/Dürener Raum lag in der Koblenzer (d.h. zweiten) Zone, deren Räumung für 1930 vorgesehen war, aus der die fremden Truppen jedoch bereits 1929 abzogen.

Die Besatzungsgebiete der Entente-Mächte waren nicht identisch mit den Räumungszonen. Den nördlichen Teil des Niederrheins erhielten die Belgier als Besatzungszone, den südlichen die Briten. Die Franzosen waren am Niederrhein nicht vertreten, bis 1921 französische und belgische Truppen zur Durchsetzung ihrer Reparationsforderungen mit der Okkupation und wirtschaftlichen Ausbeutung von bisher nicht besetzten Gebieten östlich des Rheins eine ‚Politik der produktiven Pfänder' verfolgten. Indem ihre Truppen 1921 in Düsseldorf und Duisburg einmarschierten und zudem die Häfen von Wesel und Emmerich besetzten, verstießen sie genauso gegen den Versailler Vertrag wie mit ihrer Okkupation des Ruhrgebiets im Januar 1923. Obwohl die Franzosen nun die wichtigste deutsche Industrieregion kontrollierten, erreichten sie ihre Ziele nicht, vielmehr schürte ihr Vorgehen die antifranzösische Stimmung – nicht nur in Deutschland. Separatistische Versuche scheiterten, wenngleich z.B. der Kölner Oberbürgermeister Konrad Adenauer sie nicht völlig ablehnte, da sie eine Verbesserung der politischen und wirtschaftlichen Situation der linksrheinischen Bevölkerung versprachen.

Als Maßnahme gegen die Ruhrbesetzung rief die Reichsregierung den passiven Widerstand aus, der von den Franzosen durch Ausweisungen besonders von Beamten und ihren Familien und die Errichtung einer Zollgrenze erwidert wurde. Die daraus für das Reich folgenden finanziellen Belastungen führten zu einer Verschlechterung der wirtschaftlichen Lage im ganzen Deutschen Reich. Die Inflation stieg ins Unermessliche, und die Verhältnisse im Rheinland gefährdeten die Stabilität des Gesamtstaates. Ende September 1923 brach die Reichsregierung daher den passiven Widerstand ab, beugte sich damit zwar den Franzosen, legte dadurch aber zugleich die Grundlage für eine Sanierung der Währung und stellte ihre politische Handlungsfähigkeit wieder her. In Locarno erkannte Deutschland 1925 die Fakten im Rheinland an und bewirkte damit auch den Abzug der belgischen und französischen Truppen aus dem 1923 besetzten Ruhrgebiet und aus den 1921 okkupierten Sanktionsstädten Düsseldorf und Duisburg. Bereits im Oktober 1924 hatten die Truppen Wesel und Emmerich verlassen. Anfang 1926 wurde die Kölner Zone geräumt, 1929 das Aachen/Dürener Gebiet. Damit war der gesamte Niederrhein wieder frei von fremder Besetzung – abgesehen von der Interalliierten Schifffahrtskommission, welche die im Versailler Vertrag festgelegte Internationalisierung des Rheins überwachen sollte. Volle Verfügungsgewalt besaß das Reich dennoch nicht, da das Rheinland vertraglich nach wie vor deutschen Truppen verschlossen war. Die Grenze der entmilitarisierten Zone verlief 50 km östlich des Rheins und wurde erst 1936 von den Nationalsozialisten unter Verletzung geltenden Rechts überschritten.

Literatur:
Dieter Lück, Rheinlandbesetzung, in: Nordrhein-Westfalen. Landesgeschichte im Lexikon (= Veröffentlichungen der staatlichen Archive des Landes Nordrhein-Westfalen, Reihe C: Quellen und Forschungen, Bd. 31), S. 341–343; Hans-Georg Kraume, Ruhrbesetzung 1923, in: ebd., S. 345 f.; Irmgard Hantsche, Der Rhein als Grenze und Verbindung, in: Duisburg und der Rhein. Begleitband und Katalog zur Ausstellung, Duisburg 1992, S. 101–134.

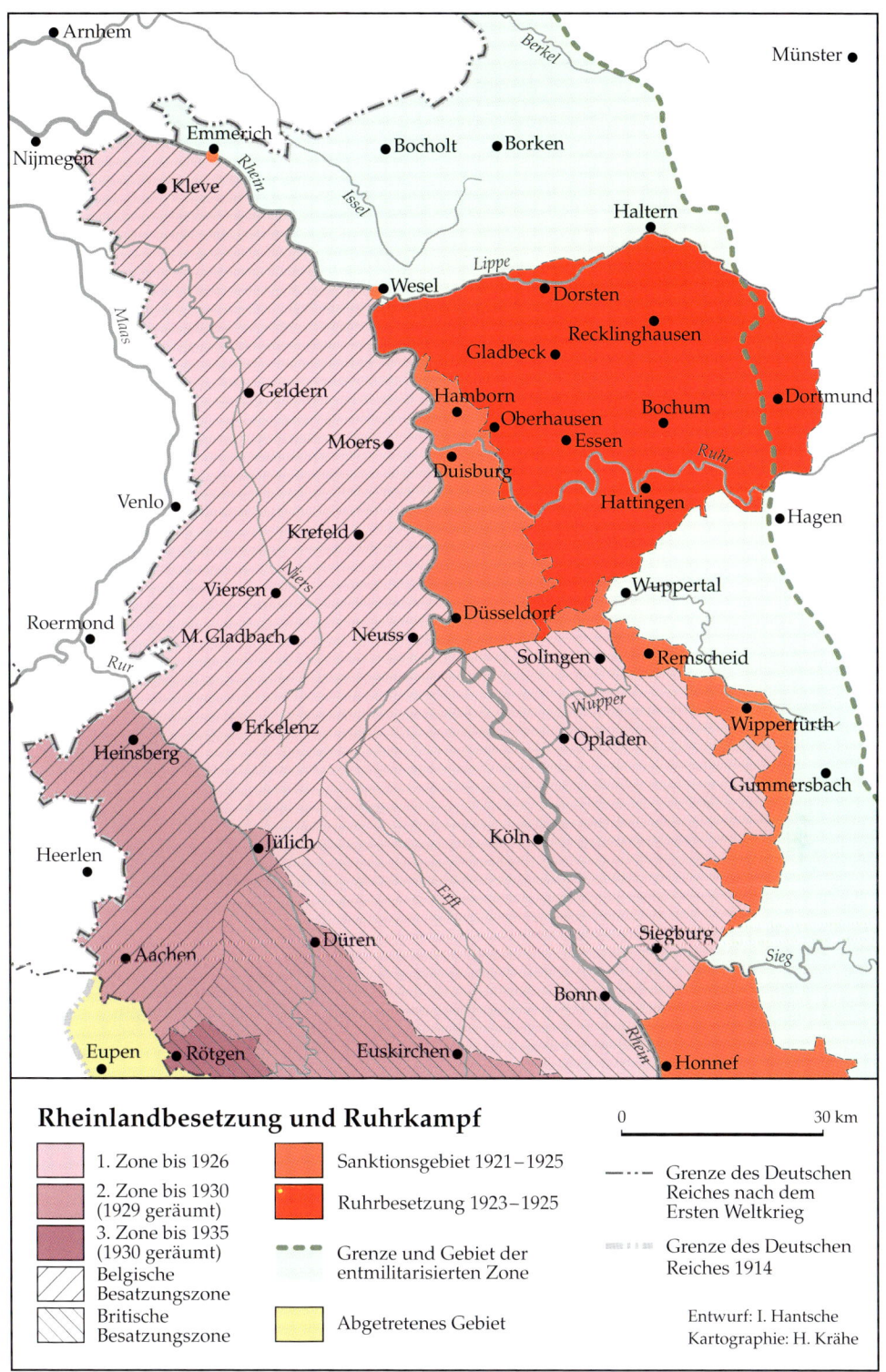

Karte 73: Rheinlandbesetzung und Ruhrkampf

74. Gemeinnützige Bauvereine am Niederrhein 1926

Bis zum Ersten Weltkrieg war der Wohnungsbau in Deutschland in erster Linie der privaten Initiative überlassen, ein staatliches Engagement gab es zwar ab 1890, allerdings in nur sehr geringem Umfang. So blieb die Errichtung von Wohnraum für die im Zeitalter der Industrialisierung in den Ballungsräumen sprunghaft ansteigende Bevölkerung häufig Spekulanten überlassen. Die Folge waren in vielen Industriestädten schnell und billig hochgezogene ‚Mietskasernen' mit schlechten hygienischen Verhältnissen und einer großen Enge der Baukörper. Für Berlin hat Heinrich Zille diese Situation in seinen Zeichnungen anschaulich festgehalten.

Der starke Zuzug von Menschen führte in den letzten Jahrzehnten des 19. Jahrhunderts auch in den von der Industrie erfassten Gebieten am Niederrhein zu einem großen Mangel an Wohnraum, dem die Bergbaugesellschaften und Industriewerke durch einen eigenen Wohnungsbau zu begegnen versuchten. Nur auf diese Weise konnten sie die für die industrielle Entwicklung notwendigen Arbeitskräfte heranlocken. Die werkseigene Wohnungspolitik bezweckte gleichzeitig, die Arbeiter fest an die Firma zu binden und sie einer gewissen Sozialdisziplinierung zu unterwerfen. Die Bautätigkeit und in ihrer Folge die Veränderung der Siedlungsstruktur waren beachtlich. Es wurde in großem Umfang Wohnraum geschaffen, der für die damalige Zeit in seiner Ausstattung zum Teil vorbildlich war. Doch während der Weimarer Republik geriet die enge Koppelung zwischen Arbeits- und Mietvertrag in Misskredit, und die Industrie stellte den eigenen Wohnungsbau weitgehend ein. Sie sorgte aber weiterhin für die Schaffung von Wohnraum durch die Gründung von firmennahen bzw. -eigenen Wohnungsgesellschaften, die juristisch jedoch selbstständig waren und häufig die Geschäftsform einer GmbH oder AG hatten.

Nach 1918 vergrößerte sich die Wohnungsnot. Während des Krieges hatte der Wohnungsbau allgemein stagniert, und viele heimkehrende Kriegsteilnehmer wollten nun eine Familie gründen. Außerdem waren die Baukosten stark gestiegen, und private Investoren hatten durch Krieg und Inflation teilweise ihre Kapitalgrundlage verloren. Zur Abhilfe gewährte das Wohnungsbaugesetz der preußischen Regierung vom März 1918 genossenschaftlichen und gemeinnützigen Bauvereinen und Wohnungsbaugesellschaften staatliche Zuschüsse. Die Folge war ab 1919 eine starke Zunahme von gemeinnützigen Bauvereinen, Baugenossenschaften und Wohnungsunternehmen unterschiedlicher Organisationsformen. Serien-Entwürfe und genormte Bauteile sowie ein zentraler Einkauf von Baustoffen führten zu einer Senkung der Erstellungskosten. Wenngleich nicht alle Vereine und Gesellschaften die wirtschaftlich schweren Anfangsjahre überstanden, war ihre Leistung bei der Erstellung von Wohnraum für die Mittel- und Unterschichten sehr groß. Bereits 1926 hatte sich diese neue Form des Wohnungsbaus in den industriellen Ballungszentren weit verbreitet und das Angebot an funktionalem und meist auch formschönem Wohnraum vergrößert, oft in kleinen und aufgelockerten Baueinheiten. Im Gegensatz zum Wohnungsbau der Industriewerke und Zechen, der auf Firmenangehörige beschränkt blieb und der in der Karte nicht berücksichtigt wurde, zielte die gemeinnützige Bautätigkeit auf die allgemeine Bevölkerung, besonders auf Beamte und Angestellte, die zum Teil die Baugesellschaften durch Beitragszahlungen mittrugen.

Literatur:
MEWES, Verband Rheinischer Baugenossenschaften zu Düsseldorf, in: Der Regierungsbezirk Düsseldorf, Bd. 1: Rechter Niederrhein, hg. von Ludwig Hercher, Berlin 1926; HANS-WERNER WEHLING, Werks- und Genossenschaftssiedlungen im Ruhrgebiet 1844–1939, Bd. 1: Kreis Wesel, Essen 1990, Bd. 2: Duisburg-Rheinhausen, Duisburg-Homberg/Ruhrort, Essen 1994; HEINZ WILHELM HOFFACKER, Geschichte des Allgemeinen Bauvereins Essen 1919 bis 1993, in: Allbau. Allgemeiner Bauverein Essen AG, Wohnen und Markt. Gemeinnützigkeit wieder modern, Essen 1994, S. 23–87.

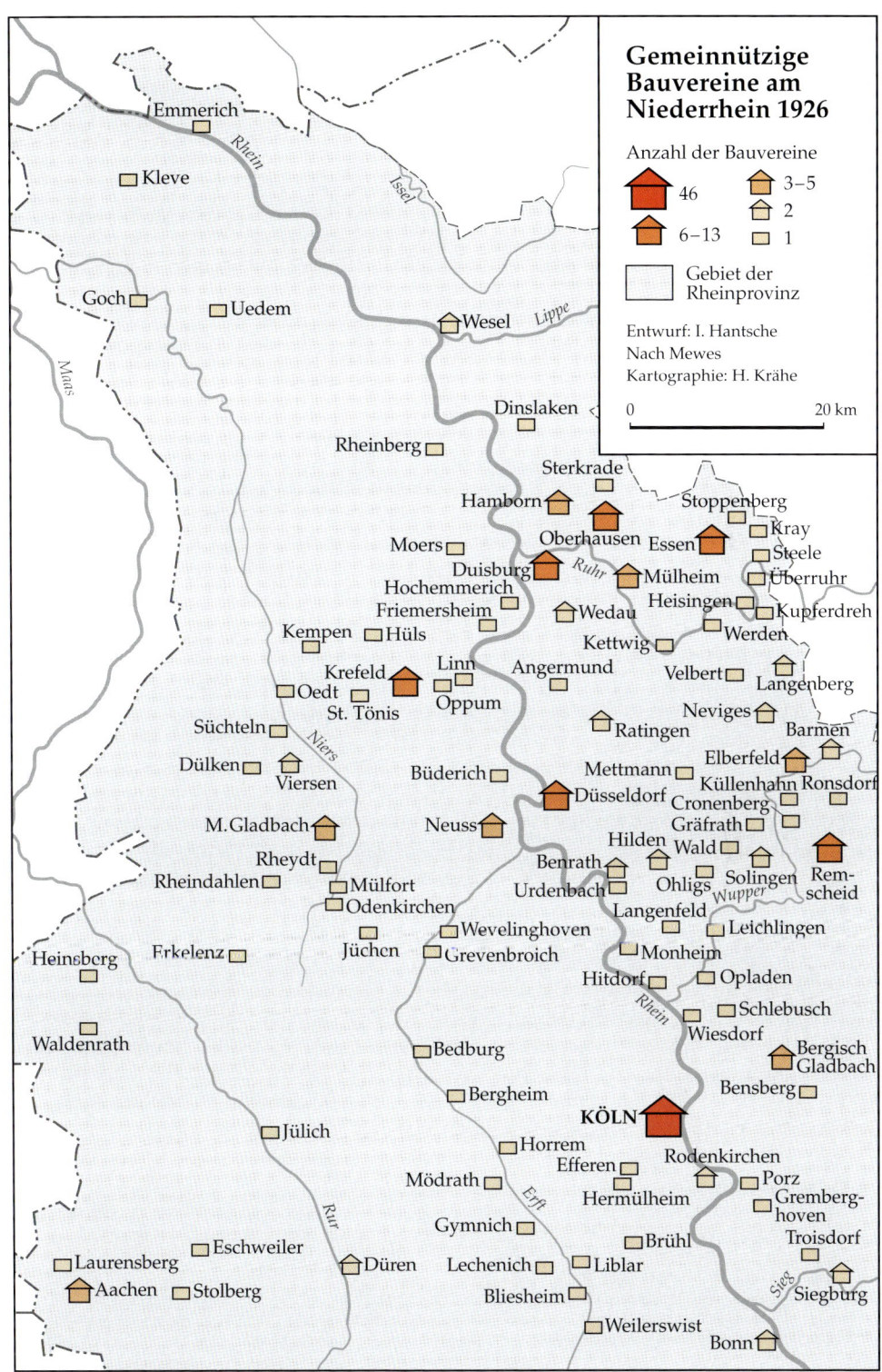

Karte 74: Gemeinnützige Bauvereine am Niederrhein 1926

75. Kreise und kreisfreie Städte am Niederrhein 1930

Mit der großen kommunalen Neugliederung des rheinisch-westfälischen Industriegebiets und ihren umfangreichen Eingemeindungen erfolgten 1929 auch auf Kreisebene erhebliche Änderungen. Die kreisfreien Städte Duisburg und Hamborn wurden zur kreisfreien Stadt Duisburg-Hamborn zusammengelegt, die ab 1935 dann nur noch Duisburg hieß. Die Stadtkreise München-Gladbach und Rheydt bildeten ab 1929 den neuen Stadtkreis Gladbach-Rheydt, die Stadtkreise Barmen und Elberfeld den Stadtkreis Barmen-Elberfeld, der 1930 jedoch in Wuppertal umbenannt wurde. Krefeld wurde 1929 mit dem bisher nicht ausgekreisten Uerdingen zum Stadtkreis Krefeld-Uerdingen zusammengelegt, und auch Viersen erhielt Kreisfreiheit. Ein Vergleich der kreisfreien Städte von 1887 und 1930 zeigt, dass nicht nur ihre Zahl im Jahre 1930 erheblich zugenommen hat, sondern dass sie durch die umfangreichen Eingemeindungen eine große Flächenausdehnung erfahren haben (vgl. z.B. Köln, Essen, Düsseldorf und Krefeld) und damit auch einen enormen Zuwachs an Einwohnern.

Die Karte verdeutlicht, wie unterschiedlich die flächenmäßige Größe der Kreise im Gegensatz zu 1825 und 1887 ist (vgl. Karten ‚Kreise und kreisfreie Städte 1825' und ‚Kreise und kreisfreie Städte 1887'). Es ist offenkundig, dass in den stark industrialisierten Gebieten die Feingliederung zugenommen hat und die Landkreise dort zugunsten von Stadtkreisen an Bedeutung verloren haben. Der Kernbereich des Ruhrgebiets wies seit der Auflösung des Landkreises Mülheim im Jahre 1910 sogar überhaupt keinen eigenen Landkreis mehr auf; allerdings ragten Teile des Landkreises Recklinghausen in das rheinisch-westfälische Industriegebiet hinein. 1929 erfolgte dann auch die Auflösung der Landkreise Krefeld, Kempen, Gladbach, Grevenbroich und Neuss.

Das Gebiet des unteren Niederrheins wurde hingegen nach wie vor durch großräumige Landkreise bestimmt. Nur im westfälischen Grenzbereich bildete Bocholt einen Stadtkreis. Selbst die Stadt Wesel wurde nicht ausgekreist, sondern gehörte nach wie vor (seit 1816) zum Kreis Rees. Allerdings war 1844 aufgrund von Bemühungen des Landrats und als Folge einer königlichen Kabinettsordre aus dem Jahre 1842 das Landratsamt und damit die Verwaltung des Kreises Rees nach Wesel verlegt worden und verblieb dort auf Dauer. Bereits vorher war Wesel der Sitz der Kreiskasse, des Kreis-Physikus und des Kreis-Chirurgen gewesen. Die Bezeichnung des Kreises wurde jedoch nicht geändert; es blieb bei ‚Kreis Rees'. Selbst die Nationalsozialisten hielten an dieser Regelung fest und übernahmen sie sogar für ihre Parteistruktur: ihr Partei-Kreis trug ebenfalls die Bezeichnung ‚Rees', obwohl auch er seinen Sitz in Wesel hatte.

Auffällig ist, dass trotz der Neugliederung vieler Kreise und der vielen Eingemeindungen die einzelnen Kreise nicht den Rhein überschritten. Ausnahmen davon bildeten nur die Stadtkreise Köln und Düsseldorf, die auf der gegenüberliegenden Rheinseite Stadtteile hinzugewonnen hatten. Kein Landkreis hingegen überschritt den Fluss, abgesehen vom Landkreis Kleve, bei dem ein winziger Zipfel von Grietherort infolge einer Rheinbegradigung rechtsrheinisch lag.

Literatur:
GÜNTER LÖFFLER, Verwaltungsgliederung 1820–1980. Landkreise und kreisfreie Städte (= Geschichtlicher Atlas der Rheinlande, Karte und Beiheft V/2), Köln 1982; Verwaltungsgrenzen in der Bundesrepublik Deutschland seit Beginn des 19. Jahrhunderts (= Veröffentlichungen der Akademie für Raumforschung und Landesplanung, Forschungs- und Sitzungsberichte 110), Hannover 1977; RÜDIGER SCHÜTZ, Rheinland (= Grundriß zur deutschen Verwaltungsgeschichte 1815–1945, Reihe A: Preußen, hg. von Walther Hubatsch, Bd. 7), Marburg 1978; HORST ROMEYK, Verwaltungs- und Behördengeschichte der Rheinprovinz 1914–1945 (= Publikationen der Gesellschaft für Rheinische Geschichtskunde, Bd. 63), Düsseldorf 1985; BRIGITTE WEILER, Der Kreis Rees. Grenzkreis im Wandel, in: Meinhard Pohl (Hg.), Raumordnung am Niederrhein. Kreisreformen seit 1816, Wesel 1985, S. 71–101.

Karte 75: Kreise und kreisfreie Städte am Niederrhein 1930

76. Die Zerstörung von Synagogen und Beträumen am Niederrhein 1938

Das Niederrheingebiet hat eine alte jüdische Tradition, die jedoch schon im Mittelalter von Pogromen bedroht wurde (vgl. Karte ‚Juden am Niederrhein bis zur Mitte des 14. Jahrhunderts'), und auch die Folgezeit war nicht frei von Verfolgungen. Dennoch stellte erst der Holocaust während des Dritten Reiches das Bestehen des Judentums völlig in Frage. Die Karte versucht einerseits durch das Verzeichnen der Synagogen und Beträume ein Bild von der großen Anzahl der jüdischen Kultusgemeinden vor der Vernichtung während der Zeit des Dritten Reiches zu geben; andererseits wird durch den aus ihr ablesbaren Zerstörungsgrad deutlich, wie total die Vernichtung jüdischen Lebens war. Als Stichjahr wurde 1938 gewählt, da die meisten Zerstörungen und Schändungen im Zusammenhang mit dem Pogrom vom 9. bis 11. November 1938 stehen, das als ‚Reichskristallnacht' in die Geschichte einging. Allerdings erfolgten viele Anschläge bereits vorher, zum Teil auch kurze Zeit später.

Die Festlegung ist also in vielen Fällen schwierig. Es wäre verhältnismäßig einfach gewesen, die Aussagen allein auf die eigentliche Pogromnacht oder wenigstens die Tage davor oder unmittelbar danach zu beziehen. Doch dann ergäbe sich ein zum Teil falsches Bild. Denn viele Gebäude, die vor dem 9. November 1938 bereits in nicht-jüdische Hände übergegangen waren, wurden zwar von den Zerstörungen in der ‚Reichskristallnacht' nicht mehr betroffen, aber dennoch waren sie Opfer der Verfolgungen geworden, indem sie wegen vielfältiger Repressalien entweder von ihren Gemeinden aufgegeben oder unter Zwang verkauft, zum Teil sogar enteignet worden waren. Außerdem muss berücksichtigt werden, dass viele jüdische Gemeinden im November 1938 gar nicht mehr bestanden, entweder weil ihre Mitglieder bereits wegen der Verfolgungen Deutschland verlassen hatten oder sich aus kleinen Orten in die Anonymität und vermeintliche Sicherheit größerer Städte begeben hatten. Auch aus diesem Grunde diente eine Anzahl von Synagogen und Beträumen bereits vor dem 9. November 1938 nicht mehr gottesdienstlichen Zwecken, selbst wenn sie nicht verkauft oder enteignet worden waren und sich zumindest juristisch gesehen noch im Besitz der jüdischen Gemeinden befanden.

Bei einigen Orten sind Aussagen äußerst schwierig, und das macht die graphische Festlegung in der Karte manchmal problematisch. So ist Emmerichs Synagoge als nicht zerstört verzeichnet worden. Das ist insofern richtig, als sie bereits im August 1938 als Lager an eine Möbelfirma verkauft worden war und das Gebäude aus diesem Grunde nicht am 9./10. November 1938 zerstört wurde, sondern erst 1944 den Bomben zum Opfer fiel. Issum, dessen Synagogengebäude ebenfalls nicht zerstört wurde, ist demgegenüber nicht auf der Karte eingetragen, weil das Gebäude bereits 1935 verkauft worden war. Das Gleiche trifft auf Uedem zu. Ratingen hingegen, dessen Synagoge 1936 ebenfalls an die Stadt verkauft worden war, ist aufgenommen worden. Das scheint besonders widersprüchlich unter der Hinsicht, dass seit 1926 oder 1927 keine Gottesdienste mehr in der Synagoge stattgefunden hatten, da die Gemeinde zu klein geworden war. Aber da Aussagen von Zeitzeugen es nicht völlig ausschließen, dass das Synagogengebäude dennoch im Pogrom von 1938 von Anschlägen betroffen war, wurde es verzeichnet. Nicht ganz eindeutig ist in einigen Fällen auch die Unterscheidung in Synagogen und Beträume; die Übergänge sind hier manchmal fließend. Die Ortsnamen entsprechen in der Regel den Bezeichnungen von 1938.

Literatur:
MICHAEL BROCKE (Hg.), Feuer an Dein Heiligtum gelegt. Zerstörte Synagogen 1938. Nordrhein-Westfalen, Bochum 1999.

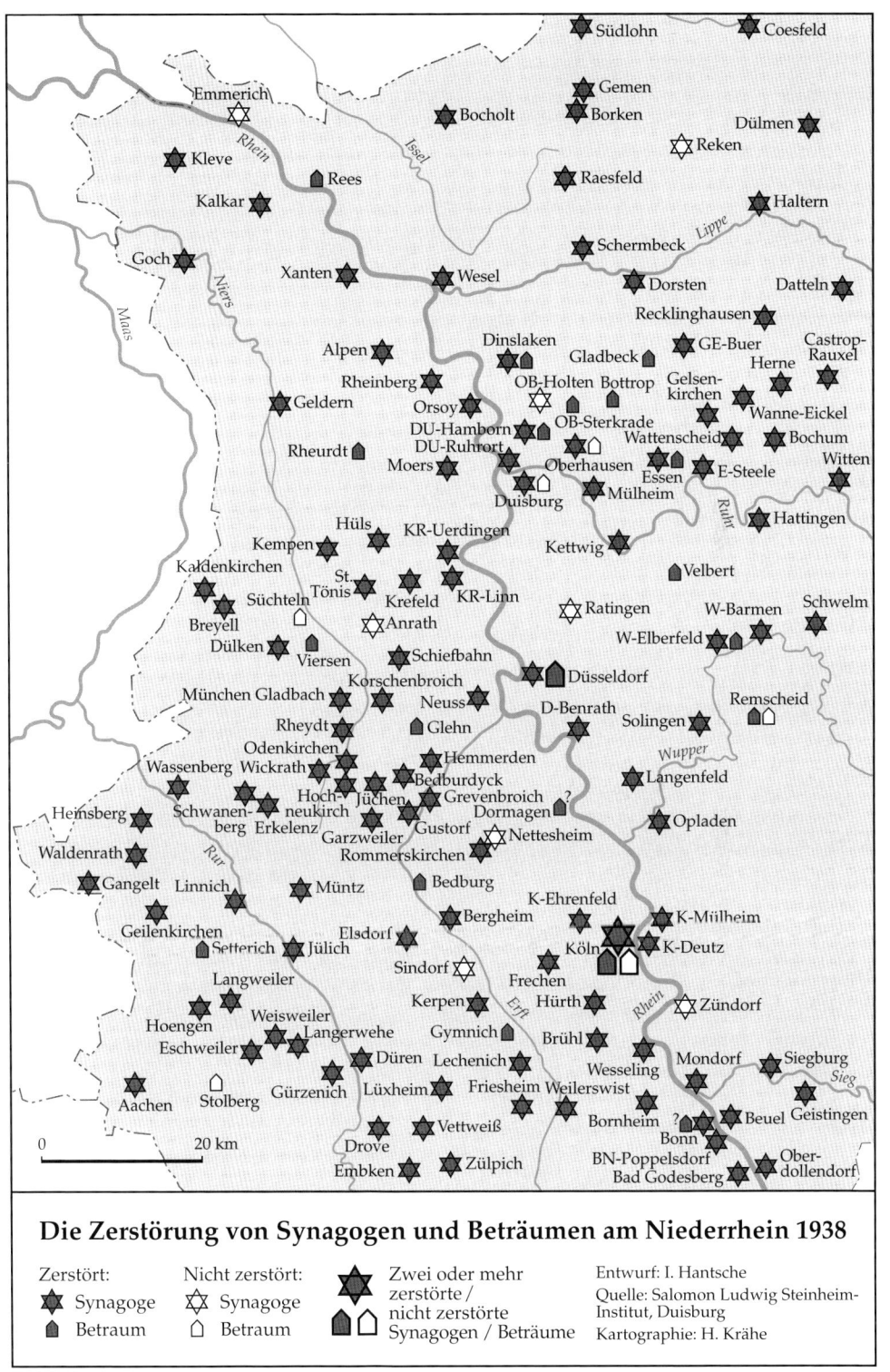

Karte 76: Die Zerstörung von Synagogen und Beträumen am Niederrhein 1938

77. Die Gaue und NSDAP-Kreise am Niederrhein 1939

Am 30. Januar 1933 war Adolf Hitler, der Führer der Nationalsozialistischen Deutschen Arbeiterpartei (NSDAP), vom Reichspräsidenten Paul von Hindenburg zum Reichskanzler ernannt worden. Diese Machtergreifung führte dazu, dass die NSDAP und ihre Repräsentanten binnen weniger Monate die politischen und gesellschaftlichen Strukturen im Deutschen Reich überlagerten und die bestimmende Macht im Staate wurden. Möglich wurde dieser schnelle Erfolg dadurch, dass die NSDAP in sich sehr straff durchorganisiert war. Zu Beginn des Jahres 1939 gliederte sie sich (inklusive Österreichs und des Sudetengebiets) in 40 Gaue (32 davon innerhalb der Grenzen von 1937), 808 Kreise (für 1052 Stadt- und Landkreise), 28.376 Ortsgruppen und Stützpunkte (für 79.375 Gemeinden) mit je höchstens 1.500 Haushalten, 89.378 Zellen mit je 160 bis 480 Haushalten und 463.048 Blöcken zu je 40 bis 60 Haushalten (160 bis 240 Personen). Das Gebiet des Deutschen Reiches war damit flächendeckend erfasst, und der Dualismus von Staat und Partei führte zunehmend zu einer Dominanz der Parteistrukturen. Eine Mitbestimmung der Bevölkerung gab es nicht. Innerhalb der Parteihierarchie herrschte das Führerprinzip, das bedeutete, dass die Funktionsträger nicht gewählt, sondern von oben ein- oder abgesetzt wurden.

Auch am Niederrhein zeigte sich ab 1933 der Dualismus von Staat und Partei. Die Karte beschränkt sich auf die Darstellung der Gaue und Kreise der NSDAP im Vergleich zu den überkommenen preußischen Verwaltungsstrukturen der Regierungsbezirke und Kreise. Durch die Farbgebung wird deutlich, wie die Parteigliederung die alten Verwaltungsstrukturen überlagerte und dabei häufig verdrängte. Die Grenzen der NSDAP-Gaue folgten am Niederrhein zwar den Provinzgrenzen, entsprachen aber innerhalb der Rheinprovinz nicht den Grenzen der Regierungsbezirke. So wurde das Gebiet des Regierungsbezirks Düsseldorf durch die Einrichtung der beiden Gaue Düsseldorf und Essen unterteilt, andererseits wurden die Regierungsbezirke Köln und Aachen zu einem einheitlichen Gau Köln-Aachen (mit Sitz in Köln) zusammengefasst.

Der Bereich der NSDAP-Kreise und der Ortsgruppen war ebenfalls nicht immer mit den Gebieten der verwaltungspolitischen Kreise und Gemeinden deckungsgleich. Bei den NSDAP-Kreisen Rheydt und Gelsenkirchen führten die Partei-Abgrenzungen zu größeren Einheiten. Das Beispiel Köln zeigt hingegen, dass teilweise auch eine neue Feingliederung erfolgte, denn im Bereich des Stadtkreises Köln wurden insgesamt drei NSDAP-Kreise eingerichtet: Köln-Nord, Köln rechtsrheinisch und Köln-Süd. Neuordnungen gab es u.a. auch im Bereich von Bonn, Lennep, Mettmann-Solingen, Neuss-Grevenbroich, Krefeld-Kempen, Recklinghausen und Bocholt. Andererseits übernahm die NSDAP auch überkommene Verwaltungsstrukturen. Im Falle des Kreises Rees, dessen politischer Verwaltungssitz bereits seit 1842/44 nicht Rees, sondern Wesel war, wurde auch die Parteileitung des NSDAP-Kreises Rees nach Wesel gelegt.

Die Gau-Einteilung sollte nach den Plänen der NSDAP die Grundlage für eine Neugliederung der politischen Verwaltungseinheiten Deutschlands bilden, doch der Kriegsausbruch verhinderte die Verwirklichung dieser Absichten. Wie stark jedoch die Verflechtung zwischen Staat und Partei auch ohne diese Verwaltungsreform zumindest teilweise bereits erfolgt war, zeigt sich am Beispiel des Gaues Essen. Sein Gauleiter, Josef Terboven, war seit April 1935 zugleich Oberpräsident der Rheinprovinz und wurde 1940 zusätzlich noch Reichskommissar für Norwegen. Viele Kreisleiter der NSDAP übernahmen zudem die Funktion des Landrats.

Literatur:
REINER POMMERIN, Die räumliche Organisation von Staat und Partei in der NS-Zeit (= Geschichtlicher Atlas der Rheinlande, Karte und Beiheft V/3), Köln 1992; EBERHARD ALEFF (Hg.), Das Dritte Reich, 16. Aufl., Hannover 1970.

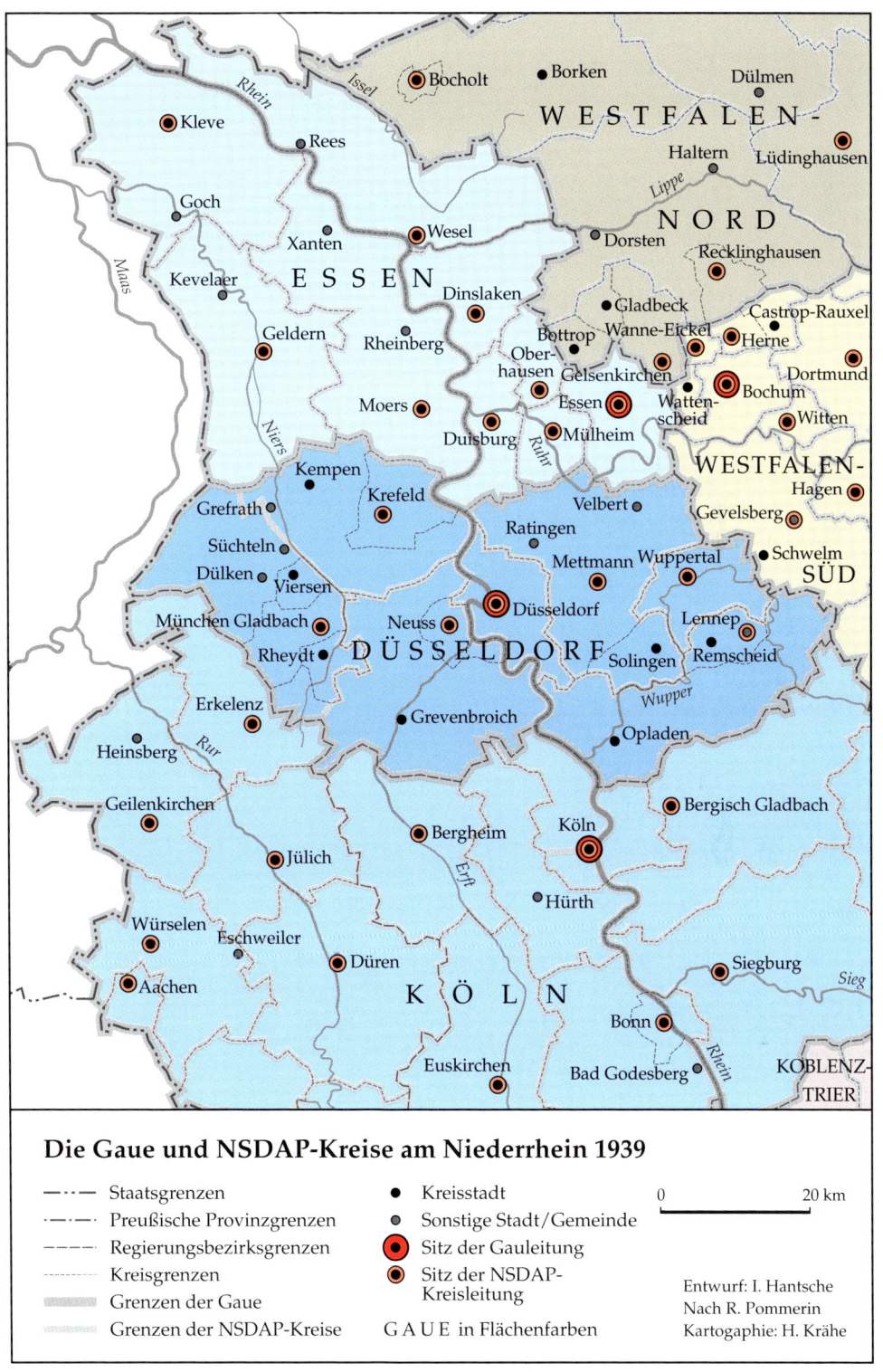

Karte 77: Die Gaue und NSDAP-Kreise am Niederrhein 1939

78. Totalzerstörung von Wohnungen in niederrheinischen Städten 1941–1945

Die meisten Kriegszerstörungen in den Städten und Gemeinden am Niederrhein geschahen durch Bombenabwurf, gegen Kriegsende zunehmend auch durch Bodenkämpfe. Die Bombardierung verfolgte einerseits das Ziel, kriegswichtige Industrien und Verkehrswege zu zerstören; andererseits sollte sie die Moral der Zivilbevölkerung besonders durch die Zerstörung nicht kriegswichtiger Ziele untergraben. Gerade in den nicht industrialisierten Gebieten des Niederrheins gab es eine große Diskrepanz zwischen dem hohen Zerstörungsgrad und der geringen kriegswirtschaftlichen Bedeutung. Hauptziel war jedoch das rheinisch-westfälische Industriegebiet, wo fast täglich Angriffe geflogen wurden. So wurde am 12./13. Mai 1943 die gesamte Duisburger Altstadt vernichtet. Zur Maximierung der Schäden wurden auch Bombenangriffe auf bereits zerstörte Städte oder Stadtteile geflogen, um einen Wiederaufbau unmöglich zu machen. Bei dem seit 1942 praktizierten Flächenbombardement wurden ausgefeilte Methoden angewandt. Nachdem Luftminen zunächst Dächer und Fenster weggerissen hatten, ließen Sprengbomben die Gebäude einstürzen, und Brandbomben erzeugten in den eng bebauten Innenstadtbereichen und verdichteten Wohnquartieren Flächenbrände, die durch thermische Wirkung häufig zu Feuerstürmen wurden. In den letzten Kriegsmonaten steigerte sich die Bombardierung auf vorher unvorstellbare Ausmaße.

Die Angaben über die Kriegsschäden schwanken äußerst stark. Die noch während des Krieges genannten Zahlen wurden oft bewusst niedrig angesetzt; nach dem Kriege war die Tendenz umgekehrt, um möglichst viele Aufbaugelder zu erhalten. Wirklich präzise Angaben und Vergleiche lässt das Quellenmaterial häufig nicht zu. Daher bezieht die Karte die Zerstörung von öffentlichen Gebäuden, Industrieanlagen und der Infrastruktur wie Energie- und Wasserversorgung nicht ein, sondern erfasst ausschließlich die Totalzerstörung von Wohnraum, bezogen auf die Wohnbebauung von 1939. Berücksichtigt wurden nur die Orte, in denen die totale Wohnraumzerstörung mindestens 20 % betrug.

Als total zerstört galten Gebäude, deren Zerstörungsgrad zwischen 60 % und 100 % lag. In diesen Fällen war eine Wiederherstellung nicht möglich oder teurer als ein Neubau. Das traf meist auch auf Häuser zu, bei denen die Außenmauern nach einem Treffer durch Brandbomben – im Gegensatz zu Angriffen mit Sprengbomben – noch standen, der Mörtel in der Regel aber ausgeglüht war. Außerdem muss für die Festlegung des Zerstörungsgrades berücksichtigt werden, dass die Schäden in einer Gemeinde stadtteilmäßig höchst unterschiedlich waren. Hauptziel der Angriffe waren die Innenstädte, die in sehr vielen Fällen vollkommen zerstört wurden. Bei kleinen Städten bedeutete das in der Regel die Zerstörung der Gesamtstadt, bei flächenmäßig größeren Gemeinden hingegen wurde gerade der Wohnraum, der vielfach in den Randbezirken lag, weniger in Mitleidenschaft gezogen als in Kleinstädten. Daher ergeben sich bei der Gesamtbewertung Unterschiede, z.B. zwischen Xanten (85 %) und Wesel (64 %), obwohl Fotografien eindeutig dokumentieren, dass die Stadtkerne beider Städte zu fast 100 % zerstört wurden. Auch die Zahl für Köln (44 %) erscheint angesichts der überlieferten Bilder aus dem Bereich der Innenstadt als viel zu niedrig, aber aus Vergleichsgründen muss ein gemeinsamer Maßstab angelegt werden, der sich auf die Gesamtfläche der Stadt bezieht.

Literatur:
UTA HOHN, Die Zerstörung deutscher Städte im Zweiten Weltkrieg. Regionale Unterschiede in der Bilanz der Wohnungstotalschäden und Folgen des Luftkrieges unter bevölkerungsgeographischem Aspekt (= Duisburger Geographische Arbeiten, Bd. 8), Dortmund 1991; UTA HOHN, *The Bomber's Baedeker – Target Book for Strategic Bombing in the Economic Warfare against German Towns 1943–45*, in: GeoJournal 1994, S. 213–230; VOLKER BODE, Kriegszerstörungen 1939–1945 in Städten der Bundesrepublik Deutschland, in: Europa Regional, Heft 3, 1995, S. 9–20.

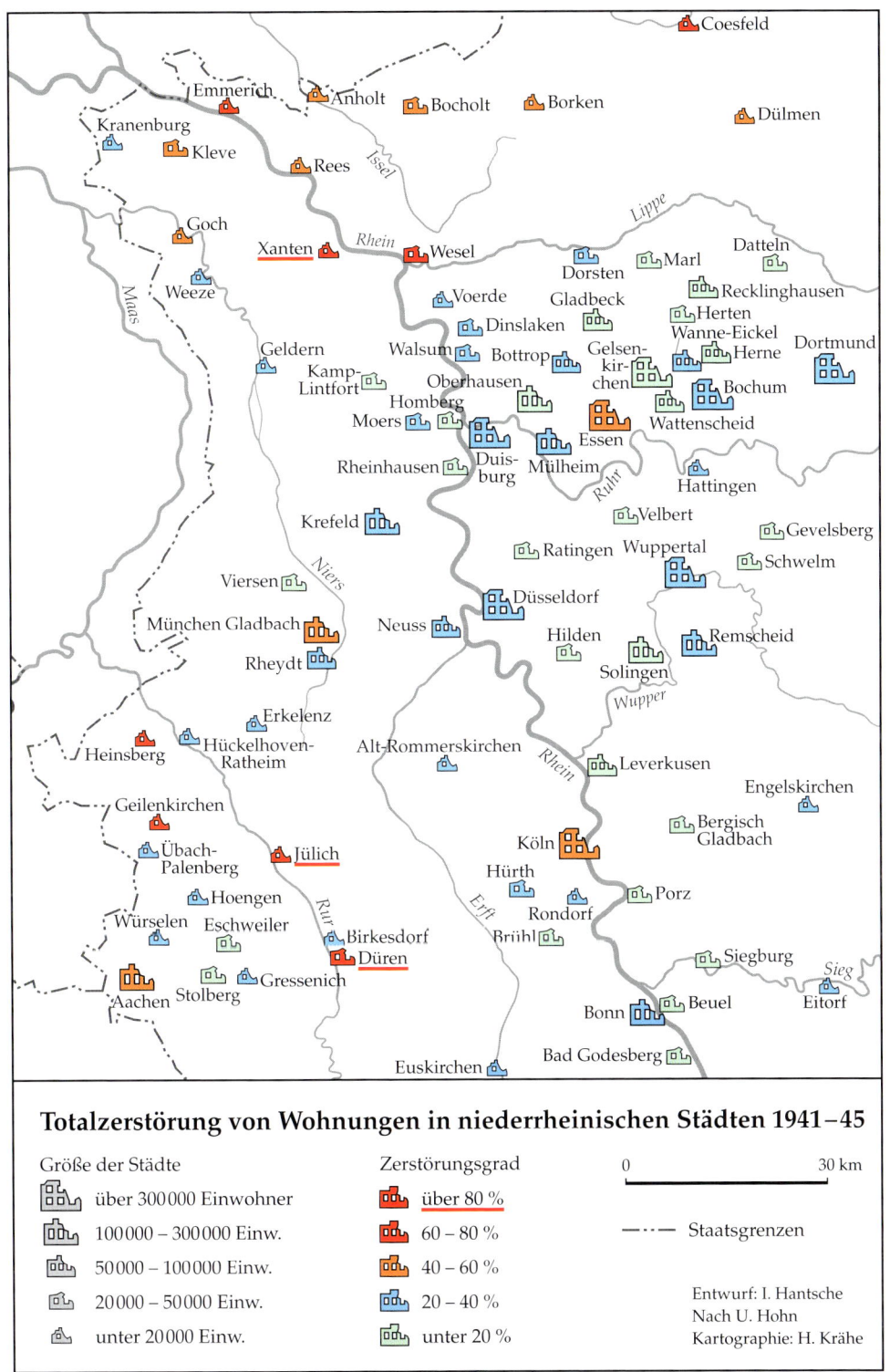

Karte 78: Totalzerstörung von Wohnungen in niederrheinischen Städten 1941–1945

79. Die Eingliederung der Vertriebenen am Niederrhein nach dem Zweiten Weltkrieg

Der Zweite Weltkrieg hat in ganz Europa ungeheurere Menschenverluste und bis dahin nicht bekannte Bevölkerungsverschiebungen verursacht. Neben den eigentlichen Kriegsverlusten war es hauptsächlich der Strom von Flüchtlingen und Vertriebenen aus den Ostgebieten des Reiches, der in Deutschland nach 1945 zu gravierenden demographischen Veränderungen geführt hat. Insgesamt musste das Gebiet der späteren Bundesrepublik und der DDR fast 14 Millionen Menschen aus den deutschen Gebieten östlich von Oder und Neiße oder aus dem Ausland aufnehmen. Das bedeutete: 21 % der insgesamt 65,9 Millionen Menschen, die nach 1945 in den vier Besatzungszonen lebten, waren Flüchtlinge und Vertriebene. Dies war eine enorme Herausforderung, denn die Integration dieser Menschen, die meist als ‚Habenichtse' in ihre neuen Wohngebiete gekommen waren, stellte das durch Kriegsschäden weitgehend zerstörte und wirtschaftlich zerrüttete Restdeutschland vor äußerst schwerwiegende ökonomische wie gesellschaftliche Probleme.

In der Britischen Besatzungszone, zu der das spätere Nordrhein-Westfalen gehörte, lebten 1946 insgesamt 23 Millionen Menschen. Nach einer Aufstellung vom April 1947 waren davon 14,3 % Flüchtlinge und Vertriebene, 2,8 % hatten sich aus der sowjetisch besetzten Zone abgesetzt, und fast 5 % gehörten zu den Evakuierten, die infolge des Bombenkriegs ihre Heimatorte verlassen hatten. Zusammen waren das 22 % der Bevölkerung. Am Niederrhein kam erschwerend hinzu, dass viele Städte eine überproportionale Zerstörung von Wohnraum (vgl. Karte ‚Totalzerstörung von Wohnungen in niederrheinischen Städten 1941–1945') und der Infrastruktur erlitten hatten. Die weniger beeinträchtigten ländlichen Gebiete waren bereits durch Evakuierte aus dem Ruhrgebiet und dem Großraum Köln überfüllt, die dort wegen der geringeren Gefährdung durch Bombenangriffe Schutz gesucht hatten. Für die zusätzliche Bevölkerung waren also weder Wohnraum noch Arbeitsplätze vorhanden. Die Integration wurde zusätzlich dadurch erschwert, dass die Berufsstruktur der Neubürger häufig nicht den Gegebenheiten ihrer neuen Wohnorte entsprach.

Da Arbeitsplätze nach dem Zweiten Weltkrieg vornehmlich in den städtischen Ballungszentren entstanden, drängte ein großer Teil der Flüchtlinge und Vertriebenen sehr bald wieder aus den ländlichen Gebieten weg, in denen viele Aufnahme gefunden hatten. Doch der überproportionale Zerstörungsgrad in den Großstädten setzte dieser Entwicklung Grenzen. Aus der Karte ist ersichtlich, dass die Ruhrgebietsstädte und Köln einen geringeren Anteil an Vertriebenen aufwiesen als die ringförmig darum gelegenen Landkreise. Das ist umso bemerkenswerter, als die Karte den Stand von 1960 wiedergibt, als sowohl im Wohnungsbau wie in der Wirtschaft allgemein die erste Aufbauphase erfolgreich bewältigt war. An diesem Aufbau waren die Vertriebenen maßgeblich mit beteiligt, indem sie nicht nur ihre Arbeitskraft, sondern häufig auch neue Impulse in zuvor festgefügte Strukturen einbrachten. Das wirkte sich auch in kultureller und konfessioneller Hinsicht aus, indem die Vertriebenen mit ihrem oft anders gearteten Hintergrund in ihren neuen Heimatgemeinden zu einer größeren Differenzierung und damit zu einer gesellschaftlichen Bereicherung beitrugen. Die gelungene Integration der Vertriebenen förderte eine Entwicklung, die von einer vielschichtigen und multikulturellen Sehweise und Lebensart geprägt ist.

Literatur:
Statistisches Taschenbuch Nordrhein-Westfalen, hg. vom Landesamt für Datenverarbeitung und Statistik Nordrhein-Westfalen, 4. Jg., 1961; FRIEDRICH EDDING und EUGEN LEMBERG, Eingliederung und Gesellschaftswandel, in: Eugen Lemberg und Friedrich Edding (Hg.), Die Vertriebenen in Westdeutschland. Ihre Eingliederung und ihr Einfluß auf Gesellschaft, Wirtschaft, Politik und Geistesleben, Bd. I, Kiel 1959, S. 156–173; MANFRED OVERESCH, Deutschland 1945–1949. Vorgeschichte und Gründung der Bundesrepublik, Königstein/Ts. 1979.

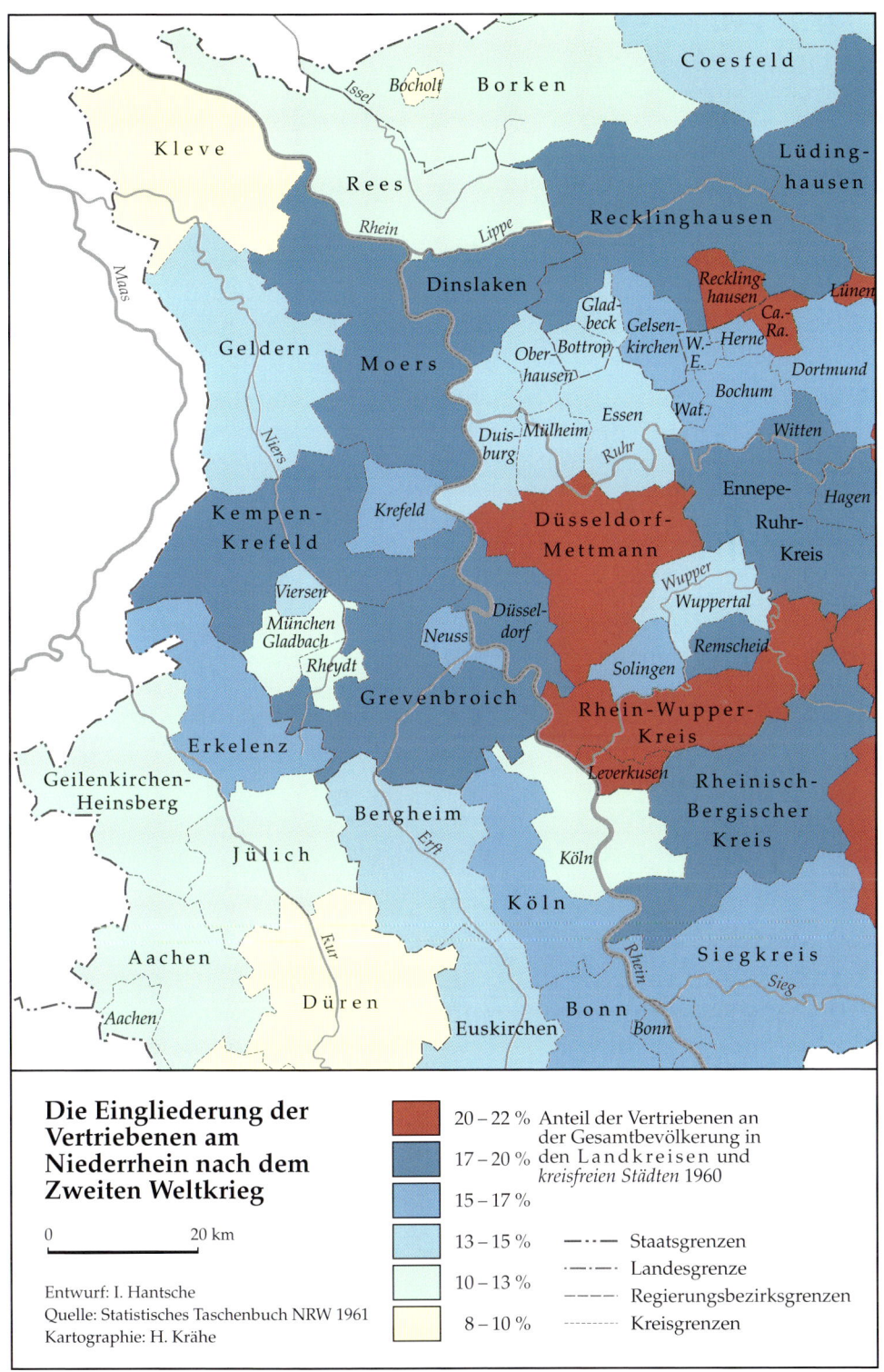

Karte 79: Die Eingliederung der Vertriebenen am Niederrhein nach dem Zweiten Weltkrieg

80. Konfessionsverteilung im Regierungsbezirk Düsseldorf 1970

Die Karte zeigt die Konfessionsverteilung innerhalb des Regierungsbezirks Düsseldorf auf Gemeindeebene. Die kleinere Messgröße macht das Bild zwar erheblich differenzierter als eine Darstellung auf Kreisebene (vgl. Karte ‚Konfessionsverteilung in den Kreisen am Niederrhein 1905'), dennoch wird auch hier der Zustand auf lokaler Ebene nicht völlig berücksichtigt. Denn in den meisten Teilen des Regierungsbezirks waren 1970 bereits durch die Gemeindereform mehrere kleinere Gemeinden zu einer Großgemeinde zusammengefügt worden. Wie unterschiedlich die Konfessionsverhältnisse auch auf engem Raum sein können, zeigt das Kartenbild jedoch im Gebiet nördlich der Lippe, das 1970 noch nicht von der Gemeindereform erfasst war.

Wie im Jahre 1905 lag das Schwergewicht des Protestantismus auch 1970 rechtsrheinisch. Linksrheinisch wird durch die feinere Einteilung jedoch das Übergewicht der Evangelischen in und um Moers ausgewiesen, das 1905 zwar ebenfalls vorhanden war, aber auf der Karte wegen der Darstellung auf Kreisebene nicht erkennbar ist. Erstaunlich ist, dass 1970, also mehr als 400 Jahre nach dem Augsburger Religionsfrieden, in dem das Recht des *cuius regio, eius religio* festgesetzt wurde, immer noch die Ergebnisse der im 16. und 17. Jahrhundert erfolgten konfessionellen Spaltung (vgl. Karte ‚Konfessionen am Niederrhein um 1610') als Grundmuster erkennbar sind. Allerdings ist das Bild nicht mehr so eindeutig, da sich durch Binnenwanderung besonders in der Hochphase der Industrialisierung Verschiebungen und Vermischungen ergeben haben, die nach dem Zweiten Weltkrieg durch Flüchtlinge und Vertriebene noch verstärkt worden sind. Diese demographische Entwicklung hat auch in den vorher überwiegend monokonfessionellen Gebieten die Zahl der Diasporagemeinden erhöht, was auch am modernen Kirchenbau ablesbar ist. Die Bevölkerungsverschiebungen durch die Flüchtlingsbewegung sowie auch infolge wirtschaftlicher Faktoren haben nach 1945 nicht nur im Regierungsbezirk Düsseldorf, sondern in ganz Nordrhein-Westfalen zu einer Vermehrung der Protestanten geführt. Im Regierungsbezirk Köln hatte sich 1946 der Anteil der Protestanten im Vergleich zu 1939 um 50 % erhöht, im Regierungsbezirk Aachen sogar verdoppelt.

In den letzten Jahrzehnten hat sich durch die steigende Zahl der Konfessionslosen und Nicht-Christen eine weitere Differenzierung ergeben, der durch eine Nebenkarte Rechnung getragen wird. Zwar hatte die Anzahl der Kirchenaustritte 1970 noch längst nicht ihren Höhepunkt erreicht, stellte aber durchaus schon eine beträchtliche Größe dar. Ähnlich war es mit den Moslems, deren Zuwanderungszahlen zwar erst nach 1970, hauptsächlich durch die türkischen Gastarbeiter, in die Höhe schnellten, die aber dennoch schon statistisch ins Gewicht fielen. Auffällig ist, dass die Hauptmenge der Konfessionslosen und der Nicht-Christen rechtsrheinisch zu finden ist, und zwar vorwiegend in den überwiegend protestantischen Gebieten, die zugleich Zentren der Industrie sind und eine große Bevölkerungsdichte aufweisen. Besonders die Großstädte Duisburg, Düsseldorf, Wuppertal, Solingen und Remscheid ragen hier heraus, während die nach wie vor eher ländlichen Gebiete am nördlichen Niederrhein, vor allem die linksrheinischen, kaum betroffen sind.

Literatur:
Die Wohnbevölkerung nach Alter, Familienstand und Religionszugehörigkeit am 27. Mai 1970. Gemeindeergebnisse (= Beiträge zur Statistik des Landes Nordrhein-Westfalen, Sonderreihe Volkszählung 1970, Heft 4c), Düsseldorf 1972; Landesamt für Statistik und Raumplanung, Unveröffentlichte Sonderauswertung ‚Religion' aus der Volkszählung 1970; Gemeindegrenzen 1970 (= Deutscher Planungsatlas, Bd. I: Nordrhein-Westfalen), Hannover 1973; WALTER MENGES, Wandel und Auflösung von Konfessionszonen, in: Eugen Lemberg und Friedrich Edding (Hg.), Die Vertriebenen in Westdeutschland. Ihre Eingliederung und ihr Einfluß auf Gesellschaft, Wirtschaft, Politik und Geistesleben, Bd. III, Kiel 1959, S. 1–22.

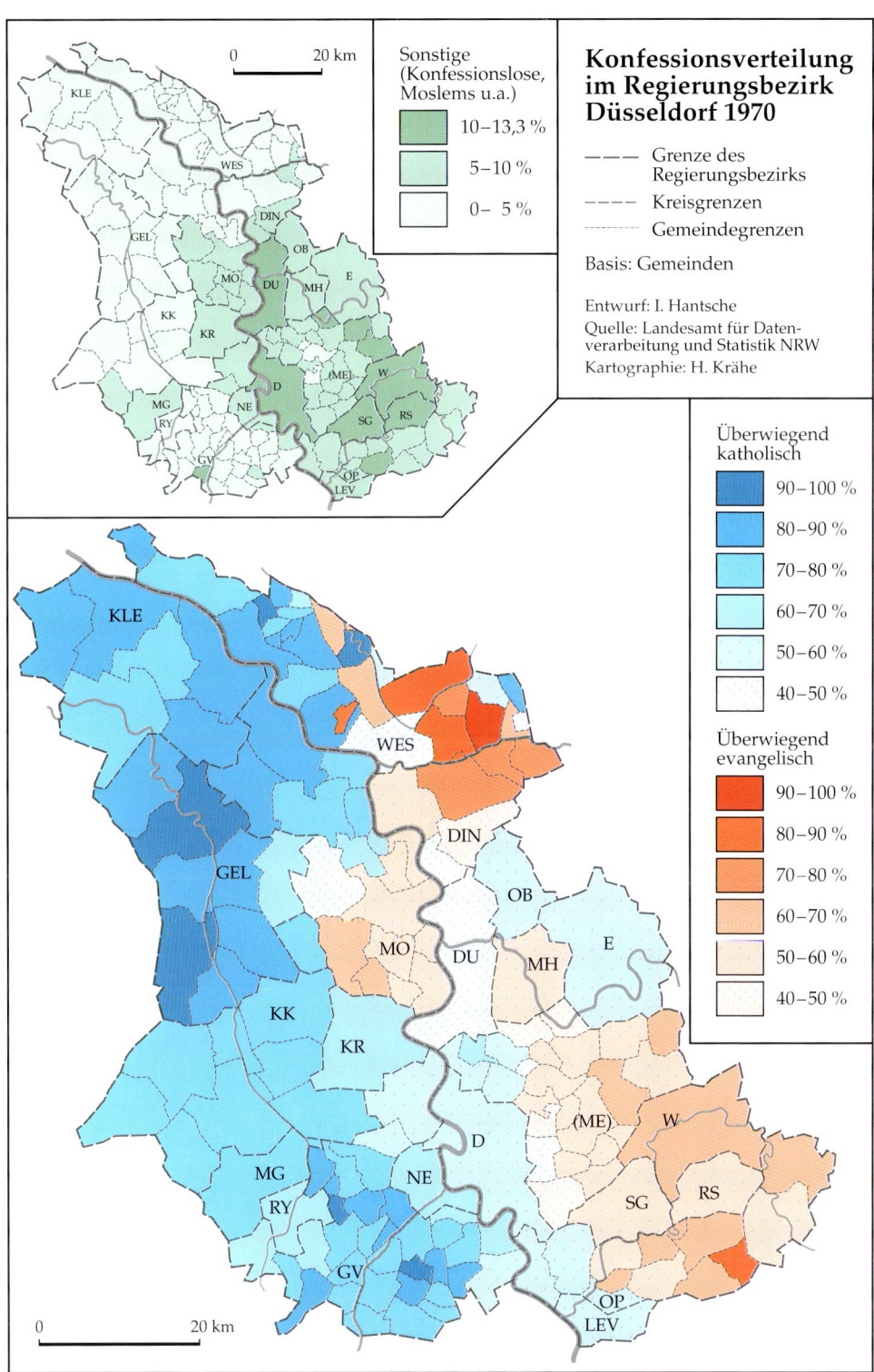

Karte 80: Konfessionsverteilung im Regierungsbezirk Düsseldorf 1970

81. Katholische Diözesen am Niederrhein 1957

Durch den starken Bevölkerungsanstieg im Rheinland infolge der Industrialisierung stellte sich zunehmend das Problem einer Neugestaltung der Kölner Kirchenprovinz. Doch erst 1926 erfolgten diesbezügliche, zunächst noch vertrauliche Verhandlungen zwischen dem Preußischen Staat und dem Heiligen Stuhl. Unterschiedliche Modelle wurden erörtert, eine generelle Lösung jedoch nicht gefunden. Dennoch zeichnete sich ab, dass das Erzbistum Köln im 20. Jahrhundert endgültig seine bis ins Mittelalter zurückgehende Dominanz am Niederrhein verlieren würde. Sie war während der französischen Herrschaft zu Anfang des 19. Jahrhunderts bereits kurzzeitig sogar völlig in Frage gestellt worden, indem Napoleon das Erzbistum Köln durch ein an Frankreich ausgerichtetes Bistum Aachen ersetzen wollte. Diese Pläne hatten zwar keinen Bestand, aber 1821 wurde die Vorherrschaft der Kölner Erzdiözese dann doch auf Dauer stark eingeschränkt, indem das Bistum Münster sich auf die linke Rheinseite hin ausdehnen konnte. Aufgrund einer Abstimmung zwischen dem Heiligen Stuhl und der preußischen Regierung wurde das Gebiet des nur kurzfristig bestehenden Regierungsbezirks Kleve (1816–1821) 1821 dem Bistum Münster zugeschlagen und verblieb dort auch nach der Wiederauflösung des Regierungsbezirks Kleve (vgl. Karte ‚Katholische Diözesen am Niederrhein 1821'). Doch trotz dieser einschneidenden Maßnahme blieben die bevölkerungsmäßig stärksten Gebiete am Niederrhein dem Erzbistum Köln erhalten.

1930 musste die Kölner Diözese dann durch die (Wieder-)Errichtung des Bistums Aachen weitere Einbußen hinnehmen. Die neue Gründung war allerdings erheblich kleiner als das von Napoleon im Jahre 1802 eingerichtete Bistum Aachen, das in den knapp 20 Jahren seines Bestehens eine Ausdehnung von über 270 km von der Nahe im Süden bis an die niederländische Grenze im Norden besaß. Das neue Bistum Aachen hingegen erstreckte sich nur noch vom Bereich der Eifel bei Blankenheim bis zu einer Linie, die teilweise nördlich, teilweise südlich der 1821 festgelegten linksrheinischen Grenze zwischen den Diözesen Köln und Münster verlief und dort an den Rhein grenzte.

Nach dem Zweiten Weltkrieg erfolgte 1957 durch die Errichtung des Ruhrbistums mit dem Sitz in Essen eine weitere Aufsplitterung der Bistumslandschaft im Bereich des Niederrheins. Durch diese Gründung trug die Kirche der bereits lange vorhandenen Bedeutung der rheinisch-westfälischen industriellen Kernlandschaft Rechnung, aber sie nahm dabei keine Rücksicht auf die politischen Einheiten. So zerschneiden die nun bestehenden Bistumsgrenzen der Diözesen Köln, Aachen, Münster und des Ruhrbistums den zentralen Bereich zwischen den Städten Krefeld, Moers, Duisburg und Düsseldorf, der unter dem Dach des Regierungsbezirks Düsseldorf verwaltungsmäßig zusammengefasst ist. Der Riss geht in Einzelfällen sogar mitten durch Städte. Im Fall von Essen und Duisburg gehören seit der Gebietsreform von 1975 einige eingemeindete Stadtteile (vgl. Kettwig bzw. Rheinhausen, Homberg und Walsum) anderen Diözesen an als die Städte, denen sie verwaltungsmäßig zugeschlagen worden sind. Diese Tatsache scheint zu bestätigen, dass Diözesangrenzen langlebiger sind als politische Grenzen.

Literatur
KARL-HEINZ TEKATH, Die Kirche am Niederrhein im 19. Jahrhundert. 1848–1933, in: Heinrich Janssen und Udo Grote (Hg.), Zwei Jahrtausende Geschichte der Kirche am Niederrhein, Münster 1998, S. 426–444.

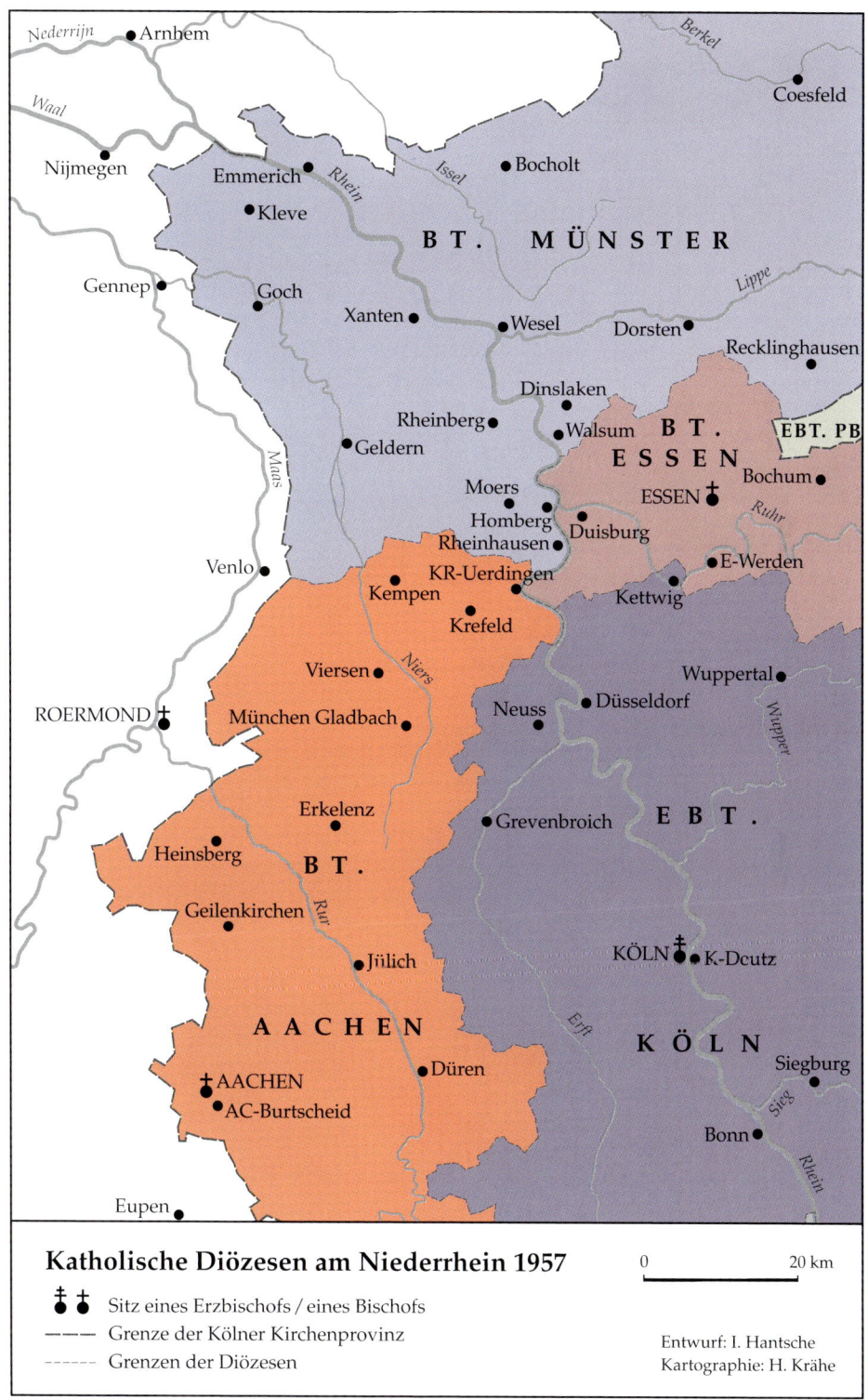

Karte 81: Katholische Diözesen am Niederrhein 1957

82. Die Kirchenkreise der Evangelischen Kirche am Niederrhein 1975

Wie bereits im 19. Jahrhundert besteht auch im 20. Jahrhundert keine Übereinstimmung zwischen den politischen Kreisgrenzen und den Kirchenkreis-/Synodalgrenzen. Während 1879 aber wenigstens noch die Grenzen der Kirchenkreise auf die Regierungsbezirke abgestimmt waren, ist auch das heute nicht mehr der Fall, wie am Beispiel der Kirchenkreise Gladbach, Leverkusen und Lennep deutlich wird, die teilweise im Regierungsbezirk Düsseldorf, teilweise im Regierungsbezirk Köln liegen. Einige Kirchenkreise überspringen sogar die Grenze zwischen dem Rheinland und Westfalen. Der Vergleich der evangelischen Kirchenkreise des Jahres 1975 mit der Synodaleinteilung im Jahre 1879 zeigt zudem in einzelnen Bereichen eine erheblich stärkere Feingliederung der kirchlichen Verwaltungsstruktur.

Besonders rechtsrheinisch wurden ehemalige Synoden in mehrere Kirchenkreise aufgeteilt. Dies geschah besonders in Großstädten, in denen der rasante Bevölkerungsanstieg eine feinere Verwaltungsgliederung nahelegte. Durch die Aufteilung und die damit erfolgende Vermehrung der Kirchenkreise war nicht nur eine bessere regionale Kirchenverwaltung möglich, sondern es konnte zugleich das Gewicht der städtischen Ballungszentren auf der Ebene der Landeskirche erheblich besser zur Geltung gebracht werden. So wurde das Gebiet der Stadt Essen, das 1879 noch mit Mülheim/Ruhr zusammen die Synode ‚An der Ruhr' gebildet hatte, nicht nur vom Kirchenkreis ‚An der Ruhr' getrennt, sondern zudem noch in drei selbstständige Kirchenkreise aufgeteilt. Kettwig, das durch die Gebietsreform 1975 seine politische Selbstständigkeit verlor und zu einem Essener Stadtteil wurde, blieb hingegen beim Kirchenkreis ‚An der Ruhr'. Damit verteilt sich das jetzige Essener Stadtgebiet auf vier Kirchenkreise, ist andererseits aber auf den Synoden auch viermal vertreten. Auch bei Duisburg wurde die Kirchenkreisstruktur nicht durch die politische Gebietsreform von 1975 verändert, denn die neu hinzugewonnenen linksrheinischen Stadtteile, Rheinhausen und Homberg, blieben Bestandteil des Kirchenkreises Moers; hingegen wurde das ausschließlich rechtsrheinisch gelegene Gebiet der ehemaligen Synode ‚Duisburg' aufgeteilt und gehört nun zu den Kirchenkreisen ‚Duisburg-Nord', ‚Duisburg-Süd', ‚Dinslaken' und ‚Oberhausen'. In anderen Fällen, z.B. bei Wesel, weichen die Gebiete der ehemaligen Synode und des jetzigen Kirchenkreises nur unwesentlich voneinander ab. Besonders in den stärker ländlich strukturierten Gebieten wurde die alte großräumige Einteilung weitgehend beibehalten, da sich die demographischen Verhältnisse hier erheblich weniger verändert haben als in den Industriezentren und städtischen Ballungsgebieten.

Die Karte zeigt aber auch, dass eine große Bevölkerungsdichte allein noch kein ausreichender Grund für eine kirchliche Verwaltungsreform und eine Vermehrung der Kirchenkreise war. Die Aufteilung in gebietsmäßig kleine Einheiten lohnte sich nur in Regionen mit einem verhältnismäßig starken evangelischen Bevölkerungsanteil. Daher sind die evangelischen Kirchenkreise in überwiegend katholischen und/oder weniger dicht besiedelten Gebieten auch heute immer noch recht großräumig, wenngleich auch hier eine Verkleinerung gegenüber 1879 zu erkennen ist.

Die zunehmenden Kirchenaustritte in den letzten Jahren und die damit verbundene Schrumpfung der Gemeinden wie auch der gravierende Ausfall an Kirchensteuern wird in Zukunft eher eine rückläufige Bewegung erwarten lassen. Erste Überlegungen für eine Zusammenlegung von Kirchenkreisen und damit für eine Revision der nach dem Zweiten Weltkrieg erfolgten Neugliederung werden bereits offen angestellt.

Literatur:
Kartengrundlage: Statistischer Dienst der Evangelischen Kirche im Rheinland, 1975; Verzeichnis der Kirchengemeinden, Kirchenkreise, Verbände, Ämter und Einrichtungen der Evangelischen Kirche von Westfalen und ihrer Amtsträger, hg. vom Statistischen Referat im Landeskirchenamt, Bielefeld 1981.

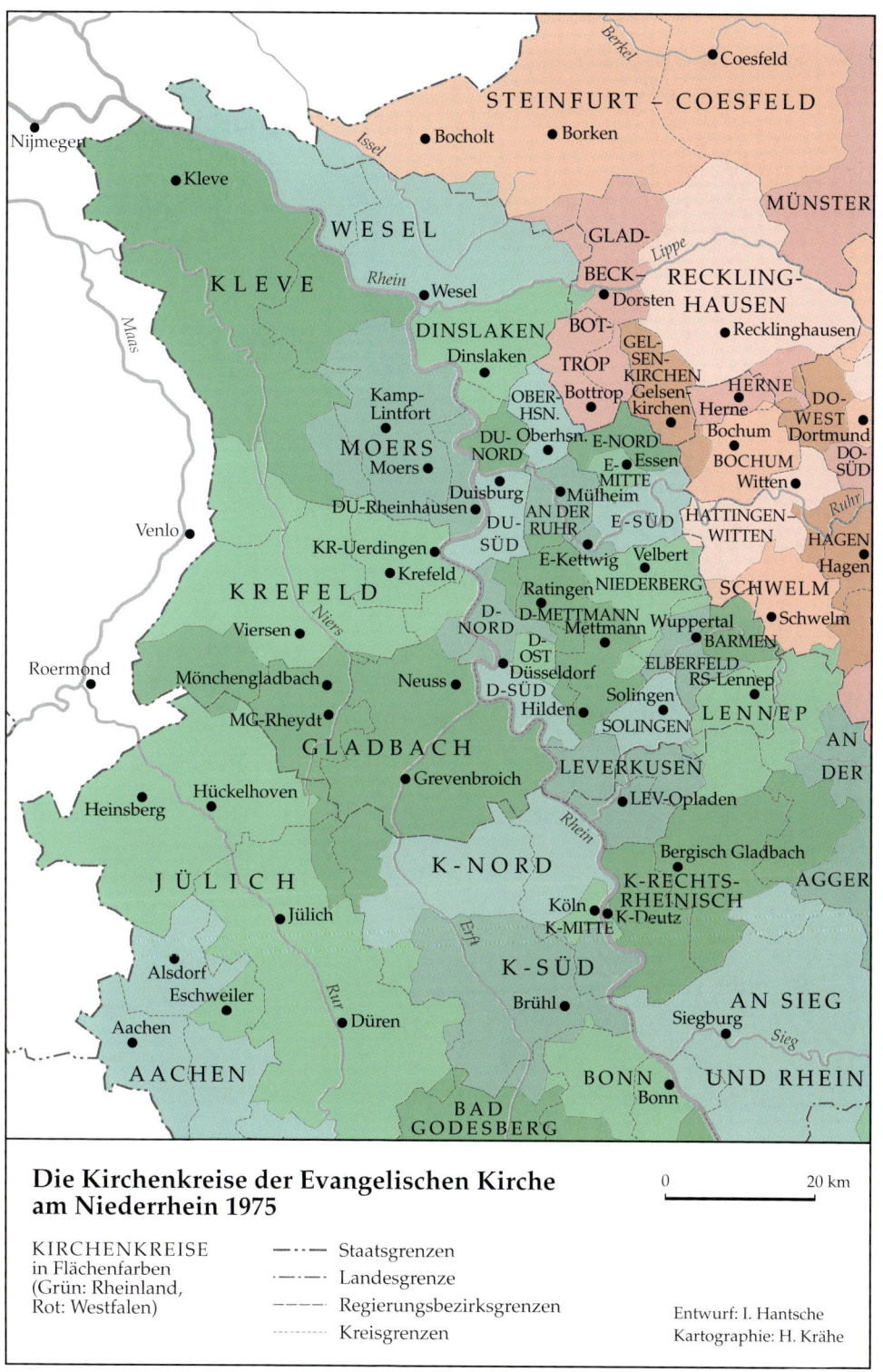

Karte 82: Die Kirchenkreise der Evangelischen Kirche am Niederrhein 1975

83. Kreise und kreisfreie Städte am Niederrhein 1980

Bereits seit dem 19. Jahrhundert zeigte sich eine Tendenz zur Veränderung von Verwaltungsgrenzen, die durch die Schaffung von Stadtkreisen geprägt war, um dem spektakulär ansteigenden Bevölkerungswachstum in den industriellen Ballungszentren Rechnung zu tragen. Das führte jedoch auch zu einem größeren flächenmäßigen Ungleichgewicht zwischen den Kreisen, besonders zwischen den Stadt- und Landkreisen. Grundsätzlich setzte sich diese Entwicklung in der zweiten Hälfte des 20. Jahrhunderts fort, wenngleich die zahlreichen Eingemeindungen als Folge der 1965 in Angriff genommenen durchgreifenden Gebietsreform die Flächengröße vieler Stadtkreise erhöhte. 1975 war die Gebietsreform weitgehend abgeschlossen; Klagen gegen die Neugliederung wurden teilweise jedoch erst später entschieden. Obwohl die Änderungen in erster Linie die kommunale Ebene betrafen, hatten sie auch Auswirkungen auf die Kreisstruktur.

Ziel der Gebietsreform war, die wirtschaftlichen Kräfte zu bündeln, besonders in den industriellen Ballungsgebieten, und dadurch die sich immer stärker abzeichnende Strukturkrise zu überwinden. Als Ergebnis mehrerer Modellüberlegungen setzte sich generell eine Vergrößerung der Stadtkreise durch sowie eine Straffung bzw. Zusammenlegung der Landkreise. Der Begriff ‚Landkreis' wurde übrigens gleichzeitig durch den Begriff ‚Kreis' ersetzt. Ergebnis der Gebietsreform war, dass es im gesamten Land Nordrhein-Westfalen statt der bisher 2362 Gemeinden (1692 davon mit weniger als 3.000 Einwohnern) nur noch 396 Gemeinden gab, von denen keine unter 3.000 Einwohner hatte. Diese Gemeinden wurden auf 31 Kreise und in 23 kreisfreie Städte aufgeteilt. Sie waren nicht nur größer als die alten Gemeinden, sondern erhielten teilweise auch neue Namen, die der Zusammenlegung mehrerer Orte Rechnung trugen. So wurde z.B. der Name der Stadt Lechenich in Erftstadt geändert. Eine weitere Folge war, dass einige zuvor kreisfreie Städte die Kreisfreiheit verloren: Gladbeck wurde Teil des Kreises Recklinghausen, Wattenscheid nach Bochum eingemeindet. Auch Viersen ist nicht mehr kreisfreie Stadt, wurde jedoch Sitz des neu geschaffenen Kreises Viersen, der den Hauptteil des alten Landkreises Kempen-Krefeld umfasst.

Dass im Zusammenhang mit Gebietsreformen zum Teil die alten Doppelnamen wegfielen (aus dem Landkreis Grevenbroich-Neuss wurde der Kreis Neuss, wie bereits 1940 aus dem Stadtkreis Krefeld-Uerdingen der Stadtkreis Krefeld geworden war), ist eher nebensächlich. Tiefer greifende Einschnitte waren Zusammenlegungen und Beschneidungen. Der ehemalige rechtsrheinische Siegkreis wurde durch Zugewinn von Gebieten der linksrheinischen ehemaligen Landkreise Bonn und Rheinbach zum flussüberschreitenden Rhein-Sieg-Kreis, der in keinerlei Zusammenhang mehr mit der territorialen Struktur vor 1789 steht. Am Niederrhein kam der Kreis Geldern zum neuen Kreis Kleve, der zudem noch durch den nördlichen Teil des Kreises Rees vergrößert wurde. Der südliche Teil des Kreises Rees, dessen Sitz seit 1842/44 die Stadt Wesel war, wurde mit den Kreisen Moers und Dinslaken zum Kreis Wesel vereinigt. Indem nicht nur der südliche Teil des Kreises Dinslaken, sondern auch der östliche Teil des Kreises Moers an den Stadtkreis Duisburg fielen, dehnte sich Duisburg über den Rhein aus. Überhaupt fällt auf, dass die neuen Kreisgrenzen in vielen Fällen den Rhein überschreiten. Das war zuvor nur in geringen Ausnahmen der Fall gewesen. Dass auch im südlichen linksrheinischen Bereich eine Verringerung der Kreiszahl bei gleichzeitiger Vergrößerung der Kreisgebiete erfolgte, zeigt der Wegfall der Kreise Jülich und Erkelenz.

Literatur:
GÜNTER LÖFFLER, Verwaltungsgliederung 1820–1980. Landkreise und kreisfreie Städte (= Geschichtlicher Atlas der Rheinlande, Karte und Beiheft V/2), Köln 1982; WALTER FÖRST, Kleine Geschichte Nordrhein-Westfalens, Düsseldorf 1986; ROLF TIGGEMANN, Die kommunale Neugliederung in Nordrhein-Westfalen, Meisenheim am Glan 1977; MEINHARD POHL (Hg.), Raumordnung am Niederrhein. Kreisreformen seit 1816, Wesel 1985.

Karte 83: Kreise und kreisfreie Städte am Niederrhein 1980

84. Karnevalsvereine am Niederrhein bis zum Zweiten Weltkrieg

Der Karneval gilt aus Ausdruck rheinischer Lebensart. Seine Wurzeln gehen bis ins Mittelalter, zumindest in die frühe Neuzeit zurück, und es gab mannigfache Bräuche in Stadt und Land, die vor dem Beginn der Fastenzeit praktiziert wurden. Dazu gehörten z.B. Festmahle, Schautänze, das Gänsereiten und auch Vermummungen. Weit verbreitet war das fröhliche Umherziehen innerhalb der Gemeinde, bei Tag und bei Nacht, und das ‚Heischen' junger Leute, d.h. das Erbitten von Gaben, meist Speck, Schinken und Würste. Im 18. Jahrhundert kamen dann Maskenbälle wie überhaupt das Tragen von Masken auf. Diese Bräuche waren zum Teil der Obrigkeit suspekt, ermöglichten sie doch auch den offenen Ausdruck von Unzufriedenheit oder eine gegen das Regime gerichtete Agitation, ohne dabei sofort die eigene Identität preiszugeben. Frühzeitig zeigte sich also schon eine politische Komponente im Karneval, die allerdings nicht überbewertet werden sollte. ‚Spaß an der Freud' war für die meisten Menschen sicherlich viel wichtiger als subtile politische Opposition. Dennoch reagierten die Behörden teilweise äußerst empfindlich. So war während der französischen Besatzungszeit in der napoleonischen Ära das Feiern der Fastnacht zunächst verboten; doch bereits 1801 erlaubten die Franzosen in Köln unter bestimmten Auflagen wieder den Straßenkarneval. Auch nach dem Übergang der Rheinlande an Preußen 1815 gab es Restriktionen. 1828 erließ die preußische Regierung ein Verbot des Karnevals in kleinen Städten und auf dem Lande. Auch sonst griffen die Behörden in das Festgeschehen ein, besonders in Zeiten politischer Unruhe wie im Vormärz oder während der 1848er-Revolution. Dennoch, die Ausbreitung des Karnevals konnte dadurch nicht aufgehalten werden; eine Unterbrechung erlitt sie nur in Kriegszeiten. Während des Dritten Reiches versuchte die NSDAP, auch den Karneval gleichzuschalten und in das Programm der KdF-Gemeinschaft (Kraft durch Freude) einzubauen.

Erst nach dem Ende der napoleonischen Ära hatte der seit Jahrhunderten bodenständige, aber dennoch eher unkonventionell und häufig spontan gefeierte Karneval vielfach feste Formen angenommen. Die Zeit des organisierten Karnevals begann 1823 in Köln mit der Gründung des ersten Karnevalsvereins. Sie war mit einer Fastnachtsreform verbunden, die den bisher praktizierten volkstümlichen Straßenkarneval festen Regeln unterwarf, die von den Eliten der Stadt bestimmt wurden. Die dadurch erfolgende gesellschaftliche Aufwertung des Karnevals schloss bald auch den Straßenkarneval ein. Die Vorbereitung und Durchführung der Fastnachts-Aktivitäten lag in den Händen von eigens gegründeten Vereinen und wurde von einem Komitee oder ‚Rat' geleitet, dem Vorläufer des ‚Elferrats'. Er organisierte ‚Sitzungen' und geordnete Umzüge, die bereits zu Beginn teilweise unter einem besonderen thematischen Motto standen. Als symbolische Figur wurde der ‚Held Karneval' eingeführt, der sich später zum ‚Prinzen' weiterentwickelte.

Von Köln aus breitete sich der organisierte Karneval auf das gesamte Rheinland und auf Teile Westfalens aus. Auch evangelische Gebiete wurden von ihm erfasst; bereits 1842 wurde in Barmen und 1867 in Elberfeld der erste Karnevalsverein gegründet. Die Schwerpunkte lagen dennoch in den überwiegend katholischen Regionen, wie die Karte zeigt. Durch eine unvollständige Quellenbasis sind allerdings gerade im Gebiet des unteren Niederrheins vermutlich nicht alle Orte erfasst, in denen vor dem Zweiten Weltkrieg bereits Karnevalsvereine bestanden.

Literatur:
HILDEGARD FRIESS-REIMANN, Der organisierte Karneval seit der Reform in Köln 1823 (= Geschichtlicher Atlas der Rheinlande, Karte und Beiheft XI/5), Köln 1989; PETER LINGENS, ‚Semper lustig, nunquam traurig'. Die Anfänge des organisierten Karnevals in Geldern und Umgebung, in: Geldrischer Heimatkalender 1995, S. 27–34; FRIEDRICH GORISSEN, Geschichte der Stadt Kleve, Kleve 1977; Themenheft Karneval (= Niederwupper – Historische Beiträge, Heft 16), hg. vom Bergischen Geschichtsverein, Abteilung Leverkusen, Leverkusen 1977.

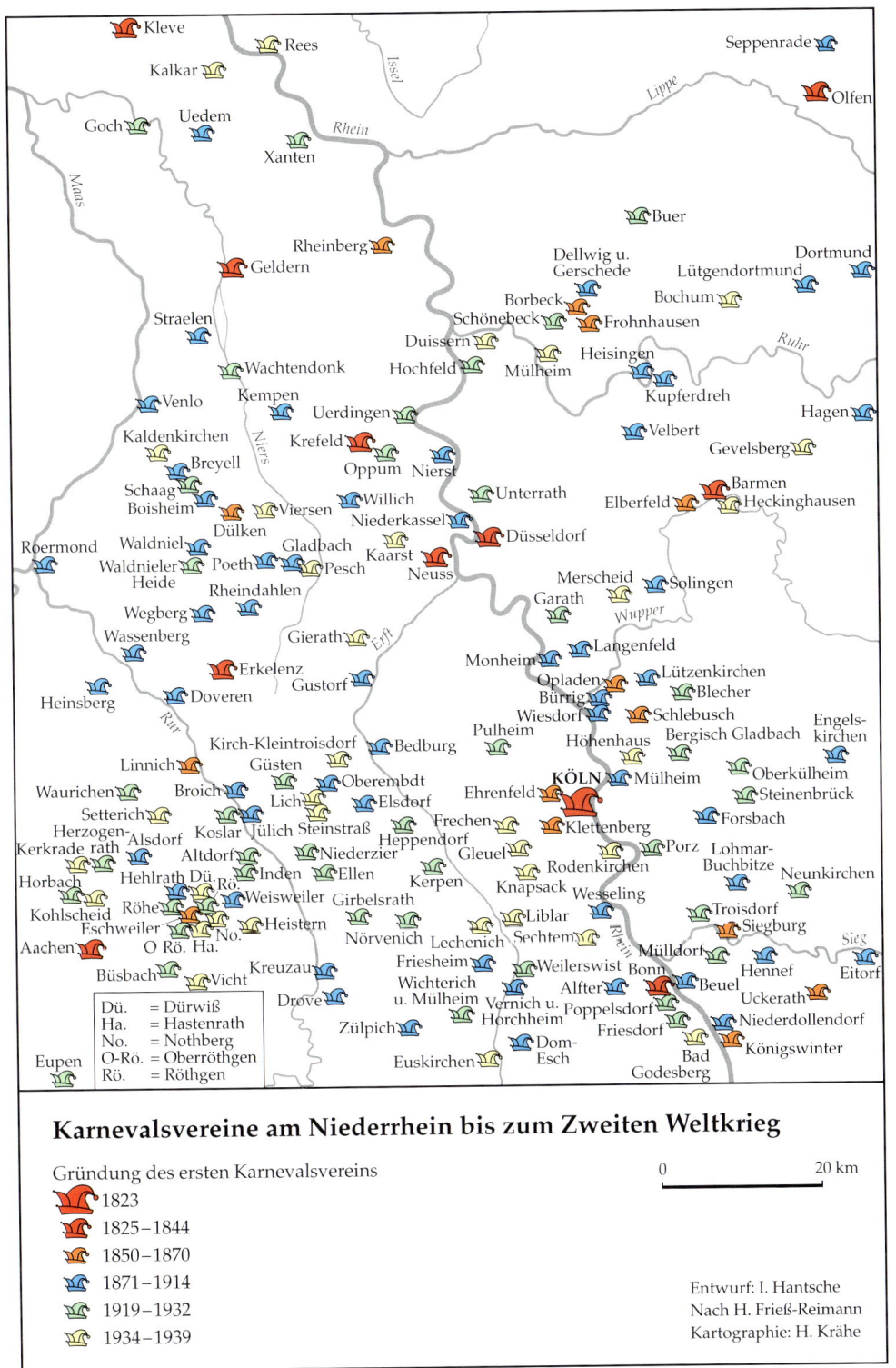

Karte 84: Karnevalsvereine am Niederrhein bis zum Zweiten Weltkrieg

85. Alt und Kölsch – traditionelle Bierlandschaften am Niederrhein gegen Ende des 20. Jahrhunderts

Eine der Antworten auf die Frage nach der Abgrenzung des Niederrheins ist, der Bereich des Niederrheins sei identisch mit dem Altbier-Gebiet. Das stimmt zumindest heute nicht mehr, da Altbier inzwischen überregional vertrieben wird und das Pils seit den 70er-Jahren am Niederrhein sehr erfolgreich mit dem Altbier konkurriert und dessen einst vorherrschende Stellung vielfach sogar verdrängt hat. Außerdem träfe diese Definition ohnehin nur für den unteren Niederrhein zu, da die geographisch zum Niederrhein gehörende Kölner Bucht vom Kölsch geprägt ist. Kölsch und Alt – beide Namen haben sich erst im 20. Jahrhundert eingebürgert – sind obergärige Biere, während Pils und Exportbier untergärig gebraut werden. Die tieferen Temperaturen, die beim Brauvorgang von untergärigem Bier nötig sind, konnten vor der Verbreitung der Kühlmaschine (ab 1875) nur von Natur-Eis erzeugt werden, das am Niederrhein nicht ausreichend zur Verfügung stand. Denn es gibt weder Felsenkeller zur ganzjährigen Aufbewahrung des im Winter aus Seen und Teichen geschnittenen Eises, noch sind die Winter hier kalt genug, um genügend Eis zu ‚ernten'. Daher setzte sich am Niederrhein die Trendwende vom obergärigen zum länger haltbaren und besser transportfähigen untergärigen Bier in der zweiten Hälfte des 19. Jahrhunderts vorerst nicht durch. Es blieb beim obergärigen Bier mit dunkler Farbe, zunächst auch in Köln, dessen obergäriges Bier erst gegen Ende des 19. Jahrhunderts sich farblich dem inzwischen populären untergärigen Bier anpasste. Dieses untergärige Bier, jetzt vornehmlich Pils, bis in die 60er-Jahre auch das Export, ist überall verbreitet und besitzt rechtsrheinisch nördlich der Kölsch-Linie eine völlig dominierende Position, von den wenigen Ausnahmen wie Düsseldorf abgesehen. Die obergärigen Biere haben allerdings seit den 60er-Jahren Terrain zurückgewonnen. Trotzdem hat sich die Unterscheidung von Bier-Regionen in den letzten Jahren verwischt und gehört in vielen Bereichen des Niederrheins der Vergangenheit an.

Noch in der frühen Neuzeit waren Köln und Neuss die Zentren des obergärigen Bierbrauens und hatten jeweils ein festes Einzugsgebiet, das sie aus Konkurrenzgründen gegeneinander verteidigten. Düsseldorf, das wegen seiner Brauereien und vielen Altstadtkneipen heute als Altbierhochburg gilt, übernahm die Neusser Tradition. Die Grenze zwischen beiden Bereichen war nie klar gezogen, und bis heute gibt es einen Übergangsstreifen. Kölsch darf übrigens nur in Köln und den wenigen Orten gebraut werden, in denen es bereits vor dem entsprechenden Gerichtsurteil von 1980 produziert worden war; für das Alt gibt es eine derartige juristische Beschränkung nicht. Insgesamt hat sich die Zahl der Braustätten radikal verkleinert. Hatten im 19. Jahrhundert viele Gemeinden südlich einer Linie auf der Höhe der Lippemündung noch eine Brauerei, oft in Verbindung mit einem Gasthaus, so führte das industrielle Brauen zu einem Konzentrationsprozess, der sich in den letzten Jahren zu einem wahren Brauerei-Sterben steigerte. Am Niederrhein sind nur wenige Braustätten übrig geblieben, ein Vorgang, der symptomatisch für das gesamte Braugewerbe ist und nichts mit der Unterscheidung in unter- und obergäriges Bier zu tun hat. Die ehemals bedeutende Bierstadt Wuppertal z.B. besitzt heute nicht eine Brauerei mehr. Eine gegenteilige Entwicklung gibt es allerdings in Einzelfällen durch die Gründung von Kleinbrauereien für den lokalen Gebrauch.

Literatur

GERT FISCHER und WOLFGANG HERBORN, Geschichte des rheinischen Brauwesens, in: Bierbrauen im Rheinland, Köln 1985; GENNO FONK, Altbier im Alltag. Biergeschichte vom Niederrhein, Duisburg 1999; DERS., Altbierlandschaft Niederrhein. Geschichte und Gegenwart der niederrheinischen Bierspezialität, in: Fritz Langensiepen (Hg.), Bierkultur an Rhein und Maas, Bonn 1998, S. 113–123; JÖRG ENGELBRECHT, Bier als regional-definierender Faktor. Am Beispiel Kölsch, in: ebd., S. 105–112; MATHIAS RÖCKEL, Kölsch oder Alt – eine Sache des Geschmacks. Ergebnisse einer aktuellen Umfrage zu einer alten Streitfrage, in: Volkskultur an Rhein und Maas, 17. Jg. 1998, S. 62–78.

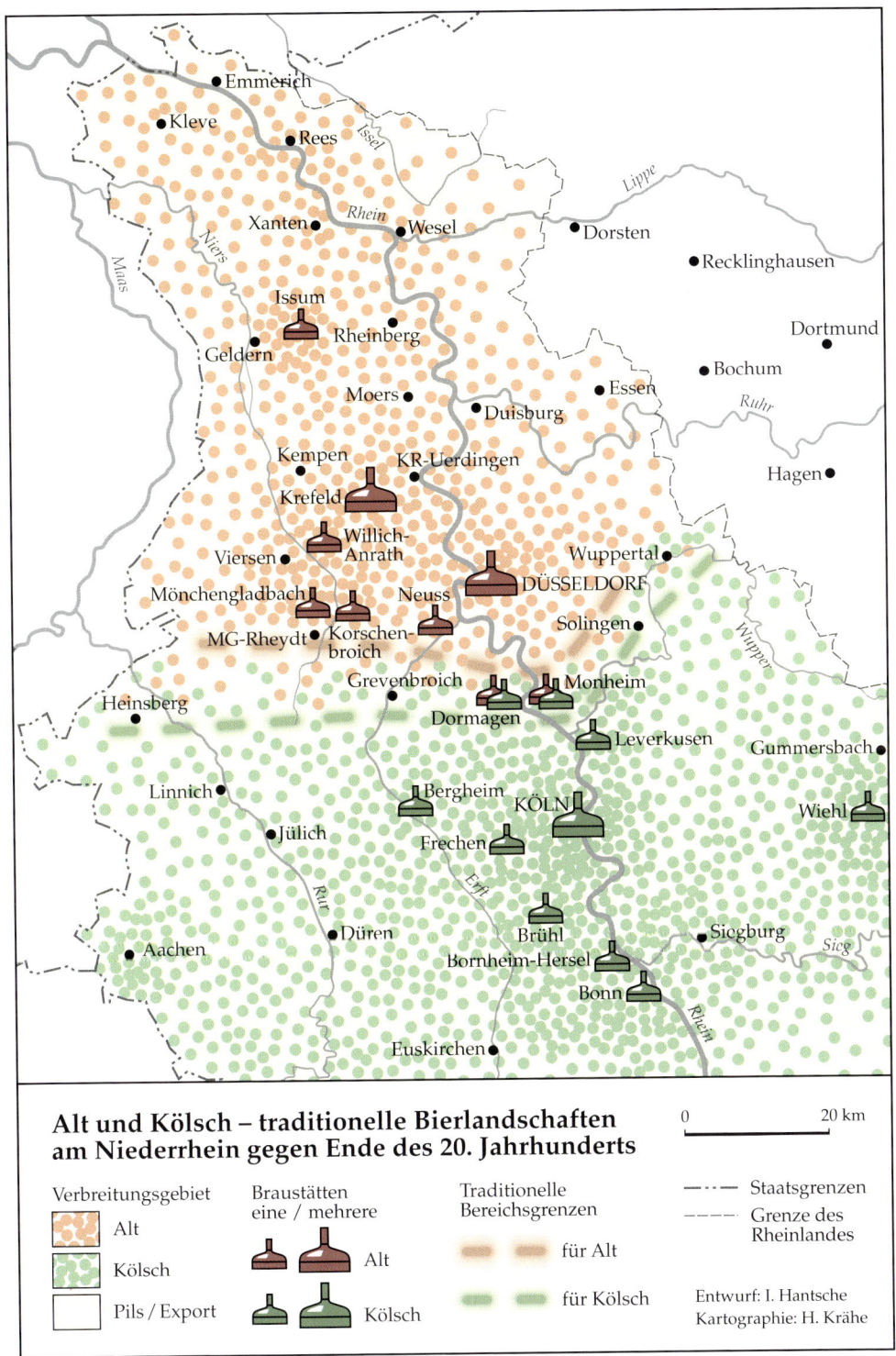

Karte 85: Alt und Kölsch – traditionelle Bierlandschaften am Niederrhein gegen Ende des 20. Jahrhunderts

Auswahl der verwandten Literatur

Atlanten und Karten:

Atlas Bundesrepublik Deutschland. Pilotband, hg. vom Institut für Länderkunde Leipzig, Leipzig 1997.

Atlas zur Kirchengeschichte. Die christlichen Kirchen in Geschichte und Gegenwart, hg. von Hubert Jedin, Kenneth Scott Latourette und Jochen Martin, bearb. von Jochen Martin, Freiburg 1970.

Die Rheinprovinz im Jahre 1789. Uebersicht der Kreiseintheilung, bearb. und entworfen von Wilhelm Fabricius, Bonn 1897.

Die westfälischen Länder im Jahre 1801. Politische Gliederung, Übersichtskarte, bearb. von Günter Wrede, Münster 1953.

Geschichtlicher Atlas der Rheinlande, im Auftrag der Gesellschaft für Rheinische Geschichtskunde in Verbindung mit dem Landschaftsverband Rheinland, hg. von Franz Irsigler, Günter Löffler und Rudolf Straßer, Köln 1982 ff.

Geschichtlicher Atlas der Rheinprovinz, 2. Band: Die Karte von 1789, bearbeitet von Wilhelm Fabricius im Auftrage der Gesellschaft für rheinische Geschichtskunde, Bonn 1894.

Geschichtlicher Atlas der Rheinprovinz, 5. Band: Die beiden Karten der kirchlichen Organisation, 1450 und 1610, bearbeitet von Wilhelm Fabricius im Auftrage der Gesellschaft für rheinische Geschichtskunde, Bonn 1902 und 1909.

Geschichtlicher Handatlas der Deutschen Länder am Rhein. Mittel- und Niederrhein, bearb. von Josef Niessen, Köln und Lörrach 1950.

Geschichtlicher Handatlas der Rheinprovinz, hg. von Hermann Aubin, bearb. von Josef Niessen, Köln und Bonn 1926.

Geschichtlicher Handatlas von Westfalen, hg. vom Provinzialinstitut für Westfälische Landes- und Volksforschung des Landschaftsverbandes Westfalen-Lippe, Münster 1975 ff.

HANTSCHE, Irmgard, Geldern-Atlas. Karten und Texte zur Geschichte eines Territoriums, Kartographie Harald Krähe, Geldern 2003.

HANTSCHE, Irmgard, Preußen am Rhein. Kleiner kommentierter Atlas zur Territorialgeschichte Brandenburg-Preußens am Rhein, Kartographie Harald Krähe, Bottrop/Essen 2002.

Historische Atlas van Limburg en aangrenzende gebieden, I. serie: Staatkundige Kaarten; II. serie: Kerkhistorische Kaarten, mit Beiheften, Assen 1976, 1977, 1978, 1990.

Karte der evangelischen Kirche im Rheinland, hg. vom Landeskirchenarchiv Düsseldorf, Düsseldorf 1955.

Karte der politischen und administrativen Eintheilung der heutigen Preussischen Rheinprovinz für das Jahr 1789, bearbeitet und entworfen von Wilhelm Fabricius, Blatt I: Kleve–Düsseldorf, Blatt II: Elberfeld–Essen, Blatt III: Aachen, Bonn 1894.

Kirchliche Organisation und Verteilung der Confessionen im Bereich der heutigen Rheinprovinz um das Jahr 1610, bearbeitet und entworfen von Wilhelm Fabricius, Bonn 1902.

Kleine Atlas voor de Geschiedenis van beide Limburgen, zusammengestellt unter Leitung von J.H.M. Wieland, Leeuwarden/Maastricht 1989.

Rheinischer Städteatlas, hg. vom Landschaftsverband Rheinland und dem Amt für rheinische Landeskunde, Bonn/Köln 1972 ff.

Quellen und Literatur:

ALBERTS, W. Jappe, Der Rheinzoll Lobith im späten Mittelalter, Bonn 1981.

ALEFF, Eberhard (Hg.), Das Dritte Reich, 16. Aufl., Hannover 1970.

ANDERNACH, Norbert, Entwicklung der Grafschaft Berg, in: Land im Mittelpunkt der Mächte. Die Herzogtümer Jülich–Kleve–Berg, 2. Aufl., Kleve 1984, S. 63–73.

ANDREAS, Willy, Deutschland vor der Reformation. Eine Zeitenwende, 7. Aufl., Berlin 1972.

ANGENENDT, Arnold, Die Merowinger- und Karolingerzeit. Vom 5. bis zur Mitte des 10. Jahrhunderts, in: Heinrich Janssen und Udo Grote (Hg.), Zwei Jahrtausende Geschichte der Kirche am Niederrhein, Münster 1998, S. 31–40.

ANGENENDT, Arnold, Geschichte des Bistums Münster, Bd. 1: Mission bis Millenium. 313–1000, Münster 1998.

ASEN, Johannes, Die Beginen in Köln, in: ‚Zahlreich wie die Sterne des Himmels'. Beginen am Niederrhein zwischen Mythos und Wirklichkeit. Mit Beiträgen von Johannes Asen, Florence Koorn, Daniela Müller, Jutta Prieur-Pohl, Gerhard Rehm, Christine Ruhrberg, Martina Wehrli-Johns (= Bensberger Protokolle 70), Bergisch Gladbach 1992, S. 133–170.

AUBIN, H., FRINGS Th., HANSEN J. u.a., Geschichte des Rheinlandes von der ältesten Zeit bis zur Gegenwart, Band 1: Politische Geschichte, Band 2: Kulturgeschichte, Essen 1922.

AXMACHER, Walter, Elten. Die letzten 100 Jahre. 1897–1997 (= Emmericher Forschungen, Bd. 15), 2. Auflage, Emmerich 1998.

BECHERT, Tilmann und WILLEMS, Willem J.H. (Hg.), Die römische Reichsgrenze von der Mosel bis zur Nordseeküste, Stuttgart 1987.

BECHERT, Tilmann, Römisches Germanien, München 1982.

BECKER, Thomas P., Hexenverfolgung im Erzstift Köln, in: Hexenverfolgung im Rheinland. Ergebnisse neuerer Lokal- und Regionalstudien. Mit Beiträgen von Thomas P. Becker, Georg Mölich, Gerhard Schormann, Gerd Schwerhoff, Rainer Walz (= Bensberger Protokolle 85), Bergisch Gladbach 1996, S. 89–136.

BECKER, Thomas P., Hexenverfolgung im Herzogtum Julich, in: Neue Beiträge zur Jülicher Geschichte, hg. von Günter Bers, Bd. VIII, 1997, S. 54–75.

BENZING, Josef, Die Buchdrucker des 16. und 17. Jahrhunderts im deutschen Sprachgebiet, 2. Aufl., Wiesbaden 1982.

Bergbau AG Niederrhein (Hg.), 125 Jahre Steinkohlenbergbau am linken Niederrhein, Redaktion Hermann Boldt, Duisburg 1982.

BERGMANN, Ludwig, Kevelaer-Wallfahrt, in: Wallfahrten im Rheinland, hg. vom Amt für rheinische Landeskunde in Verbindung mit dem Volkskunderat Rhein-Maas und dem Niederrheinischen Freilichtmuseum, Köln 1981, S. 67–78.

BERGMANN, Ludwig, Wallfahrtsorte und Wallfahrtsbrauchtum am unteren Niederrhein. Ungedruckte Dissertation, Kevelaer 1949.

BERKVENS, A.M.J.A., Die zweite Epoche der territorialen Ausdehnung des geldrischen Oberquartiers, in: Stefan Frankewitz und Gerard Venner, Die Siegel der Städte und Dörfer im geldrischen Oberquartier. 1250–1798, Venlo 1987, S. 41–44.

BINDING, Günther, Kleinkirchen am unteren Niederrhein, in: Römisch-Germanisches Zentralmuseum Mainz (Hg.), Führer zu vor- und frühgeschichtlichen Denkmälern, Bd. 14: Linker Niederrhein: Krefeld, Xanten, Kleve, Mainz 1969, S. 99–101.

BLOTEVOGEL, Hans Heinrich, Gibt es eine Region Niederrhein? Über Ansätze und Probleme der Regionsbildung am unteren Niederrhein aus geographisch-landeskundlicher Sicht, in: Dieter Geuenich (Hg.), Der Kulturraum Niederrhein, Bd. 2: Im 19. und 20. Jahrhundert, Bottrop/Essen 1997, S. 155–185.

BÖCKING, Werner, Der Niederrhein zur römischen Zeit. Archäologische Ausgrabungen in Xanten, Kleve 1987.

BODE, Volker, Kriegszerstörungen 1939–1945 in Städten der Bundesrepublik Deutschland. Inhalt und Probleme bei der Erstellung einer thematischen Karte, in: Europa Regional, Heft 3, 1995, S. 9–20.

BONGARTZ, Arnold, Beiträge zur Statistik des christlich-socialen Vereinswesens, in: Christlich-sociale Blätter. Katholisch-sociales Central-Organ, Jg. 1877, S. 41 ff.

BRAKELMANN, Günter, Die soziale Frage des 19. Jahrhunderts, Bielefeld 1975.

BRAKELMANN, Günter, Kirche, soziale Frage und Sozialismus, Bd. 1: Kirchenleitungen und Synoden über soziale Frage und Sozialismus 1871–1914, Gütersloh 1977.

BRÄMIK, Reinhold, Die Verfassung der lutherischen Kirche in Jülich–Berg, Cleve–Mark–Ravensberg in ihrer geschichtlichen Entwicklung (= Schriftenreihe des Vereins für Rheinische Kirchengeschichte 18), Düsseldorf 1964.

BRAUBACH, Max, Der junge Görres als ‚Cisrhenane', in: Diplomatie und geistiges Leben im 17. und 18. Jahrhundert. Gesammelte Abhandlungen, Bonn 1969, S. 807–833.

BRAUBACH, Max, Vom Westfälischen Frieden bis zum Wiener Kongreß (1648–1815), in: Franz Petri und Georg Droege (Hg.), Rheinische Geschichte, Bd. 2. Neuzeit, Düsseldorf 1976, S. 219–365.

BROCKE, Michael (Hg.), Feuer an Dein Heiligtum gelegt. Zerstörte Synagogen 1938. Nordrhein-Westfalen, Bochum 1999.

BRUNS, Friedrich und WECZERKA, Hugo, Hansische Handelsstraßen (= Quellen und Darstellungen zur Hansischen Geschichte, Neue Folge, Bd. XIII, Teil 1 und 2): Atlas, bearb. von Hugo Weczerka, Köln/Graz 1962, Textband, Köln/Graz 1967.

BURKHARD, Wolfgang, 10 000 Jahre Niederrhein. Kurzgefaßte Geschichte der Region Duisburg–Wesel–Kleve unter besonderer Berücksichtigung ihrer wirtschaftlichen Entwicklungen seit der vorgeschichtlichen Zeit bis zur Gegenwart, Kleve 1994.

BUSSMANN, Claus, Gibt es ‚Niederrheiner'? Historische Gründe für das Fehlen eines niederrheinischen Identitätsbewußtseins, in: Dieter Geuenich (Hg.), Der Kulturraum Niederrhein, Bd. 1: Von der Antike bis zum 18. Jahrhundert, 2. Aufl., Bottrop/Essen 1997, S. 157–166.

CORNELISSEN, Georg, ‚Beide taalen kennende'. Klevische Zweisprachigkeit in den letzten Jahrzehnten des Ancien régime, in: Helga Bister-Broosen (Hg.), Niederländisch am Niederrhein, Frankfurt/M. 1998, S. 83–100.

CORNELISSEN, Georg, Das Niederländische im preußischen Gelderland und seine Ablösung durch das Deutsche. Untersuchungen zur niederrheinischen Sprachgeschichte der Jahre 1770 bis 1870, Geldern 1986.

CORNELISSEN, Georg, Zur Sprache des Niederrheins im 19. und 20. Jahrhundert, in: Dieter Geuenich (Hg.), Der Kulturraum Niederrhein, Bd. 2: Im 19. und 20. Jahrhundert, Bottrop/Essen 1997, S. 87–102.

CROON, Helmuth, Die verwaltungsmäßige Gliederung des mittleren Ruhrgebietes im 19. und 20. Jahrhundert, in: Bochum und das mittlere Ruhrgebiet, hg. von der Gesellschaft für Geographie und Geologie Bochum (= Festschrift zum 35. deutschen Geographentag), Paderborn 1965, S. 59–64.

Das Herzogthum Geldern Königl. Preußischen Antheils, Berlin 1782/84. (Faksimile-Nachdruck, hg. von Gregor Hövelmann, Geldern 1980).

DICKS, Matthias, Die Abtei Camp am Niederrhein. Geschichte des ersten Cistercienserklosters in Deutschland. (1123–1802), Kempen 1913.

Die endgültigen Ergebnisse der Volkszählung vom 1. Dezember 1905, in: Preußische Statistik, Heft 206, Berlin 1908.

Die Wohnbevölkerung nach Alter, Familienstand und Religionszugehörigkeit am 27. Mai 1970. Gemeindeergebnisse (= Beiträge zur Statistik des Landes Nordrhein-Westfalen, Sonderreihe Volkszählung 1970, Heft 4c), Düsseldorf 1972.

DITTGEN, Willi, Der Kreis Dinslaken. Im Wechselbad der Geschichte, in: Meinhard Pohl (Hg.), Raumordnung am Niederrhein. Kreisreformen seit 1816, Wesel 1985, S. 23–51.

DOHMS, Peter, Die Geschichte der Wallfahrt nach Kevelaer, in: 350 Jahre Kevelaer-Wallfahrt 1642–1992, hg. von Josef Heckens und Richard Schulte Staade, Bd. I, Kevelaer 1992, S. 226–274.

DOHMS, Peter, in Verbindung mit Dohms, Wiltrud und Schroeder, Volker, Die Wallfahrt nach Kevelaer zum Gnadenbild der ‚Trösterin der Betrübten'. Nachweis und Geschichte der Prozessionen von den Anfängen bis zur Gegenwart (= 350 Jahre Kevelaer-Wallfahrt 1642–1992, hg. von Josef Heckens und Richard Schulte Staade, Bd. II), Kevelaer 1992.

DORSCH, Anton Josef, Statistique du Département de la Roer, Köln 1804.

DROEGE, Georg, Die kurkölnischen Rheinzölle im Mittelalter, in: Annalen des Historischen Vereins für den Niederrhein 168/169 (1967), S. 21–47.

DUCKWITZ, Gert, Kulturlandschaftswandel im Ruhrgebiet 1850 bis 1990, Entwicklung von Bergbau, Industrie und Energie (= Geschichtlicher Atlas der Rheinlande, Karte und Beiheft IV/8.1), Köln 1996.

DUCKWITZ, Gert, Kulturlandschaftswandel im Ruhrgebiet 1850 bis 1990, Entwicklung von Bergbau, Industrie und Energie (= Geschichtlicher Atlas der Rheinlande, Karte 1 und Beiheft IV/8.1–8.3), Köln 1996.

DÜNNWALD, Achim, Konfessionsstreit und Verfassungskonflikt. Die Aufnahme der niederländischen Flüchtlinge im Herzogtum Kleve 1566–1585 (= Schriften der Heresbach-Stiftung Kalkar, Bd. 7), Kalkar 1998.

EDDING, Friedrich und LEMBERG, Eugen, Eingliederung und Gesellschaftswandel, in: Eugen Lemberg und Friedrich Edding (Hg.), Die Vertriebenen in Westdeutschland. Ihre Eingliederung und ihr Einfluß auf Gesellschaft, Wirtschaft, Politik und Geistesleben, Bd. I, Kiel 1959, S. 156–173.

EICHNER, Wolfgang, Evangelische Sozialarbeit im Aufbruch. Aus der Geschichte der Kirchengemeinde Bonn (= Schriftenreihe des Vereins für Rheinische Kirchengeschichte, Bd. 88), Köln 1986.

EICKELS, Klaus van, Große Schiffe, kleine Fässer: Der Niederrhein als Schiffahrtsweg im Spätmittelalter, in: Dieter Geuenich (Hg.), Der Kulturraum Niederrhein, Bd. 1: Von der Antike bis zum 18. Jahrhundert, 2. Aufl., Bottrop/Essen 1998, S. 43–66.

ELMENTALER, Michael, Die Schreibsprachgeschichte des Niederrheins. Ein Forschungsprojekt der Duisburger Universität, in: Dieter Heimböckel (Hg.), Sprache und Literatur am Niederrhein (= Schriftenreihe der Niederrhein-Akademie, Bd. 3), Bottrop/Essen 1998, S. 15–34.

EMSBACH, Karl, Politische Geschichte der Stadt Wesel 1666–1815, in: Jutta Prieur (Hg.), Geschichte der Stadt Wesel, Bd. 1, Düsseldorf 1991, S. 251–307.

ENGELBRECHT, Jörg, Bier als regional-definierender Faktor. Am Beispiel Kölsch, in: Fritz Langensiepen (Hg.), Bierkultur an Rhein und Maas, Bonn 1998, S. 105–112.

ENGELBRECHT, Jörg, Grundzüge der französischen Verwaltungspolitik auf dem linken Rheinufer (1794–1814), in: Christof Dipper, Wolfgang Schieder und Reiner Schulze (Hg.), Napoleonische Herrschaft in Deutschland und Italien – Verwaltung und Justiz (= Schriften zur Europäischen Rechts- und Verfassungsgeschichte, Bd. 16), Berlin 1995, S. 79–91.

ENGELBRECHT, Jörg, Landesgeschichte Nordrhein-Westfalen, Stuttgart 1994.

ENNEN, Edith, Rheinisches Städtewesen bis 1250 (= Geschichtlicher Atlas der Rheinlande, Karte und Beiheft VI/1), Köln 1982.

ERKENS, Franz Reiner, Die Schlacht bei Worringen und der Erzbischof von Köln. Grundzüge der erzbischöflichen Politik in der zweiten Hälfte des 13. Jahrhunderts, in: Der Name der Freiheit 1288–1988. Aspekte Kölner Geschichte von Worringen bis heute. Handbuch zur Ausstellung, hg. von Werner Schäfke, Köln 1988, S. 211–219.

ERKENS, Franz Reiner und JANSSEN, Wilhelm, Das Erzstift Köln im geschichtlichen Überblick, in: Kurköln. Land unter dem Krummstab. Essays und Dokumente, Kevelaer 1985, S. 19–42.

FABER, Karl-Georg, Verwaltungs- und Justizbeamte auf dem linken Rheinufer während der französischen Herrschaft, in: Aus Geschichte und Landeskunde. Festschrift für Franz Steinbach, Bonn 1960, S. 350–388.

FABRICIUS, Wilhelm, Erläuterungen zum Geschichtlichen Atlas der Rheinprovinz, 2. Band: Die Karte von 1789. Einteilung und Entwickelung der Territorien von 1600 bis 1794, Bonn 1898, (Photomechanischer Nachdruck, Bonn 1965).

FABRICIUS, Wilhelm, Erläuterungen zum Geschichtlichen Atlas der Rheinprovinz, 5. Band: Die beiden Karten der kirchlichen Organisation, 1450 und 1610, Erste Hälfte: Die Kölnische Kirchenprovinz, Bonn 1909.

FELDMANN, Irene, Der Niederrhein in der ‚Franzosenzeit'. Die französische Verwaltung im Departement Roer 1798–1814, in: Dieter Geuenich (Hg.), Der Kulturraum Niederrhein, Bd. 2: Im 19. und 20. Jahrhundert, Bottrop/Essen 1997, S. 49–68.

FELGENTREFF, Ruth, Das Diakoniewerk Kaiserswerth 1836–1998. Von der Diakonissenanstalt zum Diakoniewerk – ein Überblick (= Kaiserswerther Beiträge zur Geschichte und Kultur am Niederrhein, Bd. 2), Düsseldorf 1998.

FINGER, Heinz, Drucker und Druckerzeugnisse, in: Land im Mittelpunkt der Mächte. Die Herzogtümer Jülich–Kleve–Berg, 2. Aufl., Kleve 1984, S. 245–254.

FISCHER, Gert und HERBORN, Wolfgang, Geschichte des rheinischen Brauwesens, in: Bierbrauen im Rheinland, Köln 1985.

FLINK, Klaus, Die klevischen Herzöge und ihre Städte (1394 bis 1592), in: Land im Mittelpunkt der Mächte. Die Herzogtümer Jülich, Kleve, Berg. 2. Aufl., Kleve 1984, S. 75–98.

FLINK, Klaus, Die rheinischen Städte des Erzstiftes Köln und ihre Privilegien, in: Kurköln. Land unter dem Krummstab. Essays und Dokumente (= Veröffentlichungen der staatlichen Archive des Landes Nordrhein-Westfalen, Reihe C: Quellen und Forschungen, Bd. 22), Kevelaer 1985, S. 145–163.

FLINK, Klaus und THISSEN, Bert, Gelderns Städte im Mittelalter. Daten und Fakten – Aspekte und Anregungen, in: Johannes Stinner und Karl-Heinz Tekath (Hg.), Gelre–Geldern–Gelderland. Geschichte und Kultur des Herzogtums Geldern, Geldern 2001, S. 205-241.

FONK, Genno, Altbier im Alltag. Biergeschichte vom Niederrhein, Duisburg 1999.

FONK, Genno, Altbierlandschaft Niederrhein. Geschichte und Gegenwart der niederrheinischen Bierspezialität, in: Fritz Langensiepen (Hg.), Bierkultur an Rhein und Maas, Bonn 1998, S. 113–123.

FÖRST, Walter, Kleine Geschichte Nordrhein-Westfalens, Düsseldorf 1986.

FRANZEN, Werner, Evangelischer Kirchenbau und Industrialisierung im westlichen Ruhrgebiet 1870–1914, in: Geschichte des protestantischen Kirchenbaues, hg. von Klaus Raschzok und Reiner Sörries, Erlangen 1994, S. 101–113.

FRIESS-REIMANN, Hildegard, Der organisierte Karneval seit der Reform in Köln 1823 (= Geschichtlicher Atlas der Rheinlande, Karte und Beiheft XI/5), Köln 1989.

FRIJHOFF, Willem, Grundlagen, in: Walter Rüegg (Hg.), Geschichte der Universität in Europa, Bd. II: Von der Reformation zur Französischen Revolution (1500–1800), München 1996, S. 53–102.

Gemeindegrenzen 1970 (= Deutscher Planungsatlas, Bd. I: Nordrhein-Westfalen), Hannover 1973.

GERLACH, Renate, Die Entwicklung der naturräumlichen historischen Topographie rund um den Alten Markt, in: Günter Krause (Hg.), Stadtarchäologie in Duisburg 1980–1990 (= Duisburger Forschungen 38), Duisburg 1992, S. 66–88.

GERLACH, Renate, Die natürlichen Grundlagen der Kulturlandschaft oder ‚Wie alt ist die Aue;‘, in: Kulturlandschaft und Bodendenkmalpflege am unteren Niederrhein, hg. vom Landschaftsverband Rheinland, Rheinisches Amt für Bodendenkmalpflege (= Materialien zur Bodendenkmalpflege im Rheinland, Heft 2), Köln 1993, S. 57–85.

Germania Judaica, Bd. I: Von den ältesten Zeiten bis 1238, hg. von I. Elbogen, A. Freimann und H. Tykocinski, Photomechanischer Neudruck, Tübingen 1963, Bd. II: Von 1238 bis zur Mitte des 14. Jahrhunderts, hg. von Zvi Avneri, Tübingen 1968.

Geschichte der Deutschen Länder (‚Territorien Ploetz‘), hg. von Georg Wilhelm Sante und A.G. Ploetz-Verlag, Bd. 1, Würzburg 1964, Band 2, Würzburg 1971.

GEUENICH, Dieter (Hg.), Der Kulturraum Niederrhein, Bd. 1: Von der Antike bis zum 18. Jahrhundert, 2. Aufl. Bottrop/Essen 1998.

GEUENICH, Dieter (Hg.), Der Kulturraum Niederrhein, Bd. 2: Im 19. und 20. Jahrhundert, Bottrop/Essen 1997.

GOETERS, J. F. Gerhard und ROGGE, Joachim (Hg.), Die Geschichte der Evangelischen Kirche der Union, Bd. 1: Die Anfänge der Union unter landesherrlichem Kirchenregiment (1817–1850), hg. von J.F. Gerhard Goeters und Rudolf Mau, Leipzig 1992; Bd. 2: Die Verselbständigung der Kirche unter dem königlichen Summepiskopat (1850–1918), hg. von Joachim Rogge und Gerhard Ruhbach, Leipzig 1994.

GOETZ, Hans-Werner, Die Grundherrschaft des Klosters Werden und die Siedlungsstrukturen im Ruhrgebiet im frühen und hohen Mittelalter, in Vergessene Zeiten. Mittelalter im Ruhrgebiet, Katalog Bd. 2, Essen 1990, S. 80–88.

GOLDMANN, Karlheinz, Verzeichnis der Hochschulen, Neustadt/Aisch 1967.

GORISSEN, Friedrich, Geschichte der Stadt Kleve, Kleve 1977.

GORISSEN, Friedrich, Kleve (= Niederrheinischer Städteatlas, hg. von Gerhard Kallen, I. Reihe: Klevische Städte, Heft l: Kleve), Kleve 1952.

GOTTSCHLICH, Peter, 875 Jahre Kloster Kamp. Anmerkungen zu den ersten zwölf Jahren des linksrheinischen Zisterzienserkonventes, in: Kreis Wesel. Jahrbuch 1999, Duisburg 1998, S. 7–15.

GRAUMANN, Sabine, Französische Verwaltung am Niederrhein. Das Roerdepartement 1798–1814, Essen 1990.

GROTEN, Manfred, Die Kirche am Niederrhein im Hochmittelalter. Vom Beginn des 10. bis gegen die Mitte des 13. Jahrhunderts, in: Heinrich Janssen und Udo Grote (Hg.), Zwei Jahrtausende Geschichte der Kirche am Niederrhein, Münster 1998, S. 59–67.

HAAS, Reimund, Die Kirche am Niederrhein im 19. Jahrhundert. 1795–1848, in: Heinrich Janssen und Udo Grote (Hg.), Zwei Jahrtausende Geschichte der Kirche am Niederrhein, Münster 1998, S. 414–425.

Handbuch der Historischen Stätten Deutschlands, 3. Band: Nordrhein-Westfalen, Landesteil Nordrhein hg. von Franz Petri, Georg Droege und Klaus Flink, Landesteil Westfalen hg. von Friedrich Klocke und Johannes Bauermann, 2., neubearbeitete Auflage, Stuttgart 1970.

Handbuch des Bistums Münster, bearbeitet von Heinrich Börsting, Bd. 1 und 2, 2. Aufl., Münster 1946.

Handbuch des Erzbistums Köln, hg. vom Erzbischöflichen Generalvikariat in Köln, 25. Ausgabe, Köln 1958.

HANTSCHE, Irmgard (Hg.), Zur Geschichte der Universität. Das ‚Gelehrte Duisburg' im Rahmen der allgemeinen Universitätsentwicklung (= Duisburger Mercator-Studien, Bd. 5), Bochum 1997.

HANTSCHE, Irmgard, Das Gebiet des späteren Großherzogtums Berg zwischen 1789 und 1806 in territorialer, verfassungsrechtlicher, wirtschafts- und sozialgeschichtlicher Hinsicht, in: Burkhard Dietz (Hg.), Das Großherzogtum Berg als napoleonischer Modellstaat. Eine regionalgeschichtliche Zwischenbilanz, Köln 1995, S. 19–39.

HANTSCHE, Irmgard, Der Rhein als Grenze und Verbindung, in: Duisburg und der Rhein. Begleitband und Katalog zur Ausstellung, Duisburg 1992, S. 101–134.

HANTSCHE, Irmgard, Duisburg und Flandern im Rahmen der Beziehungen zwischen dem Niederrhein und den Niederlanden, in: Von Flandern zum Niederrhein. Begleitband zur Ausstellung, Duisburg 2000, S. 9–25.

HANTSCHE, Irmgard, Flüchtlinge und Asylanten am Niederrhein vom 16. bis 18. Jahrhundert, in: Dieter Geuenich (Hg), Der Kulturraum Niederrhein, Bd. 1: Von der Antike bis zum 18. Jahrhundert, 2. Aufl., Bottrop/Essen 1998, S. 115–138.

HANTSCHE, Irmgard, Vom Flickenteppich zur Rheinprovinz. Die Veränderung der politischen Landkarte am Niederrhein um 1800, in: Dieter Geuenich (Hg.), Der Kulturraum Niederrhein, Bd. 2: Im 19. und 20. Jahrhundert, Bottrop/Essen 1997, S. 9–48.

Hantsche, Irmgard, Zwischen den Fronten. Das Herzogtum Kleve als politisches und konfessionelles Umfeld Gerhard Mercators während der 2. Hälfte des 16. Jahrhunderts, in: Gerhard Mercator, Europa und die Welt, Begleitband zur Ausstellung, Duisburg 1994, S. 37–71.

Hegel, Eduard, Kirchengeschichtliches, in: Werdendes Abendland an Rhein und Ruhr, Ausstellungskatalog, Essen 1956, S. 83–87 und 145–153.

Heid, Ludger, Die Industrialisierung (ca. 1830–1914), in: Ludger Heid, Hans-Georg Kraume, Karl W. Lerch u. a., Kleine Geschichte der Stadt Duisburg, Duisburg 1983.

Heimböckel, Dieter (Hg.), Sprache und Literatur am Niederrhein (= Schriftenreihe der Niederrhein-Akademie, Bd. 3), Bottrop/Essen 1998.

Heizmann, Berthold, Wallfahrtsorte im Rheinland, in: Wallfahrten im Rheinland, hg. vom Amt für rheinische Landeskunde in Verbindung mit dem Volkskunderat Rhein-Maas und dem Niederrheinischen Freilichtmuseum, Köln 1981, S. 113–163.

Henrichs, Leopold, Geschichte der Grafschaft Moers, Hüls–Krefeld 1914.

Hexenverfolgung im Rheinland. Ergebnisse neuerer Lokal- und Regionalstudien. Mit Beiträgen von Thomas P. Becker, Georg Mölich, Gerhard Schormann, Gerd Schwerhoff, Rainer Walz (= Bensberger Protokolle 85), Bergisch Gladbach 1996.

Hildemann, Klaus D., Kaminsky, Uwe und Magen, Ferdinand, Pastoralhilfenanstalt – Diakonenanstalt – Theodor Fliedner Werk. 150 Jahre Diakoniegeschichte (= Schriftenreihe des Vereins für Rheinische Kirchengeschichte, Bd. 114), Köln 1994.

Hirschberg, Carl, Geschichte der Grafschaft Moers, 2. Aufl., Moers o.J. [1904].

Hoffacker, Heinz-Wilhelm, Geschichte des Allgemeinen Bauvereins Essen 1919 bis 1993, in: Allbau. Allgemeiner Bauverein Essen AG, Wohnen und Markt. Gemeinnützigkeit wieder modern, Essen 1994, S. 23–87.

Hohn, Uta, Die Zerstörung deutscher Städte im Zweiten Weltkrieg. Regionale Unterschiede in der Bilanz der Wohnungstotalschäden und Folgen des Luftkrieges unter bevölkerungsgeographischem Aspekt (= Duisburger Geographische Arbeiten, Bd. 8), Dortmund 1991.

Hohn, Uta, The Bomber's Baedeker – Target Book for Strategic Bombing in the Economic Warfare against German Towns 1943–45, in: GeoJournal 1994, S. 213–230.

Höpfner, Hans-Paul, Eisenbahnen. Ihre Geschichte am Niederrhein, Duisburg 1986.

Höpfner, Hans-Paul, Kleinbahnen in den ehemaligen Kreisen Moers und Rees, in: Heimatkalender des Kreises Wesel 1989, Kleve 1988, S. 39–42.

Hoppe, Christine, Die großen Flußverlagerungen des Niederrheins in den letzten zweitausend Jahren und ihre Auswirkungen auf Lage und Entwicklung der Siedlungen (= Forschungen zur deutschen Landeskunde, Bd. 189), Bonn-Bad Godesberg 1970.

Horbrecker, Hermann, Der Bergbau im mittleren Ruhrgebiet, in: Bochum und das mittlere Ruhrgebiet, hg. von der Gesellschaft für Geographie und Geologie Bochum e.V., Paderborn 1965, S. 24–48.

Horn, Heinz-Günter (Hg.), Die Römer in Nordrhein-Westfalen, Stuttgart 1987.

Hottes, Karlheinz, Steinkohle. Kohlenwirtschaft im Ruhrgebiet und im Aachener Steinkohlenrevier. Eigentumsverhältnisse, Zechenbelegschaft und Strukturwandel (= Deutscher Planungsatlas, Bd. 1: Nordrhein-Westfalen, Lieferung 21), Hannover 1979.

Hövelmann, Gregor, Die Preußische Verwaltungsorganisation am linken Niederrhein bis zum Ende des Regierungsbezirks Kleve, in: Meinhard Pohl (Hg.), Raumordnung am Niederrhein. Kreisreformen seit 1816, Wesel 1975, S. 15–22.

Hövelmann, Gregor, Geschichte des Kreises Geldern. Eine Skizze, Erster Teil: 1816–1866, Geldern 1974.

Hübschen, Christian und Kreft-Kettermann, Helga, Entwicklung des Eisenbahnnetzes bis 1935/39 (= Geschichtlicher Atlas der Rheinlande, Beiheft VII/5), Köln 1996.

Huck, Gerhard und Reulecke, Jürgen (Hg.), ... und reges Leben ist überall sichtbar. Reisen im Bergischen Land, Neustadt/Aisch 1978.

Hürten, Heinz, Kurze Geschichte des deutschen Katholizismus 1800–1960, Mainz 1986.

Huske, Joachim, Die Steinkohlenzechen im Ruhrrevier. Daten und Fakten von den Anfängen bis 1997, 2. Aufl., Bochum 1998.

Ilgen, Theodor, Quellen zur inneren Geschichte der rheinischen Territorien: Herzogtum Kleve I, Ämter und Gerichte, 3 Bde. (= Publ. d. Gesellschaft für rheinische Geschichtskunde 38), Bonn 1921–1925.

Janssen, Heinrich und Grote, Udo, (Hg.), Zwei Jahrtausende Geschichte der Kirche am Niederrhein, Münster 1998.

Janssen, Wilhelm, Die Kirche am Niederrhein im Spätmittelalter. Vom 14. bis gegen die Mitte des 16. Jahrhunderts, in: Heinrich Janssen und Udo Grote (Hg.), Zwei Jahrtausende Geschichte der Kirche am Niederrhein, Münster 1998, S. 103–117.

Janssen, Wilhelm, Kleine rheinische Geschichte, Düsseldorf 1997.

Janssen, Wilhelm, Kleve–Mark–Jülich–Berg–Ravensberg 1400–1600, in: Land im Mittelpunkt der Mächte. Die Herzogtümer Jülich, Kleve, Berg. 2. Aufl., Kleve 1984, S. 17–40.

Janssen, Wilhelm, Niederrheinische Territorialbildung. Voraussetzungen, Wege, Probleme, in: Edith Ennen und Klaus Fink (Hg.), Soziale Bindungen im Mittelalter am Niederrhein (= Klever Archiv 3), Kleve 1981, S. 95–113.

Junk, Heinz-K., Das Großherzogtum Berg. Zur Territorialgeschichte des Rheinlandes und Westfalens in napoleonischer Zeit, in: Westfälische Forschungen, Bd. 33, 1983, S. 29–83.

Junk, Heinz-K., Grundzüge der Territorialentwicklung des Großherzogtums Berg (1806–1813), in: Burkhard Dietz (Hg.), Das Großherzogtum Berg als napoleonischer Modellstaat. Eine regionalgeschichtliche Zwischenbilanz, Köln 1995, S. 40–53.

Kaiser, Hans, Die historische Entwicklung des Kreisgebietes im Mittelalter, in: Der Kreis Viersen am Niederrhein, hg. von Rudolf H. Müller, Stuttgart und Aalen 1978, S. 73–96.

Kastner, Dieter, Die Grafen von Kleve und die Entstehung ihres Territoriums vom 11. bis 14. Jahrhundert, in: Land im Mittelpunkt der Mächte. Die Herzogtümer Jülich, Kleve, Berg, 2. Aufl., Kleve 1984, S. 53–62.

Kastner, Dieter, Zur Lage des Hofes Karls des Großen in Friemersheim, in: Duisburger Forschungen Bd. 27, 1979, S. 1–20.

Keuck, Bernhard, Straelener Eisenbahngeschichte, in: 650 Jahre Straelen. 1342–1992, hg. vom Stadtdirektor der Stadt Straelen, Straelen 1992, S. 245–265.

Keyser, Erich, Rheinisches Städtebuch (= Deutsches Städtebuch, Bd. III.3), Stuttgart 1956.

KLEIN, Gotthard, Der Volksverein für das Katholische Deutschland 1890–1933, Paderborn 1996.

KLUETING, Harm, Die Säkularisation von 1802/03 im Rheinland und in Westfalen – Versuch eines Überblicks, in: Monatshefte für evangelische Kirchengeschichte, 30. Jg, 1981, S. 265–289.

KLÜSSENDORF, Niklot, Studien zu Währung und Wirtschaft am Niederrhein vom Ausgang der Periode des regionalen Pfennigs bis zum Münzvertrag von 1357 (= Rheinisches Archiv 93), Bonn 1974.

KÖBLER, Gerhard, Historisches Lexikon der deutschen Länder. Die deutschen Territorien vom Mittelalter bis zur Gegenwart, München 1988.

KOMOROWSKI, Manfred, Die alten Duisburger Universitätsschriften: Erfassung, Erschließung, wissenschaftliche Auswertung, in: Irmgard Hantsche (Hg.), Zur Geschichte der Universität. Das ‚Gelehrte Duisburg' im Rahmen der allgemeinen Universitätsentwicklung (= Duisburger Mercator-Studien, Bd. 5), Bochum 1997, S. 107–126.

KÖTTING, Bernhard, Christliche Wallfahrt, in: Wallfahrten im Rheinland, hg. vom Amt für rheinische Landeskunde in Verbindung mit dem Volkskunderat Rhein-Maas und dem Niederrheinischen Freilichtmuseum, Köln 1981, S. 11–24.

KÖTZSCHKE, Rudolf, Die Urbare der Abtei Werden an der Ruhr, Bd. I: Die Urbare vom 9.–13. Jahrhundert (= Publikationen der Gesellschaft für Rheinische Geschichtskunde, XX,2), Bonn 1906, S. 15–20.

KRAUME, Hans-Georg, ‚Frei leben oder sterben' – in Duisburg?, in: Frei leben oder sterben. Die Französische Revolution und ihre Widerspiegelung am Niederrhein. Begleitschrift zur Ausstellung, Duisburg 1989, S. 37–69.

KRAUME, Hans-Georg, Novum gymnasium linguarum et philosophiae. Das Duisburger Akademische Gymnasium 1559–1563, in: Von Flandern zum Niederrhein. Begleitband zur Ausstellung, Duisburg 2000, S. 101–112.

KRAUME, Hans-Georg, Ruhrbesetzung 1923, in: Nordrhein-Westfalen. Landesgeschichte im Lexikon (= Veröffentlichungen der staatlichen Archive des Landes Nordrhein-Westfalen, Reihe C: Quellen und Forschungen, Bd. 31), S. 345 f.

KRAUS, Stefan, Das St. Viktor Stift zu Xanten und seine Besitzungen im Ruhrgebiet, in: Vergessene Zeiten. Mittelalter im Ruhrgebiet, Katalog Bd. 2, Essen 1990, S. 93–96.

KRAUS, Thomas R., Die Grafschaft Jülich von den Anfängen bis zum Jahre 1356, in: Land im Mittelpunkt der Mächte. Die Herzogtümer Jülich–Kleve–Berg, 2. Aufl., Kleve 1984, S. 41–51.

KRAUSE, Günter, Archaeological evidence of medieval shipping from the Old Town of Duisburg, Lower Rhineland, in: Travel, Technology and Organisation in Medieval Europe, Papers of the ‚Medieval Europe Brugge 1997' Conference, Vol. 8, Zellik 1997, S. 101–116.

KRAUSE, Günter, Die Duisburger Stadtbefestigung von ihren Anfängen bis heute, in: Gabriele Isenberg und Barbara Scholkmann (Hg.), Die Befestigung der mittelalterlichen Stadt, Köln 1997, S. 249–261.

Kurköln. Land unter dem Krummstab. Essays und Dokumente, hg. vom Nordrhein-Westfälischen Hauptstaatsarchiv Düsseldorf, dem Kreisarchiv Viersen und dem Arbeitskreis niederrheinischer Kommunalarchivare, Kevelaer 1985.

KUSKE, Bruno, Die Handelsbeziehungen zwischen Köln und Italien im späten Mittelalter, in: Ders., Köln, der Rhein und das Reich. Beiträge aus fünf Jahrzehnten wirtschaftsgeschichtlicher Forschung, Köln/Graz 1956, S. 1–47.

LAMERS, Gerd, Die Geschichte Kranenburgs und seines Umlandes, in: Kranenburg. Ein Heimatbuch, Kranenburg 1984, S. 9–76.

LINGENS, Peter, ‚Semper lustig, nunquam traurig'. Die Anfänge des organisierten Karnevals in Geldern und Umgebung (1829–1866), in: Geldrischer Heimatkalender 1995, S. 27–34.

LÖFFLER, Günter, Verwaltungsgliederung 1820–1980. Landkreise und kreisfreie Städte (= Geschichtlicher Atlas der Rheinlande, Karte und Beiheft V/2), Köln 1982.

LOOZ-CORSWAREM, Clemens von, Handelsstraßen und Flüsse. Die Verkehrsverhältnisse am Niederrhein zur Hansezeit, in: Werner Arand und Jutta Prieur (Hg.), ‚zu Allen theilen Inß mittel gelegen'. Wesel und die Hanse an Rhein, IJssel und Lippe. Ausstellungskatalog, Wesel 1991, S. 94–115.

LOTZMANN, Karl-Heinz, Der napoleonische Nordkanal in Neuss, in: Licht und Schatten. Die Franzosenzeit in Neuss 1794 bis 1814, Ausstellungskatalog, Neuss 1994, S. 45–53.

LÜCK, Dieter, Die Klöster und Stifter im Niederstift, in: Kurköln. Land unter dem Krummstab, Essays und Dokumente (= Veröffentlichungen der staatlichen Archive des Landes Nordrhein-Westfalen, Reihe C: Quellen und Forschungen, Bd. 22), Kevelaer 1985, S. 177–190.

LÜCK, Dieter, Rheinlandbesetzung, in: Nordrhein-Westfalen. Landesgeschichte im Lexikon (= Veröffentlichungen der staatlichen Archive des Landes Nordrhein-Westfalen, Reihe C: Quellen und Forschungen, Bd. 31), S. 341–343.

MAIER-WEBER, Ursula, Calo. Zur Lokalisierung und zum Nachleben eines abgegangenen spätantiken Kastells am Niederrhein, in: Clive Bridger und Karl-Josef Gilles (Hg.), Spätrömische Befestigungsanlagen in den Rhein- und Donauprovinzen (= British Archaeological Reports, International Series 704), Oxford 1997, S. 13–22.

MEHLHAUSEN, Joachim, Die christlich-soziale Bewegung, der Zentralverein für Sozialreform und die Innere Mission, in: Die Geschichte der Evangelischen Kirche der Union, Bd. 2: Die Verselbständigung der Kirche unter dem königlichen Summepiskopat (1850–1918), hg. von Joachim Rogge und Gerhard Ruhbach, Leipzig 1994, S. 258–284.

MENGES, Walter, Wandel und Auflösung von Konfessionszonen, in: Eugen Lemberg und Friedrich Edding (Hg.), Die Vertriebenen in Westdeutschland. Ihre Eingliederung und ihr Einfluß auf Gesellschaft, Wirtschaft, Politik und Geistesleben, Bd. III, Kiel 1959, S. 1–22.

MENNENÖH, Peter Jürgen, Duisburg in der Geschichte des niederrheinischen Buchdrucks und Buchhandels bis zum Ende der alten Duisburger Universität (1818) (= Duisburger Forschungen, Beiheft 13), Duisburg 1970.

MEWES, Verband Rheinischer Baugenossenschaften zu Düsseldorf, in: Der Regierungsbezirk Düsseldorf, Bd. 1: Rechter Niederrhein, hg. von Ludwig Hercher, Berlin 1926, S. 261 f.

MEYERS, F., Die Franzosenzeit im Gelderland von 1792 bis 1814 (= Veröffentlichung des Historischen Vereins für Geldern und Umgegend 49), Geldern 1930.

MIHM, Arend, Sprache und Geschichte am unteren Niederrhein, in: Jahrbuch des Vereins für niederdeutsche Sprachforschung, Jg. 1992, S. 88–122.

MILZ, Joseph (Bearb.), Duisburg. Rheinischer Städteatlas, IV.21, 2. Aufl., Bonn 1985.

NAHL, Rudolf van, Zauberglaube und Hexenwahn im Gebiet von Rhein und Maas. Spätmittelalterlicher Volksglaube im Werk Johan Weyers (1515–1588) (= Rheinisches Archiv 116), Bonn 1983.

NEUSER, Wilhelm H., Die Entstehung der Rheinisch-Westfälischen Kirchenordnung, in: J.F. Gerhard Goeters und Rudolf Mau (Hg.), Die Geschichte der Evangelischen Kirche der Union, Bd. 1: Die Anfänge der Union unter landesherrlichem Kirchenregiment (1817–1850), Leipzig 1992, S. 241–256.

NÜSSE, Karola, Die Entwicklung der Stände im Herzogtum Geldern bis zum Jahre 1418 nach den Stadtrechnungen von Arnheim (= Veröffentlichungen des Historischen Vereins für Geldern und Umgegend, Bd. 63), Köln 1958.

OEDIGER, Friedrich Wilhelm, Das Hauptstaatsarchiv Düsseldorf und seine Bestände, Bd. 4: Stifts- und Klosterarchive, Siegburg 1964.

OVERESCH, Manfred, Deutschland 1945–1949. Vorgeschichte und Gründung der Bundesrepublik, Königstein/Ts.1979.

PAULS, Emil, Zauberwesen und Hexenwahn am Niederrhein, in: Beiträge zur Geschichte des Niederrheins 13, 1898, S. 134–242.

PETRI, Franz, Geldern und der nördliche Niederrhein im Wandel der niederländischen und deutschen Geschichte, in: Franz Petri, Zur Geschichte und Landeskunde der Rheinlande, Westfalens und ihrer westeuropäischen Nachbarländer, Aufsätze und Vorträge aus vier Jahrzehnten, hg. von E. Ennen, A. Hartlieb von Wallthor und M. van Rey, Bonn 1973, S. 821–839.

PETRI, Franz, Im Zeitalter der Glaubenskämpfe (1500–1648), in: Franz Petri und Georg Droege (Hg.), Rheinische Geschichte, Bd. 2: Neuzeit, Düsseldorf 1976, S. 9–217.

PETRIKOVITS, Harald von, Urgeschichte und römische Epoche (bis zur Mitte des 5. Jahrhunderts n. Chr.) (= Rheinische Geschichte, hg. von Franz Petri und Georg Droege, Bd. 1: Altertum), 2. Aufl., Düsseldorf 1980.

PFEIFFER, Friedrich, Rheinische Transitzölle im Mittelalter, Berlin 1997.

PISTOR, Rolf-Günter und SMEETS, Henri, Die Fossa Eugeniana. Eine unvollendete Kanalverbindung zwischen Rhein und Maas 1626 (= Landeskonservator Rheinland, Arbeitsheft 32), Köln 1979.

POHL, Meinhard (Hg.), Raumordnung am Niederrhein. Kreisreformen seit 1816, Wesel 1985.

POHL, Meinhard, Heimatbewußtsein und politische Raumordnung am unteren Niederrhein, in: Dieter Geuenich (Hg.), Der Kulturraum Niederrhein, Bd. 2: Im 19. und 20. Jahrhundert, Bottrop/Essen 1997, S. 69–86.

POMMERIN, Reiner, Die räumliche Organisation von Staat und Partei in der NS-Zeit (= Geschichtlicher Atlas der Rheinlande, Karte und Beiheft V/3), Köln 1992.

PRIEUR-POHL, Jutta, Schwesternhäuser in Wesel, in: ‚Zahlreich wie die Sterne des Himmels'. Beginen am Niederrhein zwischen Mythos und Wirklichkeit. Mit Beiträgen von Johannes Asen, Florence Koorn, Daniela Müller, Jutta Prieur-Pohl, Gerhard Rehm, Christine Ruhrberg, Martina Wehrli-Johns (= Bensberger Protokolle 70), Bergisch Gladbach 1992, S. 85–106.

REHM, Gerhard, Beginen am Niederrhein, in: ‚Zahlreich wie die Sterne des Himmels'. Beginen am Niederrhein zwischen Mythos und Wirklichkeit. Mit Beiträgen von Johannes Asen, Florence Koorn, Daniela Müller, Jutta Prieur-Pohl, Gerhard Rehm, Christine Ruhrberg, Martina Wehrli-Johns (= Bensberger Protokolle 70), Bergisch Gladbach 1992, S. 57–84.

REHM, Gerhard, Die Schwestern vom gemeinsamen Leben im nordwestlichen Deutschland. Untersuchungen zur Devotio moderna und des weiblichen Religiosentums, Berlin 1985.

REUTER, Wolfgang, Zur Wirtschafts- und Sozialgeschichte des Buchdruckergewerbes im Rheinland bis 1800, in: Börsenblatt für den Deutschen Buchhandel, Frankfurter Ausgabe 14a (1958), S. 129–223.

REY, Manfred van, Kurkölnische Münz- und Geldgeschichte im Überblick, in: Kurköln. Land unter dem Krummstab. Essays und Dokumente, hg. vom Nordrhein-Westfälischen Hauptstaatsarchiv Düsseldorf, Kreisarchiv Viersen und Arbeitskreis niederrheinischer Kommunalarchivare, Kevelaer 1985, S. 281–299.

Rheinische Geschichte, hg. von Franz Petri und Georg Droege, Bd. 1.1: Altertum, 2. Aufl., Düsseldorf 1980; Bd. 1.2: Frühes Mittelalter, Düsseldorf 1980; Bd. 1.3, Hohes Mittelalter, Düsseldorf 1983; Bd. 2: Neuzeit, Düsseldorf 1976; Band 3: Wirtschaft und Kultur im 19. und 20. Jahrhundert, Düsseldorf 1979.

RIEDEL, Lothar, Die Geldernsche Kreisbahn. Die Verkehrsgeschichte der schmalspurigen Kleinbahn Kempen–Straelen–Kevelaer (= Veröffentlichung des Historischen Vereins für Geldern und Umgegend 90), Geldern 1989.

RITTER, Emil, Die katholisch-soziale Bewegung Deutschlands im Neunzehnten Jahrhundert und der Volksverein, Köln 1954.

RÖCKEL, Mathias, Kölsch oder Alt – eine Sache des Geschmacks. Ergebnisse einer aktuellen Umfrage zu einer alten Streitfrage, in: Volkskultur an Rhein und Maas, 17. Jg. 1998, S. 62–78.

RODEN, Günter von, Geschichte der Stadt Duisburg, Bd. I: Das alte Duisburg von den Anfängen bis 1905, 3. Aufl., Duisburg 1975, Band II: Die Ortsteile von den Anfängen, die Gesamtstadt seit 1905, Duisburg 1974.

ROMEYK, Horst, Verwaltungs- und Behördengeschichte der Rheinprovinz 1914–1945 (= Publikationen der Gesellschaft für Rheinische Geschichtskunde, Bd. 63), Düsseldorf 1985.

ROOS, Dieter, Die Trajektlinie Zevenaar–Elten–Welle–Spyck–Griethausen–Kleve, Emmerich 1983.

ROSENKRANZ, Albert, Abriß einer Geschichte der Evangelischen Kirche im Rheinland, Düsseldorf 1960.

ROSENKRANZ, Albert, Das Evangelische Rheinland. Ein rheinisches Gemeinde- und Pfarrerbuch, Bd. 1: Die Gemeinden, Düsseldorf 1956; Bd. 2: Die Pfarrer, Düsseldorf 1958.

SARMENHAUS, Wilhelm, Die Festsetzung der niederländischen Religionsflüchtlinge im 16. Jahrhundert in Wesel und ihre Bedeutung für die wirtschaftliche Entwicklung dieser Stadt, Kiel 1913.

SCHELLER, Hans, Der Nordkanal zwischen Neuss und Venlo (= Schriften des Stadtarchivs Neuss, Bd. 7), Neuss 1980.

SCHELLER, Hans, Der Rhein bei Duisburg im Mittelalter, in: Duisburger Forschungen Bd. 1, 1957, S. 45–86.

SCHELLER, Hans, Laufverlagerungen der Ruhr nördlich von Duisburg, in: Duisburger Forschungen Bd. 2, 1959, S. 43–70.

SCHIEDER, Wolfgang, Säkularisation und Mediatisierung in den vier rheinischen Departements 1803–1813, Teil I: Einführung und Register (= Forschungen zur deutschen Sozialgeschichte, Bd. 5), Boppard 1991.

SCHILLING, Heinz, Die niederländischen Exulanten des 16. Jahrhunderts. Ein Beitrag zur frühneuzeitlichen Konfessionsmigration, in: Geschichte in Wissenschaft und Unterricht 43, 1992, S. 67–78.

SCHILLING, Heinz, Niederländische Exulanten im 16. Jahrhundert. Ihre Stellung im Sozialgefüge und im religiösen Leben deutscher und englischer Städte, Gütersloh 1972.

SCHLENKE, Manfred (Hg.), Preußen-Ploetz. Eine historische Bilanz in Daten und Deutungen, Würzburg 1983.

SCHMIDT, Walter, Historische Aufstellung der Kirchengemeinden (= unveröffentlichte Vorarabeiten zur Karte der Evangelischen Kirche im Rheinland, hg. vom Landeskirchenarchiv Düsseldorf), Archiv der Evangelischen Kirche im Rheinland, Düsseldorf.

SCHNABEL, Ernst, Deutsche Geschichte im 19. Jahrhundert. Die katholische Kirche in Deutschland, Freiburg 1965.

SCHNEIDER, Karl, Die dynastischen Verflechtungen der in Berg regierenden Familien. Die Häuser Berg und Wittelsbach am Niederrhein, in: Romerike Berge, Heft 3, 1985, S. 27–36.

SCHOLZ-BABISCH, Marie, Quellen zur Geschichte des klevischen Rheinzollwesens vom 11. bis 18. Jahrhundert, Wiesbaden 1971.

SCHORMANN, Gerhard, Der Krieg gegen die Hexen. Das Ausrottungsprogramm des Kurfürsten von Köln. Göttingen 1991.

SCHORMANN, Gerhard, Ein Abwehrversuch gegen Hexenprozesse in Jülich–Berg, in: Hexenverfolgung im Rheinland. Ergebnisse neuerer Lokal- und Regionalstudien. Mit Beiträgen von Thomas P. Becker, Georg Mölich, Gerhard Schormann, Gerd Schwerhoff, Rainer Walz (= Bensberger Protokolle 85), Bergisch Gladbach 1996, S. 137–147.

SCHULTE, Aloys, Geschichte des mittelalterlichen Handels und Verkehrs zwischen Westdeutschland und Italien mit Ausschluß von Venedig, I. Band: Darstellung, Leipzig 1900.

SCHULZ, Günther, Wiederaufbau in Deutschland. Die Wohnungsbaupolitik in den Westzonen und der Bundesrepublik von 1945 bis 1957 (= Forschungen und Quellen zur Zeitgeschichte, Bd. 20), Düsseldorf 1994.

SCHÜTZ, Rüdiger, Rheinland (= Grundriß zur deutschen Verwaltungsgeschichte 1815–1945, Reihe A: Preußen, hg. von Walther Hubatsch, Bd. 7), Marburg 1978.

SCHWERHOFF, Gerd, Hexenverfolgung in einer frühneuzeitlichen Großstadt – das Beispiel der Reichsstadt Köln, in: Hexenverfolgung im Rheinland. Ergebnisse neuerer Lokal- und Regionalstudien. Mit Beiträgen von Thomas P. Becker, Georg Mölich, Gerhard Schormann, Gerd Schwerhoff, Rainer Walz (= Bensberger Protokolle 85), Bergisch Gladbach 1996, S. 13–56.

SMEETS, Henri, Fossa Eugeniana, in: Fossa Eugeniana. Weltgeschichte in der Region (= Führer des Niederrheinischen Museums für Volkskunde und Kulturgeschichte Kevelaer 36), Kevelaer 1997, S. 16–33.

SMETS, Josef, De la coutume à la loi. Le pays de Gueldres de 1713 à 1848. Thèse d'Etat, Montpellier 1994.

SMETS, Josef, Le Pays Rhénans (1794–1814). Le comportement des Rhénans face à l'occupation française (= Contacts, Série II, Gallo-germanica, Vol. 22), Bern/Berlin/Frankfurt 1997.

SMIT, Emile, De oude Kleefse enclaves en hun overgang naar Gelderland 1795–1817, Zutphen 1975.

SOMMERLAD, Theo, Die Rheinzölle im Mittelalter, Halle 1894 (Nachdruck Aalen 1978).

Statistische Uebersichten der Verwaltung des Kreises Geldern im Jahre 1843, Wesel o.J. [1844].

Statistisches Taschenbuch Nordrhein-Westfalen, hg. vom Landesamt für Datenverarbeitung und Statistik Nordrhein-Westfalen, 4. Jg., 1961.

STEINBERG, Heinz-Günter, Bevölkerungsentwickung des Ruhrgebietes im 19. und 20. Jahrhundert (= Düsseldorfer Geographische Schriften, Heft 11), Düsseldorf 1978.

STINNER, Johannes und TEKATH, Karl-Heinz (Hg.), Gelre–Geldern–Gelderland. Geschichte und Kultur des Herzogtums Geldern, Geldern 2001.

STÖTERS, Friedhelm, Rheinische Eisenbahn. Vom Niederrhein ins Ruhrgebiet, Bühl 1988.

STÖVE, Eckehart, Die Religionspolitik am Niederrhein im 16. Jahrhundert und ihre geschichtlichen Folgen, in: Dieter Geuenich (Hg.), Der Kulturraum Niederrhein, Bd. 1: Von der Antike bis zum 18. Jahrhundert, 2. Aufl. 1998, S. 67–92.

STRASSER, Rudolf, Die spätmittelalterlich-neuzeitlichen Rheinlaufverlagerungen zwischen Grieth und Griethausen, in: Kulturlandschaft und Bodendenkmalpflege am unteren Niederrhein, hg. vom Landschaftsverband Rheinland, Rheinisches Amt für Bodendenkmalpflege (= Materialien zur Bodendenkmalpflege im Rheinland, Heft 2), Köln 1993, S. 54–56.

STRASSER, Rudolf, Die Veränderungen des Rheinstromes in historischer Zeit, Bd. 1: Zwischen der Wupper- und der Düsselmündung (= Publikationen der Gesellschaft für Rheinische Geschichtskunde LXVIII), Düsseldorf 1992.

Synodalbuch. Die Akten der Synoden und Quartierkonsistorien in Jülich, Cleve und Berg 1570–1610, hg. von Eduard Simons (= Urkundenbuch zur Rheinischen Kirchengeschichte, Bd. 1), Neuwied 1909.

Synodal-Karte der evangelischen Gemeinden der Rheinprovinz (mit statistischem Anhang: Christliche Anstalten und Vereine in der evangelischen Kirche der Rheinprovinz), Langenberg 1879.

TEKATH, Karl-Heinz, Die Kirche am Niederrhein im 19. Jahrhundert. 1848–1933, in: Heinrich Janssen und Udo Grote (Hg.), Zwei Jahrtausende Kirche am Niederrhein, Münster 1998, S. 426–444.

TERVOOREN, Helmut, Die sprachliche Situation am Niederrhein im 16. bis 18. Jahrhundert, in: D. Geuenich (Hg.), Der Kulturraum Niederrhein, Bd. 1: Von der Antike bis zum 18. Jahrhundert, 2. Aufl., Bottrop/Essen 1998, S. 27–42.

Themenheft Karneval (= Niederwupper – Historische Beiträge, Heft 16), hg. vom Bergischen Geschichtsverein, Abteilung Leverkusen, Leverkusen 1977.

TIGGEMANN, Rolf, Die kommunale Neugliederung in Nordrhein-Westfalen, Meisenheim am Glan 1977.

VELTZKE, Veit, Brandenburg, Preußen und der Niederrhein 1609–1918, in: Dieter Geuenich (Hg.), Xantener Vorträge zur Geschichte des Niederrheins 1994–1995, Duisburg 1995, S. 165–193.

VENNER, Gerard, Die Grafschaft Geldern vor und nach Worringen, in: Der Name der Freiheit 1288–1988. Aspekte Kölner Geschichte von Worringen bis heute. Handbuch zur Ausstellung, hg. von Werner Schäfke, Köln 1988, S. 251–265.

VENNER, Gerard, Die territoriale Entwicklung des geldrischen Oberquartiers, in: Stefan Frankewitz und Gerard Venner, Die Siegel der Städte und Dörfer im geldrischen Oberquartier. 1250–1798, Venlo 1987, S. 29–34.

Verwaltungsberichte der Stadt Duisburg.

Verwaltungsgrenzen in der Bundesrepublik Deutschland seit Beginn des 19. Jahrhunderts (= Veröffentlichungen der Akademie für Raumforschung und Landesplanung, Forschungs- und Sitzungsberichte 110), Hannover 1977.

Verzeichnis der Kirchengemeinden, Kirchenkreise, Verbände, Ämter und Einrichtungen der Evangelischen Kirche von Westfalen und ihrer Amtsträger, hg. vom Statistischen Referat im Landeskirchenamt, Bielefeld 1981.

Wallfahrten am Niederrhein, Katalog des Stadtmuseums Düsseldorf, Düsseldorf 1982.

Wanderbüchlein für das Mitglied des katholischen Gesellen-Vereins ..., 14. Auflage für 1870 o.O., o.J.

Wanderbüchlein für das Mitglied des katholischen Gesellen-Vereins ..., Münster 1879.

WECZERKA, Hugo, Mittelalterliche Verkehrswege, in: Köln – Westfalen 1180–1980. Landesgeschichte zwischen Rhein und Weser. Ausstellungskatalog, Band I: Beiträge, 2. Aufl., Lengerich 1981, S. 297–304.

WEHLING, Hans-Werner, Stein- und Braunkohlenbergbau, in: Institut für Länderkunde Leipzig (Hg.), Atlas Bundesrepublik Deutschland: Pilotband, Leipzig 1997, S. 66–69.

WEHLING, Hans-Werner, Werks- und Genossenschaftssiedlungen im Ruhrgebiet 1844–1939, Bd. 1: Kreis Wesel, Essen 1990, Bd. 2: Duisburg-Rheinhausen, Duisburg-Homberg/Ruhrort, Essen 1994.

WEIBELS, Franz, Die Großgrundherrschaft Xanten im Mittelalter. Studien und Quellen zur Verwaltung eines mittelalterlichen Stifts am unteren Niederrhein (= Niederrheinische Landeskunde. Schriften zur Natur und Geschichte des Niederrheins, Bd. III), Neustadt/Aisch 1959.

WEILER, Brigitte, Der Kreis Rees. Grenzkreis im Wandel, in: Meinhard Pohl (Hg.), Raumordnung am Niederrhein. Kreisreformen seit 1816, Wesel 1985, S. 71–101.

WERNER, Ernst, Die Ruhrort-Homberger Rhein-Trajektanstalt, in: Duisburger Forschungen, Bd. 14, 1970, S. 58–71.

WISPLINGHOFF, Erich und DAHM, Helmut, Die Rheinlande, in: Geschichte der Deutschen Länder. ‚Territorien-Ploetz‘, Bd. 1, Würzburg 1964, S. 154–178.

WYNANDS, DIETER P. J., Geschichte der Wallfahrten im Bistum Aachen (= Veröffentlichungen des Bischöflichen Diözesanarchivs Aachen, Bd. 41), Aachen 1986.

ZEDELIUS, Volker, Münzprägung in Xanten, in: Studien zur Geschichte der Stadt Xanten 1228–1978. Festschrift zum 750jährigen Stadtjubiläum, Köln 1978, S. 47–56.

Angaben zur Person und zur Niederrhein-Akademie

Irmgard Hantsche (geb. 1936) lehrte bis zum Frühjahr 2002 als Professorin für neuere Geschichte an der Gerhard-Mercator-Universität Duisburg. Nach einer dreijährigen Tätigkeit als Volksschullehrerin studierte sie an den Universitäten Köln und Aberdeen die Fächer Geschichte, Anglistik und Philosophie und legte das Staatsexamen für Gymnasien ab. Promotion und Habilitation erfolgten im Fach Geschichte. Ihre Hauptarbeitsgebiete sind die Geschichte der Frühen Neuzeit (mit dem Schwerpunkt deutsche und englische Geschichte sowie der rheinischen Landesgeschichte), die historische Kartographie und die Didaktik der Geschichte (unter besonderer Berücksichtigung des Einsatzes von Medien bei der Vermittlung von Geschichte).

Zur Geschichte des Niederrheins sind von Irmgard Hantsche neben einer Reihe von Aufsätzen zwei weitere regionalgeschichtliche Atlanten erschienen: *Preußen am Rhein. Kleiner kommentierter Atlas zur Territorialgeschichte Brandenburg-Preußens am Rhein* (2002) und *Geldern-Atlas. Karten und Texte zur Geschichte eines Territoriums* (2003).

Harald Krähe (geb. 1960) ist Kartograph im Fach Geographie an der Universität Duisburg-Essen. Er studierte Kartographie an der Fachhochschule Karlsruhe und arbeitete anschließend bei Kartenverlagen in München und Essen. Schwerpunkt seiner Tätigkeit bilden Thematische Karten, erstellt mit dem Programm FreeHand. Er führte auch die Kartographie für den Atlas *Preußen am Rhein* aus sowie für den *Geldern-Atlas*.

Verlag Pomp, Bottrop, Essen
2002
ISBN 3-89355-243-X

Verlag des Historischen Vereins für
Geldern und Umgegend
Geldern 2003
ISBN 3-921760-39-9

Verlag Pomp, Bottrop, Essen
2. Aufl. 1998
ISBN 3-89355-142-5

Verlag Pomp, Bottrop, Essen
1997
ISBN 3-89355-156-5

Verlag Pomp, Bottrop, Essen
1998
ISBN 3-89355-185-9

Verlag Pomp, Bottrop, Essen
2003
ISBN 3-89355-241-3